Rainer Baumgart
Kai Rannenberg
Dieter Wähner
Gerhard Weck (Hrsg.)

Verläßliche Informationssysteme

DuD-Fachbeiträge

herausgegeben von Andreas Pfitzmann, Helmut Reimer, Karl Rihaczek
und Alexander Roßnagel

Die Buchreihe DuD-Fachbeiträge ergänzt die Zeitschrift DuD – Datenschutz und
Datensicherheit in einem aktuellen und zukunftsträchtigen Gebiet, das für
Wirtschaft, öffentliche Verwaltung und Hochschulen gleichermaßen wichtig ist. Die
Thematik verbindet Informatik, Rechts-, Kommunikations- und Wirtschaftswissen-
schaften.
Den Lesern werden nicht nur fachlich ausgewiesene Beiträge der eigenen Disziplin
geboten, sondern auch immer wieder Gelegenheit, Blicke über den fachlichen Zaun
zu werfen. So steht die Buchreihe im Dienst eines interdisziplinären Dialogs, der die
Kompetenz hinsichtlich eines sicheren und verantwortungsvollen Umgangs mit der
Informationstechnik fördern möge.

Unter anderem sind erschienen:

Hans-Jürgen Seelos
Informationssysteme und Datenschutz
im Krankenhaus

Wilfried Dankmeier
Codierung

Heinrich Rust
Zuverlässigkeit und Verantwortung

*Albrecht Glade, Helmut Reimer
und Bruno Struif (Hrsg.)*
Digitale Signatur &
Sicherheitssensitive Anwendungen

Joachim Rieß
Regulierung und Datenschutz im
europäischen
Telekommunikationsrecht

Ulrich Seidel
Das Recht des elektronischen
Geschäftsverkehrs

Rolf Oppliger
IT-Sicherheit

Hans H. Brüggemann
Spezifikation von objektorientierten
Rechten

*Günter Müller, Kai Rannenberg,
Manfred Reitenspieß, Helmut Stiegler*
Verläßliche IT-Systeme

Kai Rannenberg
Zertifizierung mehrseitiger
IT-Sicherheit

*Alexander Roßnagel, Reinhold Haux,
Wolfgang Herzog (Hrsg.)*
Mobile und sichere Kommunikation
im Gesundheitswesen

Hannes Federrath
Sicherheit mobiler Kommunikation

Volker Hammer
Die 2. Dimension der IT-Sicherheit

Patrick Horster
Sicherheitsinfrastrukturen

Gunter Lepschies
E-Commerce und Hackerschutz

Patrick Horster, Dirk Fox (Hrsg.)
Datenschutz und Datensicherheit

Michael Sobirey
Datenschutzorientiertes
Intrusion Detection

*Rainer Baumgart, Kai Rannenberg,
Dieter Wähner und Gerhard Weck (Hrsg.)*
Verläßliche Informationssysteme

Rainer Baumgart
Kai Rannenberg
Dieter Wähner
Gerhard Weck (Hrsg.)

Verläßliche Informationssysteme

IT-Sicherheit an der Schwelle des neuen Jahrtausends

Vorwort

Die diesjährige Tagung „VIS'99 – Verläßliche IT-Systeme" steht unter dem Motto *IT-Sicherheit an der Schwelle eines neuen Jahrtausends*. Nicht nur der Jahrtausendwechsel mit den bekannten Problemen, die mangelhaft geschriebene Software verursacht, sondern vor allem die immer rasantere Entwicklung neuer Technologien hat einen bestimmenden Einfluß auf die Sicherheit der eingesetzten IT-Systeme. Die angestrebte und benötigte Verläßlichkeit komplexer, vernetzter Systeme erfordert Sicherheitskonzepte und -maßnahmen, die bei weitem über die Behandlung verbreiteter Fehler und Mängel hinausgehen. Es sind Konzepte gefragt, die sich in einer komplexen, global vernetzten Umgebung bewähren und gleichzeitig offen sind für Erweiterungen, mit denen neue Möglichkeiten und Probleme der IT-Sicherheit behandelt werden können.

Die in diesem Buch angesprochenen Themen stellen sich dieser Herausforderung, und sie zeigen in verschiedenen Bereichen Wege auf, die in den nächsten Jahren zu gehen sind. Die zunehmende Bedeutung elektronischen Handels führt zu einer Virtualisierung des Geldes, und die Notwendigkeit rechtlich wirksamer Geschäftsabläufe erfordert die vertrauenswürdige Bereitstellung einer Infrastruktur für digitale Signaturen. Gleichzeitig gilt es, unerwünschte Begleiterscheinungen wie Copyright-Verletzungen zu erkennen und in ihren Auswirkungen so weit wie möglich zu begrenzen. Neue Techniken bei der Nutzung des Internets, wie XML und authentisierte und/oder verschlüsselte Kommunikation erfordern und ermöglichen neue Konzepte zur Realisierung sicherer Kommunikationsvorgänge und zur Strukturierung und Verwaltung von Netzen und ihren Verbindungspunkten. Schließlich reicht die Vernetzung mittlerweile bis zu Anwendungssystemen in sicherheitssensitiven Bereichen wie etwa dem der medizinischen Versorgung.

Dieser Band umfaßt eine Fülle von Beiträgen, die Denkanstöße geben und über aktuelle Projekte, die Umsetzung neuer Konzepte oder Ergebnisse praktischer Untersuchungen berichten. Wir hoffen, Ihnen hiermit Türen in das neue Jahrtausend aufzustoßen – eine Zeit, in der immer mehr Aspekte unseres Lebens von der Verläßlichkeit der Netze und IT-Systeme abhängen werden, mit denen wir alle umgeben sind.

Essen, Freiburg und Köln im Juli 1999

R. Baumgart   K. Rannenberg   D. Wähner   G. Weck

Inhaltsverzeichnis

Proceedings der GI-Fachtagung VIS'99

Essen
Haus der Technik
22. – 24. September 1999

IT-Sicherheit an der Schwelle eines neuen Jahrtausends

Programmkomitee

H.-J. Appelrath, OFFIS, Oldenburg
R. Baumgart, SECUNET Siegen
J. Biskup, Universität Dortmund
H.H. Brüggemann, Universität Hannover
A. Büllesbach, Daimler Benz AG / debis Systemhaus Stuttgart
D. Cerny, Köln
R. Dierstein, Oberpfaffenhofen
M. Domke, GMD SET Sankt Augustin
D. Fox, Secorvo, Karlsruhe
W. Gerhardt, TU Delft
G. Gößler, Universität Karlsruhe
R. Grimm, GMD Darmstadt
M. Hegenbarth, Deutsche Telekom Nürnberg
F.-P. Heider, debis IT Security Sevices, Bonn
S. Herda, SHUR, Unkel
P. Horster, Universität Klagenfurt
B. Kowalski, Deutsche Telekom Netphen
P. Kraaibeek, ConSecur, Meppen
H. Kurth, IABG, Ottobrunn
A. Lubinski, Universität Rostock
M. Meier, BTU Cottbus

B. Müller, Bubenreuth
G. Müller, Universität Freiburg
H. Petersen, Entrust Technologies Europe, Zürich
A. Pfitzmann, TU Dresden
B. Pfitzmann, Universität Saarbrücken
H. Pohl, FH Rhein-Sieg, St. Augustin
K. Pommerening, Universität Mainz
K. Rannenberg, Universität Freiburg (Vorsitz)
M. Reitenspieß, Siemens Nixdorf Informationssysteme
A. W. Röhm, Universität Essen
A. Roßnagel, Universität Kassel
I. Schaumüller-Bichl, IT-Sicherheitsberatung, Linz
H. Stiegler, STI-Consulting München
K. Vogel, BSI Bonn
M. Waidner, IBM Forschungslaboratorium, Zürich
G. Weck, INFODAS, Köln (Vorsitz)
P. Wohlmacher, Universität Klagenfurt
T. Zieschang, Eurosec, Frankfurt

Tagungsorganisation

Dr. Rainer Baumgart und Dr. Dieter Wähner

Ist elektronisches Bargeld realisierbar?

Jan Holger Schmidt, Matthias Schunter

Universität des Saarlandes, Fachbereich Informatik,
Lehrstuhl Kryptographie und Sicherheit, D-66123 Saarbrücken,
`max@krypt.cs.uni-sb.de`, `schunter@acm.org`

Arnd Weber

Albert-Ludwigs-Universität,
Institut für Informatik und Gesellschaft, D-79098 Freiburg i. B.,
`aweber@iig.uni-freiburg.de`

Zusammenfassung

Die Vorteile von Bargeld sind Unverkettbarkeit (d.h. unbedingte Anonymität), geringe Transaktionskosten und Unwiderrufbarkeit der Zahlung. Um diese Vorteile auch dem elektronischen Handel zu erschließen, untersucht dieser Beitrag, ob elektronisches Bargeld entwickelt werden kann, das die Vorteile von Bargeld mit den Vorteilen elektronischer Zahlungssysteme vereint. Nach einer Beschreibung der in unseren Benutzerbefragungen erhobenen Anforderungen an elektronisches Bargeld geben wir einen kurzen Überblick über die technischen Möglichkeiten. Anschließend beschreiben wir die Trade-offs zwischen den sich widersprechenden Anforderungen. Abschließend erklären wir, wieso bestehende elektronische Zahlungsmittel kein elektronisches Bargeld sind, und zeigen offene Fragen auf dem Weg zum elektronischen Bargeld auf.

1 Einleitung

Elektronisches Bargeld definieren wir als universell einsetzbare elektronische Werte[1]. Derzeit wird der Einsatz von Wertkarten, wie z.B. der Geldkarte, sowohl im herkömmlichen als auch im elektronischen Handel angestrebt, um die Transaktionskosten gegenüber herkömmlichen Kartenzahlungen zu senken. Um aber traditionelles Bargeld weitestgehend zu ersetzen, muß ein elektronisches Zahlungssystem sowohl einfach benutzbar und robust sein, als auch Unverkettbarkeit und off-line Transferierbarkeit ermöglichen.

Da solch ein System nicht existiert, stellt sich die Frage, ob es überhaupt möglich ist, elektronisches Bargeld zu entwickeln, das diese essentiellen Eigen-

---

[1] Neben elektronischem Geld betrachten wir auch mögliche Pay-now Schemata und Debitsysteme.

von traditionellem Bargeld bietet und daher das Potential hat, dieses in weiten Bereichen zu ersetzen.

1.1 Überblick

Nach der Beschreibung der Vorteile elektronischen Bargelds in Abschnitt 1.2 beschreiben wir die gewünschten Eigenschaften in Kapitel 2. Neben den essentiellen Eigenschaften von Bargeld sind dies wünschenswerte Eigenschaften wie Verlust- und Fehlertoleranz oder die Zahlungsmöglichkeit über Netzwerke. Anschließend beschreiben wir die technischen Möglichkeiten in Kapitel 3 und diskutieren in Kapitel 4, inwieweit diese die Erfüllung der Anforderungen ermöglichen. Abschließend skizzieren wir in Kapitel 5, warum existierende Systeme[2] kein Bargeld sind und zeigen auf, welche vielversprechenden Möglichkeiten wir auf dem Weg zum elektronischen Bargeld, welches diesen Namen verdient, sehen.

1.2 Erhoffte Vorteile von elektronischem Bargeld

Unsere Gespräche[3] mit Bankvertretern haben ergeben, daß elektronisches Geld noch keine Gewinne erwirtschaftet. Trotzdem bleibt ein Einsatz von elektronischem Bargeld aus folgenden Gründen wünschenswert:

- Geringere Handhabungskosten gegenüber Geldscheinen und Münzen,
- keine Probleme mit fehlendem Wechselgeld sowie
- erschwerte Fälschung.

Zusätzlich bietet elektronisches Bargeld die folgenden Vorteile gegenüber herkömmlichen elektronischen Zahlungsmitteln:

- Unbedingte Anonymität im Sinne unverkettbarer elektronischer Zahlungen[4],
- verringerte Kommunikationskosten durch off-line Zahlungen,
- Herausgeber von elektronischem Bargeld können zusätzliche Marktsegmente gewinnen,
- geleistete Vorauszahlungen an den Herausgeber zum Erhalt von elektronischem Bargeld können verzinst werden,

---

[2]   Für einen Überblick über existierende Systeme verweisen wir auf Asokan, Janson, Steiner, Waidner 1997, Furche, Wrightson 1997, Mahony, Peirce, Tewary 1998.

[3]   Die Darstellung der Anforderungen und des Nutzens elektronischen Bargelds basiert auf Interviews mit Experten und Nutzern. Diese wurden innerhalb der Forschungsprojekte "Soziale Determinanten der Entwicklung alternativer POS-Zahlungssysteme", gefördert von der Deutschen Forschungsgemeinschaft (vgl. Weber 1997b), sowie CAFE und SEMPER, gefördert von der Europäischen Union, vorgenommen. Vgl. Furger u.a. 1998 für die Nutzerinterviews.

[4]   Unverkettbarkeit unterbindet die Verkettung von Zahlungen bei bestehenden Wertkarten, bei denen z.B. Einkäufe mit derselben Wertkarte ein und derselben Person zugeordnet werden können.

- wie bei herkömmlichen Barzahlungen können zum Vorteil der Händler Zahlungen nicht widerrufen werden.

Außerdem bietet elektronisches Bargeld auch die Vorteile von Pay-now Systemen:

- Ausgabe an nicht kreditwürdige Personen möglich und
- Verringerung der Transaktionskosten durch Ersetzung von Kreditkartenzahlungen.

Diese Vorteile sind in ihre Gänze nur realisierbar, wenn traditionelles Bargeld in einem erheblichen Maße ersetzt werden kann und gleichzeitig Nutzbarkeit in offenen elektronischen Netzen gegeben ist.

2 Wünschenswerte Eigenschaften

Wir beschreiben nun Eigenschaften von herkömmlichem Bargeld und existierenden elektronischen Zahlungsmitteln, welche aus Anwendersicht wünschenswert sind.

2.1 Eigenschaften herkömmlichen Bargelds

Um einen größeren Anteil der Bargeldtransaktionen zu ersetzen, muß elektronisches Bargeld dessen essentielle Eigenschaften aufweisen, da anderenfalls die Erwartungen der Anwender enttäuscht würden.

Universelle Einsetzbarkeit: Universelle Einsetzbarkeit bedeutet, daß jeder das Geld nutzen kann und es von allen als Zahlungsmittel akzeptiert wird. Ein Benutzer einer der ersten Wertkarten in Biel (CH) sagte schon 1993 „Geld kann man überall gebrauchen, die Karte nicht. Man ist auf die Geräte angewiesen, die die Karte lesen können."[5] Ebenso sind Zahlungen mit Bargeld im wahrsten Sinne des Wortes kinderleicht und die Befragten erwähnten Situationen wie, „wenn ich einem kleinen Kind ein Geschenk machen will." Und wiesen darauf hin, „daß Kinder zunächst mit Bargeld den Umgang mit Geld lernen müssen." Ein weiterer Aspekt der Einsetzbarkeit ist die Tragbarkeit der Geräte, da elektronisches Bargeld ohne ein Gerät nicht nutzbar ist.

---

[5] Die Zitate zur Begründung unserer Thesen entstammen persönlichen Interviews mit 268 Kartennutzern in Deutschland, Frankreich, Großbritannien, Italien und der Schweiz.. Ihnen wurde u.a. die Frage gestellt "Stellen Sie sich einmal vor, in Ihrer Karte wäre so eine Art elektronisches Portemonnaie und Sie könnten damit alles und überall bezahlen. Damit wäre im Prinzip das Bargeld überflüssig. Würden Sie trotzdem noch mit Bargeld bezahlen wollen? (Wenn ja:) Bei welchen Anlässen?" Etwa die Hälfte gab an, weiterhin mit Bargeld bezahlen zu wollen und nannte Gründe, wie wir sie zitieren. Die Fragebögen, Antworten und Interpretationen sind in Furger u.a. 1998 im Detail wiedergegeben.

Off-line Verwendbarkeit: Barzahlungen können ohne Bank erfolgen. Da die meisten Nutzer nicht immer on-line sein werden, ist off-line Verwendbarkeit eine wünschenswerte Eigenschaft von elektronischem Bargeld.

Off-line Transferierbarkeit: Hierunter verstehen wir die Möglichkeit, erhaltene Werte direkt für weitere Zahlungen einzusetzen. Die Befragten nannten Situationen wie die Zahlung von Trinkgeldern, Zahlungen an Kinder, Straßenmusikanten, Spenden, Geschenke ("How do you put a tenner in somebody's birthday card?"), Zahlungen an Nachbarn, ("20p to buy a pint of milk") und kleine Zahlungen, wie für „ein Glas Bier" oder "un café". Auch Situationen wie der Verkauf eines gebrauchten Autos an Fremde konnten sich Befragte ohne Bargeld nicht vorstellen. Sie sahen, daß diese Möglichkeiten bei Wertkarten nicht gegeben sind: „Aber wenn ich auf der Karte sFr 1.000 habe, kann ich sie nicht weitergeben. Ich kann daraus nicht drei Karten machen, wovon ich eine weitergeben kann," sagte ein Teilnehmer des Versuches in Biel und dachte weiter: „Wenn jeder ein Ablesegerät hätte, aber das kann ich mir nicht vorstellen."

Unverkettbarkeit: Die Befragten nannten mehrere Gründe wegen derer sie den Schutz der Privatsphäre des Bargeldes schätzen.[6] Einige Franzosen sah ihn als Teil des Grundrechts der "liberté personelle" an. Manche forderten einfach Vertraulichkeit: „Monetäre Angelegenheiten sind primär Privatangelegenheiten", „weil ich entscheiden will, wer wann was von mir erfährt", oder "[I would like to] minimise Big Brother's surveillance of my expenditure". Andere forderten Unverkettbarkeit zur Bezahlung von Gütern "which fell off the back of a lorry", oder für "cash for the babysitter". Daher werden einige Bereiche von Barzahlungen nur durch Zahlungssysteme mit einem starkem Schutz der Privatsphäre abgedeckt werden können. Im folgenden unterscheiden wir zwei Stufen: „Unverkettbarkeit" (Chaum 1981) bedeutet, daß Bank und Händler nicht feststellen können, ob zwei Zahlungen von einer Person getätigt wurden. „Pseudonymität" bedeutet, daß mehrere Zahlungen einer Person verkettet werden können und diese somit z.B. nach Bezahlung einer persönlichen Rechnung nicht mehr anonym sind, auch wenn anfangs dem Pseudonym kein Name zugeordnet war.

---

[6] Zur Frage der Unverkettbarkeit stellten wir 137 der Befragten die Frage "Viele der Transaktionen, die mit Zahlungskarten getätigt werden, werden in Datenbanken gespeichert. Es wäre technisch möglich, jede Transaktion anonym zu machen, aber das wäre mit Mehrkosten verbunden. Wieviel wären Sie bereit dafür pro Jahr mehr zu bezahlen?" Etwa ein Drittel erklärte sich bereit, hierfür einen Betrag zwischen DM 20 und 50 zu zahlen. Anderen 139 Kartennutzern stellten wir die Frage "Heute werden persönliche Daten, welche aus Kartenzahlungen stammen, in Datenbanken gespeichert. Mit unserem System wäre dies nicht mehr der Fall, denn Sie hätten sozusagen elektronische Münzen und Banknoten in Ihrem Portemonnaie. Wäre es für Sie wichtig, daß beim Bezahlen mit elektronischen Zahlungssystemen die Anonymität der Transaktionen wie beim Bargeld bewahrt wird?" Rund die Hälfte fand dies wichtig oder sehr wichtig. Wir zitieren aus den Kommentaren der Befragten.

Transparenz: Dem Nutzer sollte es möglich sein, auf einen Blick festzustellen, wieviel Geld er noch bei sich trägt. „Kinder sehen beim Bargeld die Menge". Es bleiben aber auch Unannehmlichkeiten erspart, daß man beispielsweise nicht erst nach langem Schlange stehen vor der Kasse feststellt, daß der Betrag auf der Karte nicht zum Zahlen der Rechnung genügt.

Kontrolle über die Geldbörse: In der Regel überreichen Kunden dem Händler nicht die gesamte Geldbörse, damit dieser sich bedient. Daher sollte dies bei elektronischem Bargeld auch nicht vorausgesetzt werden. Das Terminal sollte auch nicht unbedingt die Möglichkeit haben, manipuliert erscheinende Geräte einfach aus dem Verkehr zu ziehen. Dies ist insbesondere dann sinnvoll, wenn auf dem Träger noch weitere Funktionen (z.B. Möglichkeit zur digitalen Signatur oder Zugangskontrollen) sind, auf die ein Kunde nicht verzichten will oder kann.

Lange Gültigkeitsdauer: Elektronische Wertkarten haben derzeit, im Gegensatz zu Bargeld, eine eingeschränkte Gültigkeitsdauer. Bei elektronischem Bargeld muß auf eine ausreichend lange Gültigkeitsdauer geachtet werden.

Robustheit: Elektronisches Bargeld muß robust gespeichert werden. Benutzer erwarten mindestens die Robustheit von Plastikkarten, die in vielen Ländern und Klimata lesbar sind.

Preis-/Leistungsverhältnis: Zusatzkosten müssen durch Zusatznutzen gerechtfertigt sein. Da Bargeld für Nutzer scheinbar keine Kosten verursacht, werden Zusatzkosten den Nutzern nur schwer vermittelbar sein. Ebenso würde ein Disagio bei der Transfers unter privaten Nutzern kaum akzeptiert werden („Schwundgeld").

Sicherheit: Abgesehen von dem Risiko des Herausgebers, Schaden durch Betrug zu erleiden, soll auch dem Benutzer Sicherheit gegenüber dem Herausgeber gewährt werden.

2.2 Weitere wünschenswerte Eigenschaften

Zusätzlich zu den essentiellen Eigenschaften von Bargeld werden von einem elektronischen Zahlungsmittel weitere Eigenschaften erwartet werden:

Kein Wechselgeldproblem: Nutzer erwarten, daß bei elektronischem Bargeld kein Wechselgeldproblem auftritt, d.h., daß jeder Betrag problemlos bezahlt werden kann.

Zahlungen über Netzwerke: Elektronische Zahlungssysteme sollten sichere Zahlungen auch über unsichere Netzwerke ermöglichen.

Verlust- und Fehlertoleranz: Sicherheit bei Verlust, Diebstahl und Funktionsstörung ist ein Verkaufsargument für Kreditkarten und würde auch bei elektronischem Bargeld begrüßt.

Internationale Verwendung: Einsetzbarkeit bei grenzüberschreitenden Zahlungen wird heute schon von Kreditkarten ermöglicht.

Einfaches Nachladen: Falls Nachladen nur am Bankautomat ermöglicht wird, werden viele Nutzer dort weiter herkömmliches Bargeld abheben, welches universell einsetzbar ist. Analog sollte das Nachladen von elektronischem Bargeld nicht mehr Zeit als das Abheben von herkömmlichem Bargeld benötigen.

Benutzerfreundlichkeit: Zahlungssysteme sollten einfach zu verstehen und zu benutzen sein.

3   Technologien für elektronisches Bargeld

Dieser Abschnitt gibt einen kurzen Überblick über existierende Technologien, die den Aufbau elektronischer Zahlungssysteme ermöglichen. Bevor wir auf spezielle Systeme eingehen, skizzieren wir grundlegende Technologien.

3.1 Basistechnologien

3.1.1 Manipulationsschutz der Hardware

Chipkarten mit Manipulationsschutz (engl. *tamper resistance*) sollen verhindern, daß elektronisches Bargeld unerlaubt vervielfältigt wird. Mit entsprechender Ausrüstung kann jedoch, ggf. durch leicht zugängliche Instrumente in Universitätslaboratorien, manipulationsgeschützte Hardware gebrochen werden (Anderson, Kuhn 1996). Zwar existieren stärker gesicherte Systeme auf dem Markt, aber sie erfordern größere Module als Chipkarten.

3.1.2 Blinde Signaturen

Unverkettbarkeit läßt sich durch „blinde" digitale Signaturen erreichen. Das Bargeld wird zwar vom Herausgeber signiert, aber er kann die Signatur bei eingelöstem Bargeld nicht wiedererkennen (Chaum 1983).

3.1.3 Vertrauenswürdige Benutzergeräte

Damit Benutzer überprüfen können, was das Zahlungsmodul der Bank übermittelt, bietet sich das 'wallet with observer" Konzept an (Chaum 1992). Hierbei kann sich der Anwender eine elektronische Brieftasche eines beliebigen Herstellers kaufen. Module von mehreren Herausgebern garantieren jeweils die Sicherheit eines Herausgebers. Um Transparenz zu gewährleisten und dem Anwender eine sichere Eingabe seiner PIN zu ermöglichen, benötigt solch eine Brieftasche eine Anzeige und eine Tastatur.

3.1.4 Anonymität im Netzwerk

Trotz Anwendung von blinden Signaturen ist der Zahlende anhand des Datenflusses identifizierbar. Dies kann durch anonyme Terminals oder anonyme Dienste im Netz (Chaum 1981) verhindert werden.

3.1.5 Verlusttoleranz

Speichern die Benutzer Backup-Informationen, so kann selbst ein System, das Unverkettbarkeit gewährleistet, verlusttolerant sein (Pfitzmann, Waidner 1997).

3.2 Technologien für Münzsysteme

Wir unterscheiden zwischen Münz- und den unten beschriebenen Zählersystemen. Wie konventionelle Münzen haben auch elektronische einen festen Nennwert. Eine digitale Signatur stellt sicher, daß die Münzen nur vom Herausgeber akzeptiert werden. Blinde Signaturen gewährleisten Unverkettbarkeit. Solche Münzen weisen eine hohe Sicherheit auf, führen aber auch zu einem Wechselgeldproblem, welches durch Erweiterungen reduziert werden kann.

3.2.1 Erkennung von Mehrfachverwendung

Es existiert keine Softwarelösung, die unerlaubtes Vervielfältigen von elektronischem Geld verhindert. Aus diesem Grund wird bei einer Zahlung bisher entweder manipulationsgeschützte Hardware verwendet oder mittels einer on-line Verbindung zum Herausgeber überprüft, ob das Geld schon verwendet wurde und damit ungültig ist (z.B. eCash). Enthalten elektronische Münzen die verschlüsselte Identität des Besitzers, so läßt sich bei Mehrfachverwendung der Betrüger herausfinden. Dadurch können off-line Systeme zusätzlich geschützt werden. Die Kodierung kann dabei so erfolgen, daß die Identifikation ausschließlich bei Mehrfachverwendung möglich ist und blinde Signaturen ansonsten die Unverkettbarkeit sicherstellen (Chaum, Fiat, Naor 1990).

3.2.2 Nullwertige Münzen für off-line Transferierbarkeit

Um eine Identifikation von Betrügern bei transferierbaren elektronischen Münzen zu ermöglichen, bindet der Empfänger der Münze während des Zahlungsvorgangs eine nullwertige Münze an die gezahlte (van Antwerpen 1990). Diese nullwertige Münze enthält die kodierte Identität des Empfängers. Durch die Bindung muß auch diese nullwertige Münze beim nächsten Transfer zusammen mit der Wertmünze weitergereicht werden. Somit ist sichergestellt, daß der Herausgeber den Empfänger identifizieren kann, falls dieser die Münze (und somit auch die nullwertige) unerlaubt mehrfach verwendet. Unumgänglich wächst deshalb bei jedem Transfer der benötigte Speicherplatz pro Zahlung (Chaum, Pedersen 1993).

3.2.3 Teilbarkeit zur Lösung des Wechselgeldproblems

Wie bei konventionellen Münzen führt auch bei elektronischen der feste Nennwert zu Schwierigkeiten beim Bezahlen von exakten Beträgen. Akzeptiert man bei einer Zahlung Wechselgeld, so wird man gleichzeitig zum Zahlungsempfänger. Damit ist Wechselgeld keine Lösung des Problems in Systemen, die Unverkettbarkeit nur für den Zahlenden gewährleisten. Okamoto und Ohta (1992, vgl. Chan, Frankel, Tsiounis 1998) schlugen deshalb teilbare Münzen vor, die inkrementell bis zur dem Nennwert zahlbar sind. Ein Nachteil ist, daß die Unverkettbarkeit reduziert wird, da Fragmente einer Münze miteinander verkettet werden können. Das Wechselgeldproblem kann auch durch die unten gezeigte Kombination von Münz- und Zählersystemen reduziert werden.

3.3 Technologien für Zählersysteme

In Zählersystemen wird der Betrag von elektronischem Geld, den eine Person besitzt, durch einen Zähler repräsentiert. Manipulationsgeschützte Hardware und Authentikationsschemata sind notwendig, um unberechtigte Veränderungen des Zählerstandes durch die Benutzer zu verhindern. Wird in allen Zahlungsmodulen der gleiche Schlüssel verwendet, so kann auch Unverkettbarkeit gewährleistet werden. Die Verwendung von unterschiedlichen Schlüsseln für die einzelnen Anwender erhöht die Sicherheit eines Zählersystems. Da jeder Schlüssel dann ein Pseudonym für seinen Benutzer ist, erlaubt ein solches System höchstens Pseudonymität.

Eine weitere Möglichkeit zur Erreichung von mehr Sicherheit ist, den Wert der Zähler beim Herausgeber zu verfolgen. Solche Schattenkonten erlauben es, die Mehrfachverwendung von Werten festzustellen und bieten zusätzlich Verlust- und Fehlertoleranz.

3.4 Hybride Schemata aus Zählern und Münzen

3.4.1 Zähler in Verbindung mit nullwertigen Münzen

Elektronische Münzen (bzw. Schecks) können die Sicherheit von Zählersystemen etwas steigern (Bos, Chaum 1990), indem Zahlungen zusätzlich durch eine entsprechende Anzahl an nullwertigen Münzen autorisiert werden müssen (z.B. je eine nullwertige Münze zur Autorisierung von je 2 EURO). Selbst bei unerlaubter

Manipulationen am Zähler ist ohne weitere Abhebung von nullwertigen Münzen der Schaden pro manipuliertem Gerät begrenzt.

Mehrfachverwendung: Wegen des geringen Speicherplatzes auf Chipkarten kann auch eine begrenzte Mehrfachverwendung der nullwertigen Münzen erlaubt werden (CAFE 1996[7]). Abhängig davon, wie oft die Münze mehrfach verwendet werden darf, liegen die Sicherheit und Unverkettbarkeit zwischen der eines Münzsystems und der eines Systems mit Zählern.

Zahlung in Ticks: Finden alle Zahlungen an denselben Empfänger statt, wie beispielsweise pro Zeitintervall in einem Telefonat, so genügt dafür eine nullwertige Münze (Signatur). Nach einer Initialisierungsphase benötigen aufeinanderfolgende Zahlungen kaum Rechenzeit (Pedersen 1997).

3.4.2 Münzpools in Verbindung mit Zählern

Eine Lösung des Wechselgeldproblems, die auch Unverkettbarkeit garantiert, besteht darin, die Benutzergeräte bei der Ausgabe mit einem großen Vorrat an Münzen mit unterschiedlichen Nennwerten auszustatten (z.B. EURO 1000 in verschiedenen Stückelungen). Dabei wird die Teilmenge dieses privaten Münzpools, welche der Benutzer abgehoben hat und somit auch ausgeben darf (z.B. EURO 75.24; anfänglich 0), durch einen Zähler kontrolliert[8]. Hierbei garantiert der Manipulationsschutz, daß nur diese Teilmenge ausgegeben werden kann. Sollte dieser gebrochen werden, so kann der Benutzer zwar alle Münzen aus seinem privaten Münzpool ausgeben, ohne identifiziert zu werden, aber muß für weiteren Zahlungen neue Münzen beim Herausgeber nachladen und deren Gegenwert einzahlen oder sich ein neues Modul holen und auch dieses brechen. Damit besteht der maximale Schaden pro Gerät für den Herausgeber in der Menge an Münzen im privaten Pool.

4   Trade-offs bei der Entwicklung von elektronischem Bargeld

Hier untersuchen wir, welche wesentlichen Abwägungen getroffen werden müssen, wenn elektronisches Bargeld alle gewünschten Charakteristika aufweisen soll.

---

[7] In CAFE konnten Schecks zweimal verwendet werden. Dadurch konnten mit einer Chipkarte bis zum nächsten Ladevorgang 70 Zahlungen getätigt werden.

[8] Diese Idee stammt von David Chaum.

4.1 Trade-offs mit Kosten

Ein elektronisches Zahlungssystem ist nur dann akzeptabel, wenn die Kosten durch die entstehenden Vorteile gerechtfertigt sind. Viele Eigenschaften – wie komfortable Benutzergeräte mit Anzeige – sind mit Kosten verbunden, die bei entsprechenden Vorteilen aber auch getragen werden sollten. Diese Kosten können auch durch die Herausgeber übernommen werden, die sich dadurch eine gewinnbringende Kundenbindung erhoffen. Wir sind der Ansicht, daß bisher keine ausreichenden Studien durchgeführt wurden, die belegen, wieviel die Benutzer und Herausgeber für den Einsatz mächtiger Systeme zu zahlen bereit sind.

Unverkettbarkeit führt zu komplexen Systemen: Unverkettbarkeit erfordert kompliziertere Protokolle, sowie in Netzwerken anonyme Dienste oder Terminals.

Robuste und zuverlässige Systeme sind mit zusätzlichen Kosten verbunden: Selbst aufwendig konstruierte robuste Systeme werden nie so unversehrt mögliche Schäden überstehen wie konventionelles Bargeld. Dies gilt insbesondere für Geräte mit Nutzerinput und -output. Andererseits sind auch weniger robuste, günstigere Geräte akzeptabel, wenn das System eine ausreichende Verlust- und Fehlertoleranz bietet.

Das Wechselgeldproblem für sichere, unverkettbare elektronische Münzen ist schwer zu lösen: Eine Zahlung soll nicht dadurch verhindert werden, daß keine passenden Nennwerte verfügbar sind. Nur Münzen von kleinstem Nennwert (z.B. ein Cent) zu verwenden, würde zu überhöhtem Speicherbedarf und Rechenkapazität führen. Auch für Münzpools wird mehr Speicher benötigt. Teilbare Münzen wiederum reduzieren die Unverkettbarkeit und Zähler, die nicht zu einem Wechselgeldproblem führen, die Sicherheit.

Verlusttoleranz erfordert zusätzlichen Aufwand: Um Verlusttoleranz zu gewährleisten, müssen Backup-Informationen verwaltet werden.

4.2 Trade-offs mit Sicherheit

Perfekte Sicherheit ist unmöglich: Abgesehen von dem Risiko, daß ein Zahlungssystem mit sehr hohem Aufwand gebrochen wird, existieren auch Risiken, daß geheime Schlüssel oder Baupläne von Chips mit Manipulationsschutz gestohlen werden. Sollte elektronisches Bargeld weit verbreitet sein, so ist dies nicht alleine ein Risiko des Herausgebers, sondern auch eines für die Volkswirtschaft.

Vertrauen in Zahlungssystem ist unabdingbar: Nur wenn ein Vertrauen in die Systeme aufgebaut werden kann, finden sie auch Anwendung. Neue Verfahren sind nicht leicht zu verstehen und bedürfen somit Zeit, bis ein entsprechendes Vertrauen aufgebaut ist (Pfitzmann et al. 1997).

Unverkettbarkeit läßt mehr mögliche Lücken für Betrüger: In Systemen mit Unverkettbarkeit kann selbst bei auffälligen Transaktionen nicht nachgeprüft werden, von wem sie stammen. Betrug kann auch erst dann sicher festgestellt werden, wenn beim Herausgeber ein höherer Gesamtbetrag an elektronischem Bargeld eingelöst wurde, als dieser je ausgestellt hat.

Mehr Sicherheit führt zu komplexeren Systemen: Zahlungssysteme jeweils auf den aktuellsten Sicherheitsstand zu bringen, ist mit regelmäßigen Kosten verbunden. Insbesondere bei alleiniger Sicherung durch Manipulationsschutz müssen, bedingt durch immer neue Angriffstechniken, die Benutzer regelmäßig mit neuen Modulen ausgestattet werden. Kryptographische Verfahren erfordern komplexe Zahlungsprotokolle und leistungsfähige Geräte. Der Einsatz sicherer elektronischer Münzsysteme führt zum Wechselgeldproblem. Die Zahlung mit Münzen nimmt auch mehr Rechenkapazität in Anspruch, als lediglich einen Zählerstand zu ändern. Zählersysteme weisen andererseits eine geringere Sicherheit auf. Unverkettbare Transferierbarkeit in einem Zählersystem würde dem Herausgeber kaum ermöglichen, Betrug festzustellen – geschweige denn, Betrüger zu identifizieren. Durch die Kombination von Münz- und Zählersystemen läßt sich allerdings ein Kompromiß finden.

Systeme, die viele Eigenschaften aufweisen, sind weniger sicher: Je komplexer ein System wird, desto wahrscheinlicher ist es, daß während der Entwicklung Schwachstellen übersehen wurden. Damit ist eine paradoxe Situation erreicht. Sichere Systeme werden komplexer und benötigen gegebenenfalls Erweiterungen wie teilbare Münzen zur Lösung des Wechselgeldproblems, was wiederum zu mehr Sicherheitsrisiken führt.

Die Kontrolle der Geldbörse durch den Benutzer entspricht nicht den Sicherheitsvorstellungen des Herausgebers: Im Gegensatz zu den Benutzern, die ihr Zahlungsgerät/Karte nicht entbehren wollen, mag es im Interesse des Herausgebers sein, suspekte Zahlungsmodule einzuziehen. Dies wäre für den Herausgeber beispielsweise in pseudonymen Systemen sinnvoll, wenn eine nicht erklärbare Differenz zum Schattenkonto festgestellt wird.

Herausgeber bieten keine unbegrenzte Gültigkeit von elektronischem Bargeld an: Herausgeber wollen nicht über viele Jahre dem Anwender garantieren, den Gegenwert seines elektronischen Geldes auszuzahlen, da zwischenzeitlich das Zahlungssystem gebrochen worden sein könnte. Um das Risiko im Griff zu haben, limitieren die Herausgeber die Gültigkeit des elektronischen Bargelds auf wenige Jahre. Dies ist allerdings nicht im Interesse der Anwender, deren Geld ungültig wird, oder die „abgelaufenes" Bargeld in einer on-line Verbindung zum Herausgeber austauschen müssen. Gegen eine lange Gültigkeit spricht aber auch die Notwendigkeit, während des Gültigkeitsszeitraums Informationen zu speichern, die Verlusttoleranz ermöglichen, oder die es dem Hersteller gestatten, Mehrfachverwender zu identifizieren.

4.3 Trade-offs mit Benutzerfreundlichkeit

Benutzerfreundlichkeit führt zu widersprüchlichen Anforderungen: Benutzerfreundliche Zahlungssysteme sollten dem Benutzer eine große Funktionalität bieten, was zu unkomfortablen Auswirkungen in anderen Bereichen führt. So ist Transferierbarkeit für den Anwender sicherlich wünschenswert. Systeme mit Transferierbarkeit führen aber zu komplexen Protokollen und bei Münzsystemen zu anwachsendem Speicherbedarf, wie ein Experte in unseren Interviews berichtete: "and then you need a little carriage to drag it behind you". Je mehr Speicherplatz und Rechenkapazität benötigt wird, desto größer werden die Zahlungsmodule. Um zu verhindern, daß der Benutzer ein zusätzliches Gerät mit sich tragen muß, kann die Zahlungsfunktion auch in Mobiltelefone oder Armbanduhren integriert werden.

Unbegrenzte off-line Transferierbarkeit mit Identifizierung von Mehrfachverwendern in einem System, das Unverkettbarkeit garantiert, ist nicht möglich: Die Anzahl möglicher Transfers ist begrenzt durch die für das anwachsende elektronische Bargeld zur Verfügung stehende Speicherkapazität. Die Benutzer müssen Bargeld zurückgeben, das die maximal zulässige Anzahl von Transfers erreicht haben. Dies bedeutet, die Anwender müssen zwischen transferierbarem und nicht weiter für Zahlungen geeignetem Geld unterscheiden.

Die Benutzerfreundlichkeit ist begrenzt: Die einfache Verwendbarkeit von konventionellem Bargeld kann mit elektronischem Bargeld kaum erreicht werden, da Geräte und Elektrizität benötigt werden.

Ein System, welches off-line Zahlungen und Verlusttoleranz gestattet, kann keine lange Gültigkeit erlauben: Bei off-line Verwendbarkeit kann der Herausgeber erst dann verlorenes Geld zurückerstatten, wenn es nicht mehr gültig ist. Es ist nämlich für den Herausgeber nicht feststellbar, ob das Geld wirklich verloren ist, oder an eine andere Person off-line gezahlt wurde. Damit ist ein Konflikt zwischen Verlusttoleranz, die kurze Gültigkeitszeiten verlangt, und off-line Zahlungen, für die eine lange Gültigkeit wünschenswert ist, gegeben.

Nutzerinput und -output stehen im Gegensatz zur Gerätegröße: Für die Benutzer ist es angenehmer, eine kleine Karte mit sich zu führen, als ein Gerät im Taschenrechnerformat mit eigener Tastatur und Anzeige.

5   Existierende Systeme

Wenn man herkömmliches Bargeld ersetzen möchte, so sind nach unseren Befragungen off-line Transferierbarkeit und Unverkettbarkeit nötig. Heute gibt es keine einzige Implementierung, die diese Charakteristika bietet. Internet-Zahlungsmittel wie eCash kann man nicht off-line verwenden.[9] Existierende Wertkarten bieten keine Unverkettbarkeit, und nur Mondex bietet Transferierbarkeit, allerdings nicht für Händler. Lediglich der CAFE-Prototyp (CAFE 1996) bot Unverkettbarkeit, aber nur eine begrenzte Transferierbarkeit zu „Geschwister"-Karten (für die Übertragung von Eltern zu Kindern zum Händler).

6   Konsequenzen

In den europäischen Wertkartenprojekten wurde sichtbar, daß es sehr schwierig ist, das herkömmliche Bargeld zu ersetzen. Außer bei Mondex gibt es keine Transferierbarkeit. Gelegentlich wurde versucht, durch Kartenleser die Transparenz zu erhöhen. Nutzbarkeit auf Netzwerken war kaum möglich.[10] Aus unseren eigenen Befragungen wissen wir, daß die Nutzer diesen Mangel an Funktionalität sehen. Wenn man also nur einige Charakteristika anbietet, kann man auch nur die Nutzung in einzelnen Nischen erwarten, jedoch keine Abschaffung des Bargeldes.

6.1.1 Elektronische Brieftaschen

Zukünftige Systeme elektronischen Bargeldes könnten allerdings ihren Namen in einem höheren Grade verdienen. Elektronische Brieftaschen könnten über mehrere Megabytes E^2PROM, Display und Tastatur verfügen, was mehrere Probleme auf einmal lösen könnte: Man kann Transferierbarkeit anbieten, viele Münzen speichern, das Guthaben anzeigen und die PIN auf dem eigenen Gerät eingeben. Nicht vertrauenswürdige Terminals könnten kein Geld entnehmen. Das Wallet-Oberver Konzept kann realisiert werden. Unwiderrufliche Zahlungen wären möglich. Mit einem kontaktlosen Interface könnten billige Terminals möglich werden, so daß sogar kleine Summen kostengünstig bezahlt werden könnten.

Leider wurden bislang wenig Erfahrungen mit elektronischen Brieftaschen gesammelt. Vielmehr muß festgestellt werden, daß die Kartenindustrie und die Banken sich in einem "lock-in" (Arthur 1989) befinden, indem sie sich auf (Chip-) Karten festgelegt haben. Würden die Nutzer für elektronische Brieftasche zahlen

---

[9] Bei Digicash eCash ist eine on-line Überprüfung notwendig. Wie bei allen existierenden Internet-Zahlungsmitteln ist keine Unverkettbarkeit gegeben, weil der Inhaber ja eine TCP/IP Adresse angeben muß, um eine Verbindung mit dem Zahlungsempfänger herzustellen.

[10] Im EU-Projekt SEMPER wurde die KPN-Wertkarte Chipper für Zahlungen über das Internet benutzt. Vgl. <http://www.semper.org>.

wollen? Erste qualitative Interviews mit 139 Kartennutzern in fünf europäischen Ländern zeigen, daß es eine Zahlungsbereitschaft von EURO 15 bis 50 für derartige Geräte gibt, wenn sie mehrere Karten ersetzen, also auch Postpay-Funktion haben (Furger et al. 1998). Den Gesprächspartnern wurden Prototypen gezeigt, und ihre Feedback war ermutigend:

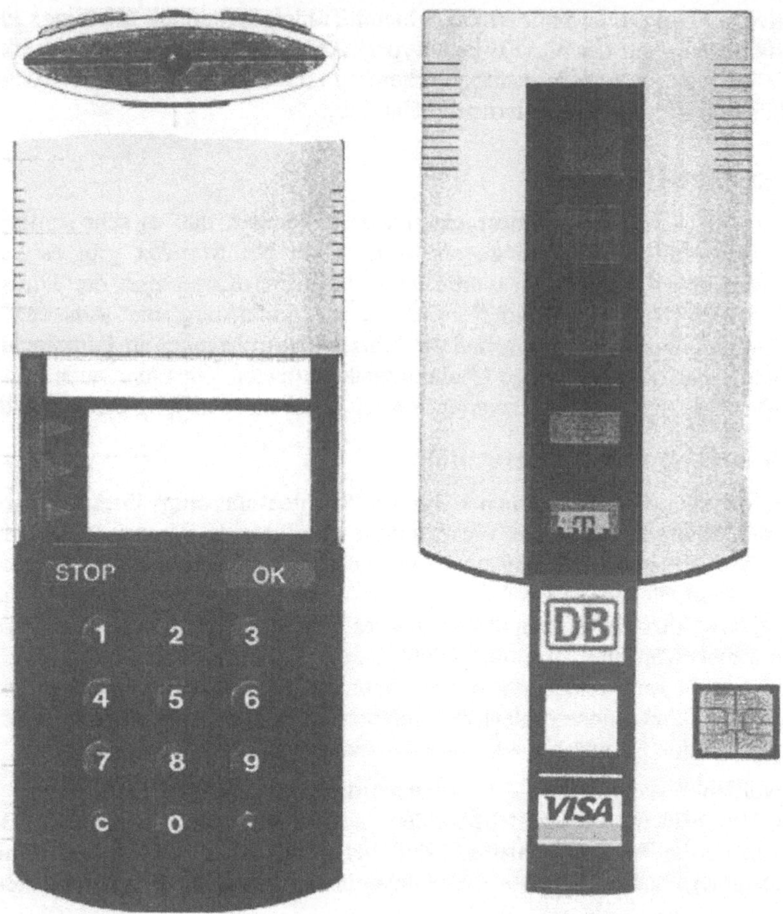

Abb. 1: Designstudie für eine multifunktionale Brieftasche mit Infrarotschnittstelle, Menütasten und Schublade für mehrere Sicherheitsmodule (Özalp 1996).

„Wenn ich so ein Superding in der Hand habe, würde ich es natürlich vielseitig einsetzen."

"Could be something like a Swatch, the latest trend to have."

"That's the future, this kind of thing."

Bislang wurde jedoch noch kein größerer Versuch unternommen.[11] Die Lage mag sich noch ändern, wenn Mobiltelefone oder Organizer zunehmend für Zahlungen benutzt werden oder um sonstige Dokumente sicher digital anzuzeigen und zu signieren (vgl. das deutsche Signaturgesetz, Bundesregierung 1997). Mit der Benutzung existierender Gerätetypen würden die marginalen Kosten für die Zahlungs- oder Signaturfunktion minimiert (vgl. Pfitzmann et al. 1997, Weber 1997a).

6.1.2 Münzen in Chipkarten

Da Zahlungssystembetreiber ihre Karten weiterentwickeln wollen, sollte man untersuchen, ob mit teilbaren oder mehrfach verwendbaren Münzen nicht doch ein zählerloses System gebaut werden kann, bei dem nur einige wenige Transaktionen verkettbar sind. Verlusttoleranz wird jedoch immer noch schwer zu realisieren sein. Allerdings hätte man recht niedrige Kosten für Geräte auf der Kundenseite. Neue flexible Kartendisplays könnten die Transparenz auf der Kundenseite erhöhen.

6.1.3 Andere Lösungsansätze

Neben den zwei erwähnten Ansätzen wäre ein dritter Lösungsansatz, einen stärkeren Manipulationsschutz zu verwenden, und weniger auf Signaturen zu vertrauen. Es gibt Systeme mit batteriegestütztem RAM, gegen die keine Attacken bekannt sind (z.B. Cryptoboards von IBM). Heute sind solche Geräte dicker als normale Karten und sehr teuer, da in kleinen Losgrößen produziert. Aber dies könnte sich ändern. Eine vierte Möglichkeit wäre nach neuen kryptographischen Techniken zu suchen.

7   Ist elektronisches Bargeld realisierbar?

Selbst mit heutigen Techniken ist es möglich, in neue Zahlungsmittel Charakteristika wie Unverkettbarkeit, Transparenz und off-line Benutzbarkeit zu integrieren. Unverkettbare Systeme zum Beispiel wären unserem heutigen Bargeld ähnlicher als existierende Kartensysteme. Wie die Diskussion der Trade-offs gezeigt habt,

---

[11] In CAFE wurden nur wenige Transaktionen via Infrarot getätigt. Im Versuch der UBS in St. Moritz (1990) wurde ebenfalls eine Wertkarte mit Brieftasche (Adapter) benutzt, und zwar mit Radio-Interface. Beide Interfaces waren nicht sehr robust.

ist es jedoch eine Herausforderung für die Forschung, ein System zu bauen, das tatsächlich den Namen „elektronisches Bargeld" verdient.

8 Danksagungen

Die Autoren möchten David Chaum, Franco Furger, Tatsuaki Okamoto, Birgit Pfitzmann, Ingo Pippow, Jan Reichert, und Michael Waidner für viele anregende Diskussionen danken. Die Nutzerbefragungen wurden für das CAFE-Projekt gemacht. Die Autoren danken den Interviewern und den 300 Befragten (vgl. Furger et al. 1998, Weber 1995, Weber 1997b). Die vorliegende Arbeit wurde teilweise vom ACTS-Projekt SEMPER unterstützt, repräsentiert jedoch nur die Ansicht der Autoren.

9 Literatur

Anderson, Ross; Kuhn, Markus: Tamper Resistance - a Cautionary Note. The Second USENIX Workshop on Electronic Commerce Proceedings, Oakland, California, November 18-21, 1996, S. 1-11

Antwerpen, C. van: Electronic Cash. Master's thesis, Centre for Mathematics and Computer Science (CWI). Amsterdam 1990

Arthur, Brian: Competing Technologies, Increasing Returns, and Lock-In by Historical Events. In: Economic Journal 1989, S. 116-131

Asokan, N.; Janson, Phillipe; Steiner, Michael; Waidner, Michael: The State of the Art in Electronic Payment Systems. In: IEEE Computer 30/9 (1997), S. 28-35

Bos, Jurjen; Chaum, David; SmartCash: A Practical Electronic Payment System. Report CS-R9035, Centrum voor Wiskunde en Informatica. Amsterdam 1990

Bundesregierung, die: Signaturgesetz. In der Fassung vom 8. Oktober 1997. Verfügbar unter <http://www.bsi.de>

CAFE: The CAFE Consortium: Technical Specifications: Architecture and Protocols - Final Report Volume IIA, CAFE (Esprit 7023) Deliverable PTS9364, April 1996

Chan, Agnes; Frankel, Yair; Tsiounis, Yiannis: Easy Come - Easy Go Divisible Cash. Eurocrypt' 98, LNCS 1403, Springer-Verlag. Berlin 1998, S. 561-575

Chaum, David: Untraceable Electronic Mail, Return Addresses, and Digital Pseudonyms. In: CACM 1981, S. 84-88

Chaum, David: Blind Signatures for Untraceable Payments. In: Advances in Cryptology, Proceedings of Crypto '82. New York 1983, S. 199-205

Chaum, David; Fiat, Amos; Naor, Moni: Untraceable Electronic Cash. In: Crypto '88, LNCS 403, Springer-Verlag. Berlin 1990, S. 319-327

Chaum, David: Achieving Electronic Privacy. In: Scientific American (August 1992), S. 96-101

Chaum, David, Pedersen, Torben: Transferred Cash Grows in Size. In: Eurocrypt '92, LNCS 658, Springer-Verlag. Berlin 1993, S. 390-407

Furche, Andreas; Wrightson, Graham: Computer Money: Zahlungssysteme im Internet; dpunkt Verlag. Heidelberg 1997

Furger, Franco; Paul, Gerd; Weber, Arnd: Survey Results. CAFE Project Report, 1998. Available at <http:/www.iig.uni-freiburg.de/~aweber/>

Mahony, Donal; Peirce, Michael; Tewari, Hitesh: Electronic Payment Systems, Artech House, London1998

Özalp, Nilgün: Entwurf von Benutzerendgeräten für elektronische Zahlungssysteme. Diplomarbeit, Fachhochschule Hildesheim/Holzminden 1996

Okamoto, Tasuaki; Ohta, Kazuo: Universal Electronic Cash. In: Crypto '91, LNCS 576, Springer-Verlag. Berlin 1992, S. 324-337

Pedersen, Torben: Electronic Payments of Small Amounts. In: Security Protocols 1996, LNCS 1189, Springer-Verlag, Berlin 1997, S. 59-68

Pfitzmann, Andreas; Pfitzmann, Birgit; Schunter, Matthias; Waidner, Michael: Trusting Mobile User Devices and Security Modules. In: Computer 30/2 (1997), S. 61-68

Pfitzmann, Birgit; Waidner, Michael: Strong Loss Tolerance of Electronic Coin Systems. In: ACM Transactions on Computer Systems 15/2 (1997), S. 194-213

Schmidt, Jan; Schunter, Matthias, Weber, Arnd: Can Cash be Digitalised? In: Günter Müller, Kai Rannenberg (Hrsg.): Multilateral Security for Global Communication. Bonn 1999, i.E.

Weber, Arnd: Zur Notwendigkeit sicherer Implementation digitaler Signaturen in offenen Systemen. In: Günter Müller, Andreas Pfitzmann (Hrsg.): Mehrseitige Sicherheit in der Kommunikationstechnik, Addison-Wesley-Longman 1997 (a), S. 465-478

Weber, Arnd: Soziale Alternativen in Zahlungsnetzen. Campus. Frankfurt, New York 1997 (b)

Weber, Arnd; Carter, Bob; Pfitzmann, Birgit; Schunter, Matthias; Stanford, Chris; Waidner, Michael: Secure International Payment and Information Transfer. Towards a Multi-Currency Electronic Wallet. Frankfurt 1995 (Project CAFE)

Bezahlen von Mix-Netz-Diensten

Heike Neumann, Matthias Baumgart

Mathematisches Institut – Justus-Liebig-Universität Gießen
{Heike.B.Neumann,Matthias.Baumgart}@math.uni-giessen.de

Zusammenfassung

In diesem Beitrag wird ein Bezahlungsprotokoll für Mix-Netz-Dienste vorgestellt, das auf der Verwendung von digitalen Münzen beruht. Dieses Protokoll zeichnet sich dadurch aus, daß es dem Benutzer von Mix-Netzen ermöglicht, die Mixe einzeln anonym zu bezahlen, so daß weder ein einzelner Mix noch die Bank diese Anonymität aufheben kann. Das Protokoll läßt sich so erweitern, daß ein Benutzer kontrollieren kann, welcher Mix korrekt gearbeitet hat, ohne daß er dazu seine Identität aufdecken muß.

1   Einführung

Anonymität ist ein wichtiger Aspekt in öffentlichen Kommunikationssystemen. In vielen unterschiedlichen Situationen ist es für die Benutzer eines Kommunikationsnetzes wünschenswert, anonym aufzutreten.

Eine Voraussetzung von Anonymität ist die Unbeobachtbarkeit von Kommunikations*beziehungen*, das heißt, daß es für einen Außenstehenden nicht möglich sein sollte festzustellen, welcher Teilnehmer Kontakt mit einem anderem aufnimmt.

Dies kann durch das Konzept der Mix-Netze erreicht werden. Sie wurden erstmals von D. Chaum im Jahre 1981 [Chaum81] als Modell zum anonymen E-Mail-Transfer vorgestellt und haben seitdem zahlreiche Ergänzungen erfahren.

Mit einem Mix-Netz läßt sich die Anonymität einer Kommunikationsbeziehung realisieren, das heißt, daß es keinen Zusammenhang zwischen dem Sender und dem Empfänger einer gesendeten Nachricht gibt, selbst wenn alle Nachrichten im Netz aufgezeichnet werden und alle bis auf einen Mix korrupt sind. Ein Mix wird „korrupt" genannt, wenn er seine Aufgabe nicht erfüllt, das heißt, wenn er einem Außenstehenden einen Zusammenhang zwischen bei ihm eingehenden und ausgehenden Nachrichten verrät.

Ebenso wie die Betreiber eines Kommunikationsnetzes fordern die Betreiber eines Mix-Netzes eine Bezahlung dieser Dienstleistung. In [FJ98] wurde eine Lösungsmöglichkeit aufgezeigt, mit der sich eine Bezahlung von Mixen umsetzen läßt. Grundlage der Bezahlung ist das Tick-Payment von T. Pedersen, ein identitätsbasiertes Micropaymentsystem (vgl. [Ped94]). Die Nachricht wird in Blöcke aufgeteilt, und jeder einzelne Block wird zusammen mit einem Tick des Zahlungssystems verschickt.

Diese Vorgehensweise hat mehrere Nachteile:

Zum einen sind Tick-Payments grundsätzlich identitätsbasierte Zahlungsmittel. Das bedeutet, daß der Kunde zwar gegenüber dem Händler anonym oder pseudonymisiert auftreten kann, nicht jedoch gegenüber der Bank. Die Bank kann zwar keinen Zusammenhang zwischen den einzelnen versendeten Nachrichten und den Sendern dieser Nachrichten herstellen, sie kann jedoch ohne weiteres feststellen, welche ihrer Kunden überhaupt Mix-Netze zum Versenden von Nachrichten verwenden. Ist gerade der letzte Mix einer Kaskade korrupt und wird dieser von einem Kunden mit einem Tick-Payment bezahlt, so kann die Bank sogar mit Hilfe des korrupten Mixes die Kommunikationsbeziehung eines Kunden beobachten!

Zum anderen ist das in [FJ98] angesprochene Problem des fairen Austausches von Geld und Service keines, das spezifisch bei Mix-Netzen auftritt. Die bis heute bekannten Möglichkeiten, diesem Problem zu begegnen (wie z.B. [Jakobs95], [ASW98] u.a.) erfordern alle einen erheblichen Mehraufwand an Kommunikation, der für das Bezahlen einer Mix-Netz-Kaskade eher ungeeignet oder gar nicht durchführbar ist.

In diesem Beitrag stellen wir ein Bezahlprotokoll für Mix-Netz-Dienste vor, das es dem Benutzer ermöglicht, die verwendeten Mixe einzeln zu bezahlen, ohne seine Identität gegenüber den Mixen oder der Bank preiszugeben. Je nachdem, welches Münzsystem und welche Verschlüsselungsalgorithmen verwendet werden, ist die Anonymität bedingunglos oder komplexitätstheoretisch gewährleistet.

Das Bezahlungsprotokoll bietet außerdem dem Benutzer die Möglichkeit, die Korrektheit der Mixe zu überprüfen.

In Abschnitt 2 beschreiben wir die Grundprinzipien gängiger Mix-Netze. Abschnitt 3 behandelt digitale Zahlungsmethoden. Insbesondere werden digitale Münzen beschrieben, auf denen unser Lösungsvorschlag zum Bezahlen von Mix-Netz-Diensten basiert. In Abschnitt 4 wird unser neuer Ansatz der Bezahlung von Mix-Netz-Diensten eingehend beschrieben. Die einzelnen Eigenschaften des Protokolls werden dann in Abschnitt 5 erläutert.

2 Mix-Netze

Mix-Netze stellen eine Möglichkeit dar, mit Hilfe kryptographischer Mechanismen in einem öffentlichen Kommunikationskanal die Unbeobachtbarkeit von Kommunikationsbeziehungen zu realisieren. Dabei heißt ein Kommunikationskanal *unbeobachtbar*, wenn niemand durch Aufzeichnen aller Nachrichten, die über diesen Kanal gesendet werden, einen Zusammenhang zwischen Sender und Empfänger einer Nachricht herstellen kann.

Er heißt *senderanonym*, wenn der Sender seine Nachricht anonym über diesen Kanal senden kann, d.h. weder Empfänger noch ein Außensstehender erfährt, wer die Nachricht gesendet hat. Man spricht außerdem von *Empfängeranonymität*, wenn der Empfänger eine Nachricht anonym über diesen Kanal erhalten kann, d.h. niemand (nicht einmal der Sender) erfährt, wer eine über diesen Kanal gesendete Nachricht empfängt.

Das erste Modell für ein Mix-Netz wurde von Chaum [Chaum81] vorgestellt. Im folgenden wird kurz ein Mix-Netz mit nur einem Mix beschrieben und durch Abbildung 1 illustriert.

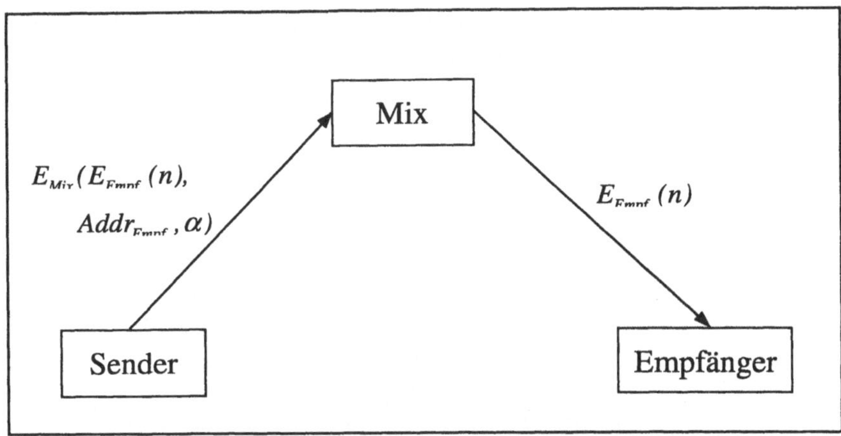

Abbildung 1: Ein Mix-Netz mit einem Mix

Der Sender verschlüsselt zunächst die Nachricht n mit dem öffentlichen Schlüssel des Empfängers. Danach verschlüsselt er den erhaltenen Chiffretext zusammen mit der Adresse des Empfängers und einer Zufallszahl noch einmal mit dem öffentlichen Schlüssel des Mixes. D.h. der zum Mix gesendete Wert entspricht

$$C := E_{Mix}(E_{Empf.}(n), Addr_{Empf.}, \alpha),$$

wobei $E_{Empf.}(n)$ für eine mit dem öffentlichen Schlüssel von *Empf.* verschlüsselte Nachricht n steht, und α eine Zufallszahl ist.

Die so verschlüsselte Nachricht wird an den Mix gesendet. Dieser entschlüsselt mit Hilfe seines privaten Schlüssels und erhält den Chiffretext zur Nachricht n, sowie die Adresse des Empfängers und die Zufallszahl, also $E_{Empf.}(n), Addr_{Empf.}$ und α.

Die Zufallszahl α wird vom Mix entfernt, dann sendet er den Chiffretext $E_{Empf.}(n)$ an die Adresse des Empfängers $Addr_{Empf.}$.

Der Empfänger kann nun die Nachricht n mit seinem privaten Schlüssel aus dem Chiffretext $E_{Empf.}(n)$ entschlüsseln.

Die Zufallszahl α dient dazu, unterschiedliche Chiffretexte zu erhalten, wenn man die gleiche Nachricht mehrfach mit demselben öffentlichen Schlüssel verschlüsselt. Ohne den Einsatz der Zufallszahl ist es für den Empfänger oder einen Angreifer möglich, den Sender einer Nachricht nachträglich zu bestimmen, indem er den Nachrichteneingang des Mixes aufzeichnet. Eine vom Mix versendete Nachricht kann einfach mit dem öffentlichen Schlüssel des Mixes verschlüsselt und der Wert dann mit den aufgezeichneten Werten des Nachrichteneingangs verglichen werden. Bei übereinstimmendem Wert kann dann der ursprüngliche Sender der Nachricht ermittelt werden. Etwas allgemeiner kann man auch fordern, daß es sich bei der verwendeten Verschlüsselung um ein probabilistisches Verfahren handeln muß. Wird also als Verschlüsselungsverfahren das ElGamal-Verfahren [ElG85] verwendet, so kann auf die Zufallszahl α innerhalb der Nachricht verzichtet werden, da das ElGamal-Verfahren bereits ein probabilistisches Verschlüsselungsverfahren ist.

Der Mix sendet die Nachrichten zeitlich versetzt und in umsortierter Reihenfolge weiter, um eine Rückverfolgung zum Sender der anonymen Nachricht mittels Nachrichteneingangs- und Nachrichtenausgangsüberwachung des Mixes zu verhindern. Außerdem sorgt der Mix dafür, daß keine identischen Nachrichten das Mix-Netz mehrfach durchlaufen, so daß eine Replay-Attacke ausgeschlossen wird. Replay-Attacken ermöglichen durch den Vergleich der Ein- und Ausgabeschübe des Mixes ein Überbrücken des Mixes. Verhindern lassen sich solche Angriffe zum Beispiel durch die Speicherung bereits gesendeter Nachrichten in einer Datenbank oder die Vergabe von Zeitstempeln.

Um eine größere Sicherheit des anonymen Kanals zu erreichen, ist es besser, eine Reihe von Mixen hintereinanderzuschalten (also ein sogenanntes Kaskaden-Mix-Netz zu verwenden), so daß die Anonymität gewährleistet ist, solange mindestens einer der Mixe sich korrekt verhält.

Eine durch ein solches Kaskaden-Mix-Netz mit N Mixen versendete Nachricht n hat folgenden Aufbau:

$$E_{Mix_1}\left(E_{Mix_2}\left(\ldots\left(E_{Mix_N}\left(E_{Empf.}(n), Addr_{Empf.}\right)\ldots\right)\right)\right).^{[1]}$$

Zu den Aufgaben eines solchen Kaskaden-Mix-Netzes gehört es außerdem, daß die Mixe einander permanent Dummy-Nachrichten zusenden und dafür sorgen, daß alle im Mix-Netz gesendeten Nachrichten eine festgelegte Länge besitzen, um die Verfolgbarkeit echter Nachrichten zu erschweren. Dies kann z.B. durch Anhängen einer Zufallszahl an die Nachricht erfolgen. Werden zusätzlich permanent Dummy-Nachrichten an die möglichen Empfänger gesendet, so kann auch niemand bei Beobachtung des Netzes feststellen, wer eine Nachricht (die keine Dummy-Nachricht war) erhalten hat (Unbeobachtbarkeit). Details zur Arbeitsweise von Mixen finden sich zum Beispiel in [FeJePf97].

3 Zahlungsmittel

Digitale Zahlungsmittel ersetzen herkömmliche Bezahlmethoden in offenen digitalen Netzen wie dem Internet. Dabei lassen sich digitale Zahlungsmittel im wesentlichen durch zwei Merkmale unterscheiden:

- Autorisierung der Bezahlung. Man unterscheidet hier *online-* und *offline-*Systeme. Bei einem online-Verfahren wird während der Bezahlung die Bank kontaktiert, die die Bezahlung autorisiert. Erst nach dieser Autorisierung akzeptiert der Händler das Zahlungsmittel. Bei einem offline-Verfahren kann der Händler selbst feststellen, ob ein Zahlungsmittel gültig ist oder nicht. Eine Verbindung zur Bank während der Bezahlung ist daher nicht notwendig.

- Grad der Anonymität. Gemeint ist damit die Anonymität des Kunden gegenüber der Bank. Bei einem *anonymen* Zahlungsmittel kann die Bank an Hand des Zahlungsmittels nicht erkennen, welcher Kunde damit bezahlt hat. Beispiele für anonyme Zahlungsmittel sind herkömmliche oder digitale Münzen dienen.

  Neben den anonymen Zahlungsmitteln gibt es noch die identitätsbasierten Zahlungsmittel. Dazu gehören Schecks oder auch Kreditkarten und ihre digitalen Pendants. Auch die meisten Micropaymentsysteme, insbesondere die Tickpayments von Pedersen, fallen unter diese Kategorie. Identitätsba-

---

[1] Wir nehmen an, daß E ein probabilistisches Verschlüsselungsverfahren ist.

sierte Zahlungsmittel haben grundsätzlich die Eigenschaft, daß die Bank in der Lage ist, eine Reihe von Informationen über ihre Kunden zu sammeln - z.B. darüber, wofür diese Geld ausgeben.

Für das Bezahlen von Mixen sind zunächst offline-Systeme zu bevorzugen, weil sie im allgemeinen kostengünstiger und weniger zeitaufwendig sind. Weiterhin sind anonyme Zahlungsmittel besser geeignet als identitätsbasierte. Sind nämlich alle bis auf einen Mix eines Netzes korrupt, so sollte sich die Kommunikationsbeziehung zwischen den Teilnehmern dennoch nicht rekonstruieren lassen. Ist aber gerade der letzte Mix einer Kaskade korrupt und wird mit einem identitätsbasierten Zahlungsmittel bezahlt, so kann eine Koalition aus Bank und Mix feststellen, welche Teilnehmer miteinander kommunizieren.

Um die Anonymität der Benutzer von Mix-Netzen zu wahren, bieten sich somit als Zahlungssystem vor allem digitale Münzen an.

3.1 Digitale Münzen

Die Grundidee eines digitalen Münzsystems stammt von D. Chaum, [Chaum85], wobei sein erster Vorschlag aus dem Jahr 1985 ein online-System beschreibt. Mittlerweile sind eine ganze Reihe von offline-Münzsystemen bekannt, unter anderem [CFN88], [OO91], [Brands93], [Ferg93], etc.

Die Anonymität der Münzen wird dabei stets durch eine blinde Signatur der Bank gewährleistet. Durch die Signatur der Bank kann ein Händler feststellen, ob eine Münze gültig ist oder nicht. Bei einer solchen Vorgehensweise stellt sich jedoch immer das Problem, daß ein Kunde Kopien seiner Münzen anfertigen und die gleiche Münze mehrfach ausgeben kann (*Double-spending*). Ein Händler kann zwar die Echtheit einer Münze feststellen, er kann jedoch nicht entscheiden, ob eine vorliegende Münze das Original oder eine Kopie ist. Dies ließe sich dadurch lösen, daß der Händler Kontakt zur Bank aufnimmt, bevor er die Münze akzeptiert, womit jedoch wieder ein online-Verfahren benötigt würde. Die genannten Systeme gehen anders vor. Die Bezahlung, die bei den online Systemen nur aus der Übertragung der Münze besteht, wird ersetzt durch ein interaktives Challenge-Response-Protokoll. Dabei gibt der Kunde als Response einen Teil seiner Identität, das heißt zum Beispiel seiner Kontonummer preis. Beim Einlösen der Münze teilt der Händler der Bank die Münze, seine Challenge und die Antwort des Kunden mit. Die Response ist so konstruiert, daß die Bank aus zwei verschiedenen Responses bei der gleichen Münze (d.h. bei einem Double-spending) die Identität des Kunden berechnen kann, aus nur einer Response sich jedoch *kein* Rückschluß auf den Kunden ziehen läßt.

Auf diese Weise kann zwar ein Double-spending nicht verhindert, aber im nachhinein geahndet werden.

Als Beispiel betrachten wir einen Vorschlag, dessen Sicherheit auf dem diskreten Logarithmus beruht (vgl. [Schoen95]):

Schlüsselerzeugung:

Die Bank bestimmt einen Sicherheitsparameter k und eine Primzahl q mit k Bit. Die Berechnungen werden grundsätzlich in einer Gruppe G der Ordnung q durchgeführt, in der es nicht möglich ist, effizient diskrete Logarithmen zu berechnen. Diese Gruppe muß natürlich ebenfalls von der Bank spezifiziert werden. Weiterhin veröffentlicht sie ein erzeugendes Element h dieser Gruppe.

Die Bank bestimmt zwei geheime Schlüssel x_1 und x_2 und berechnet die dazugehörigen öffentlichen Schlüssel als $g_1 := h^{x_1}$ und $g_2 := h^{x_2}$. Neben den öffentlichen Schlüsseln publiziert die Bank außerdem eine Einweghashfunktion $H: G \times G \times G \rightarrow Z_q$.

Für jeden Kunden wählt die Bank eine zufällige Benutzerkontonummer U aus.

Abhebung einer Münze:

Der Kunde mit der Kontonummer U authentifiziert sich gegenüber der Bank.

Die beiden führen dann das folgende Protokoll durch.

1. Schritt

   Die Bank generiert eine Zufallszahl w aus Z_q und berechnet

   $a := (g_1^U \cdot g_2)^w$. Sie schickt a an den Kunden.

2. Schritt

   Der Kunde wählt fünf Zufallszahlen t, s_1, s_2, u, v aus $Z_q{}^*$ aus und berechnet:

   (1) $g' = (g_1^U \cdot g_2)^t$

   (2) $m = g_1^{s_1} \cdot g_2^{s_2}$

   (3) $a' = a \cdot (g_1^U \cdot g_2)^v \cdot h^u$

   (4) $c' := H(g', m, a')$

   (5) $c = c' + u \bmod q$

   Der Kunde übermittelt c an die Bank.

3. Schritt

Die Bank signiert c, indem sie berechnet:

$$r := w + c \cdot (U \cdot x_1 + x_2)^{-1} \, mod \ q.$$ Sie schickt r an den Kunden.

4. Schritt

Der Kunde verifiziert die Korrektheit von r, indem er

$r' := (r+v)\, t^{-1} \bmod q$ berechnet und folgende Gleichung überprüft:

$$g^{r'} \overset{?}{=} a' \cdot h^{c'}$$

Haben sich Kunde und Bank korrekt verhalten, so ist diese Gleichung erfüllt:

$$g^{r'} = g^{x(r+v)\cdot t^{-1}} = g^{x^{-1}(w+v+c\cdot(U\cdot x_1+x_2)^{-1})} = (g_1'^{U} \cdot g_2)^{w} \cdot (g_1'^{U} \cdot g_2)^{v} h^{c'+u} = a' \cdot h^{c'}$$

Bezahlung:

Die Bezahlung ist ein interaktives Challenge-Responsc-Protokoll zwischen Kunde und Händler, indem der Kunde nachweist, daß ihm die diskreten Logarithmen von g' und m bezüglich g_1 und g_2 bekannt sind.

1. Schritt

Der Kunde schickt g', m, r' und c' an den Händler.

2. Schritt

Der Händler überzeugt sich davon, daß g' nicht das neutrale Element der Gruppe G ist und daß gilt:

$$c' = H(g', m, g^{r'} \cdot h^{-c'})$$

Ist beides erfüllt, so berechnet der Händler eine Challenge d für den Kunden. Schoenmakers schlägt vor, die Challenge als Hashwert der Münze und bestimmter Daten des Händlers, wie z.B. einer Identifikationsnummer des Händlers, dem Datum und der Uhrzeit, zu erzeugen:

$$d := H(g', m, data)$$

3. Schritt

Der Kunde antwortet auf diese Challenge, indem er berechnet:

$$r_1 := U \cdot t \cdot d + s_1 \bmod q$$
$$r_2 := t \cdot d + s_2 \bmod q$$

Der Kunde schickt r_1 und r_2 als Responses an den Händler.

4. Schritt

Der Händler prüft die Richtigkeit der Antwort durch:

$$g_1^{r_1} \cdot g_2^{r_2} \stackrel{?}{=} g^{x d} \cdot m$$

Hat der Kunde korrekt geantwortet, so gilt:

$$g_1^{r_1} \cdot g_2^{r_2} = g_1^{U \cdot t \cdot d + s_1} \cdot g_2^{t \cdot d + s_2} = (g_1^{U} \cdot g_2)^{t \cdot d} \cdot g_1^{s_1} \cdot g_2^{s_2} = g^{x d} \cdot m$$

Einlösen der Münze bei der Bank:

Der Händler übermittelt der Bank die „Geschichte" der Münze: g', m, r', c', *data*, r_1, r_2. Die Bank führt die gleichen Prüfungen durch wie der Händler und nimmt die Münze an, wenn alle Verifikationsschritte gelingen.

4 Bezahlung von Mixen mit digitalen Münzen

Die Kombination der beiden beschriebenen Verfahren, der Mix-Netze und der digitalen Münzen, wirft ein Problem auf: Das Bezahlungsprotokoll, das jeder Mix mit dem Sender durchführen muß, ist ein interaktives Challenge-Response-Protokoll. Das bedeutet einen nicht wünschenswerten Kommunikationsaufwand.

Die Interaktivität in einem Challenge-Response-Protokoll läßt sich jedoch dadurch vermeiden, daß die Challenge nicht zufällig vom Verifizierer gewählt wird, sondern als Hashwert eines Klartextes, der eine vorgegebene Struktur besitzt. Um einen Betrug von seiten des Händlers zu verhindern, ist dies ohnehin im Bezahlprotokoll eines Münzsystems gegeben. Die Challenge ist das Ergebnis einer Hashfunktion bei Eingabe des Datums, der Uhrzeit, der Identifikationsnummer des Händlers (in unserem Fall Mixes) u.ä. Diese Berechnungen kann auch der Sender der Nachricht allein durchführen ohne Zuhilfenahme des Mixes, den er bezahlen will. Der Mix muß dann zusätzlich kontrollieren, ob die Challenge korrekt berechnet worden ist.

Gegenüber der interaktiven Variante entstehen damit keine neuen Angriffsmöglichkeiten, denn der Kunde kann hierbei nur dadurch betrügen, daß er Kollisionen der Hashfunktion findet, was bei der Wahl einer geeigneten kryptographischen Hashfunktion als nicht machbar angesehen werden kann.

Das im folgenden beschriebene Protokoll für die Bezahlung von Mix-Netzen stellt eine einfache Möglichkeit dar, wie eine Kundin *Alice* des Mix-Netzes die von ihr verwendeten Mixe einzeln für die zu erbringende Leistung bezahlen und dabei ihre Anonymität sowohl gegenüber den einzelnen Mixen als auch gegenüber der Bank wahren kann. Gleichzeitig bietet das Protokoll auch einen Schutz gegen das Double-spending von Münzen und bietet eine Möglichkeit für Alice, die korrekte Handlungsweise der Mixe zu überprüfen.

Das Mix-Bezahlungsprotokoll besteht aus folgenden Schritten:

1. Schritt

Zunächst wählt Alice eine Anzahl K von beliebigen Mixen M_j;

$j=1,2,...,$ K aus, die sie als Mix-Netz verwenden möchte, um Bob eine Nachricht zu senden.

Wir nehmen an, daß Alice bereits über ausreichend viele Münzen verfügt, das heißt, daß sie K Münzen der Form

$$coin_j := (g'_j = g_1^{Ut_j} g_2^{t_j}, m_j = g_1^{s_{1,j}} g_2^{s_{2,j}}, r'_j, c'_j); \; j=1,2,...K \text{ mit}$$

$$c'_j = H(g'_j, m_j, g_j'^{r'_j} h^{-c'_j}) \text{ und } g'_j \neq 1 \text{ besitzt.}$$

2. Schritt

Im zweiten Schritt bereitet Alice die anonyme Nachricht an den Empfänger Bob vor. Dazu verschlüsselt sie zunächst die an *Bob* gerichtete Nachricht n mit dessen öffentlichen Schlüssel ($E_{Bob}(n)$).

Diesen Wert verschlüsselt sie dann ineinander verschachtelt mit den öffentlichen Schlüsseln der Mixe und hinterlegt jeweils eine Münze für den entsprechenden Mix. Das heißt, sie bildet

$$n_j := E_{M_j}(n_{j+1}, M_{j+1}, coin_j, d_j, Datum, Uhrzeit, r_{1,j}, r_{2,j}) \text{ für } j=K, \; K\text{-}1,...,1$$

Für n_{K+1} und M_{K+1} definieren wir: $n_{K+1} := E_{Bob}(n)$ und $M_{K+1} := Bob$

Dabei ist $d_j = H(g'_j, m_j, data_j)$, wobei $data_j$ aus der Identifikationsnummer des Mixes M_j, dem Datum und der Uhrzeit besteht. $r_{1,j}$ und $r_{2,j}$ sind die zu d_j gehörigen Antworten (siehe Abschnitt 3.1). Der Hashwert d_j muß korrekt erzeugt werden, um das Aufdecken eines Double-spendings durch die Bank garantieren zu können. Das bedeutet, daß der Mix das Urbild des Hashwertes kennen und überprüfen muß. Dazu benötigt er die vom Sender verwendete Zeitangabe *Datum/Uhrzeit*. Dies ist der Grund dafür, weshalb diese Information in der Nachricht n_j enthalten sein muß.

n_1 sendet sie zum ersten Mix des Mix-Netzes.

3. Schritt

Die Mixe entschlüsseln die jeweils zu ihnen gesendete Nachricht, überprüfen die mitgesendete Münze auf ihre Korrektheit und leiten die entsprechende Nachricht weiter. Das heißt, Mix M_j entschlüsselt die zu ihm gesendete Nachricht n_j und erhält:

$$n_{j+1}, M_{j+1}, coin_j, d_j, Datum, Uhrzeit, r_{1,j}, r_{2,j}$$

Dann überprüft er die Echtheit der für ihn bestimmte Münze $coin_j$, indem er einerseits überprüft, ob $c'_j = H(g'_j, m_j, g'^{r'_j}_j h^{-c'_j})$ und $g'_j \neq 1$ gilt und ob die Münze nicht schon in seiner internen Datenbank (in der der Mix die Münzen temporär bis zum Einlösen bei der Bank speichert) enthalten ist. De weiteren überprüft er, ob $d_j = H(g'_j, m_j, data_j)$ und $g_1^{r_{1,j}} g_2^{r_{2,j}} = g'^{d_j} m_j$ gilt, wobei er $data_j$ aus den mitgesendeten Werten für Datum und Uhrzeit und seiner Identifikationsnummer bildet. Die mitgesendeten Werte Datum und Uhrzeit dürfen dabei einen vorher festgelegten Abstand zum tatsächlichem Datum und Uhrzeit nicht überschreiten, um ein Double-spending der Münze zu verhindern. Sind alle diese Forderungen erfüllt, so akzeptiert er die Münze und speichert sie in einer lokalen Datenbank ab. Den Wert n_{j+1} (mit zusätzlichen zufälligen Bits, um die vorgegebene feste Länge für Nachrichten innerhalb des Mix-Netzes zu erhalten) sendet er an den Mix M_{j+1}.

Der Mix M_K sendet, nachdem er die erhaltene Münze überprüft hat, die Nachricht n_{K+1} an den Empfänger *Bob*.

4. Schritt

In regelmäßigem Abstand (z.B. einmal täglich) sendet ein Mix sämtliche seiner lokal gespeicherten Münzen an die Bank. Die lokal gespeicherten Münzen können danach gelöscht werden.

Die Bank überprüft, ob die Münze korrekt ist, d.h. sie testet alle entsprechenden Gleichungen (die der Mix bereits überprüft hat) und auch, ob die Münze für diesen Mix bestimmt war, indem sie den Hashwert aus den mitgesendeten Werten Datum, Uhrzeit und der Identifkationsnummer des Mixes mit dem Wert d_j vergleicht. Dann prüft sie an Hand ihrer Datenbank, ob die Münze bereits einmal eingelöst wurde. Ist dies nicht der Fall, so schreibt sie dem Mix den Gegenwert der Münze zu und speichert die Münze ($coin_j$) und ihre Geschichte (d_j, *Datum, Uhrzeit*, $r_{1,j}$, $r_{2,j}$) in ihrer Datenbank ab. Ist die Münze bereits gespeichert, so überprüft die Bank, ob auch die Challenge d_j identisch ist. Falls dem so ist, versucht der Mix zum zweiten Mal eine Münze einzulösen, andernfalls hat Alice ihre Münze zweimal ausgegeben und die Bank kann Alices Identität berechnen. Die Bank veröffentlicht zusätzlich alle Werte m_k, die zu einer bereits eingelösten Münze $coin_k$ gehören.

5   Eigenschaften des Protokolls

5.1 Verhinderung von Double-Spending

Wird eine Münze $coin_k$ zweimal bei der Bank eingereicht, so stellt dies die Bank fest, da sich die Münze bereits in ihrer Datenbank befindet. Unterscheidet sich die Geschichte der Münze *(d$_k$, Datum, Uhrzeit, r$_{1,k}$, r$_{2,k}$)* von der abgespeicherten Münze, so versucht ein Sender mit der gleichen Münze mehrfach zu bezahlen. Besitzt man aber zwei verschiedene Geschichten *(d, Datum, Uhrzeit, r$_1$, r$_2$)*, *(d', Datum', Uhrzeit', r'$_1$, r'$_2$)* zu ein-und derselben Münze, so kann nach [Schoen95] mit hoher Wahrscheinlichkeit der Sender der Münze mittels

$$(r_1 - r'_1) \cdot (r_2 - r'_2)^{-1} \equiv (U \cdot t \cdot d + s_1 - U \cdot t \cdot d' - s_1) \cdot (t \cdot d + s_2 - t \cdot d' - s_2)^{-1} \equiv$$
$$U \cdot (t \cdot d - t \cdot d') \cdot (t \cdot d - t \cdot d')^{-1} \equiv U (\text{mod } q)$$

ermittelt werden.

Um das Aufdecken einer Mehrfachausgabe zu ermöglichen, müssen also alle ausgegebenen Münzen von der Bank gespeichert werden. Um den Speicheraufwand möglichst gering zu halten, kann die Bank beispielsweise in bestimmten Abständen ihre Schlüssel zur Münzgenerierung wechseln. Damit können alte Datenbestände dann regelmäßig gelöscht werden, vgl. zum Beispiel [Schoen97].

5.2 Kontrolle der Mixe

Das Veröffentlichen einer Liste durch die Bank mit den Werten m_k der bereits eingelösten Münzen $coin_k$ verleiht dem Bezahlsystem gleich zwei interessante Eigenschaften. Zum einen können die Münzen auch online überprüft werden, falls einzelne Mixe dies fordern, indem sie einfach den Wert m_j einer eingereichten Münze mit den Werten in der von der Bank veröffentlichten Liste vergleichen. Zum anderen besitzt das Verfahren die Eigenschaft, daß ein Sender kontrollieren kann, welcher Mix korrekt gearbeitet hat. Dazu überprüft er an Hand der veröffentlichten Liste der Bank, welche seiner Münzen eingelöst wurden. Wurde die Münze $coin_j$ eingelöst, so kann er sicher sein, daß die Mixe M_1, M_2,..., M_{j-1} korrekt gearbeitet haben, da sonst der Mix M_j niemals die Münze erhalten hätte.

Dies erlaubt dem Sender, eine gewisse Kontrolle über das Mix-Netz auszuüben. Um in einem Mix-Netz ohne Bezahlung feststellen zu können, ob eine Nachricht tatsächlich angekommen ist oder welcher Mix in der Kaskade die Nachricht nicht weitergeleitet hat, muß der Sender die gesamte Kommunikation der Mixe aufzeichnen.

5.3 Flexibilität

Das Bezahlen der Mixe mit Münzen bietet den Sendern einen hohen Grad an Flexibilität. Sie können nicht nur entscheiden, welche Mixe sie in welcher Reihenfolge verwenden wollen, sondern auch, über wie viele Mixe sie ihre Nachricht senden möchten. Die Kosten werden von diesem Verfahren individuell an die Bedürfnisse des Senders angepaßt. Möchte der Sender seine Nachricht über viele Mixe senden, so muß er für jeden Mix eine Münze in der Nachricht hinterlegen. D.h. die Kosten hängen direkt mit der Anzahl der gewünschten Mixe und somit von der Höhe der gewünschten Sicherheit ab. Außerdem kann das Verfahren leicht erweitert werden, um unterschiedliche Preise für unterschiedliche Mixe bezahlen zu können, indem Münzen unterschiedlichen Wertes oder mehrere Münzen für einen Mix hinterlegt werden.

5.4 Effizienz

Unabhängig davon, mit welchem Zahlungsmittel die Mixe bezahlt werden, bedeutet das Einfügen der Bezahlinformationen in jedem Fall einen Verlust an Effizienz. Verwendet man beispielsweise das online Münzsystem ecash als Zahlungssystem, so bedeutet dies einen zusätzlichen Mindestaufwand von 250 Bytes pro Mix und Nachricht (bei Verwendung von 768 Bit RSA-Moduli und SHA-1 (160 Bit Ausgabe) als Hashfunktion). Dazu kommt dann noch der Aufwand für eine Signatur und die Kommunikation zwischen Mix und Bank während der online-Nachfrage.

Bei einem offline System wie dem in Kapitel 3.1 beschriebenen entfällt zwar diese zusätzliche Kommunikation, dafür müssen für jede Münze rund 300 Bytes vom Sender an jeden Mix übertragen werden (bei einer Primzahlgröße von 768 Bit und einer Hashfunktion mit 160 Bit Ausgabe).

6 Zusammenfassung

Wir haben in unserem Beitrag ein Bezahlprotokoll für Mix-Netze vorgestellt, das es dem Nutzer eines Mix-Netzes ermöglicht, anonym zu bezahlen.

Somit kann weder ein einzelner Mix (bis auf den ersten der Kaskade), noch die Bank entscheiden, wer das Mix-Netz zum unbeobachtbaren Versenden von Nachrichten verwendet. Auch eine Koalition aus Mixen und der Bank ist nicht in der Lage, das System zu korrumpieren, solange auch nur ein Mix korrekt arbeitet. Unsere Lösung bietet dem Nutzer außerdem eine gewisse Kontrolle über die korrekte Handlungsweise der Mixe, ohne das gesamte Mix-Netz beobachten zu müssen.

Danksagung

Wir danken Prof. Dr. Albrecht Beutelspacher für die anregenden Diskussionen und seine hilfreichen Kommentare und den anonymen Gutachtern für ihre Korrekturen und Anregungen.

Literaturverzeichnis

[ASW98] N. Asokan, V. Shoup, M. Waidner, *Optimistic fair exchange of digital signatures*, Advances in Cryptology - Eurocrypt '98, LNCS 1403, Springer-Verlag

[Brands93] S. Brands, *Untraceable off-line cash in wallets with observers*, Advances in Cryptology - Crypto '93, LNCS 773, Springer-Verlag

[Chaum81] D. Chaum, *Untraceable Electronic Mail Return Addresses, and Digital Pseudonyms*, Communications of the ACM 24/2 (1981)

[CFN88] Chaum, Fiat, Naor, *Untraceable electronic cash*, Advances in Cryptology - Crypto '88, LNCS 403, Springer-Verlag

[Chaum85] D. Chaum, *Security without Identification: Transaction Systems to make Big Brother Obsolete*, Communications of the ACM 28 (1985)

[ElG85] T.ElGamal, *A public key cryptosystem and a signature scheme based on discrete logarithms*, IEEE Transactions on Information Theory, IT-31, 1985

[Ferg93] N. Ferguson, *Extensions of Single-term Coins*, Advances in Cryptology - Crypto '93, LNCS 773, Springer-Verlag

[FrGrJe98] E. Franz, A. Graubner, A. Jerichow, A. Pfitzmann, *Modelling mix-mediated anonymous communication and preventing pool-mode attacks*, Global IT Security, Proceedings of the XV IFIP World Computer Congress, 1998

[FJ98] E. Franz, A. Jerichow, *A Mix-Mediated Anonymity Service and its Payment*, Proc. of the 5th European Symposim on Research in Computer Security - ESORICS '98, LNCS 1485, Springer-Verlag

[FeJeMu97] H. Federrath, A. Jerichow, J. Müller, A. Pfitzmann, *Unbeobachtbarkeit in Kommunikationsnetzen*, VIS '97 - Verlässliche Informationssysteme, 1997

[FeJePf97] E. Franz, A. Jerichow, A. Pfitzmann, *Systematisierung und Modellierung von Mixen*, VIS '97 - Verlässliche Informationssysteme, 1997

[Jakobs95] M. Jakobsson, *Ripping coins for a fair exchange*, Advances in Cryptology - Eurocrypt '95, LNCS 921 Springer-Verlag

[Jakobs98] M. Jakobsson, *A Practical Mix*, Advances in Cryptology - Eurocrypt '98, LNCS 1403, Springer-Verlag

[OO91] T. Okamoto, K. Ohta, *Universal Electronic Cash*, Advances in Cryptology - Crypto '91, LNCS 576, Springer-Verlag

[Ped94] T.P. Pedersen, *Electronic Payments of Small Amounts*, Security Protocols 1996, LNCS 1189, Springer-Verlag

[PfiWai87] A. Pfitzmann, M. Waidner, *Networks without User Observability*, Computer & Security, Vol. 6 (1987)

[Schoen95] B. Schoenmakers, *An efficient electronic payment system withstandig parallel attacks*, CWI Report, CS-R9522, 1995

[Schoen97] B. Schoenmakers, *Basic Security of the ecash Payment System*, Computer Security and Industrial Cryptography: State of the Art and Evolution, ESAT Course, Leuven, Belgien, Juni 1997, Lectures Notes in Computer Science, Springer-Verlag

Selbst-Deanonymisierbarkeit gegen Benutzererpressung in digitalen Münzsystemen

Birgit Pfitzmann, Ahmad-Reza Sadeghi

Universität des Saarlandes
Fachbereich Informatik,
D-66123 Saarbrücken
{pfitzmann,sadeghi}@cs.uni-sb.de

Zusammenfassung

Datenschutz ist eine wichtige Anforderung beim Entwurf elektronischer Zahlungs-systeme. Es bestehen aber Bedenken, daß anonyme digitale Zahlungssysteme für kriminelle Aktivitäten mißbraucht werden könnten. Speziell Erpressung ist in digitalen Zahlungssystemen in der Tat ein ernsteres Problem als im traditionellen Bargeld-system: Einerseits kann der Erpresser physischen Kontakt vermeiden, andererseits sind keine Seriennummer von Banknoten erkennbar. Um solche Mißbräuche zu verhindern, wurden sogenannte faire Zahlungssysteme vorgestellt, in denen eine oder mehrere Vertrauenspersonen (Treuhänder) die Anonymität eines Benutzers aufheben können. Diese Möglichkeit zur Deanonymisierung eröffnet jedoch ein großes Mißbrauchsrisiko.

In diesem Artikel zeigen wir, daß zumindest das Erpressungsproblem ohne dieses Mißbrauchsrisiko gelöst werden kann. In unserem Ansatz liefert der erpreßte Be-nutzer selbst die Informationen, die zur Verfolgung des erpreßten Geldes benötigt werden, ohne dabei weitere Geheimnisse verraten zu müssen. Wir zeigen auch, wie solche Systeme aus konkret vorgeschlagenen deanonymisierbaren Zahlungssystemen (mit passivem Treuhänder) abgeleitet werden können.

1   Einleitung

Der Entwurf sicherer und effizienter elektronischer Zahlungssysteme ist ein Gegenstand von großer wirtschaftlicher Bedeutung. Zahlreiche Veröffentlichungen aus dem Bereich der Kryptographie beschäftigen sich mit diesem Thema. Eine wichtige Klasse elektronischer Zahlungssysteme schützt die Privatsphäre der Benutzer bei der Durchführung verschiedener Transaktionen. Es bestehen jedoch auch Bedenken, daß die Anonymitätseigenschaft dieser Zahlungssysteme zu kriminellen Zwecken mißbraucht werden könnte; insbesondere werden Erpressung und Geldwäsche genannt. Es gibt viele Vorschläge, dies zu verhindern, indem man anonyme Zahlungssysteme um Deanonymisierungsmechanismen erweitert. Solche Systeme werden *faire* oder *deanonymisierbare* (engl. *anonymity revocable*) Zahlungssysteme genannt. Sie erlauben die Zurückverfolgung anonymer Münzen zum Benutzer oder ihre Vorwärtsverfolgung und Identifizierung beim Bezahlen.

All diese Systeme führen eine (oder mehrere) vertrauenswürdige Partei, den Treuhänder, ein, mit deren Hilfe die Bank die Anonymität eines Benutzers aufheben kann. Die Möglichkeit zur Deanonymisierung kann jedoch ebenfalls mißbraucht werden, beispielsweise durch die Treuhänder selbst, die Regierung (z.B. eine noch unbekannte zukünftige) oder jemanden, der sich (typischerweise mit Hilfe eines Insiders) Zugang zum Rechnersystem der Treuhänder verschaffen kann.[1]

In diesem Artikel stellen wir *Selbst-Deanonymisierbarkeit gegen Benutzererpressung* in anonymen Zahlungssystemen vor. Damit zeigen wir, daß zumindest das Problem der Benutzererpressung ohne das obengenannte Risiko für die Privatsphäre gelöst werden kann. Diese Lösung benötigt keinen Treuhänder, da der Benutzer selbst der Bank die Informationen liefert, die zur Verfolgung des erpreßten Geldes benötigt werden. Um zu zeigen, daß ein solcher Ansatz vorteilhaft sein kann, sind zwei weitere Anmerkungen angebracht:

Erstens wird für jede Verfolgung eines Erpressers (auch in Treuhänderlösungen) die Kooperation des erpreßten Benutzers benötigt: Wenn das Opfer zu eingeschüchtert ist, um die Erpressung zu melden oder die Deanonymisierung unter einem anderen Vorwand zu veranlassen, dann ist ein „normales" deano-nymisierbares System genauso ungefährlich für den Erpresser wie unser selbst-deanonymisierbares System.

Zweitens funktioniert Erpressung in digitalen Zahlungssystemen besser als im traditionellen Bargeldsystem, während sich andere Arten von Mißbrauch, z.B. Geldwäsche, nicht sonderlich von ihren traditionellen Analoga unterscheiden.[2] Das Hauptproblem mit „digitaler Erpressung" ist, daß der Erpresser physischen Kontakt (beispielsweise mit dem Opfer) völlig vermeiden kann. Somit verringert er sein Risiko, entdeckt und verhaftet zu werden.[3] Weiterhin ist es in den

---

[1] Die Verwundbarkeit des Systems wird noch größer, wenn das Rechnersystem der Treuhänder einen unbemerkbaren Zugang für Abfragen von Ermittlungsbehörden hat, so wie es in bestimmten Telekommunikationsgesetzen vorgeschrieben wird.

[2] Einige Formen der Geldwäsche sind in digitalen Systemen sogar schwieriger, da das übliche anonyme digitale Geld keine Empfängeranonymität bietet und zwischen zwei Transaktionen bei einer Bank eingezahlt werden muß.

[3] Ein spektakulärer Fall aus dem realen Leben ist die Erpressung der Kaufhauskette „Karstadt" in Deutschland (1992-1994) durch den Erpresser „Dagobert Duck". Die Polizei ergriff ihn letztendlich bei der Geldübergabe,

meis-ten rein anonymen digitalen Zahlungssystemen nicht möglich, dem Erpresser markierte Münzen zukommen zu lassen, die einer späteren Münzverfolgung die-nen sollen – ganz im Gegensatz zu nichtdigitalen Systemen (siehe Abschnitt 3).

Infolgedessen ist es eine interessante Möglichkeit, ein digitales anonymes Zahlungssystem zu haben, das Datenschutz garantiert und gleichzeitig das Erpressungsrisiko zumindest auf das Niveau des traditionellen Bargeldsystems senkt.

In Abschnitt 4 zeigen wir die Grundidee, wie selbst-deanonymisierbare Zahlungssysteme aus existierenden deanonymisierbaren (mit passiven Treuhändern) abgeleitet werden können. Anschließend skizzieren wir eine Realisierung an einem konkreten System. Wir zeigen außerdem, daß die Erpressung von Zahlungsempfängern anstelle der Zahler keine Alternative für den Erpresser darstellt und betrachten den Fall der Erpressung gegen eine Bank. In Abschnitt 5 diskutieren wir die Sicherheit unseres Entwurfs.

2 Anonyme elektronische Zahlungssysteme

Aufgrund des verbreiteten und wachsenden Einsatz elektronischer Kommunikationssysteme, insbesondere im Geschäftsverkehr, wurden viele elektronische Zahlungssysteme mit dem Ziel vorgeschlagen, verschiedene Funktionen traditioneller Zahlungssysteme zu realisieren. Einige Beispiele sind bargeldartige und kreditkartenartige Zahlungssysteme und Mikrozahlungen (engl. Micropayments), siehe z.B. [AJSW97].

Die Hauptparteien in einem elektronischen Zahlungssystem sind Banken, Zahler und Zahlungsempfänger. Das System besteht aus mehreren Phasen oder Protokollen, in denen verschiedene Parteien miteinander interagieren. In bargeldartigen Systemen sind diese Phasen die *Initialisierung*, *Registrierung* (Konto-eröffnung), *Abhebung*, *Zahlung* und *Gutschreibung*. Registrierung und Abhebung laufen zwischen der Bank und einem Zahler ab, die Zahlung zwischen einem Zahler und einem Zahlungsempfänger, und Gutschreibung zwischen einem Empfänger und der Bank. Zahlung und Gutschreibung sind bei Online-Systemen verbunden.

Die zu betrachtenden Sicherheitsaspekte bei Zahlungssystemen sind der Schutz vor Betrug (Integrität) und der Schutz der Privatsphäre (Vertraulichkeit). Beide Eigenschaften sollten im Sinne mehrseitiger Sicherheit erfüllt werden, d.h., keine Partei sollte gezwungen sein, anderen a priori zu vertrauen. Die Vertraulich-

---

nachdem mehrere Übergaben scheiterten. Dagobert setzte viele clevere technische Tricks ein, um direkten Kontakt bei Übergaben zu vermeiden.

keitseigenschaft bedeutet hier, daß ein digitales Zahlungssystem mindestens die Anonymität des traditionellen Bargeldsystems bieten soll, d.h., kleine Geldbeträge werden anonym bezahlt, damit keine personenbezogene Daten, wie Informationen über das Kaufverhalten der Kunden, gesammelt werden können.

Elektronische Zahlungssysteme, welche die Privatsphäre schützen, nennt man *anonyme* Zahlungssysteme. Hierfür existieren zahlreiche Vorschläge, z.B. [Cha83, Cha85, BP89, Cha89, CFN90, Bra94]. Diese bieten verschiedene Typen der Anonymität, beispielsweise für den Zahler, für den Zahlungsempfänger oder für beide. Andere Anonymitätskriterien sind die Phase, in der eine Partei anonym ist (Abhebung, Zahlung), und Unverkettbarkeit. Letzteres bedeutet, daß verschiedene Aktionen (Transaktionen) sich nicht miteinander verknüpfen lassen. Die meisten anonymen Zahlungssysteme bieten Zahleranonymität, und dies nur während der Zahlungsphase, allerdings mit Unverkettbarkeit. Die bekanntesten Systeme dieser Klasse realisieren die Anonymitätseigenschaft mittels sogenannter *blinder Signaturen*, z.B. [Cha83, CP93]. Sie werden auch *Münzsysteme* genannt. Eine digitale Münze ist in solchen Systemen eine von der Bank signierte Nachricht, die einen Geldwert repräsentiert. Um die Anonymität des Zahlers zu gewährleisten, darf die Bank den Inhalt dieser Nachricht während des Signierens nicht sehen können. Dazu blendet der Zahler den Inhalt der Nachricht mittels geheimer Zufallszahlen, den Blendungsfaktoren. Die Bank signiert die geblendete Nachricht und übergibt die Signatur dem Zahler, der sie entblendet. Später soll nicht feststellbar sein, wem ursprünglich ein bestimmter signierter Wert gehörte.

3   Erpressungsangriff und bisherige Lösungen

In einem Erpressungsangriff zwingt der Erpresser einen Benutzer, anonymes Geld für ihn abzuheben oder ihm sogar seine elektronische Brieftasche (ein Gerät zur Zahlung in Geschäften) zu übergeben. Dadurch kann der Erpresser erreichen, daß der Zahler die Münzen nicht in verfolgbarer Form sehen kann. Im Kontext der blinden Signaturen bedeutet dies: Der Angreifer wählt selbst alle Blendungsfaktoren und der erpreßte Benutzer hat lediglich die gleiche Sicht auf die Münzen wie die Bank. Folglich weiß niemand außer dem Erpresser, wie die Münzen letztlich aussehen, und deshalb können die Münzen später nicht erkannt und verfolgt werden.

Der digitale Erpressungsangriff kann ohne physischen Kontakt zum Opfer geschehen, da blind signierte Münzen dem Erpresser über ein Kommunikationssystem oder sogar Broadcast-Medien wie Zeitungen übergeben werden können. Dies ist der Grund, weshalb im Einführungskapitel dieser Angriff in digitalen

Zahlungssystemen als wesentlich ernster als mit traditionellem Bargeld bezeichnet wurde.

Um diesen und andere Angriffe zu verhindern, wurden *deanonymisierbare* Zahlungssysteme entworfen, auch *faire* Zahlungssysteme genannt, z.B. [BGK95, CMS96, FTY96, JY96]. Ein gut strukturierter Überblick findet sich in [Pet97]. Zur Aufhebung der Anonymität in diesen Zahlungssystemen wird eine (oder mehrere) Vertrauensperson (Treuhänder) benötigt.

Münzverfolgung (engl. *coin tracing*) oder auch *abhebungsbasierte Deanonymisierung* (engl. *withdrawal-based anonymity revocation*) ist ein spezieller Mechanismus gegen Benutzererpressung und ähnelt der Verfolgung von Seriennummern bei Banknoten. Bei diesem Ansatz erhält der Treuhänder zur Verfolgung spezifische Abhebungsdaten (engl. withdrawal transcript), die die Bank während des Abhebungsprotokolls gespeichert hat. Der Treuhänder kann aus diesen Daten Informationen extrahieren, die die Bank, der Zahlungsempfänger oder die Behörden nutzen können, um entsprechende Münzen während oder nach deren Ausgabe zu erkennen und somit das Ziel des erpreßten Geldes herauszufinden.

Die Rolle des Treuhänders kann aktiv oder passiv sein. Ein aktiver Treuhänder ist an der Registrierung (Kontoeröffnung) oder jeder Abhebung oder sogar jeder Zahlung beteiligt. Systeme mit passivem Treuhänder, z.B. [CMS96, FTY96], sind praktikabler, da der Treuhänder an keinem der Protokolle teilnimmt und nur passiv durch seinen öffentlichen Schlüssel präsent ist. Der übliche Ansatz ist wie folgt: Der Zahler verschlüsselt bestimmte Informationen mit dem öffentlichen Schlüssel des Treuhänders, damit der Treuhänder sie im Erpressungsfall entschlüsseln kann. Beim Verschlüsseln beweist der Zahler der Bank (und in manchen Ansätzen auch dem Zahlungsempfänger), daß der Inhalt dieses Schlüsseltextes in der Münze erkennbar sein wird.

Als konkretes Beispiel betrachten wir das deanonymisierbare Zahlungssystem mit passivem Treuhänder aus [FTY96] und geben eine informelle Beschreibung des Mechanismus zur Münzverfolgung.

Es basiert auf dem anonymen Offline-Münzsystem aus [Bra94]. Eine Münze wird über eine in ihr enthaltene Information I_{trace} verfolgt. Der Zahler P hebt zuerst eine Münze bei der Bank B ab, berechnet dann eine (ElGamal) Verschlüsselung *enc* von I_{trace} mit dem öffentlichen Schlüssel pk_T des Treuhänders T, und übergibt *enc* an B. (Offensichtlich darf B nicht den Klartext I_{trace} sehen, da sonst die Anonymität zerstört wird.) Einem unehrlichen Benutzer oder dem Erpresser soll es nicht gelingen, ein anderes I_{trace} zu verschlüsseln, als er für die Münze verwendet. Deshalb muß die Verschlüsselung auf irgendeine Weise überprüfbar sein. Allerdings hat die Bank B keine Daten, anhand derer sie diese Überprüfung vornehmen kann. Folglich wird ein Teil der Überprüfung in die Zahlungsphase verlagert, in der der Empfänger R den Wert I_{trace} der jeweiligen Münze sieht. Um dies zu realisieren, schickt P im Abhebungsprotokoll eine zusätzliche Kodierung M von I_{trace} an B und beweist, daß M und enc denselben Wert enthalten. Der Beweis wird mittels des sogenannten *indirekten Aufdeckungsbeweises* (*Indirect Discourse Proof*) [FTY96] durchgeführt. B muß dann M blind signieren, woraus sich letztlich ein Wert M' ergibt. Während der Zahlung überprüft R, ob die Werte I_{trace} in der Münze und in M' (transformierte Version von M) gleich sind.[4]

Um eine Münze zu verfolgen, meldet der Zahler P im Geheimen der Bank die Erpressung. Daraufhin ruft B die Werte enc ab, die zum Konto des Zahlers im passenden Zeitraum gehören (diese Werte wurden eigentlich vom Erpresser generiert), und gibt sie dem Treuhänder. Dieser entschlüsselt sie mit seinem geheimen Schlüssels sk_T und erhält die Verfolgungsinformation I_{trace}.

4 Selbst-Deanonymisierbarkeit gegen Benutzererpressung

Nun zeigen wir, wie Münzverfolgung gegen Benutzererpressung ohne Treuhänder zu erreichen ist. Die Grundidee ist, daß der erpreßte Benutzer selbst der Bank Informationen liefern kann, mit deren Hilfe sie die erpreßten Münzen erkennen kann.[5] Wir nennen diesen Ansatz *selbst-deanonymisierbares Münzsystem gegen Benutzererpressung*.

4.1 Abstrakte Ideen

Die Grundidee scheint zunächst einfach: Man nehme ein deanonymisierbares Münzsystem, lasse aber für jedes Konto den Benutzer selbst die Rolle des Treuhänders einnehmen. Es erscheint offensichtlich, daß der Benutzer in dieser Rolle nach einer Erpressung selbst alle Münzen verfolgen kann, die von seinem Konto abgehoben wurden. Dies ist jedoch nur machbar, wenn das zugrundeliegende deanonymisierbare Münzsystem bestimmte Eigenschaften hat:

Zunächst muß es ein System sein, bei dem die Bank und der Zahlungsempfänger dem Treuhänder nicht vertrauen müssen (außer für die Münzverfolgung).

---

[4] Der Grund für die Kodierung M (d.h. weshalb man nicht einfach enc selbst nehmen kann) ist also, daß diese mit der Blendungsoperation kompatibel sein muß, so daß M' denselben Inhalt wie M hat.

[5] In einigen früheren Artikeln, z.B. [PP97, PW97], wurde schon in Randbemerkungen erwähnt, daß in einigen Systemen eventuell der Benutzer selbst die Informationen zur Deanonymisierung liefern könnte. Es wurden aber keine konkreten Kriterien oder Systeme für diesen Fall angegeben.

Zweitens muß der Treuhänder zumindest beim Abheben und der Zahlung passiv sein; sonst könnte der Erpresser den Benutzer zwingen, seine Treuhänderrolle falsch zu spielen, genauso wie er ihn zwingen kann, seine normale Rolle falsch zu spielen. (Registrierung wird in Abschnitt 4.3 betrachtet.) Drittens darf die Bank oder der Empfänger bei der Zahlung und Gutschreibung keine Informationen über den Treuhänder benötigen, insbesondere nicht seinen öffentlichen Schlüssel – in unserem Fall wäre dies der öffentliche Schlüssel des Benutzers und somit wäre die Anonymität des Benutzers zunichte gemacht. Auf diese Weise könnte man eine generelle Konstruktion beweisen, die eine bestimmte Klasse deanonymisierbarer Münzsysteme in sichere selbst-deanonymisierbare Systeme umwandelt. Allerdings ist anhand der üblichen Darstellung konkreter deanonymisierbarer Münzsysteme nicht leicht erkennbar, ob sie die genannten Eigenschaften aufweisen. Deshalb betrachten wir statt dessen eine konkrete Instanziierung auf der Basis des oben skizzierten Systems aus [FTY96].

4.2 Konkrete Instanziierung

Wir benötigen zunächst einige grundlegende Annahmen, die für die Modellumgebung vieler digitaler Zahlungssysteme üblich sind:

- Jeder Benutzer muß sich bei der Eröffnung eines Kontos mittels offizieller Dokumente identifizieren.

- Jeder Benutzer kann digitale Signaturen (mit beliebigem Signaturschema) unter seiner echten digitalen Identität erzeugen, wobei die entsprechenden öffentlichen Schlüssel bereits verteilt wurden.

- Die Bank stellt den Benutzern regelmäßig Kontoauszüge zur Verfügung. Weiterhin muß sie die Abhebungsinformationen mindestens bis zur Erstellung des nächsten Kontoauszuges aufheben, und danach noch für eine gewisse Zeitspanne (in der sich der Benutzer entscheiden kann, ob er eine Verfolgung einleiten möchte).

Nun betrachten wir das System von [FTY96] (siehe Abschnitt 3) unter Berücksichtigung unseres Ansatzes, d.h. der Benutzer übernimmt die Rolle des Treuhänders:

- In der Registrierungsphase gibt der Zahler P der Bank B zusätzlich einen öffentlichen Schlüssel pk_{trace} (hier ElGamal, da pk_{trace} das pk_T ersetzt) und beweist, daß er den zugehörigen geheimen Schlüssel sk_{trace} kennt. P signiert pk_{trace} unter seiner echten digitalen Identität. Diese Signatur $sig_{account}$ soll spätere Dispute um pk_{trace} vermeiden.

- Während der Abhebung verwendet P dieses pk_{trace} zur Verschlüsselung der Verfolgungsinformation I_{trace}. Der Zahler schickt B das Resultat enc zusammen mit der zusätzlichen Kodierung M von I_{trace}. Die Bank kann nun überprüfen, daß enc und M denselben Wert I_{trace} enthalten, selbst wenn hier der Erpresser anstelle des Zahlers auftritt. Der Zahler fügt enc in die Signatur unter seinen Abhebungsauftrag mit ein, und die Bank signiert M blind.

- In der Zahlungsphase verifiziert der Empfänger R, daß I_{trace} in der Münze und in der transformierten Version M' von M gleich sind. Zu beachten ist, daß pk_{trace} für diese Verifikation nicht gebraucht wird. Daher gefährdet unser Einsatz eines spezifischen pk_{trace} für jedes Konto anstelle eines globalen pk_T eines Treuhänders die Anonymität nicht.

Um die erpreßten Münzen zu verfolgen, meldet das Opfer im Geheimen die Erpressung bei der Bank. Dies kann sich auf einen bestimmten Zeitabschnitt beziehen, währenddessen der Angreifer die Abbuchungen im Namen des Opfers durchgeführt hat. Nach der Meldung der Erpressung ruft die Bank die relevanten Daten, u.a. die verschlüsselten Werte enc ab, die sie während der Registrierung und Abhebungen gespeichert hat. Nun kann das Opfer die Werte enc mit seinem geheimen Schlüssel sk_{trace} entschlüsseln und die Verfolgungsinformation I_{trace} erhalten. Jetzt – genau wie im ursprünglichen deanonymisierbaren System – überprüft die Bank, auf welches Konto die Münzen mit der entsprechenden Information eingezahlt wurden bzw. werden. (Dies ist nicht unbedingt das Konto des Erpressers, sondern kann auch das eines ehrlichen Händlers sein, bei dem der Erpresser eingekauft hat. Allerdings kann er ab dieser Stelle verfolgt werden, als wäre die Zahlung nie anonym gewesen.)

4.3 Erpressung während der Registrierung

Wir haben in unseren obigen Betrachtungen angenommen, daß das Opfer im Besitz des privaten Schlüssels sk_{trace} ist, den es in der Registrierungsphase verwendet hat. Mit anderen Worten, wir gehen davon aus, daß das Opfer einige (z.B. mit Passphrase geschützte) Sicherungskopien von sk_{trace} hat und daß mindestens eine dieser Kopien die Erpressungsphase übersteht. Wir müssen nun sicherstellen, daß diese Annahme realistisch ist. Dafür betrachten wir mögliche Szenarien:

- Der Erpresser zwingt das Opfer nicht, ein neues Konto zu eröffnen. Solange er das Opfer nicht physisch trifft (dies war einer der Hauptvorteile des digitalen Zahlungssystems für den Erpresser), hat er keine Möglichkeit zu überprüfen, wie viele Sicherheitskopien des Schlüssels sk_{trace} das Opfer bereits angefertigt hat. Selbst wenn der Erpresser das Opfer trifft, kann er nie sicher sein, daß er alle Kopien des Schlüssels findet, denn das Opfer kann diese auch bei Freunden hinterlegen.

- Der Erpresser könnte die Kopien a priori verhindern, indem er das Opfer zur Eröffnung eines neuen Kontos zwingt. Ohne physischen Kontakt ist ihm dies möglich, indem er sk_{trace} niemals dem Opfer gibt. Deswegen darf die Bank Konten nur für Kunden eröffnen, die persönlich erscheinen und beweisen, daß sie sk_{trace} kennen. Ein besonders mächtiger Angreifer könnte jedoch diesen Kenntnisbeweis „fernsteuern", indem er das Opfer bzw. dessen Rechner nur als Übertragungsmedium für diesen Beweis benutzt. Als Gegenmaßnahme könnte der Raum, in dem der Beweis erfolgt, gegen Funksignalübertragung abgeschirmt sein.

- Der Erpresser wagt zu Beginn einen einmaligen physischen Kontakt mit dem Opfer, weil das Opfer dann noch keine Zeit hatte, um die (geheime) Verfolgung vorzubereiten. Dies stellt kein Problem dar, da wir einfach fordern können, daß das Opfer (der Benutzer) ein Konto bei der Bank nur alleine eröffnen kann. Dadurch hat das Opfer die Möglichkeit, sowohl die Erpressung mitzuteilen als auch eine Sicherheitskopie des Schlüssels sk_{trace} anzufertigen. (Deshalb sollte eine einfache Möglichkeit vorhanden sein, noch bei der Bank oder über sie verschlüsselte Kopien des Schlüssels anzufertigen.)

- Ein wirklich mächtiger Angreifer könnte dem Opfer ein manipulationssicheres Gerät schicken, welches den Schlüssel sk_{trace} enthält, ihn aber nicht preisgibt. Um auch diesen Fall zu verhindern, muß die Bank verlangen, daß alle von Benutzern zur Kontoeröffnung eingesetzten Geräte von einem vertrauenswürdigen Hersteller stammen und sich als solche identifizieren lassen (d.h. diese Geräte müssen auch manipulationssicher sein).[6]

4.4 Andere Erpressungstypen

Bisher haben wir die Vorgehensweise für den Fall behandelt, daß der Angreifer einen Zahler erpreßt oder ausraubt. Wir zeigen nun kurz, daß es für Kriminelle keine ernsthafte Alternative ist, statt der Zahler die Zahlungsempfänger zu erpressen oder auszurauben, d.h. unser Vorschlag berücksichtigt alle wichtigen Formen der Benutzererpressung. Im betrachteten konkreten System hat der Angreifer von denjenigen Münzen, die bereits zur Zahlung verwendet wurden,

---

[6] Selbst mit solchen Geräten kann man sich immer kompliziertere Angriffe vorstellen. Wenn allerdings pro Person nur noch ein bestimmter Höchstbetrag ausgezahlt wird, werden sich solche Angriffe finanziell nicht mehr lohnen; genauso wenig lohnen sich die Gegenmaßnahmen. Beispielsweise könnte der Angreifer dem Benutzer ein sicheres Gerät schicken, welches mit einem manipulationssicheren Abschirmungsmechanismus umgeben ist, so daß Registrierung funktioniert, nicht aber Kopieren. Die Bank sollte dann prüfen, daß das Gerät die passende und korrekte Form hat.

keinen Nutzen: Der Zahler kodiert die Identität des Zahlungsempfängers während der Zahlung ein, und die Bank erlaubt nur die Einzahlung auf die entsprechenden Konten. Also müßte der Angreifer den erpreßten Zahlungsempfänger simulieren und versuchen, seine eigene Identität in die Münzen kodiert zu bekommen. Wenn die Zahler die hier zu benutzende digitale Identität des von ihnen gewünschte Empfängers aus anderer Quelle kennen, z.B. durch ein Zertifikat, funktioniert dieser Angriff überhaupt nicht. Sonst, d.h. wenn die Zahler einfach die digitale Identität benutzen, die ihnen der Empfänger (hier also der Erpresser) während der Zahlung schickt, ist dieser Angriff zumindest risikoreich: Alle Zahler würden die digitale Identität des Angreifers kennenlernen und der erpreßte (echte) Zahlungsempfänger könnte eventuell einige dieser Zahler finden. Er könnte z.B. seine Stammkunden fragen, eine große Umfrage starten, oder einfach eine Zahlung an sich selbst veranlassen, während er erpreßt wird.

Ein ganz anderes Problem ist die Erpressung der Bank. In der Literatur, z.B. in [JY96], wird es heutzutage meist unter *Verwendung modifizierter Protokolle* (engl. *blindfolding*) aufgeführt, aber auch das Entführungsszenario in [SN92] ist von diesem Typ. Selbst-Deanonymisierung kann keine Lösung für dieses Problem liefern. Es ist jedoch in der Praxis wesentlich weniger schwerwiegend als Benutzererpressung: Die Banken können gesetzlich verpflichtet werden, niemals auf solche Erpressungen einzugehen, genauso wie die meisten Regierungen gewissen Forderungen von Terroristen einfach nicht nachgeben können bzw. würden. Von normalen Benutzern kann man hingegen nicht erwarten, auf diese Weise auf eine Bedrohung zu reagieren.[7,8]

5 Sicherheitsaspekte

Zur Sicherheitsbetrachtung muß zunächst die Auswirkung der Selbst-Deanonymisierbarkeit auf die Sicherheit des zugrundeliegenden Münzsystems analysiert werden. Diese Funktion darf also die üblichen Sicherheitsanforderungen des Münzsystems nicht einschränken. Vor allem sollten also die Bank

---

[7] Eine ähnliche Annahme muß auch in deanonymisierbaren Systemen gemacht werden: Die Treuhänder dürfen niemals auf eine ungerechtfertigte Anfrage nach Deanonymisierung eingehen. Ein weiteres Problem ist dort, daß die Öffentlichkeit nicht bemerkt, wenn einer solchen Anfrage doch stattgegeben wird, so daß die Versuchung hier größer sein könnte als bei einer Bank.

[8] Die Unmöglichkeit, Erpressungen gegen die Bank mit Selbst-Deanonymisierung zu bekämpfen, kann sogar bewiesen werden. Das Modell ist, daß die Bank zum Erpressungszeitpunkt alles zur Befriedigung des Erpressers tut und lediglich unbemerkt Hintertüren einsetzt, um später verfolgen zu können. Nun zwingt der Erpresser die Bank, über ein Netzwerk das Registrierungsprotokoll ablaufen zu lassen, so daß der Erpresser keine Unterschiede zum normalen Protokoll bemerkt. Dann werden viele korrekt aussehende Abhebungsprotokolle auf diesem Konto ausgeführt, obwohl es kein Geld enthält. Wenn später die Bank den Erpresser durch Nutzung gewisser Informationen verfolgen könnte, so könnte sie dieselben Mittel auch unbemerkt zur Verfolgung normaler Benutzer einsetzen.

und die Zahlungsempfänger dem Treuhänder für ihre Sicherheit nicht vertrauen müssen. Man kann dies für das System aus [FTY96] tatsächlich sehen, müßte dazu aber mehr Details vorstellen als wir das oben getan haben.

Im folgenden betrachten wir die spezifischen Sicherheitsanforderungen, die aus dem Verfolgungsmechanismus resultieren.

5.1 Sicherheit für den Zahler

Das Hauptziel ist hier, daß die Ausgabe des Verfolgungsprotokolls die korrekte Verfolgungsinformation I_{trace} für genau die Münzen ist, die vom entsprechenden Zahler abgehoben wurden, wenn die Bank sich im Verfolgungsprotokoll korrekt verhält.

Wie in Abschnitt 4.3 diskutiert, nehmen wir an, daß mindestens eine Sicherheitskopie der relevanten Geheimnisse des Zahlers den Erpressungsangriff überstanden hat. Dann folgt die Aussage direkt aus der Deanonymisierbarkeit des zugrundeliegenden Systems.

Selbst wenn die Bank die Kooperation mit einem ehrlichen Zahler zur Verfolgung verweigert, kann dieser in fast allen Fällen noch einen Richter hiervon überzeugen. Die Ausnahme ist (nur bei physischem Auftreten des Erpressers), wenn der Zahler seine Sicherheitskopie nur in der Bank anfertigen konnte, und diese die Kopie löscht. Ansonsten muß die Bank für alles in der betrachteten Zeit abgehobene Geld (dies sieht man an der Differenz zwischen dem neuen Kontostand und dem letzten anerkannten Kontoauszug) einen vom Zahler unterschriebenen Abhebungsauftrag vorlegen, der die verschlüsselte Verfolgungsinformation enthält. Der Zahler kann diese entschlüsseln und beweisen, daß die Entschlüsselung korrekt ist. Man kann nun verlangen, daß die Bank entweder eine Gutschreibung dieser Münze ausfindig macht oder dem Zahler das Geld zurückgibt und spätere Gutschreibung sofort verfolgt.

5.2 Sicherheit für die Bank

Die Bank kann nicht ungerechtfertigt beschuldigt werden, daß sie die Kooperation mit einem erpreßten Benutzer zur Münzverfolgung verweigert, denn sie mußte in der Tat die verlangten Abhebungsaufträge mitsamt der verschlüsselten Verfolgungsinformation prüfen und speichern. Der Zahler muß sodann explizit beweisen, daß er diese Information richtig entschlüsselt. Danach garantiert das zugrundeliegende Verfolgungsprotokoll, daß die resultierende Münze beim Ausgeben die Verfolgungsinformation wirklich enthält, d.h., daß die Bank die Gutschreibung findet, sofern die Münze überhaupt zum Bezahlen verwendet wird.

5.3 Sicherheit für den Empfänger

Das Verfolgungsprotokolls soll nicht ausgeben, daß eine bestimmte Münze einem ehrlichen Zahlungsempfänger gutgeschrieben wurde, sofern dies nicht wirklich der Fall war. Werden die Kontoauszüge korrekt bearbeitet, so kann ein entsprechender Angriff nur Erfolg haben, wenn das Geld dann tatsächlich dem ehrlichen Empfänger gehört. Also erzielt der Angreifer dadurch keinen finanziellen Vorteil, es kann lediglich ein Versuch sein, einem bestimmten Empfänger zu schaden. Der Angriff kann verhindert werden, wenn beispielsweise der Zahlungsempfänger jeden Geldempfang mit seiner Signatur unter einen Gutschreibungsauftrag bestätigt.

6 Schlußfolgerungen

Wir haben die Idee selbst-deanonymisierbarer Münzsysteme gegen Benutzererpressung vorgestellt. In diesen Systemen können die erpreßten Münzen verfolgt werden, ohne daß eine Vertrauensinstanz (Treuhänder) benötigt wird. Es ist der erpreßte Benutzer selbst, der die für die Verfolgung benötigten Informationen liefert. Weiterhin haben wir gezeigt, wie man solche Systeme aus existierenden deanonymisierbaren Zahlungssystemen mit passiven Treuhändern ableiten kann. Die Anonymität des Systems ist jedoch, wie bei den Systemen mit Treuhändern, von informationstheoretischer auf komplexitätstheoretische Sicherheit reduziert.

Ist der Schutz der Benutzer das Hauptziel von elektronischen Münzsystemen, so zeigt unsere Konstruktion die Möglichkeit, selbst-deanonymisierbare Münzsysteme einzusetzen, in denen die Anonymitätsaufhebung unter Kontrolle der Benutzer ist und nicht unter der einer dritten Partei.

7 Danksagung

Wir danken André Adelsbach, Holger Petersen, Matthias Schunter, Michael Steiner und Michael Waidner für interessante und fruchtbare Diskussionen.

8 Literatur

[AJSW97]   N. Asokan, Phillipe A. Janson, Michael Steiner, Michael Waidner: The State of the Art in Electronic Payment Systems; Computer 30/9 (1997) 28-35.

[BGK95]   Ernest Brickell, Peter Gemmell, David Kravitz: Trustee-based Tracing Extensions to Anonymous Cash and the Making of Anonymous Change; 6th ACM-SIAM Symposium on Discrete Algorithms (SODA), ACM Press, New York 1995, 457-466.

[Bra94]   Stefan Brands: Untraceable Off-line Cash in Wallet with Observers; Crypto'93, LNCS 773, Springer-Verlag, Berlin 1994, 302-318.

[BP89]   Holger Bürk, Andreas Pfitzmann: Digital Payment Systems Enabling Security and Unobservability; Computers & Security 8/5 (1989) 399-416.

[CFN90]   David Chaum, Amos Fiat, Moni Naor: Untraceable Electronic Cash; Crypto'88, LNCS 403, Springer-Verlag, Berlin 1990, 319-327.

[Cha83]   David Chaum: Blind Signatures for untraceable payments; Crypto'82, Plenum Press, New York 1983, 199-203.

[Cha85]   David Chaum: Security without Identification: Transaction Systems to make Big Brother Obsolete; Communications of the ACM 28/10 (1985) 1030-1044.

[Cha89]   David Chaum: Privacy Protected Payments - Unconditional Payer and/or Payee Untraceability; SMART CARD 2000: The Future of IC Cards, IFIP WG 11.6 Conference 1987, North-Holland, Amsterdam 1989, 69-93.

[CMS96]   Jan Camenisch, Ueli Maurer, Markus Stadler: Digital Payment Systems with Passive Anonymity-Revoking Trustees; ESORICS '96 (4th European Symposium on Research in Computer Security), LNCS 1146, Springer-Verlag, Berlin 1996, 33-43.

[CP93]   David Chaum, Torben Pryds Pedersen: Wallet Databases with Observers; Crypto'92, LNCS 740, Springer-Verlag, Berlin 1993, 89-105.

[FTY96]   Yair Frankel, Yiannis Tsiounis, Moti Yung: "Indirect Discourse Proofs": Achieving Efficient Fair Off-Line E-cash; Asiacrypt'96, LNCS 1163, Springer-Verlag, Berlin 1997, 287-300.

[JY96]   Markus Jakobsson, Moti Yung: Revocable and Versatile Electronic Money; 3rd ACM Conference on Computer and Communications Security, ACM Press, New York 1996, 76-87.

[Pet97]   Holger Petersen: Faires elektronisches Geld; Datenschutz und Datensicherheit DuD 21/11 (1997) 647-652.

[PP97]   Holger Petersen, Guillaume Poupard: Efficient scalable fair cash with off-line extortion prevention; 1st International Conference on Information and Communications Security (ICICS), LNCS 1334, Springer-Verlag, Berlin 1997, 463-477.

[PW97]   Birgit Pfitzmann, Michael Waidner: Strong Loss Tolerance of Electronic Coin Systems; ACM Transactions on Computer Systems 15/2 (1997) 194-213.

[SN92]   Sebastiaan von Solms, David Naccache: On Blind Signatures and Perfect Crimes; Computers & Security 11/6 (1992) 581-583.

Optimistische Mehrparteien-Vertragsunterzeichnung[*]

N. Asokan[†]   Birgit Baum-Waidner[§]

Matthias Schunter[‡]   Michael Waidner[¶]

Zusammenfassung

Ein Vertrag ist ein unwiderruflicher Nachweis einer Einigung auf einen Vertragstext. Mit einem Vertrag können die Unterzeichner diese Einigung gegenüber beliebigen Instanzen, wie z.B. einem Gericht, nachweisen.

Ein Vertragsunterzeichnungsprotokoll (engl. *contract signing*) dient dazu, solch einen Vertrag *fair* zu erzeugen, so daß garantiert ist, daß entweder alle oder keiner der Unterzeichner einen gültigen Vertrag erhält, selbst wenn $n - 1$ von n Unterzeichnern betrügen.

Ein sicheres Vertragsunterzeichnungsprotokoll ist *optimistisch*, falls eine als korrekt vorausgesetzte Dritte Partei nur bei Betrugsversuchen eingeschaltet wird. Angesichts der Tatsache, daß keine praktikablen Protokolle ganz ohne Dritte Partei existieren, scheint dies der praktikabelste Ansatz zu sein.

In diesem Beitrag beschreiben wir ein optimistisches Mehrparteien-Vertragsunterzeichnungsprotokoll (kurz *MPVU*). Dieses ist nur um den Faktor 2-3 schlechter als das triviale nicht-optimistische Protokoll.

Desweiteren zeigen wir, wie Vertragsunterzeichnung als Baustein zur Lösung anderer Atomizitätsprobleme wie *Certified Mail Fairer Austausch von Unterschriften* sowie *Fairer Austausch von Gütern* genutzt werden kann.

---

[*]Diese Arbeit wurde teilweise vom ACTS Projekt AC026, *SEMPER* unterstützt. Für den Inhalt sind jedoch die Autoren verantwortlich.

[†]Nokia Research, Helsinki, <asokan@research.nokia.com>.

[‡]Universität des Saarlandes, Saarbrücken, <schunter@acm.org>.

[§]Entrust Technologies Europe, Zürich, <birgit.baum@entrust.com>.

[¶]IBM Zurich Research Laboratory, Rüschlikon, <wmi@zurich.ibm.com>.

1 Einleitung

1.1 Vertragsunterzeichnung und zertifiziertes Commit

Um nachweisbare *Atomizität* zu garantieren, müssen sich die Teilnehmer über den geplanten Verlauf einer Geschäftstransaktion einigen:

1. Alle Teilnehmer müssen sich einigen, ob die Transaktion fortgeführt oder abgebrochen werden soll.

2. Falls die Transaktion nicht abgebrochen wird, muß die Entscheidung über den geplanten Verlauf später gegenüber Dritten (z.B. Notar, Gericht) nachweisbar sein.

Die Teilnehmer an einer Geschäftstransaktion werden sich in der Regel nicht vertrauen. Daher sollte die zweite Anforderung auch garantiert sein, falls $n - 1$ von n der Teilnehmer sich gegen einen ehrlichen Teilnehmer verbünden.

Ein Beispiel hierfür sind elektronische Zahlungen: Vor einer Zahlung müssen sich Händler und Kunde nachweisbar einigen, ob die Zahlung erfolgen soll, oder ob das Geschäft abgebrochen werden soll.

Ein weiteres Beispiel ist Vertragsunterzeichnung: Nach einer informellen Einigung auf einen potentiellen Vertragstext müssen alle potentiellen Unterzeichner für sich entscheiden, ob sie den Vertrag unterzeichnen (Entscheidung **signed**) oder ablehnen (Entscheidung **rejected**) wollen. Nach einer Unterzeichnung muß jeder in der Lage sein, seinen Vertrag bei einem beliebigen Teilnehmer, genannt „*Gericht*" (engl. *verifier*), vorzuzeigen.

Hierbei scheint die Vertragsunterzeichnung der wichtigste Baustein zur Lösung des allgemeinen Problems zu sein: Wie die üblichen **commit**-Protokolle [15] garantiert Vertragsunterzeichnung eine Einigung mit einer sicheren Rückfallposition **rejected** ($\cong$ **abort**) und garantiert zusätzlich auch die spätere Nachweisbarkeit einer positiven Entscheidung **signed** ($\cong$ **commit**).

Ein triviales Vertragsunterzeichnungsprotokoll [18] nutzt einen Teilnehmer namens Dritte Partei[1], auch wenn alle Unterzeichner korrekt sind: Diese wartet auf den Eingang aller digitalen Signaturen unter dem Vertragstext und leitet diese nach Erhalt an alle Unterzeichner weiter. Falls nicht alle Signaturen rechtzeitig eintreffen, wird der komplette Vertrag verworfen. Dieses Protokoll benötigt $2n$ Nachrichten und hat den

---

[1] Es wird angenommen, daß diese Dritte Partei und das Gericht korrekt sind.

Nachteil, daß durch die Teilnahme der Dritten Partei an allen Vertragsunterzeichnungen die Geheimhaltung der Verträge eingeschränkt wird und die Dritte Partei als Engpaß die Effizienz beschränkt.

Optimistische Protokolle vermeiden diesen Engpaß: Wie in der trivialen Lösung basiert die Sicherheit auf einer Dritten Partei. Diese wird jedoch nur bei Betrugsversuchen in Anspruch genommen. Da dies (hoffentlich) die Ausnahme ist, steigert dies die Effizienz und Geheimhaltung der resultierenden Protokolle, da die Dritte Partei in der Regel nicht am Protokoll teilnimmt.

In Abschnitt 2 definieren wir den Begriff (optimistische) Mehrparteien-Vertragsunterzeichnung (kurz *MPVU*). In Abschnitt 3 stellen wir ein neues[2] optimistisches MPVU vor, welches mit maximal $6n - 4$ Nachrichten in 6 Runden oder $4n - 4$ Nachrichten in 4 Runden bei ehrlichen Unterzeichnern nur maximal zwei bis drei mal weniger effizient als die triviale Lösung ist.

Das Protokoll ist nur für synchrone Netzwerke geeignet. Ein in [6] beschriebenes asynchrones Protokoll ist mit $O(n^3)$ Nachrichten in $O(n)$ Runden oder $O(n^2)$ Nachrichten in $O(n^2)$ Runden weit weniger effizient.

In Abschnitt 4 beschreiben wir Lösungen für andere Atomizitätsprobleme, welche auf optimistischer Vertragsunterzeichnung basieren und skizzieren ein generisches Protokoll für fairen Austausch von beliebigen Gütern. Dies erweitert die in [2, 4, 5] vorgeschlagenen Zweiparteienprotokolle für diese Probleme.

1.2 Zweiparteien-Vertragsunterzeichnung

Zweiparteien-Vertragsunterzeichnung ist bei hoher Nachrichtenkomplexität auch ohne Dritte Partei möglich, falls ein nicht-vernachlässigbarer Fehler (linear in der Anzahl der Runden) toleriert wird [7] oder angenommen wird, daß alle Teilnehmer äquivalente Rechenleistung besitzen [11] und die Rechenzeit des Protokolls nicht polynomiell beschränkt ist.

Das erste optimistische Zweiparteienprotokoll mit hoher Nachrichtenkomplexität wurde in [7] vorgeschlagen. Die Anzahl der Nachrichten wurde in [2, 17] optimiert. Ein nachrichtenoptimales Protokoll für asynchrone Netzwerke wurde in [3] vorgestellt.

Bis jetzt wurden Vertragsunterzeichnungsprotokolle noch nicht zum zertifizierten Commit eingesetzt. *Generische* optimistische Zweiparteienprotokolle im Sinne von

---

[2]Eine Vorversion von Protokoll 3.1 wurde bereits in [1] beschrieben.

Abschnitt 4.4 wurden erstmals in [2, 3] vorgeschlagen. Optimistische Zweiparteien-protokolle für den fairen Austausch von Signaturen und für Certified Mail wurden erstmals in [4, 5, 16] beschrieben.

Keines der existierenden Zweiparteienprotokolle kann trivial auf den Mehrpartei-enfall erweitert werden. Einige nichtoptimistische Protokolle für MPVU wurden in [12, 14] beschrieben. Die erste optimistische Variante wurde in einer Vorversion dieses Beitrages skizziert [1]. Das erste asynchrone optimistische MPVU wurde in [6] vorgestellt.

1.3 Annahmen und Bezeichnungen

Wir bezeichnen die Unterzeichner mit $P_1, \ldots, P_n$, die Dritte Partei mit T und das Gericht mit V. Jeder Teilnehmer ist in der Lage, digitale Unterschriften zu erzeugen und die Signaturen aller zu prüfen [9, 13]. Eine digitale Signatur von P_x unter Nach-richt m wird mit $\text{sign}_X(m)$ bezeichnet. Die Teilnehmer eines Protokolls werden in eckigen Klammern angegeben.

Das Protokoll gliedert sich in synchrone Runden[3]. Jeder Teilnehmer kann in je-der Runde Nachrichten empfangen, bearbeiten und versenden. Wir nehmen an, daß die Übertragung einer Nachricht zwischen je zwei korrekten Teilnehmern zwischen zwei Runden garantiert wird.[4]

Wir nehmen einen festen Angreifer an, der vorweg wählt, welche Unterzeichner korrekt und welche inkorrekt sein sollen. Der Angreifer kann alle Nachrichten zwi-schen Unterzeichnern lesen und fälschen, sowie die Signaturen der inkorrekten Teil-nehmer erzeugen. Nachrichten von und zur Dritten Partei und zum Gericht können nur gelesen und geschrieben, nicht aber überschrieben werden.

Für die meisten Sicherheitsanforderungen werden wir annehmen, daß bis zu $n - 1$ Unterzeichner inkorrekt sind. Das Gericht V wird immer als korrekt angenommen, nimmt aber nicht an der Unterzeichnung teil. Fairness kann nur bei korrekter Dritter Partei T garantiert werden, jedoch können selbst bei betrügerischer Dritter Partei keine Verträge für Unbeteiligte gefälscht werden.

Man beachte, daß die beschriebenen Protokolle in vielerlei Hinsicht idealisiert sind: Für erhöhte Lesbarkeit verzichten wir auf die notwendige Typung, auf Zertifikate und Schlüsselaustausch, auf Zeitstempel von Nachrichten und time-outs, sowie auf wichtige Parameter wie die Identität der zu verwendenden Dritten Partei T.

---

[3]Dies ist das Standardmodell für synchrone Netzwerke [15].

[4]Diese Zuverlässigkeit wird nur benötigt, damit T bei n korrekten Teilnehmern nicht unnötigerweise teilnehmen muß. Ansonsten genügt die Zuverlässigkeit der Verbindung mit T.

2 Definitionen

Definition 2.1 (Mehrparteien-Vertragsunterzeichnung)
Ein System mit mindestens $n+1$ Teilnehmern $\mathsf{P}_1, \dots , \mathsf{P_n}$ *und* V*, welches die folgenden Anforderungen erfüllt, heißt* Mehrparteien-Vertragsunterzeichnungsystem *(kurz* MPVU*):*

Ein MPVU besteht aus den zwei Protokollen $\mathrm{sign}[P_1, \dots , P_n]$ *und* $\mathrm{verify}[P_i, V]$. *Falls* $\mathrm{sign}[]$ *einen weiteren Teilnehmer namens* T *einschließt, so bezeichnen wir das resultierende System als* MPVU mit Dritter Partei.[5] *Der Teilnehmer* V *besitzt einen festen Zustand, in dem das* $\mathrm{verify}[]$*-Protokoll gestartet wird, d.h., aufeinanderfolgende Verifikationen dürfen nur von einer Initialisierung, nicht aber voneinander abhängen. Dies modelliert die universelle Gültigkeit eines Vertrages bei beliebigen Gerichten zu jeder Zeit, da* V *außer Initialisierungsdaten wie Verifikationsschlüsseln kein Vorwissen über den Vertrag benötigt.*

Zum Starten des $\mathrm{sign}[]$*-Protokolls wird*

$$\mathrm{sign}(P_i, \mathsf{id\_set}, \mathsf{tid}, \mathsf{contr}, \mathsf{decs})$$

bei Teilnehmer $\mathsf{P_i}$ *eingegeben. Hierbei ist* P_i *der eigene Namen eines Teilnehmers,* $\mathsf{id\_set} = \{\mathsf{P}_1, \dots , \mathsf{P_n}\}$ *ist der Vektor mit den Namen aller gewünschten Unterzeichner,* tid *ist eine Transaktionsnummer welche so gewählt wird, daß das Tupel* $(\mathsf{id\_set}, \mathsf{tid})$ *eindeutig für alle Ausführungen von* $\mathrm{sign}[]$ *ist,* contr *ist der zu unterzeichnende Vertragstext, und* $\mathsf{decs} \in \{\mathsf{sign}, \mathsf{reject}\}$ *ist die Entscheidung, ob dieser Vertrag unterzeichnet werden soll oder nicht. Nach Erhalt einer Eingabe prüft das System, ob Signaturen für den Namen* P_i *erzeugt werden können und ob* tid *noch nie für* $\mathsf{id\_set}$ *benutzt wurde. Schlagen diese Tests fehl, so wird das Protokoll beendet.*

Nach Beendigung gibt das $\mathrm{sign}[]$*-Protokoll*

$$(\mathsf{id\_set}, \mathsf{tid}, \mathsf{contr}, d_i)$$

mit P_i*, und* $d_i \in \{\mathsf{signed}, \mathsf{rejected}\}$ *aus. Dies wird als „*P_i *entscheidet* d_i *für* tid*" bezeichnet. Am Teilnehmer* T *erfolgen weder Ein- noch Ausgaben, da dessen Verhalten komplett durch das Protokoll bestimmt ist.*

Zum Starten des Protokolls $\mathrm{verify}[]$ *mit einem Gericht* V *wird bei einem Unterzeichner* $\mathsf{P_i}$

$$\mathrm{show}(\mathsf{id\_set}, \mathsf{tid}, \mathsf{contr}, V)$$

---

[5]T nimmt nie an **verify**[] teil, d.h., eine Teilnahme beschränkt sich immer auf **sign**[].

eingegeben. Das Gericht V *startet das* verify[]-*Protokoll mit folgender Eingabe unter Verwendung identischer Parameter:*

$$\text{verify}(V, P_i, \text{id\_set}, \text{tid}, \text{contr})$$

Nach Beendigung gibt das Protokoll (id_set, tid, contr, d_V) *mit* $d_V \in$ {signed, rejected} *an* V *aus. Dies wird als „*V *entscheidet* d_i *für* tid*" bezeichnet.* P_i *erzeugt keine Ausgaben.*

Ein MPVU muß folgende Sicherheitsanforderungen erfüllen:

1. Korrekte Ausführung. *Falls alle Teilnehmer* P_i *korrekt sind und jeweils die Eingabe* sign(P_i, id_set, tid, contr, decs $=$ sign) *verarbeitet haben, dann entscheiden sie auf* signed.

2. Fälschungssicherheit. *Falls ein korrekter Unterzeichner* P_i *nie eine Eingabe* sign(P_i, id_set, tid, contr, decs) *mit* decs $=$ sign *erhalten hat, dann wird jedes korrekte Gericht nach Eingabe von* verify(V, P_k, id_set, tid, contr) *auf* rejected *für* tid *entscheiden, selbst falls* T *inkorrekt ist.*

3. Vorzeigbarkeit. *Falls ein korrekter Unterzeichner* P_i *nach einer Eingabe* sign(P_i, id_set, tid, contr, decs) *auf* signed *entscheidet und später* show(id_set, tid, contr, V) *eingibt, dann entscheidet ein korrektes Gericht* V *nach einer Eingabe* verify(V, P_i, id_set, tid, contr) *auf* signed.

4. Keine Überraschung bei abgelehntem Vertrag. *Falls* T *korrekt ist und* P_i *nach einer Eingabe* sign(P_i, id_set, tid, contr, decs) *mit* decs $=$ sign *auf* rejected *entschieden hat, dann wird ein Gericht* V *nach einer Eingabe* verify(V, P_k, id_set, tid, contr$_V$) *nie auf* signed *entscheiden.*

5. Terminierung von sign[]. *Falls* T *korrekt ist, wird das Protokoll* sign[] *bei jedem korrektem Unterzeichner* P_i *nach einer begrenzten Rundenanzahl ein korrektes Ergebnis ausgeben.*

6. Terminierung von verify[]. *Ein Gericht wird nach einer Eingabe von* verify(V, P_k, id_set, tid, contr$_V$) *nach einer begrenzten Rundenanzahl eine korrekte Entscheidung ausgeben.*

□

Definition 2.2 (Optimistisches Protokoll)
Ein Protokoll sign$[P_1, \ldots, P_n, T]$ *heißt optimistisch, falls es bei korrekten Unterzeichnern terminiert, ohne daß* T *Nachrichten sendet oder empfängt.*

$\square$

Man beachte, daß sich optimistische und herkömmliche Protokolle nur intern, jedoch nicht in den Benutzerein- und ausgaben unterscheiden.

3 Optimistische Mehrparteien-Vertragsunterzeichnung

Wir stellen nun ein System zur optimistischen Mehrparteien-Vertragsunterzeichnung auf synchronen Netzwerken vor. Falls alle Unterzeichner korrekt sind, benötigt dieses Protokoll nur 2 Kommunikationsrunden: In der ersten Runde sendet jeder Teilnehmer, welcher einen Vertrag unterzeichnen will, ein „Unterschriftsversprechen" (= Nachricht $m_{1,i}$). In der zweiten Runde sendet jeder Teilnehmer, der n solche Versprechen erhalten hat, seine Unterschrift unter dem Vertrag (= Nachricht $m_{2,i}$). Dies führt zur Terminierung nach 2 Runden, falls alle Teilnehmer korrekt sind und den Vertrag unterzeichnen wollen.

Falls sich jedoch einzelne Teilnehmer inkorrekt verhalten, können einzelne Teilnehmer nach Runde 2 keinen vollständigen Vertrag erhalten haben. Diese Inkonsistenz wird in diesem Fall durch weitere 2 Runden behoben, in denen jeder Teilnehmer mit n Versprechen diese durch T in einen korrekten Vertrag wandeln lassen kann. Falls T solch eine Erklärung ausstellt, wird diese in Runde 4 an alle Teilnehmer verteilt. Dies garantiert, daß alle Teilnehmer (auch die, die bisher noch keine n Versprechen erhalten haben) einen gültigen Vertrag erhalten. Falls ein Teilnehmer sein Versprechen versandt hat und bis Runde 4 keinen Vertrag erhält, so entscheidet dieser auf rejected.

Protokoll 3.1 (Synchrones Optimistisches MPVU)
Ein synchrones und optimistisches MPVU besitzt die folgenden Protokolle:

Unterzeichnung *mit* $c := ($id_set, tid, contr$)$.

1. *(a) Falls für* P_i *die Eingabe* decs $=$ reject *ist, so gibt es* rejected *aus und hält an.*

   (b) Ansonsten sendet P_i *die Nachricht* $m_{1,i} := \mathrm{sign}_i(1, c)$ *an alle anderen Unterzeichner.*

2. *Jeder Unterzeichner* P_i *sammelt* $M_1 := (m_{1,1}, \dots, m_{1,n})$.

    (a) *Falls dies gelingt und jedes* $m_{1,j}$ *korrekt ist, so sendet* P_i *die Nachricht* $m_{2,i} := \mathrm{sign}_i(2, c)$ *an alle anderen Unterzeichner.*

    (b) *Ansonsten wartet* P_i *auf eine Nachricht von* T *in Runde 4.*

3. *Jeder Unterzeichner* P_i *sammelt* $M_2 := (m_{2,1}, \dots, m_{2,n})$.

    (a) *Gelingt dies und alle* $m_{2,j}$ *sind korrekt, so entscheidet* P_i *auf* signed *und hält an.*

    (b) *Falls ansonsten* P_i *die Nachricht* $m_{2,i}$ *geschickt hat, sendet sie eine Anfrage auf Vervollständigung* $m_{3,i} := \mathrm{sign}_i(3, M_1)$ *an* T.

4. *Falls* T *mindestens eine vollständige und korrekte Nachricht* $m_{3,i}$ *in Runde 3 erhält, so schickt* T *den Vertragsersatz* $m_T := \mathrm{sign}_T(M_1)$ *an alle Unterzeichner, welche nach deren Empfang auf* signed *entscheiden und halten.*

    Jeder Unterzeichner, welcher in Runde 4 auf Nachrichten von T *wartet und keine empfängt, entscheidet auf* rejected *und hält an.*

Vorzeigen eines Vertrages: *Ein Gericht* V *entscheidet auf* signed, *falls es eine komplette konsistente Menge* M_2 *oder eine Nachricht* m_T *mit einer vollständigen und konsistenten Menge* M_1 *vorgelegt bekommt.*

$\square$

Falls alle Unterzeichner korrekt sind, verteilt jeder Unterzeichner in jeder Runde höchstens 2 Nachrichten. Für 2 Teilnehmer ist das Protokoll identisch mit dem nachrichtenoptimalen Protokoll aus [17]. Analog zu [17] folgt auch, daß das vorgestellte Protokoll rundenoptimal ist.

Selbst bei inkorrekten Unterzeichnern benötigt das Protokoll nicht mehr als 4 Runden. Falls alle Unterzeichner korrekt sind, werden $2n$ Nachrichten an $n-1$ Teilnehmer verteilt. Falls einzelne Teilnehmer betrügen, können schlimmstenfalls bis zu n Nachrichten vom Typ $m_{3,i}$ und die Verteilung der Antwort von T hinzukommen.

Bei Implementierung der Nachrichtenverteilung durch Senden von n Kopien ergibt dies $2n^2 - 2n$ Nachrichten im Normalfall und maximal $2n^2$ Nachrichten im „worst case". Die Anzahl der Nachrichten kann auf $4n - 4$ reduziert werden, falls alle Unterzeichner korrekt sind. In diesem Fall verringert sich der „worst case" Aufwand auf $6n - 4$ Nachrichten: Grundidee dieser Effizienzverbesserung ist es, alle Nachrichten über einen beliebigen Teilnehmer (hier z.B. P_1) zu verteilen:

Protokoll 3.2 (Nachrichtenoptimierung von Protokoll 3.1)
Das nachrichtenoptimierte Protokoll unterscheidet sich von Protokoll 3.1 nur durch die geänderte Nachrichtenübermittlung: Runde k ($k = 1, 2$) von Protokoll 3.1 wird jeweils durch die folgenden zwei Runden ersetzt:

1. P_i *schickt* $m_{k,i}$ *nur an* P_1.

2. P_1 *sammelt* M_k.

    (a) Falls dies gelingt, schickt P_1 *die gesammelten Mengen* M_k *an alle anderen Unterzeichner.*

    (b) Ansonsten hält P_1 *an.*

$\square$

Satz 3.1 *Die Protokolle 3.1 und 3.2 sind optimistische MPVU für synchrone Netzwerke.*

$\square$

Beweis. Aus Sicherheitssicht sind die Protokolle 3.1 und 3.2 und deren Sicherheitsbeweise identisch. Der verwendete Rundenbegriff bezieht sich jeweils auf Protokoll 3.1.

- *Korrekte Ausführung, Vorzeigbarkeit* und *Terminierung* sind offensichtlich.

- *Fälschungssicherheit* wird dadurch garantiert, daß ein korrekter Vertrag Signaturen aller Unterzeichner enthalten muß.

- *Keine Überraschungen.* Angenommen ein korrektes Gericht V entscheidet signed für c. Falls dies aufgrund von m_T geschieht, so haben alle Unterzeichner m_T erhalten und auf signed entschieden, da T korrekt ist. Falls dies aufgrund von M_2 geschieht, so gilt für jeden korrekten Unterzeichner P_i, daß M_2 dessen Signatur aus Runde 2 enthält. Daher hat P_i die Menge M_1 in Runde 1 erhalten. Falls es darüberhinaus auch M_2 erhalten hat, so hat es auf signed entschieden. Ansonsten schickt es $m_{3,i}$ an ein korrektes T, welches mit m_T antwortet, so daß dieser Teilnehmer signed ausgibt. Somit ist klar, daß alle Teilnehmer signed ausgegeben haben.

- *Optimistisch:* Falls alle Unterzeichner korrekt sind und mit decs = sign und konsistenten Verträgen starten, so wird T nicht einbezogen und alle entscheiden auf **signed** in Runde 2. Wenn mindestens ein Unterzeichner P_i mit $decs_i$ = reject startet, dann fehlt mindestens ein $m_{1,i}$ und M_1 bleibt somit unvollständig. Daher wird kein Teilnehmer $m_{2,j}$ schicken und kein Teilnehmer wird bei T anfragen. Nach Runde 4 werden alle Unterzeichner dann auf **rejected** entscheiden.

∎

4 Anwendungen

4.1 Grundsätzliches Vorgehen

In den folgenden Abschnitten werden wir drei Beispiele für optimistische Protokolle zur Lösung von bekannten Mehrparteienproblemen vorstellen, welche auf MPVU basieren. Diese sind intern jeweils in 3 Schritte strukturiert:

1. Alle Teilnehmer bereiten die Transaktion vor, ohne unwiderrufliche Veränderungen vorzunehmen. Hierbei wird keine Dritte Partei benötigt.

2. Ein optimistisches MPVU wird zur Unterzeichnung der Transaktionsdaten verwendet. Ein Teilnehmer unterzeichnet nur, falls Schritt 1 erfolgreich war.

3.   (a) Falls das MPVU **signed** ausgegeben hat, wird die Transaktion abgeschlossen. Falls einzelne Teilnehmer inkorrekt sind, wird gegebenenfalls T einbezogen, um die Transaktion erfolgreich zu beenden. Hierbei wird die Gültigkeit der Transaktion durch den in Schritt 2 unterschriebenen Vertrag nachgewiesen.

     (b) Falls das MPVU **rejected** ausgegeben hat, wird die Transaktion abgebrochen. Dies erfordert die Rücknahme eventueller Änderungen aus Schritt 1.

Bei Ausführung von Schritt 3b muß T sicherstellen, daß kein Vertrag unterzeichnet wurde. Dies wird dadurch garantiert, daß T die Teilnehmer fragt, ob jemand einen gültigen Vertrag vorlegen kann.

4.2 Certified Mail

Beim herkömmlichen Certified Mail verschickt ein Sender P_1 eine Nachricht m an einen Empfänger P_2 im Tausch gegen eine Quittung. Hierbei ist sicherzustellen, daß P_2 die Quittung unabhängig vom Inhalt der Nachricht ausstellt. Mögliche Erweiterungen für mehr Teilnehmer sind:

- **1-to-n**: P_1 verschickt eine Nachricht m an $P_2, \ldots, P_n$ und erhält entweder von allen Quittungen, oder kein einziger Empfänger erhält Information über die Nachricht.

- **n-to-1**: Jeder Teilnehmer $P_2, \ldots, P_n$ schickt je eine Nachricht an P_1 und erwartet eine Quittung. Hierbei wird sichergestellt, daß entweder alle oder keine der Nachrichten ankommt.

- **n-to-n** Maximal kann jeder Teilnehmer Nachrichten an alle anderen Teilnehmer schicken. In diesem Fall, werden entweder alle $n(n-1)$ Quittungen erzeugt oder keine einzige Nachricht übertragen.

Jedes dieser Probleme kann man gemäß dem in Kapitel 4.1 vorgestellten Muster lösen. Als Beispiel beschreiben wir hier die Lösung für 1-to-n Certified Mail. Die vorgestellte Lösung basiert auf einem Public-Key Verschlüsselungssystem, welches sicher gegen adaptive chosen-ciphertext Angriffe ist [8, 10]. Einzig T benötigt ein Schlüsselpaar. Die leere Nachricht bezeichnen wir mit ε.

Protokoll 4.1 (Optimistisches 1-to-n Certified Mail)

1. *P_1 verschlüsselt* (id_set, tid, m) *mit dem öffentlichen Schlüssel von* T *und schickt den Schlüsseltext* cipher $= E_T$(id_set, tid, m) *an alle.*

   Jede Partei P_i, *die* cipher *erhalten hat und eine Quittung ausstellen will, setzt* decs $=$ sign *und* decs $=$ reject *sonst. Danach wird das optimistische MPVU mit* sign$(P_i,$ id_set, tid, cipher, decs$)$ *gestartet.*

2. *Teilnehmer* P_1:

   (a) *Falls die Entscheidung von* P_1 *in Phase 2* signed *war, gibt sie Protokoll* accepted *aus. Der unterzeichnete Vertrag gilt als Quittung.*

   Teilnehmer P_1 *schickt* m *an alle Empfänger und beweist, daß der Klartext von* cipher *wirklich* (id_set, tid, m) *war (z.B. durch Mitteilung der Zufallswerte, so daß die Empfänger die Verschlüsselung wiederholen können).*

(b) *Ansonsten, d.h., falls Teilnehmer* P_i *rejected entschieden hat, gibt der Teilnehmer ebenso* rejected *aus und hält an.*

Teilnehmer $P_i, i \neq 1$:

(a) *Falls* P_i *mit* $i > 1$ *ein korrektes Tripel* (id_set, tid, m) *erhalten hat, gibt es* m *aus und hält an.*

(b) *Ansonsten zeigt* P_i *den Vertrag* (id_set, tid, cipher, decs) *durch Eingabe von* show(id_set, tid, cipher, T) *bei* T *vor.*

3. *Falls* T *einen korrekten Vertrag* (id_set, tid, cipher) *von einem* $P_i \in$ id_set *erhalten hat, versucht es* cipher *zu entschlüsseln.*

(a) *Falls die Entschlüsselung gelingt und* (id_set, tid, m) *für das gegebene* (id_set, tid) *ergibt, dann wird* $m_T := \mathrm{sign}_T($id_set, tid, cipher, $m)$ *gesetzt.*

(b) *Ansonsten gilt* $m_T := \mathrm{sign}_T($id_set, tid, cipher, $\varepsilon)$.

T *schickt* m_T *an* P_i.

□

Satz 4.1 (Sicherheit von Protokoll 4.1)

Protokoll 4.1 ist ein sicheres und optimistisches Protokoll für 1-to-n Certified Mail.

□

Beweis. (Skizze)

Um dies zu zeigen, müssen wir zeigen, daß ohne Ausstellung einer Quittung keine Information über die Nachricht bekannt wird und daß keine Quittung ausgestellt wird, falls die quittierte Nachricht nicht verschickt wurde.

- Information über cipher kann nur von P_1 oder T stammen, da sonst Protokoll 4.1 zum Brechen des Verschlüsselungssystems nutzbar wäre.

  P_1 verschickt m nur nach Erhalt eines gültigen Vertrags, d.h., nach Erhalt der Quittung.

  T entschlüsselt und verschickt m nur, falls die Bedingung in Schritt 3a erfüllt wurde. Dies bedeutet, daß der Vertrag und der verschlüsselte Text cipher in (id_set, tid) übereinstimmen und somit zu einer Protokollausführung gehören. Somit war P_1 in id_set wirklich der Absender von cipher und war willens, m zu schicken. Somit darf T cipher entschlüsseln.

- Da das MPVU sicher ist, kann eine Quittung nur durch Unterzeichnung eines Vertrages in Schritt 1 erzeugt werden. Auf der Grundlage dieses Vertrages kann dann jeder Teilnehmer P_i in Schritt 2 oder Schritt 3 die Nachricht erhalten.

■

4.3 Fairer Austausch von digitalen Signaturen

Beim fairen Austausch von digitalen Signaturen sendet jeder Teilnehmer P_i eine Signatur s_i unter einer Nachricht m_i, welche allen Teilnehmern bekannt ist. Nach erfolgreichem Abschluß des Protokolls erfährt ein Unterzeichner P_i entweder alle Signaturen $s_1, \ldots, s_{i-1}, s_{i+1}, \ldots, s_n$ der anderen Unterzeichner oder keine einzige.

Zweiparteienprotokolle hierfür wurden bereits in [4, 5] beschrieben. Die in [4] beschriebenen Verfahren basieren auf einer Variante von „überprüfbarer Verschlüsselung" von Signaturen (engl. *verifiable encryption*) [19]. Im Prinzip handelt es sich hierbei um Public-Key Verschlüsselung mit der zusätzlichen Eigenschaft, daß bewiesen werden kann, daß ein für T verschlüsselter Schlüsseltext $c = E_T(s, (i, w))$ wirklich einen vorgegebenen Wert w sowie eine korrekte Signatur s unter einem bekannten Text enthält, ohne daß der Empfänger Informationen über s erhält.

Das darauf aufbauende MPVU hat den Vorteil, daß sich ein damit erzeugter Vertrag nicht von einem herkömmlichen Vertrag unterscheidet, d.h., auch im Fehlerfall besteht ein Vertrag aus dem Vertragstext mit den Signaturen aller Unterzeichner.[6]

Das MPVU basierend auf überprüfbarer Verschlüsselung von digitalen Signaturen funktioniert wie folgt:

Protokoll 4.2 (Optimistischer Austausch von digitalen Signaturen)
Die Parameter des aktuellen Austausches umfassen id_set, tid, *alle Nachrichten* m_i *für* $P_i \in$ id_set, *sowie die öffentlichen Schlüssel der Teilnehmer. Diese werden als Vertragstext* w *bezeichnet und sind allen Teilnehmern bekannt.*

Die Signatur von P_i *unter* m_i *bezeichnen wir als* s_i. *Anfangs ist* s_i *nur* P_i *bekannt.*

1. Jeder Teilnehmer P_i *schickt eine überprüfbare Verschlüsselung* $c_i = E_T(s_i, (i, w))$ *an jeden anderen Teilnehmer* P_j *und beweist diesem, daß der*

---

[6]In Abschnitt 3 ist dies nicht der Fall, da ein gültiger Vertrag entweder die Form M_2 oder m_T hat.

Schlüsseltext die gewünschte Signatur und das bekannte w enthält.[7] *Bei erfolgreichem Abschluß dieser Beweise setzen die Teilnehmer* decs = sign. *Bei Fehlern setzen sie* decs = reject.

2. *Jeder Teilnehmer* P_i *startet ein MPVU mit der Eingabe* sign(P_i, id_set, tid, contr, decs) *und dem Vertragstext* contr = w.

3. *Falls Teilnehmer* P_i *in Schritt 2 auf* signed *entscheidet, schickt er seine Signatur* s_i *an alle und wartet auf deren Signaturen. Falls eine dieser Signaturen nicht geschickt wird, so zeigt* P_i *den Vertrag mit dem Vertragstext* w *sowie den Schlüsseltext* c_j *bei* T *vor.*

   T *entschlüsselt* c_j *und erhält* $(s_x, (x, w_x))$. *Falls* $w_x = w$ *und* s_x *eine gültige Signatur auf* m_x *ist, wobei* m_x *die in* w *enthaltene Nachricht ist, so schickt* T *die Signatur* s_x *an* P_i.[8].

$\square$

Der Sicherheitsbeweis erfolgt analog zu Satz 4.1. Hierbei ist zu beachten, daß jeder Schlüsseltext den Vertrag w enthält, der sicherstellt, daß T den Schlüsseltext c_i nur bei Vorlage des korrekten Vertrages w entschlüsselt.

4.4   Fairer Austausch von Gütern

Abschließend beschreiben wir ein generisches Protokoll zum Austausch beliebiger digitaler Güter, welche eine der folgenden Eigenschaften erfüllen [2, 3]:

- *Annullierbare Güter* (engl. *revocable items*) garantieren, daß die Dritte Partei diese bei Fehlern annullieren kann. Dies ist bei Zahlungssystemen üblich.

- *Ersetzbare Güter* (engl. *generateable items*) können im Fehlerfall unter einer vom Sender festgelegten Bedingung von der Dritten Partei ersetzt werden. Diese Bedingung wird in einem vorweg auszuführenden Protokoll festgelegt, indem der Empfänger auch die später für eine eventuelle Ersetzung benötigte Information sammelt.

  Ein Beispiel ist die überprüfbare Verschlüsselung, die Ersetzbarkeit von Signaturen garantiert. Die Bedingung ist, daß ein gültiger Vertrag w vorgelegt wurde.

---

[7]Falls das Protokoll zur überprüfbaren Verschlüsselung keinen Mehrfachbeweis für einen Schlüsseltext zuläßt, so muß für jeden Empfänger ein neuer Schlüsseltext berechnet werden.

[8]Je nach Anwendung muß P_i vorher beweisen, daß er in id_set aufgeführt ist.

- *Weiterleitbare Güter* (engl. *forwardable items*) können sowohl direkt als auch via die Dritte Partei vom Sender S an den Empfänger R versendet werden, wobei T die Korrektheit der Übertragung überprüfen kann. Hierbei nehmen wir an, daß ein Gut zuerst direkt und später via T übertragen werden kann, ohne daß der Empfänger mehr als ein Gut erhält.

Güter mit diesen Eigenschaften können durch das im folgenden beschriebene generische Mehrparteien-Austauschprotokoll ausgetauscht werden. Einfachheitshalber nehmen wir an, daß jeder Teilnehmer nur ein Gut versendet.

Protokoll 4.3 (Optimistischer Austausch von Gütern)
Wir bezeichnen die Parteien, welche annullierbare, ersetzbare oder weiterleitbare Güter versenden wollen, jeweils mit P_R, P_G, P_F. Die Anzahl der Teilnehmer sei $|P_R| + |P_G| + |P_F| = n$ mit $|P_F| \leq 1$.

1. *Jeder Teilnehmer $P_r \in P_R$ schickt seine Güter an alle Empfänger. Jeder Teilnehmer $P_g \in P_G$ schickt die für den Ersatz durch T nötige Information an alle Empfänger. Jede Partei prüft die empfangenen Daten und setzt* decs$_i$ *dementsprechend.*

2. *Jeder Teilnehmer P$_i$ führt das optimistische MPVU mit den Parametern* sign$(P_i,$ id_set$_i,$ tid$_i,$ contr$_i,$ decs$_i)$ *aus, wobei* contr$_i$ *die Güter der einzelnen Teilnehmer sowie die in Schritt 1 erhaltenen Daten eindeutig fixiert.*

3. *Falls Schritt 2 einen Vertrag mit der erwarteten Menge $P_F = \{P_f\} \neq \emptyset$ ergeben hat, dann versendet P_f sein Gut an den Empfänger. Falls dieser das Gut von P_f nicht erhält, zeigt er den Vertrag bei T vor. T fordert P_f auf, den Versand via T zu wiederholen. Falls die Wiederholung nicht korrekt ist, schickt T eine Abbruchnachricht an alle Teilnehmer.*

4. (a) *Falls Schritt 2* signed *ausgegeben hat und T keine Abbruchnachricht versendet hat, dann versenden alle $P_g \in P_G$ ihre Güter. Falls eine Partei das erwartete Gut nicht erhält, zeigt es den Vertrag bei T vor, welcher das Gut ersetzt. Dieser Vertrag muß hinreichend genau sein, um die Ersatzbedingung des Senders prüfen zu können.*

   (b) *Ansonsten fordern alle Parteien $P_r \in P_R$ die Dritte Partei T auf, die irrtümlich gesendeten Güter zu annullieren. Dies darf nur geschehen, falls kein Vertrag existiert. Um dies zu prüfen, muß T alle beteiligten Teilnehmer auffordern, einen eventuell erhaltenen Vertrag vorzuzeigen.*

$\square$

Da wir die drei Typen von Gütern nicht definiert haben, können wir die Sicherheit dieses Protokolls nur skizzieren:

- In Schritt 1 werden keine irreversiblen Änderungen vorgenommen. Die Güter von $P_r \in P_R$ können später von T annulliert werden. Die Empfänger erhalten keine Information über die Güter durch die Vorbereitungen der Teilnehmer $P_g \in P_G$.

- In Schritt 2 einigen sich entweder alle Teilnehmer auf Fortsetzung oder Beendigung des Austausches.

  Falls sie sich für einen Abbruch entscheiden, so erhalten die Empfänger keine Information über die Güter, da T keinen Ersatz erzeugen wird und alle bereits gesendeten Güter annulliert werden.

  Falls sich die Teilnehmer für eine Beendigung entschieden haben, kann T im Fehlerfall alle fehlenden Güter von $P_g \in P_G$ ersetzen und verhindern, daß die Güter von $P_r \in P_R$ annulliert werden. Das einzige Gut, worauf T keinen Einfluß hat, ist das von $P_f \in P_F$, welches somit den Ausgang des kompletten Protokolls bestimmt: Falls es versendet wird, erzwingt T eine Beendigung. Falls nicht, führt dies zum Abbruch.

- Schritt 4 beginnt nur, falls alle Güter von $P_i \in P_R \cup P_F$ bereits versendet wurden und ein Vertrag unterzeichnet wurde.

  Daher wird kein Gut annulliert, da T auf dem synchronen Netz feststellen kann, ob ein Vertrag unterzeichnet wurde oder nicht. Desweiteren wird jeder Teilnehmer P_i die erwarteten Güter von $P_g \in P_G$ erhalten, da P_i einen unterzeichneten Vertrag vorzeigen kann, welcher die für den Ersatz nötige Information enthält.

5 Unsere Ergebnisse

In diesem Artikel wurde das erste sichere optimistische Mehrparteien-Vertragsunterzeichnungsprotokoll beschrieben.

Im „worst case" benötigt das nachrichtenoptimierte Protokoll $6n - 4$ Nachrichten in 6 Runden. Falls alle Teilnehmer korrekt sind, benötigt es nur $4n - 4$ Nachrichten in 4 Runden. Die triviale nicht-optimistische Lösung benötigt $2n$ Nachrichten in 2 Runden, setzt jedoch die Teilnahme von T bei allen Vertragsunterzeichnungen voraus.

Die optimistische Lösung ist vorzuziehen, falls der Betrugsfall unwahrscheinlich ist oder falls die Kosten einer Beteiligung von T relativ hoch sind.

Ein Hauptanwendungsgebiet von Mehrparteien-Vertragsunterzeichnungsprotokollen scheint die Atomizität von sicheren Transaktionen zu sein. Es spielt hierbei eine ähnliche Rolle wie ein verteiltes commit-Protokoll, erweitert diese jedoch um betrügerische Teilnehmer (engl. *byzantine failure*). Um diese Einsatzmöglichkeiten als Atomizitätsmechanismus zu verdeutlichen, wurden Atomizitätsprotokolle für Certified Mail, fairen Austausch von Signaturen und fairer Austausch von beliebigen Gütern beschrieben.

6 Danksagung

Wir danken *Birgit Pfitzmann, Michael Steiner,* und *Victor Shoup* für hilfreiche Diskussionen.

Literatur

[1] N. Asokan, Matthias Schunter, Michael Waidner: Optimistic Protocols for Multi-Party Fair Exchange; IBM Research Report RZ 2892, IBM Zurich Research Laboratory, Zürich, November 1996.

[2] N. Asokan, Matthias Schunter, Michael Waidner: Optimistic Protocols for Fair Exchange; 4th ACM Conference on Computer and Communications Security, Zürich, April 1997, 6–17.

[3] N. Asokan, Victor Shoup, Michael Waidner: Asynchronous Protocols for Optimistic Fair Exchange; 1998 IEEE Symposium on Research in Security and Privacy, IEEE Computer Society Press, Los Alamitos 1998, 86–99.

[4] N. Asokan. Victor Shoup, Michael Waidner: Optimistic Fair Exchange of Digital Signatures; Eurocrypt '98, LNCS 1403, Springer-Verlag, Berlin 1998, 591–606.

[5] Feng Bao, Robert Deng, Wenbo Mao: Efficient and Practical Fair Exchange Protocols with Off-Line TTP; 1998 IEEE Symposium on Research in Security and Privacy, IEEE Computer Society Press, Los Alamitos 1998, 77–85.

[6] Birgit Baum-Waidner, Michael Waidner: Optimistic Asynchronous Multi-Party Contract Signing; IBM Research Report RZ 3078, IBM Zurich Research Laboratory, Zürich, 1999.

[7] Michael Ben-Or, Oded Goldreich, Silvio Micali, Ronald L. Rivest: A Fair Protocol for Signing Contracts; IEEE Transactions on Information Theory 36/1 (1990) 40–46.

[8] Ronald Cramer, Victor Shoup: A practical public key cryptosystem provably secure against adaptive chosen ciphertext attack; Crypto '98, LNCS 1462, Springer-Verlag, Berlin 1998, 13–25.

[9] Whitfield Diffie, Martin E. Hellman: New Directions in Cryptography; IEEE Transactions on Information Theory 22/6 (1976) 644–654.

[10] Danny Dolev, Cynthia Dwork, Moni Naor: Non-Malleable Cryptography; 23rd Symposium on Theory of Computing (STOC) 1991, ACM, New York 1991, 542–552.

[11] Shimon Even, Oded Goldreich, Abraham Lempel: A Randomized Protocol for Signing Contracts; Communications of the ACM 28/6 (1985) 637–647.

[12] Matt Franklin, Gene Tsudik: Secure Group Barter: Multi-party Fair Exchange with Semi-Trusted Neutral Parties; 2nd International Conference on Financial Cryptography (FC '98), LNCS 1465, Springer-Verlag, Berlin 1998, 90-102.

[13] Shafi Goldwasser, Silvio Micali, Ronald L. Rivest: A Digital Signature Scheme Secure Against Adaptive Chosen-Message Attacks; SIAM Journal on Computing 17/2 (1988) 281–308.

[14] Steven P. Ketchpel, Hector Garcia-Molina: Making Trust Explicit in Distributed Commerce Transactions; 16th International Conference on Distributed Computing Systems,1996, IEEE Computer Society, 1996, 270–281.

[15] Nancy A. Lynch: Distributed Algorithms; Morgan Kaufmann, San Francisco 1996.

[16] Silvio Micali: Certified E-Mail with Invisible Post Offices; presented at 1997 RSA Conference.

[17] Birgit Pfitzmann, Matthias Schunter, Michael Waidner: Optimal Efficiency of Optimistic Contract Signing; ACM Principles of Distributed Computing (PODC), Puerto Vallarta, June 1998, 113–122.

[18] Michael O. Rabin: Transaction Protection by Beacons; Journal of Computer and System Sciences 27/ (1983) 256–267.

[19] Markus Stadler: Publicly verifiable secret sharing; Eurocrypt '96, LNCS 1070, Springer-Verlag, Berlin 1996, 190–199.

Das "Simple-Signature-Protocol" für WWW-Sicherheit

Christian H. Geuer-Pollmann

Institut für Nachrichtenübermittlung, Universität Siegen
`geuer-pollmann@nue.et-inf.uni-siegen.de`

Zusammenfassung

Dieser Beitrag gibt einen Überblick über aktuelle Systeme für digitale Signaturen im World-Wide-Web (WWW). Es wird das "Simple Signature Protocol (SSP)" beschrieben, mit dem digitale Signaturen für WWW[1]-Inhalte ausgetauscht werden können. Herkömmliche Signatursysteme berechnen einen Hashwert und signieren diesen. Im hier definierten Simple Signature Protocol wird der Hashwert des Dokumentes berechnet, der mit weiteren Zusatzangaben ein SSP-Objekt bildet. Dieses SSP-Objekt wird dann mit einem üblichen Signaturverfahren unterschrieben. Durch eine kompatible Erweiterung des HTTP[2]-Protokolls werden das SSP-Objekt und die Signatur zusammen mit den angeforderten WWW-Informationen übertragen.

Stichwörter: Digitale Signatur, Simple Signature Protocol SSP, WWW, HTTP, PGP, Mailtrust

Abstract

This paper gives an overview to actual systems implementing digital signatures in the area of the World-Wide.Web (WWW). It describes the Simple Signature Protocol, which is used for the exchange of digital signatures for WWW[1] contents. Nowadays signature systems hash a document and sign the hashvalue. In the defined Simple Signature Protocol the hashvalue of the document is computed, which forms a SSP object together with other additional information. This SSP object will be signed by any signature program. The content of the webpage, the SSP object as well as the digital signature is transferred by a compatible extension of the HTTP[2]- protocol.

Key words: Digital signature, Simple Signature Protocol SSP, WWW, HTTP, PGP, Mailtrust

---

[1]   WWW – World Wide Web
[2]   HTTP - Hyper Text Transfer Protocol

1   Einleitung

Das Internet hat in den vergangenen Jahren einen regelrechten Boom erlebt, vor allen Dingen durch die beiden Hauptanwendungen E-mail (Elektronische Post) und WWW, das sog. „Internet-Surfen". Fast jeder 10. Bundesbürger nutzt das Internet regelmäßig oder hat schon es schon einmal genutzt. Die Akzeptanz dieses Mediums und die Nutzung der dort angebotenen Dienste und Informationen werden in den nächsten Jahren noch stark zunehmen.

1.1   E-Commerce

Neben der einfachen Informationsrecherche im WWW und elektronischer Post für Privatleute wird der Bereich „E-Commerce" in den kommenden Jahren expandieren. E-Commerce, der elektronische Handel im Internet, spielt auf verschiedene Weisen eine Rolle:

* Für den Endkunden (Customer-Bereich) werden in der Zukunft immer mehr Möglichkeiten entstehen, Waren und Informationen im Internet zu ordern und auch direkt via Internet zu bezahlen. Online-Shops bieten Einkaufsmöglichkeiten, Waren zu bestellen und diese nach Hause geliefert zu bekommen. Darüber hinaus können digitale Güter wie Software und Musik direkt über das Netz geliefert werden.

* Laut Prognose wird der sich größte Teil des E-Commerce im Business-to-Business-Bereich abspielen. Dabei kann es sich um Firmen-interne Arbeitsabläufe (Workflow) und Finanztransaktionen handeln, aber auch um den Handel zwischen Firmen und Organisationen.

  Viele dieser Transaktionen werden z.Zt. mittels EDI-Formularen und anderen, „nicht-Internet-kompatiblen" Verfahren abgewickelt, aber immer mehr Entscheider in den IT-Abteilungen und Führungsebenen der Konzerne möchten diese Geschäftsvorfälle auf Internet-Technologien abbilden, um damit Kosten zu senken und einen einfacheren Dokumenten- und Datenaustausch zu erreichen.

1.2   Sicherheit durch digitale Signaturen

Sowohl für den Privatkunden als auch für die Anwender in den Firmen ist es wichtig, sich im täglichen Geschäftsbetrieb auf die bereitgestellten und abgerufenen Informationen verlassen zu können. Im Besonderen sind hier Herkunft (data origin authentication) und Integrität der Daten (integrity) wichtig, um verläßlich Entscheidungen treffen zu können. Im IT-Bereich werden diese beiden Schutzziele mittels digitaler Signaturen erreicht.

Für den Bereich der elektronischen Post (E-Mail) existieren verschiedene, konkurrierende Standards. Diese werden im nachfolgenden Kapitel noch näher erläutert. Diese Verfahren sich weit verbreitet und haben einen hohen Akzeptanzgrad beim Anwender erreicht. Für den Firmenkunden allerdings werden verschiedene Anwendungsfälle noch nicht vernünftig in die digitale Welt abgebildet: So stellt sich für Anwender in Firmen häufig das Problem, daß Dokumente wie Verträge oder Bestellungen nur gültig sind, wenn neben dem zuständigen Sachbearbeiter auch der Vorgesetzte die Transaktion geprüft und bestätigt hat. Herkömmliche Signaturanwendungen wie PGP oder MailTrusT erlauben zunächst nur die Signatur einer Instanz; sollte noch die Signatur einer weiteren Instanz notwendig sein, so signiert diese häufig die Daten zusammen mit der ersten Signatur. Das hat zur Folge, daß die beiden Signaturen nicht parallel existieren, sondern (wegen der zeitlichen Abfolge) ineinander verschachtelt sind. Ein anderer Anwendungsfall könnten Signaturen sein, bei denen nur definierte Teile eines Dokumentes signiert werden, die in den Verantwortungsbereich des Signierenden fallen. Für die Zukunft sind also Signatur-Formate vonnöten, die Informationen und deren Signaturen strukturiert repräsentieren können.

Im Bereich des WWW dagegen sieht es mit eingesetzten Systemen für digitale Signaturen relativ mager aus. Die derzeit am weitesten verbreitetste Sicherungsmaßnahme "Secure Socket Layer" (SSL) setzt auf der Transportschicht auf und baut nur einen sicheren Tunnel zwischen dem WWW-Client und Server auf. (Im folgenden werden unter „sicher" die Schutzziele Authenzität und Integrität der Daten verstanden.)

Dieser Tunnel hat den Nachteil, daß die Daten nicht von Ende zu Ende gesichert sind, sondern nur während des Transports vom WWW-Server zum Benutzer.

Server → (evtl. HTTP-Proxies) → Client

Dieses Model mag für die Gewährleistung von Vertraulichkeit ausreichend sein, für digitale Signaturen ist es das nicht.

Angriffe auf die ungesicherten (unsignierten) Daten können an mehreren Stellen erfolgen:

- Bei der Erzeugung der Daten beim Urheber (Quelle) können die Daten durch Trojaner unbemerkt modifiziert werden.

- Bei der Übertragung der Daten auf den WWW-Server können die Daten durch Angreifer mit Zugriff auf Router etc. modifiziert werden.

- Während der Speicherung auf dem WWW-Server können die Daten durch Einbrecher, aber auch durch Administrationspersonal verändert werden.

- Die Übertragung der Daten vom WWW-Server zum Client können die Daten durch Angreifer mit Zugriff auf Router etc. modifiziert werden; diesem Angriff wird mit Sicherungsmaßnahmen wie SSL begegnet.

- Der Benutzer am Client-Rechner könnte die Daten ebenfalls modifizieren, um die veränderten Daten einem Gutachter vorzulegen.

Somit stellt sich das Problem der Ende-zu-Ende-Sicherheit für WWW-Inhalte in einer erweiterten Form dar. Die beiden „Enden" der Kommunikation bezüglich Authenzität und Integrität sind der Signierende (Quelle) und alle eventuellen Verifizierer der Signatur:

$$\text{Quelle} \rightarrow \text{Server} \rightarrow \text{Client} \rightarrow \text{Senke} \rightarrow \text{Signatur-Gutachter}$$

2 Bestehende Systeme

2.1 PICS / DSig (W3C)

Ein Sicherheitssystem, das digitale Signaturen für das WWW bereitstellt, ist das DSig[3]-Projekt des WWW-Konsortiums W3C. DSig [CHUetal.98] soll digitale Signaturen basierend auf PICS[4]-Labels realisieren. PICS [PICS97] dient der automatischen Auswertung von Inhaltsaussagen von WWW-Inhalten, d.h. der Bewertung und Klassifikation von Internet-Inhalten. Dieses System erlaubt es beispielsweise, im Clientseitig verwendeten Internetbrowser Regeln vorzugeben, denen Inhalten genügen müssen, um dargestellt werden zu dürfen. Auf diese Art und Weise können Eltern ihre Kinder beispielsweise vor als gewaltdarstellend gekennzeichneten Seiten schützen.

Die WWW-Inhalte können nach beliebigen Kriterien bewertet (Rating) werden; so sind beispielsweise Kathegorien wie Gewalt, Sex, politische Ausrichtung etc. denkbar. Die Entscheidung, ob ein Inhalt blockiert wird oder nicht, erfolgt anhand dieser PICS-Label.

Neben einem Rating durch den Anbieter der Information (z.B. freiwillige Selbstkontrolle) sind auch Szenarios möglich, in denen der Browser eine dritte Instanz über die betreffenden Inhalte befragt. Solche Rating-Server könnten ganze Bereiche des Internet indizieren und klassifizieren.

---

[3] DSig – Digital Signature Initiative
[4] PICS – Platform for Internet Content Selection

Neben der Clientseitigen Auswertung der PICS-Label ermöglicht das System natürlich auch das Filtern auf Proxy-Ebene. So wäre es beispielsweise denkbar, die Internetanbindung eines ganzen Staates mit Proxy-Servern auszustatten, die nur ideologie- bzw. staatskonforme Inhalte zulassen. Mit diesem Potential bildet PICS eine prädestinierte Plattform für eine mögliche Zensur.

2.2 XML / Dig.Sig. for XML (IETF)

Die "Extensible Markup Language" XML [BPS98] ist eine vom W3C definierte Sprache, um strukturierte Daten und Dokumente darzustellen. XML ist eine Teilmenge des ISO-Standards *Structured Generalized Markup Language* (SGML). Häufig wird XML als der Nachfolger von HTML, der *HyperText Markup Language* gehandelt, mit der derzeit alle Internet-Dokumente beschrieben werden.

XML kann neben der Darstellung von Internet-Dokumenten auch Business-Anwendungen abdecken: Als Austauschformat für Geschäftsdaten bietet sich XML geradezu an. Beide Bereiche, die Internetwelt und die Geschäftswelt benötigen digitale Signaturen, und XML kann diese Bedürfnisse befriedigen [GriWae99, Reag99].

Mit digitalen Signaturen, die in XML eingebettet werden und durch XML beschrieben werden, ist es möglich, die verschiedensten Problemfälle zu lösen: mehrere, voneinander unabhängige, aber auch miteinander verkettete Signaturen können innerhalb eines Dokumentes vorhanden sein und sich auf genau definierte Bereiche des Dokumentes beziehen.

Digitale Signaturen innerhalb von XML sind aussichtsreiche Kandidaten für die Geschäftsfelder der Zukunft.

2.3 Mail-Signaturstandards

Neben den verschiedenen Projekten, die digitale Signaturen im WWW etablieren sollen, existieren schon viele Programme und Formate für digitale Signaturen von E-Mails:

2.3.1 PGP (Pretty Good Privacy) und Open-PGP

Das wohl bekannteste Verschlüsselungsprogramm im Internet ist wohl PGP (Pretty Good Privacy), mit dem Phil Zimmermann ein Programm schuf, das erstmals starke Kryptografie weithin verfügbar machte. Neben der Verschlüsselung ermöglicht PGP auch digitale Signaturen. Das Format von PGP wird derzeit von der IETF innerhalb der OpenPGP-Arbeitsgruppe [Noe99] genormt.

PGP verwendet ein eigenes Zertifikatsformat, welches nicht zum weit verbreiteten Standard X.509 kompatibel ist.

Das PGP-Messageformat wird derzeit über das RFC 2440 definiert.

2.3.2 S/MIME (Secure MIME)

S/MIME definiert ein Verschlüsselungs- und Signaturformat, welches auf den PKCS#7-Standards von RSA Data Security und X.509-Zertifikaten aufsetzt und MIME-Objekte (Multipurpose Internet Mail Extensions) verschlüsselt bzw. signiert. Die Standardisierung von S/MIME erfolgt genau wie bei OpenPGP über eine IETF-Arbeitsgruppe [Hou99].

S/MIME wird über verschiedene Internet-Drafts und über die RFCs 2311 und 2312 definiert.

2.3.3 PEM (Privacy Enhanced Mail) und MailTrusT

Privacy Enhanced Mail (PEM) wurde in den RFCs 1421-1424 als Format für verschlüsselte und signierte Nachrichten definiert. Die deutsche Norm zu diesem Standard, das MailTrusT-Format [BBF99], wurde vom TeleTrusT-Verein definiert. PEM/MailTrusT basiert ebenso wie S/MIME auf X.509-Zertifikaten. Ziel vom MailTrusT ist die Interoperabilität zwischen verschiedenen Verschlüsselungs- und Signatur-Systemen.

2.4 Transportschicht-Sicherheit mit Secure Socket Layer (SSL)

Mit den *Secure Socket Layer* (SSL) wurde eine Möglichkeit definiert, TCP/IP-basierte Dienste mit Verschlüsselung, Authentifizierung und Datenintegrität zu versehen. Das SSL-Protokoll ermöglicht den Aufbau eines sicheren Tunnels zwischen den beiden Enden einer TCP/IP-Verbindung.

Für digitale Signaturen ist SSL nicht geeignet, da das Protokoll nur auf Transport- und nicht auf der Anwendungsebene angesiedelt ist und die Information über Datenherkunft und Integrität nach der Übertragung nicht weiter zur Verfügung steht.

Darüber hinaus gibt es systembedingte Probleme: Es ist wünschenswert, daß vertrauliche Information (wie z.B. private Signatur-Schlüssel) nicht online zugänglich ist. Häufig liegen die Schlüssel (zur Ausführungszeit) unverschlüsselt im Arbeitsspeicher des SSL-Servers. Signaturprozesse von Daten sollten offline auf abgetrennten, sicheren Rechnersystemen möglich sein. Weiterhin gab es in der Vergangenheit Probleme mit dem für SSL sehr wichtigen PKCS#1-Protokoll [Blei98].

3   Das Simple Signature Protocol (SSP)

3.1   Einführung

Ziel der hier vorgestellten Arbeit waren Entwicklung, Implementation und Demonstration eines Systems für digitale Signaturen im WWW. Ziel war *nicht* die Entwicklung der „Eierlegenden Woll-Milch-Sau", die alle anderen Ansätze obsolet machen sollte, sondern ein einfaches und robustes System, welches den "Proof-of-Concept" für Ende-zu-Ende-Signaturen im WWW erbringen konnte.

Dabei sollte das System verschiedene Bedingungen erfüllen:

- Die Signatur sollte vom Inhaltstyp unabhängig sein, d.h. es sollten sowohl HTML-Dokumente, Grafiken oder auch beliebige Binärdaten signiert werden können, ohne das Dokument selbst zu verändern.

  (Beim DSig-Ansatz werden die Signaturen mit *ins* HTML-Dokument codiert.)

- Die Signatur sollte nicht-signaturfähige Client-Systeme unbeeinflußt lassen. „Alte" (nicht-signaturfähige) und „neue" Systeme sollten parallel betreibbar sein, ohne sich gegenseitig zu stören.

- Das System sollte auf bestehenden Signaturstandards aufsetzen und keine eigenen Signaturverfahren einführen.

- Die Signatur sollte nach Möglichkeit verschiedene Auszeichnungen aufnehmen können. Signaturformate wie PGP, S/MIME oder MailTrusT beinhalten Informationen über den Signierenden (signierten Hashwert der Daten und evtl. ein beigefügtes Zertifikat) sowie den Zeitpunkt des Signiervorgangs.

  Es sollte möglich sein, weitere Informationen zur Signatur hinzuzufügen.

- Die Signaturen sollten performant und einfach durch das Internet (das HTTP-Protokoll im Speziellen) übertragen werden können, ohne mit Trenneinrichtungen wie Firewalls, Applicationlevel-Gateways oder Proxy-Servern in Konflikt zu kommen.

3.2   Design-Ansätze

3.2.1 Abgetrennte Signaturen

Um den verschiedenen Anforderungen zu genügen wurde ein Ansatz mit abgetrennten Signaturen gewählt. Ein Signaturvorgang sieht i.d.R. folgendermaßen aus: Es wird ein kryptografischer Hashwert über die zu signierenden Daten berechnet. Dieser wird dann mit einem Public-Key-Signaturverfahren signiert und das Ergebnis an die signierten Daten angehängt. Dieses Anhängen von zusätzlicher Information hat im WWW den Nachteil, daß die WWW-Ressource verändert wird und die Anwendung (der Browser) nichts mehr mit den Daten anfangen kann; deshalb wurde der signierte Hashwert von den Daten getrennt gespeichert. Das hat verschiedene Effekte zur Folge:

Die Signatur-Anwendung muß sich nicht um den Typ der zu signierenden Daten kümmern, sondern kann sie als endlichen Bitstrom auffassen und die Signatur getrennt davon speichern. Im Gegensatz dazu müssen beispielsweise Signaturen von Java-Programmen geeignet in das Java-Archivformat eingefügt werden (Signed Applets).

Die Originaldaten liegen unverändert auf dem Server und nicht-signaturfähige Browser können wie gewohnt darauf zugreifen. Signaturfähige Browser hingegen können neben den eigentlichen Inhalten auch noch die Signatur anfordern.

3.2.2 Zusatzinformationen (Tags)

Wie schon erwähnt lassen sich aus einer Mail-Signatur häufig nur die signierten Daten selbst, die Identität des Signierenden und der Zeitpunkt des Signaturvorgangs gewinnen. Werden Inhalte wie z.B. Grafiken oder Meßwerte in proprietären Formaten signiert, so kann es wünschenswert sein, weitere Informationen in die Signatur mit einfließen lassen, die in den signierten Daten nicht festgehalten werden konnten.

Als Beispiel kann an dieser Stelle ein „Gültigkeitszeitraum" für die signierten Daten stehen: Geschäftliche Angebote gelten oft nur einen bestimmten Zeitraum (oder nur für einen bestimmten Kundenkreis). Somit kann z.B. gewünscht sein, daß ein Angebot nur im Jahr 1998 gilt:

```
Valid-Not-Before: Thu, 01 Jan 1998 00:00:00 GMT
Valid-Not-After: Thu, 31 Dec 1998 23:59:59 GMT
```

Um solche Zusatzinformationen in geeigneter Weise codieren zu können, wird das *"Simple Signature Protocol"* (SSP) definiert. Es verwendet die Struktur von SSP-Objekten. SSP-Objekte enthalten Informationen über eine Webpage, die den Input für die digitale Signatur darstellen. Im SSP-Objekt sind Parameter wie der Hashwert über den Webpage-Inhalt, der *Uniform Resource Locator* (URL) der Webpage, der Gültigkeitszeitraum der Daten oder auch die E-mail-Adresse der signierenden Instanz festgehalten. Manche Parameter sind optional, andererseits sind die Angaben auch jederzeit erweiterbar. Das SSP-Objekt besteht aus einfachen, MIME-konformen Feldbezeichner-Wert-Paaren, die zeilenweise dargestellt werden und somit leicht lesbar sind.

Ein SSP-Objekt hat folgende Struktur ("||" bezeichnet die Konkatenation):

SSP-Objekt = Hashwert{Web-Inhalt} || Zusatz-Informationen

Ein solches SSP-Objekt kann wie folgt aussehen:

```
URL: http://www.nue.et-inf.uni-siegen.de/path/to/file/index_d.html
Content-Hash: bb925a11 4e28179e e57c3378 af27ebc2 f83574fa
Hash-Algo: RIPEMD160
Date: Wed, 22 Jul 1998 17:19:55 GMT
Valid-Not-Before: Thu, 01 Jan 1998 00:00:00 GMT
Valid-Not-After: Thu, 31 Dec 1998 23:59:59 GMT
```

Abb.1 — SSP-Objekt

In diesem SSP-Objekt ist der URL der signierten Daten, die Parameter des kryptografischen Hashwertes, das Signaturdatum und ein Gültigkeitszeitraum festgelegt.

3.2.3 Signatur mit einer Standard-Anwendung

Nachdem das SSP-Objekt für eine Webpage erstellt worden ist, wird es mit einer üblichen Standard-Signaturanwendung wie z.B. MailTrusT oder PGP signiert. Dadurch wird es gegen Modifikationen geschützt (integrity) sowie die Herkunft des SSP-Objektes gesichert (data origin authentication) und es entsteht eine SSP_DU (data unit), die zwischen den Entities des Simple Signature Protocols ausgetauscht wird:

SSP_DU = Web-Inhalt || SSP-Objekt || Signatur{SSP-Objekt}

Der Inhalt des WWW-Dokumentes wird als Hashwert im SSP-Objekt berücksichtigt. Durch die Signatur über das SSP-Objekt (bezeichnet als Signatur{SSP-Objekt}) wird somit die Integrität und Authentizität des Web-Dokumentes gewährleistet[5].

Wenn beispielsweise PGP zur Signatur verwendet wird, kann die "PGP SIGNED MESSAGE" folgende Struktur haben, wobei (in fetter Schrift) auch der Aufbau des SSP-Objektes dargestellt ist:

---

[5] Die Hashfunktion, mit der der Hashwert über den Web-Inhalt berechnet wird (bezeichnet als Hashwert{Web-Inhalt}), ist unabhängig von der Hashfunktion, die im Rahmen des Erstellen der Signatur über das SSP-Objekt eingesetzt wird.

```
-----BEGIN PGP SIGNED MESSAGE-----
Hash: SHA1


URL: http://www.nue.et-inf.uni-siegen.de/path/to/file/index_d.html
Content-Hash: bb925a11 4e28179e e57c3378 af27ebc2 f83574fa
Hash-Algo: RIPEMD160
Date: Wed, 22 Jul 1998 17:19:55 GMT
Valid-Not-Before: Thu, 01 Jan 1998 00:00:00 GMT
Valid-Not-After: Thu, 31 Dec 1998 23:59:59 GMT


-----BEGIN PGP SIGNATURE-----
Version:        PGPfreeware       5.5.3i        for        non-commercial        use
<http://www.pgpi.com>


IQA/AwUBNpDqUPZAiUP8BsotEQK9CgCeLzRJGlIxO3ugqnB5N9Znu4gBvHEAoJHX
EzJtUhycVqQlp6/3P69N9P8W
=toyu
-----END PGP SIGNATURE-----
```

Abb.2 — Signiertes SSP-Objekt

Es können auf einem Server mehrere Inhalteanbieter mit verschiedenen Signaturschlüsseln und Signaturanwendungen vertreten sein, die ihre Dokumente und Signaturen bereitstellen.

3.2.4 Übertragung der signierten SSP-Objekte

Die Dokumenteninhalte und die signierten SSP-Objekte liegen als separate Dateien auf dem HTTP-Server. Fordert ein Client einen Inhalt sowie die Signatur an, gibt er an, welche Signatur-Systeme er unterstützt. Wenn dem Server Signaturen zum angeforderten Inhalt zur Verfügung stehen, liefert er die „am besten passende" Signatur, bzw. eine Liste der verfügbaren Signatur-Schemata[6].

Als Transferprotokoll wurde eine Erweiterung zu HTTP [FIEetal.97] definiert, d.h. die Signaturanfrage bzw. -antwort werden in den eigentlichen Datenrequest bzw. -response eingekapselt. Dadurch wird gewährleistet, daß in einem einzigen Request-/Response-Handshake sowohl die Daten als auch die Signatur angefor-

---

[6] Unter Signatur-Schemata seien an dieser Stelle Anwendungen bzw. Formate wie PGP, S/MIME oder Mail-TrusT verstanden

dert und übertragen werden können. Darüber hinaus ist die Übertragung kompatibel zu Trenneinrichtungen wie HTTP-Proxy-Servern oder Applicationlevel-Gateways.

Es wurden einige neue HTTP-Header eingeführt: Mit X-Signature-Request kann eine Anfrage gestellt werden, in X-Signature-Response werden das SSP-Objekt und die Signatur GZIP-komprimiert und Base64-codiert gekapselt, X-Signature-Types-Avail liefert eine Liste aller für diese Ressource verfügbaren Signaturen und X-Signature-Error signalisiert evtl. auftretende Fehler-Codes[7].

Ein Beispiel für eine solche HTTP-Transaktion ist im folgenden skizzert:

Abb.3 — Kapselung im HTTP-Protokoll

Im Beispiel sind Client-Request und Server-Response nacheinander dargestellt; der Client fordert die Ressource /index.html an und gibt die clientseitig unterstützten Signatur-Verfahren (PGPv5, MTTv1 und PGPv2) an. Nachdem der Client seinen Request mit einer Leerzeile beendet hat, schickt der Server zuerst den Response-Header, in dem auch der Signatur-Response enthalten ist. Danach (durch eine Leerzeile getrennt) folgt das eigentliche Dokument. (Die Signatur-relevanten Teile sind hier fett gedruckt.)

Die Erweiterung des HTTP-Protokolls mit Hilfe der X-Befehle ist kompatibel zum Standard-HTTP. Daher ist die gewählte Lösung verträglich mit den bestehenden Standard-Browsern und HTTP-Protokollimplementationen. Proxies oder Applicationlevel-Gateways leiten die X-Header einfach weiter; Browser, die die X-Header nicht interpretieren können, ignorieren sie einfach.

---

[7] Analog zu den X-Headern in RFC822-Email wird durch den X-Prefix eine benutzerdefinierte Erweiterung gekennzeichnet.

4 Implementation

Die Entwicklung und Demonstration erfolgten auf einem Linux-2.0-System mit den Progammiersprachen C und Perl5. Die Server-Funktionalität wurde durch einen Apache-1.3-HTTP-Server mit einer Perl-Erweiterung (`mod_perl`) realisiert. Als Signatur-Anwendung fand eine kommerzielle MailTrusT-Funktionsbibliothek Verwendung.

Bei der clientseitigen Implementation gab es zwei Alternativen: Integration in einen speziellen Browser (als Plug-In) oder eine Proxy-Realisierung. Aus Kompatibilitätsgründen - um nicht auf einen speziellen Browser festgelegt zu sein - wurde die Lösung mit einem HTTP-Proxy bevorzugt.

Dieser clientseitige HTTP-Proxy realisiert die SSP-, Signaturverifikations- und HTTP-Funktionalität. Der Benutzer richtet in seinem gewohnten Internetbrowser die Verwendung eines lokalen Proxies ein.

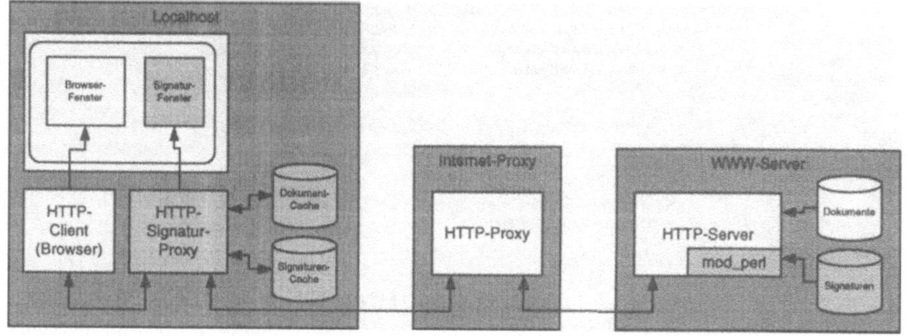

Abb.4 — Struktur der Implementierung

Der HTTP-Signatur-Proxy nimmt die Anfrage des Browsers entgegen, fügt die Signaturanfrage hinzu und leitet die Gesamtanfrage an den HTTP-Server weiter. Der Server analysiert die Anfrage und liefert (wenn möglich) das SSP-Objekt mit der Signatur sowie die eigentlichen Inhalte zurück. Der HTTP-Signatur-Proxy analysiert die Server-Antwort und leitet die HTTP-Header (ohne X-Header) und die Daten an den Browser des Benutzers zurück. Danach speichert er die Signatur und die Daten auf der Festplatte und benachrichtigt das Darstellungsprogramm (auch ein Teil des Proxy) über das Vorliegen neuer Informationen. Der Darstellungsteil des Proxy liest Daten, SSP-Objekt und Signatur, verifiziert die Signatur und stellt die Ergebnisse in einem X11-Fenster dar.

Sollte der Proxy an einem fehlenden `X-Signature-Types-Avail` -Header erkennen, daß der HTTP-Server die Signaturanfrage nicht versteht, startet er nach Lieferung der Daten an den Client eine Reihe von neuen Requests an den Server, in denen er versucht, die Signatur-Dateien „von Hand" zu holen. Dieses Verhalten gewährleistet, daß auch der Server ein „alter" Server ohne Signatur-Funktionalität sein darf.

5 Ergebnisse und Ausblick

In dem vorliegenden Beitrag wurde ein einfaches und robustes System für digitale Signaturen im WWW vorgestellt. Das System wurde im Rahmen einer Diplomarbeit vom Autor dieses Beitrages entwickelt, implementiert und überprüft. Die Systemsicherheit basiert auf der im SSP-Objekt verwendeten Hashfunktion und dem verwendeten Signaturverfahren. Durch die zweistufige Signatur bleibt das System kompatibel zum WWW, da die Originaldaten nicht modifiziert werden müssen. Der Transportmechanismus ist kompatibel zu HTTP und ermöglicht effiziente Übertragungen über das Internet. Das Protokoll ist unabhängig von zusätzlichen Sicherheitsdiensten in unteren Schichten, d.h. IPSEC oder SSL können zusätzlich verwendet werden.

Da das System einen einfach zu verifizierenden und robusten Aufbau haben sollte, wurde die Struktur des SSP-Protokolls bewußt sehr flach und einfach gewählt. Für den Einsatz als Real-World-Anwendungen deckt die Spezifikation viele Anwendungsfälle ab. Die Struktur heutiger Business-Anwendungen ist jedoch komplexer, als daß sie mit diesem einfachen Ansatz abgebildet werden könnte. Daher bieten sich hier Systeme wie "Digital Signatures for XML" eher an.

Ein weiterer Schritt wäre die Integration des Verfahrens in den Browser, um die Darstellung der Inhalte und die Darstellung der Gültigkeit einer Signatur, bzw. mehrerer Signaturen zu integrieren. Da aus einer WWW-Anfrage mehrere HTTP-Requests resultieren können (um beispielsweise mehrere Dokumente innerhalb von Frames darzustellen oder um JAVA-Programme und Bilder einzubinden), können im Browserfenster signierte und unsignierte Inhalte gleichzeitig vorkommen.

Diese Arbeit sollte zeigen, daß ohne große Veränderungen an bestehenden Client-Server-Systemen digitale Signaturen im WWW-Bereich eingeführt werden können. Dies konnte mit einer erfolgreichen Implementierung untermauert werden.

6   Literatur

[BBF99]   Biester, J., Bauspieß, F., Fox, D.: *MailTrusT Spezifikation v2.0*, TeleTrusT, 1999

[Blei98]   Bleichenbacher, D.: *Chosen Ciphertext Attacks Against Protocols based on the RSA Encryption Standard PKCS#1, in:* Advances in Cryptology, Crypto´98, Springer-Verlag 1998

[BPS98]   Bray, T. Paoli, J. Sperberg-McQueen C.M.: *Extensible Markup Language (XML) 1.0. W3C Recommendation* http://www.w3.org/TR/REC-xml/, 1998

[CHUetal.98]   Chu, Y.-H., DesAutels, P., LaMacchia, B., Lipp, P.: *PICS Signed Labels (DSig) 1.0 Specification* http://www.w3.org/TR/PR-DSig-label/, 1998

[FIEetal.97]   Fielding, R., Gettys, J., Mogul, J, Frystyk, H., Berners-Lee, T.: *Hypertext Transfer Protocol – HTTP/1.1*, RFC 2068, 1997

[GriWae99]   Grimm, R., Wäsch, J.: *XML und IT-Sicherheit*, Tagungsband „Verläßliche IT-Systeme VIS ´99", 1999

[Hou99]   Housley, R.: *S/MIME Mail Security (smime)* http://www.ietf.org/html.charters/smime-charter.html, 1999

[Noe99]   Noerenberg, J.: *An Open Specification for Pretty Good Privacy,* http://www.ietf.org/html.charters/openpgp-charter.html, 1999

[PICS98]   Platform for Internet Content Selection (PICS), http://www.w3.org/DSig/, März 1998

[Reag99]   Reagle, Joseph: *XML-DSig '99: The W3C Signed XML Workshop* http://www.w3.org/DSig/signed-XML99/Overview.html, 1999

[ReEa99]   Reagle, J., Eastlake, D.: *XML Digital Signatures (xmldsig)* http://www.ietf.org/html.charters/xmldsig-charter.html, 1999

[SteEac99]   Stein, L.D., MacEachtern, D.: *Writing Apache Modules with Perl and C*, O'Reilly, 1999

Der Einsatz eines verteilten Zertifikat-Managementsystems in der Schweizerischen Bundesverwaltung

Andreas Greulich, Rolf Oppliger, Peter Trachsel

Bundesamt für Informatik
Sektion Informatiksicherheit
Monbijoustrasse 74
CH-3003 Bern, Schweiz
`{andreas.greulich,rolf.oppliger,peter.trachsel}@bfi.admin.ch`

Zusammenfassung

Um den zunehmend grossen Bedarf an CA-Dienstleistungen in der Schweizerischen Bundesverwaltung abdecken zu können, hat die Sektion Informatiksicherheit des Bundesamtes für Informatik (BFI/SI) eine Architektur erarbeitet, die von einer möglichst weitgehenden Delegation und Dezentralisation von Authentifikations- und Autorisierungs-aufgaben auf dafür zuständige Mitarbeiter(innen) ausgeht. Die resultierende Architektur eines verteilten Zertifikat-Managementsystems (Distributed Certificate Management System, DCMS) ist zwischenzeitlich auch umgesetzt und in Form einer Sammlung von CGI- und Perl-Skripts als Perl Certification Authority Network (PECAN) pilotiert worden. In diesem Beitrag werden die Architektur des DCMS, die Pilotimplementierung PECAN, sowie die Betriebsabläufe und Vorgehensweisen für den Einsatz von PECAN in der Schweizerischen Bundesverwaltung vorgestellt und diskutiert. Im Hinblick auf einen Fremdbezug von CA-Dienstleistungen wird zudem ein mögliches Zertifizierungsschema für Zertifizierungsdienst-leistungserbringer vorgeschlagen und zur Diskussion gestellt.

1   Einleitung

Viele Sicherheitstechnologien basieren heute auf dem Einsatz asymmetrischer Kryptosysteme, wobei eine breite Nutzung dieser Systeme die Bereitstellung entsprechender Zertifizierungsinfrastrukturen für öffentliche Schlüssel erforderlich macht [Schneier96,Menezes96]. Eine solche Infrastruktur, die sich aus einer Hierarchie oder einem Geflecht von sich möglicherweise auch gegenseitig anerkennenden und zertifizierenden Zertifizierungsdienstleistungserbringer (Certification Authorities, CAs) zusammensetzt, wird auch etwa als Public Key Infrastructure (PKI) bezeichnet. In der Literatur sind verschiedene Modelle für den Aufbau und Betrieb von PKIs vorgestellt und diskutiert worden [Ford97,Feghhi99]. Die Modelle verfolgen entweder einen streng hierarchischen, einen dezentralen oder einen gemischten Ansatz. Auf jeden Fall stellt der Aufbau und Betrieb einer (oder mehrerer) PKI(s) eine Aufgabe dar, die für das Funktionieren von heutigen und insbesondere auch zukünftigen Sicherheitslösungen essentiell ist.

In der Schweiz hat das Bundesamt für Informatik (BFI) die Frage des Aufbaus und Betriebs einer Zertifizierungsinfrastruktur für die Bundesverwaltung im Rahmen einer interdepartementalen Arbeitsgruppe (AG BV-TTP) thematisiert. Als Resultat hat die AG BV-TTP die Erarbeitung eines Zertifizierungsschemas[1] für Zertifizierungs-dienstleistungserbringer vorgeschlagen (auf dieses Zertifizierungsschema wird in Abschnitt 5 noch eingegangen). Weil sich ein derartiges Zertifizierungsschema nicht auf die Bedürfnisse der Bundesverwaltung alleine beschränken muss, ist seine Erarbeitung zwischenzeitlich in einen gesamtschweizerischen Kontext gestellt worden. Die entsprechenden Arbeiten werden vom Bundesamt für Kommunikation (BAKOM) im Rahmen einer Arbeitsgruppe Digitale Signatur (AG DigSig) koordiniert. Neben der Umsetzung und Etablierung eines entsprechenden Zertifizierungsschemas für Zertifizierungs-dienstleistungserbringer in der Schweiz wird im Rahmen dieser Arbeitsgruppe auch eine Lösung für die rechtliche Anerkennung bzw. rechtliche Gleichstellung der digitalen Signatur mit der handschriftlichen Unterschrift gesucht. Auf diese Arbeiten und auf entsprechende Haftungsfragen wird im Rahmen dieses Beitrages nicht eingegangen.

Die Aktivitäten der AG DigSig sind langfristig ausgerichtet und bieten für den heutigen Einsatz von asymmetrischen Kryptosystemen und entsprechenden CA-Dienstleistungen (noch) keine Lösung an. In der Schweizerischen Bundesverwaltung gibt es aber einen zunhemend grossen Bedarf an CA-Dienstleistungen für bestimmte Anwendungen, wie z.B. den Einsatz von

- IPsec-Protokollen für das transparente Authentifizieren und Chiffrieren von IP-Paketen auf der Internet-Schicht,

- SSL- (Secure Sockets Layer) und TLS-Protokollen (Transport Layer Security) für sichere WWW-basierte Intranet-Lösungen und für das kryptographisch abgesicherte Traversieren von Firewall-Systemen, sowie

---

[1] An dieser Stelle muss auf eine Doppeldeutigkeit der Begriffe „Zertfizierung" und „zertfizieren" hingewiesen werden, die in Gesprächen und Verhandlungen im Zusammenhang mit CAs und PKIs oft Schwierigkeiten bereitet. Auf der einen Seite meint man damit eine formale Anerkennung durch eine akkreditierte Zertfizierungsstelle, und auf der anderen Seite wird damit auch häufig eine Beglaubigung eines öffentlichen Schlüssels durch eine CA verstanden.

- S/MIME (Secure MIME) für den sicheren Austausch von elektronischen Nachrichten.

Diese Technologien sind in [Oppliger98,Oppliger00] beschrieben und werden in diesem Beitrag nicht weiter diskutiert. Die Technologien haben gemein, dass sie auf dem Einsatz von Zertifikaten basieren, die konform sind zu der ITU-T Empfehlung X.509 (in der Version 3), die zwischenzeitlich von allen namhaften Standardisierungs-gremien (wie z.B. ISO/IEC) adaptiert worden ist [ITU88]. Insbesondere wird eine Profilierung von X.509v3 auch im Rahmen der Internet Engineering Task Force (IETF) Public Key Infrastructure X.509 (PKIX) Working Group (WG) angestrebt. Eine entsprechende Reihe von RFCs ist im Frühjahr 1999 verabschiedet und in die Internet-Standardisierung eingebracht worden (vgl. Standards Track RFCs 2459, 2510, 2511 und 2559, sowie die informativen RFCs 2527 und 2528).

Um den kurzfristigen Bedarf an ITU-T X.509v3-Zertifikaten (insbesondere für SSL und TLS) abdecken zu können, hat die Sektion Informatiksicherheit des BFI (BFI/SI) eine Architektur erarbeitet, die von einer möglichst weitgehenden Delegation und Dezentralisation von Authentifikations- und Autorisierungsaufgaben auf dafür zuständige Mitarbeiter(innen) ausgeht[2]. Die resultierende Architektur ist als verteiltes Zertifikat-Managementsystem (Distributed Certificate Management System, DCMS) bezeichnet und in anderen Zusammenhängen bereits ausführlich beschrieben worden [Greulich99]. Im Rahmen einer Pilotimplementierung, die als Perl Certification Authority Network (PECAN) bezeichnet wird, ist die DCMS-Architektur zwischenzeitlich auch in Form einer Sammlung von CGI- und Perl-Skripts umgesetzt und pilotiert worden. Bis die AG DigSig ein Zertifizierungsschema für Zertifizierungsdienstleistungserbringer in der Schweiz eingeführt und etabliert hat, wird PECAN in der Schweizerischen Bundesverwaltung eingesetzt, um für einzelne Bundesstellen CA-Dienstleistungen zu erbringen. PECAN wird vom BFI betrieben und dezentral unter Mitwirkung von Anwendungsverantwortlichen (und in Zukunft wohl auch unter Mitwirkung der betroffenen Personalämter) administriert. Gleichzeitig sollen die mit PECAN gemachten Erfahrungen in die Erarbeitung von Richtlinien und Kriterien für das oben erwähnte Zertifizierungsschema einfliessen.

Dieser Beitrag befasst sich schwerpunktmässig mit dem Einsatz von PECAN in der Schweizerischen Bundesverwaltung. Der Beitrag ist folgendermassen aufgebaut: Im zweiten Abschnitt wird die Architektur des DCMS umrissen. Im

---

[2] Im Rest dieses Beitrages wird sowohl „Benutzer,, als auch „Mitarbeiter,, in der männlichen Form verwendet. Implizit sollen beide Begriffe die weiblichen Formen „Benutzerin,, und „Mitarbeiterin,, miteinschliessen. Analoges gilt natürlich auch für entsprechende Mehrzahlformen.

dritten Abschnitt wird die Pilotimplementierung PECAN vorgestellt und diskutiert, während im vierten Abschnitt vertiefend auf die Betriebsabläufe und Vorgehensweisen für den Einsatz von PECAN in der Schweizerischen Bundesverwaltung eingegangen wird. Schliesslich werden im fünften Abschnitt Schluss-
folgerungen gezogen und ein Ausblick gegeben. Insbesondere wird in diesem
fünften Abschnitt auch auf das erwähnte Zertifizierungsschema für Zertifizie-
rungsdienstleistungserbinger eingegangen.

2   Die Architektur des DCMS

Das DCMS stellt ein verteiltes Zertifikat-Managementsystem dar, d.h. die Aufgabe der Zertifikatverwaltung ist auf mehrere - möglicherweise auch geographisch verteilte Instanzen - verteilt. Dabei können als (Teil-) Aufgaben einer
Zertifikatverwaltung etwa die folgenden Aktivitäten unterschieden werden:

- Entgegennehmen von Zertifikatsanträgen
- Überprüfen von Identitäten (Authentifizierung der Antragsteller)
- Überprüfen von Privilegien (Autorisierung der Antragsteller)
- Ausstellen von Zertifikaten
- Verteilen von ausgestellten Zertifikaten
- Einspeisen von Zertifikaten in entsprechende Verzeichnisdienste
- Ungültigerklären (oder Zurücknehmen) von Zertifikaten
- Einspeisen von Ungültigkeitserklärungen in Verzeichnisdienste bzw. das Be-
  reitstellen entsprechender Online-Statusabfragemöglichkeiten

Man beachte, dass diese Aktivitäten zum Teil mit erheblichen betrieblichen
Aufwänden verbunden sein können (insbesondere erfordert die Authentifizierung der Antragsteller eine physikalische Präsenz). Allzuoft ist man dabei von
der Annahme ausgegangen, dass eine zentrale Erbringung all dieser Dienstleistungen in jedem Fall am effizientesten und kostengünstigsten sei. Diese Annahme muss hinterfragt werden, zumal man auch argumentieren kann, dass z.B.
das Überprüfen von Identitäten und Privilegien dezentral effizienter erfolgen
kann als zentral (weil z.B. dezentral die entsprechenden Organisationsstrukturen, wie z.B. Personalämter, bereits vorhanden sind). Anstelle des Aufbaus einer zentral betriebenen CA kann man sich denn auch fragen, ob der Aufbau einer CA mit dezentralen Steuerungs- und Kontroll-mechanismen nicht effektiver
ist. Diese Frage ist der Konzipierung der DCMS-Architektur zugrunde gelegen.
Insbesondere hat man versucht, eine Architektur zu entwerfen, deren hauptsächliche Sicherheitskomponenten zwar zentral betrieben werden, die aber
gleichzeitig auch dezentral gesteuert und kontrolliert werden können.

In der Architektur des DCMS werden die folgenden drei Hauptkomponenten
unterschieden:

- Ein DCMS Kern, der die eigentliche CA darstellt. Dieser Kern kann Off-line betrieben werden und wird von einem (oder mehreren) Administrator(en) bedient. Weil im Kern unter anderem auch der private Signierschlüssel für die Erzeugung der Zertifikate hinterlegt ist, muss diese Komponente auch physikalisch gut gesichert sein (in der Tat lassen sich viele Kosten beim Betrieb einer CA auf die erforderlichen physikalischen Sicherheitsmassnahmen zurückführen).

- Ein (oder meherere) DCMS Frontend(s), die Dienstzugangspunkte für CA-Dienstleistungen zur Verfügung stellen und entsprechend On-line betrieben werden müssen. Über diese Dienstzugangspunkte können die Benutzer und Verwalter des DCMS (letztere werden im folgenden auch etwa als Agenten bezeichnet) auf entsprechende CA-Dienstleistungen und –funktionalitäten zugreifen. Bevor-zugterweise sollten diese Zugriffe mit Hilfe von handelsüblichen WWW-Browsern mit SSL-Unterstützung (z.B. Netscape Navigator oder Microsoft Internet Explorer) erfolgen können.

- Eine vom DCMS Kern verwaltete Datenbank, in der alle relevanten Daten gespeichert sind. Insbesondere werden in dieser Datenbank Zertifikate, Gruppen und Gruppenzugehörigkeiten von Zertifikaten zu bestimmten Gruppen verwaltet. Der Inhalt der Datenbank wird auf die DCMS Frontends verteilt und neu eingegebene Daten werden periodisch abgeglichen und auf die DCMS Frontends repliziert.

Technisch gesehen stellt der DCMS Kern die eigentliche CA dar, während die DCMS Frontends den aus anderen Architekturen bekannten lokalen Registrierstellen (Local Registration Authorities, LRAs) oder Registrierstellen (Registration Authorities, RAs) entsprechen [Ford97].

Während der DCMS Kern in einer physikalisch geschützten Umgebung installiert sein und betrieben werden muss, können die DCMS Frontends durchaus auch auf handelsüblichen SSL-fähigen HTTP-Servern installiert sein und betrieben werden. Die Kommunikation zwischen dem DCMS Kern und den DCMS Frontends muss aber in jedem Fall vor aktiven Angriffen geschützt sein. Weil der Kern und die Frontends in der Regel auch geographisch verteilt sind, müssen entweder die Leitungen selbst physikalisch geschützt sein oder der Einsatz von kryptographischen Verfahren muss einen solchen Schutz realisieren. Im praktischen Einsatz wird sicherlich die zweite Möglichkeit die einfacher zu realisierendere sein. Im Rahmen der im folgenden Abschnitt vorgestellten Pilotimplementierung der DCMS-Architektur wird z.B. das Programm `scp` (secure copy) des Softwarepaketes Secure Shell (SSH) eingesetzt, um zwischen dem DCMS Kern und den entsprechenden DCMS Frontends gesicherte, d.h. authentifizierte und chiffrierte, Tunnels aufzubauen und zu betreiben [Oppliger98].

Diese (authentifizierten und chiffrierten) Tunnels können das Eindringen eines aktiven Angreifers wirksam verhindern. Natürlich kann ein ähnlicher kryptographischer Schutz auch mit Hilfe von anderen Softwareprodukten erreicht werden (man denke hier insbesondere an IPsec- und VPN-Produkte). Schliesslich verwaltet der DCMS Kern eine Datenbank, die periodisch auf die Frontends repliziert und mit diesen auch abgeglichen und synchronisiert wird. In ihr werden Zertifikate (`Certificate-DB`), Gruppen (`Group-DB`) und Zugehörigkeiten von Zertifikaten zu bestimmten Gruppen (`Memberships-DB`) verwaltet.

Die Architektur des DCMS zeichnet sich durch zwei charakteristische Eigenschaften aus:

- Auf der einen Seite kann der Steuerungs- und Kontrollmechanismus über die DCMS Frontends verwendet werden, um einen hohen Grad an Dezentralisierung und entsprechende Delegationsmöglichkeiten zu erreichen. Dadurch wird insbesondere auch die Skalierbarkeit der Gesamtlösung erhöht.

- Auf der anderen Seite können die ausgestellten Zertifikate auch für Gruppen-basierte Zugriffskontrollen verwendet werden. Gruppen-basierte Zugriffskontroll-möglichkeiten haben sich in verschiedenen Betriebssystemen durchgesetzt (z.B. UNIX).

Von diesen zwei charakteristischen Eigenschaften bietet insbesondere die zweite neue Möglichkeiten zur Kopplung von Authentifikations- und Autorisierungsaufgaben und damit auch zur vereinfachten Verwaltung von Benutzerberechtigungen (z.B. für Intranet-Anwendungen). Eine solche Kopplung scheint für den praktischen Einsatz nützlich und wichtig zu sein [Feigenbaum98]. Dabei gäbe es neben einer Datenbank-basierten Verwaltung von Benutzerberechtigungen auch verschiedene alternative Möglichkeiten:

- Die Einbindung von Autorisierungsinformation in X.509v3-Zertfikate (z.B. als Erweiterung des CN-Feldes oder als zusätzliche Erweiterungsfelder).

- Der Einsatz von Attribut-Zertifikaten, wie sie ursprünglich vom U.S. amerikanischen ANSI vorgeschlagen und zwischenzeitlich auch von anderen Standardisierungsgremien, wie z.B. ITU-T und ISO/IEC, übernommen worden sind. Der Einsatz von Attribut-Zertifikaten wird zur Zeit auch im Rahmen der IETF Transport Layer Security (TLS) WG als mögliche Erweiterung der SSL und TLS Protokolle diskutiert. Zudem wird in [Oppliger99] der Einsatz von Attribut-Zertifikaten im Geschäftsverkehr diskutiert.

- Der Einsatz von SDSI/SPKI-Zertifikaten, wie sie zur Zeit im Rahmen der Aktivitäten der IETF Simple Public Key Infrastructure (SPKI) WG spezifiziert werden (vgl. URL `http://www.ietf.org/html.charters/`

`spki-charter.html`). Im Gegensatz zu X.509v3-Zertfikaten, basieren SDSI/SPKI-Zertifikate nicht auf einem globalen Namensraum, sondern auf lokalen Namensräumen, die möglicherweise miteinander verbunden sind. Zudem erlauben die Syntax und Semantik von SDSI/SPKI-Zertifikaten auch eine Spezifikation von Attributen, Autorisierungen, Delegationen und Zugriffskontrolllisten (ACLs).

Alle genannten Möglichkeiten haben Vor- und Nachteile [Oppliger00]. Zusammen-fassend kann man sagen, dass sich der Einsatz einer Datenbankbasierten Verwaltung von Benutzerberechtigungen immer dann anbietet, wenn sich diese Berechtigungen dynamisch verhalten und wenig konstant sind. Ein spezifisches Problem beim praktischen Einsatz von Attribut- und SDSI/SPKI-Zertifikaten stellt auch die Tatsache dar, dass die Standardisierung wenig fortgeschritten ist, und dass entsprechende Implementierungen noch kaum interoperabel sind. In der Praxis werden Attribut- und SDSI/SPKI-Zertifikate denn auch noch kaum eingesetzt und die meisten Lösungen basieren heute entweder auf X.509v3-Zertifikaten oder auf entsprechenden Datenbanksystemen.

Im Rahmen der Architektur des DCMS kann ein Zertifikat logisch einer (oder auch mehreren) Gruppe(n) zugeordnet sein, wobei für diese Zuordnung ein (oder mehrere) Agent(en) zuständig ist (sind). Die Gruppenzugehörigkeit eines Zertifikates kann dann im Rahmen einer Zugriffskontrolle ausgenutzt werden, um z.B. Zugriffs-berechtigungen für den jeweiligen Zertifikatsbesitzer zu regeln. Nehmen wir z.B. an, dass einem Zertifikat X Zugehörigkeit zu einer Gruppe Y gewährt worden ist (von einem entsprechenden Agenten), und dass eine Applikation Z nur für Mitglieder der Gruppe Y zugänglich sein soll. In diesem Fall kann eine Zugriffskontrolle für Z sehr einfach prüfen, ob einer Zugriffsanforderung entsprochen werden soll oder nicht. Die Applikation muss nämlich nur prüfen, ob dem Zertifikat X eine Gruppenzugehörigkeit zu Y gewährt worden ist (im positiven Fall wird der Zugriff gewährt und im negativen Fall wird der Zugriff verweigert). Mit diesem Ansatz lässt sich eine Gruppenbasierte Zugriffskontrolle realisieren, ohne dass die Benutzer individuell erfasst werden müssen. Dadurch erhöht sich die Skalierbarkeit der entsprechenden Zugriffskontrollmechanismen in erheblichem Masse. Für den Betrieb von zugriffsgeschützten Web-Seiten in einem Intranet können dadurch wesentliche Einsparungen bei der Benutzerverwaltung gemacht werden (es müssen nicht mehr Benutzernamen- und Passwortpaare verwaltet werden, sondern nur noch Gruppenzugehörigkeiten, und diese Gruppenzugehörigkeiten lassen sich meist direkt aus vorhandenen Organisationsstrukturen ableiten).

Im operativen Betrieb eines DCMS werden Administratoren und Agenten unterschieden:

- Als DCMS Administrator wird eine Person bezeichnet, die physikalischen Zugang zum DCMS Kern und damit auch Zugriff auf die entsprechende Datenbank hat. Damit hat ein DCMS Administrator potentiell auch Zugang zum privaten Schlüssel, mit dem Zertifikate digital signiert und ausgestellt werden. In Hochsicherheitsumgebungen wird man sicherlich dazu neigen, den Zugriff auf den privaten Signaturschlüssel auf mehrere DCMS Administratoren zu verteilen, d.h. das Erstellen von Signaturen bzw. das Aktivieren eines entsprechenden Signiermoduls für Zertifikate erfordert dann die simultane Präsenz mehrerer Administratoren. Auf der technischen Seite können für diesen Zweck sogenannte Secret Sharing Schemes eingesetzt werden, die das Aufteilen eines kryptographischen Schlüsselwertes auf mehrere Teilschlüssel unterstützen, so dass nur das Zusammenfügen mehrerer dieser Teilschlüssel den Schlüssel rekonstruieren kann [Shamir79,Blakley79]. Man beachte, dass Secret Sharing Schemes in der Theorie zwar hinreichend gut bekannt sind, dass aus praktischer Sicht aber insbesondere das Zusammenfügen der erforderlichen Teilschlüssel zur Rekonstruktion des kryptographischen Schlüssels nicht unproblematisch und mit neuen Sicherheitsrisiken verbunden sein kann [He96].

- Im Gegensatz zu einem DCMS Administrator handelt es sich bei einem DCMS Agenten um eine Person, die lediglich über einen für bestimmte Aufgaben autorisierten Zugang zu einem (oder mehreren) DCMS Frontend(s) verfügt. Ein DCMS Agent wird notwendigerweise auf dem Frontend, über das er seine administrativen Tätigkeiten ausüben will, stark authentifiziert (z.B. mit Hilfe einer Client-seitigen starken Authentifikaten auf der Basis eines X.509v3-Zertifikates im Rahmen einer SSL/TLS-Verbindung). Danach hat der Agent Zugriff auf die ihn betreffenden Teile der Datenbank, und diese Teile werden periodisch mit der zentralen DCMS Datenbank synchronisiert. Jeder DCMS Agent ist zuständig für eine oder mehrere Gruppen, wobei eine Gruppe durchaus auch von mehreren Agenten gleichzeitig administriert und verwaltet werden kann.

Mit diesen Rollen kann der operative Betrieb des DCMS auf mehrere Personen verteilt werden. Typischerweise ist die Zahl der DCMS Administratoren im Vergleich zur Zahl der Agenten klein.

3   Pilotimplementierung

Die im zweiten Abschnitt umrissene DCMS-Architektur ist von BFI/SI zwischenzeitlich auch umgesetzt und pilotiert worden. Als Entwicklungsumgebung wurde Perl 5.0 mit dem Datenbankmodul Sprite gewählt. Die Benutzerschnittstelle des Frontends ist in PECAN in Form eines CGI-Skripts namens `CA.cgi` realisiert.

Für die Verwaltung des PECAN Kerns und der entsprechenden Datenbank sind zudem die folgenden fünf Perl-Skripts entwickelt worden:

- Mit Hilfe des Skripts `sync.pl` können die verschiedenen Datenbanken der DCMS Frontends periodisch mit der Kerndatenbank synchronisiert werden. Dazu werden die Datenbanken der Frontends auf den Kern kopiert, dort synchronisiert und in aufdatierter Form wieder auf die Frontends repliziert.

- Mit Hilfe des Skripts `sign.pl` können die angeforderten und von entsprechenden Agenten auch validierten Zertifikate ausgestellt und signiert werden. Dieses Skript braucht Zugriff auf den privaten Schlüssel, der zum Ausstellen und Signieren der Zertifikate erforderlich ist. Dieser Schlüssel ist im Rahmen von PECAN durch ein Passwort geschützt (mit diesem Passwort wird der Schlüssel für die Speicherung chiffriert und für den Einsatz temporär dechiffriert).

- Mit Hilfe des Skripts `acls.pl` können aufgrund der Einträge in der DCMS Datenbank Zugriffskontrolllisten (in einer bestimmten Syntax) erzeugt werden. Grundsätzlich ist eine Erzeugung in verschiedenen Syntaxen möglich. Unterstützt wird zur Zeit eine vom Stronghold-Server verwendete Syntax für Zugriffskontroll-listen (ACLs).

- Mit Hilfe der Skripts `index.pl` und `importOldCerts.pl` können „alte" Zertifikate übernommen und importiert werden. Diese Skripts sind erforderlich, um mit bereits für den Einsatz in der Bundesverwaltung ausgestellten Zertifikaten kompatibel zu bleiben. Grundsätzlich kann PECAN um Importfunktionalitäten für beliebige bereits existierende Zertifikate erweitert werden. Eine Policy wird diesbezüglich festlegen müssen, welche bisherigen Zertifikate unterstützt und entsprechend auch in das neue Format konvertiert werden sollen.

Wiederum muss für eine ausführlichere Beschreibung dieser CGI- und Perl-Skripts bzw. ihrer Optionen auf [Greulich99] verwiesen werden. Die Skripts werden ausschliesslich vom Verwalter des Kerns bedient.

In der Schweizerischen Bundesverwaltung sind zur Zeit zwei PECAN Frontends installiert:

- Ein erstes Frontend ist auf einem SSL-fähigen Server des Firewall-Systems des BFI installiert. Dieses Frontend ist unter dem URL `https://ca.admin.ch/` erreichbar.

- Ein zweites Frontend ist für das IP-Netz der Kantone, d.h. für den Kantons-verbund (KTV), verfügbar und von diesem aus erreichbar.

Grundsätzlich ist die Installation eines weiteren Frontends immer dann erforderlich, wenn die zusätzlich anzusprechenden Benutzer die bisher installierten Frontends nicht erreichen können. Der Einsatz mehrerer Frontends ist entsprechend eher aus Gründen der Konnektivität und Erreichbarkeit motiviert, denn aus Gründen des Lastenausgleichs. Aber natürlich können zum Zwecke des Lastenausgleichs auf einzelnen Netzsegmenten auch mehrere Frontends intalliert und betrieben werden. Die Sicherheit des Systems wird dadurch nicht tangiert (ähnlich wie das Replizieren von RAs die Sicherheit einer CA-Lösung nicht tangiert).

Die Architektur des DCMS bzw. PECAN und das Zusammenspiel des Kerns (Core) mit den verschiedenen Frontends ist in Abb. 1 schematisch dargestellt. Die festen Linien zwischen dem Kern und den Frontends, bzw. zwischen den Agenten und den Frontends implizieren kryptographisch abgesicherte Verbindungen (entweder mit SSH oder mit SSL/TLS). Demgegenüber implizieren die gestrichelten Linien zwischen den Benutzern und den DCMS Frontends nicht oder nur teilweise kryptographisch abgesicherte Verbindungen (z.B. mit Hilfe von SSL/TLS mit nur Server- bzw. Frontend-seitiger starker Authentifikation).

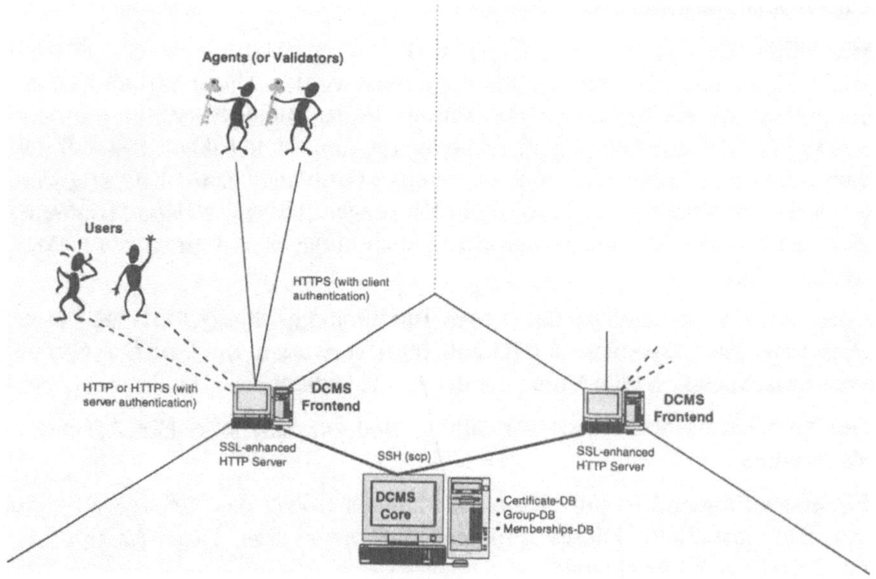

Abb. 1 — Die Architektur des DCMS bzw. PECAN

4 Betriebsabläufe und Vorgehensweisen

Für Administratoren, Agenten und Benutzer sind in PECAN unterschiedliche Betriebsabläufe und Vorgehensweisen vorgesehen.

4.1 Administratoren

In der Architektur des DCMS und im Rahmen von PECAN sind Administratoren für die Verwaltung des Kerns und der entsprechenden Datenbank zuständig. Für die Erfüllung dieser Aufgaben sind in PECAN die in Abschnitt 3 genannten Perl-Skripts vorgesehen (`sync.pl`, `sign.pl`, `acls.pl`, `index.pl` und `importOld-Certs.pl`). Die Skripts `sync.pl` und `sign.pl` müssen periodisch gestartet und durchlaufen werden, während das Skript `acls.pl` eingesetzt werden kann, um Zugriffskontrolllisten für SSL-basierte HTTP Server mit einer an die Stronghold-Serversoftware angelehnten Syntax für Zugriffskontrolllisten zu extrahieren. Schliesslich müssen die Skripts `index.pl` und `importOldCerts.pl` nur dann eingesetzt, wenn aus Kompatibilitätsgründen alte Zertifikate eingelesen und in ein neues Format konvertiert werden müssen.

Die Bedienung der Perl-Skripts erfordert in der Regel einen Shell-Zugriff auf das dem Kern zugrunde liegenden Betriebssystem. Damit ist in der Regel auch ein physikalischer Zugang zum Kern erforderlich.

4.2 Agenten

In der Architektur des DCMS und im Rahmen von PECAN sind Agenten für die Verwaltung von Gruppen zuständig, d.h. Agenten können für die Gruppen, für die sie als Agenten nominiert sind, Gruppenzugehörigkeiten für Zertifikate bestimmen. In diesem Sinne stellt auch die Gruppe der authentifizierten Benutzer eine Gruppe dar (mit der spezifischen Bezeichnung „."). Einem Zertifikat, dem Gruppenzugehörigkeit zu „." gewährt worden ist, wird entsprechend attestiert, dass der Zertifikatsbesitzer von einem für „." zuständigen Agenten authentifiziert worden ist (für „." zuständige Agenten werden auch etwa als Validatoren bezeichnet). Dabei sind Gruppenzugehörigkeiten zu „." auch mehrfach bestätigbar und solche Mehrfachbestätigungen werden in der Datenbank auch als solche vermerkt. Für bestimmte Applikationen kann es hilfreich und nützlich sein, dass festgestellt werden kann, wer einen bestimmten Benutzer authentifiziert hat.

Als Dienstzugangspunkt dient dem Agenten ein beliebiges Frontend bzw. ein entsprechendes CGI-Skript `CA.cgi` (die entsprechenden Installationen für die Bundesverwaltung sind in Abschnitt 3 genannt). Wie bei einem normalen Benutzer kann dieser Zugriff mit einem handelsüblichen WWW Browser erfolgen, wobei dieser Browser zwingenderweise SSL mit Client-seitiger Authentifikation unterstützen muss (diese Voraussetzung ist für alle henadelsüblichen Browser erfüllt). In der Regel wird sich ein Agent mit Hilfe eines vorgängig ausgestellten und auf dem Browser installierten Zertifikates gegenüber dem Frontend authentifizieren. Damit ist ein kryptographisch abgesicherter Zugriff des Agenten auf die Datenbank des betreffenden Frontends möglich (gegenseitig stark authentifiziert und transparent chiffriert).

4.3 Benutzer

Benutzer können mit Hilfe eines handelsüblichen WWW Browsers mit SSL-Unterstützung auf PECAN zugreifen. Eine Policy muss festlegen, welche Informationen ein (anonymer) Benutzer auf einem Frontend einsehen kann. In einer ersten Phase sind diesbezüglich in PECAN noch keine Restriktionen definiert, d.h. ein Benutzer kann grundsätzlich alle Zertifikate mit entsprechenden Statusinformationen einsehen. Diese Policy wird man in einer späteren Version von PECAN vielleicht ändern müssen.

Aus der Sicht eines Benutzers, der in den Besitz eines Zertifikates gelangen möchte, sieht der Betriebsablauf folgendermassen aus:

- In einem ersten Schritt baut der Benutzer mit seinem Browser eine Verbindung zu einem (der in Abschnitt 3 genannten) DCMS Frontends auf.

- Unter anderem wird er über dieses DCMS Frontend ein Client-seitiges Zertifikat beantragen können. Er wird das entsprechende HTML Formular ausfüllen und gewünschte Gruppenzugehörigkeiten auswählen. Die Gruppenzugehörigkeiten sind erforderlich, um Gruppen-basierte Zugriffskontrollen sinnvoll steuern zu können. Natürlich kann PECAN auch ohne diese Möglichkeit betrieben werden. In diesem Fall wählt ein Benutzer keine Gruppenzugehörigkeiten aus, bzw. die ausgewählten Gruppenzugehörigkeiten werden von PECAN ignoriert.

- Nachdem seine Identität von mindestens einem Validator bestätigt worden ist, wird das Zertifikat ausgestellt (die Ausstellung des Zertifikates erfolgt durch das Perl-Skript `sign.pl`, das von einem Administrator gestartet werden). Die beantragten Gruppenzugehörigkeiten können dann - unabhängig von der eigentlichen Zertifikatausstellung - von den jeweiligen Agenten bestätigt oder verweigert werden. Die entsprechenden Gruppenzugehörigkeiten werden als Datenbank-einträge abgelegt.

- Nachdem der Benutzer über die Ausstellung seines Zertifikates informiert worden ist, kann er dieses auf seinen WWW-Browser herunterladen und installieren. Für das Herunterladen wird eine temporäre persönliche Identifikationsnummer (PIN) verwendet.

Eine Schwachstelle beim heutigen Einsatz von Zertifikaten und dazugehörigen privaten Schlüsseln stellt die Client-seitige Verwaltung dar. Idealerweise würden diese Schlüssel in Chipkarten abgelegt und die sichere Umgebung nie verlassen. Weil Chipkarten und entsprechende Lesegeräte aber heute noch relativ teuer und entsprechend wenig verbreitet verbreitet sind, werden die privaten Schlüssel meist mit Hilfe eines symmetrischen Kryptosystems chiffriert und im lokalen Dateisystem abgelegt. Der Schlüssel, der zur Chiffrierung und Dechiffrierung der privaten Schlüssel eingesetzt wird, wird dabei von einem vom Benutzer wählbaren Passwort oder Passsatz abgeleitet. Die Schwäche dieses Verfahrens ist in vielen empirischen Untersuchungen nachgewiesen worden. Längerfristig wird diese Schwäche durch den Einsatz von Chipkarten und entsprechenden Lesegeräten sicherlich reduziert. Massgeblich an dieser Entwicklung beteiligt sind natürlich Signaturgesetzte (wie z.B. das SigG in Deutschland), die den Einsatz von Chipkarten und entsprechenden Lesegeräten explizit oder implizit vorschreiben.

5   Schlussfolgerungen und Ausblick

Um den zunhemend grossen Bedarf an CA-Dienstleistungen in der Schweizerischen Bundesverwaltung abzudecken, hat die Sektion Informatiksicherheit des Bundesamtes für Informatik (BFI/SI) die Architektur eines verteilten Zertifikat-Managementsystems (DCMS) erarbeitet und in Form einer Sammlung von CGI- und Perl-Skripts mit der Bezeichnung PECAN auch umgesetzt und pilotiert.

In diesem Beitrag sind die Architektur des DCMS, die Pilotimplementierung PECAN, sowie die Betriebsabläufe und Vorgehensweisen für den Einsatz von PECAN in der Schweizerischen Bundesverwaltung vorgestellt und diskutiert worden. Auf das spezielle Problem der Schlüsselrücknahme ist dabei nicht eingegangen worden. Im Prinzip gibt es für dieses Problem zwei sich gegenseitig ergänzende Ansätze [Oppliger00]:

- Sperrlisten für Zertifikate in Form von sogenannten Certificate Revocation Lists (CRLs) gemäss der ITU-T Empfehlung X.509 [ITU88].

- Online-Statusabfragen für Zertifikate. Ein entsprechendes Open Certificate Status Protocol (OCSP) wird im Rahmen der Aktivitäten der IETF PKIX WG zur Zeit erarbeitet. Zukünftige PKI-Lösungen werden OCSP sicherlich unterstützen müssen.

Die Situation ist vergleichbar mit der Sperrung von kompromittierten Kreditkarten. Wurden früher noch entsprechende Listen mit gesperrten Kreditkartennummern an die Händler verteilt, ist man in der jüngeren Vergangenheit in zunehmendem Masse zu Online-Statusabfragen übergegangen. Eine solche Entwicklung zeichnet sich zur Zeit auch für den Einsatz von Zertifikaten ab.

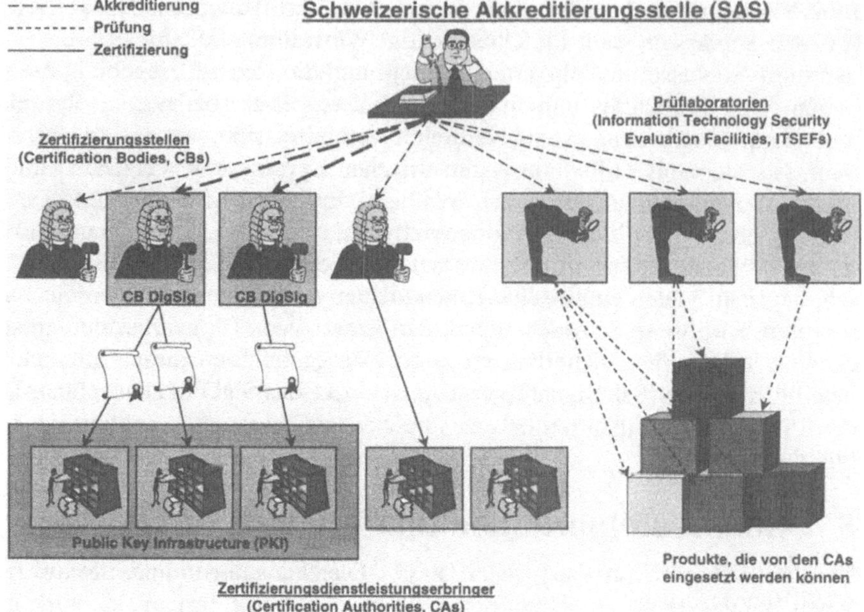

Abb. 2 — Ein mögliches Zertifizierungsschema für CA-Dienstleistungserbringer

Die Aufwände für die Pilotierung sind relativ bescheiden und die mit PECAN gemachten Erfahrungen können als positiv bezeichnet werden. Eine auch in anderen Zusammenhängen immer wieder gemachte Feststellung kann dabei einmal mehr bestätigt werden: Im operativen Betrieb einer CA bzw. PKI bereitet insbesondere die Schnittstelle zu den Benutzern immer wieder und zum Teil auch grössere Probleme. Diesen Problemen kann man nur durch eine solide Grundausbildung der Benutzer in bezug auf die grundlegenden Konzepte und Techniken asymmetrischer Kryptosysteme und entsprechender Zertifizierungsmechanismen, sowie durch ein technisch versiertes und entsprechend grosszügig ausgelegtes Help Desk begegnen. Beide Ziele sind nicht einfach zu erreichen.

Längerfristig wird man in der Schweizerischen Bundesverwaltung wahrscheinlich dazu übergehen, CA-Dienstleistungen fremdzubeziehen. Für diesen Fall muss aber die Frage geklärt sein, wann d.h. unter welchen Bedingungen und Voraussetzungen man einem CA-Dienstleistungserbringer vertrauen darf. Um diese Frage sinnvoll beantworten zu können, wird ein Zertifizierungsschema für Zertifizierungsdienst-leistungserbringer erarbeitet, das in Abb. 2 schematisch dargestellt ist. In diesem Schema gibt es eine Schweizerische Akkreditierungsstelle, die für die Akkreditierung sowohl von Prüflaboratorien (Information Technology Security Evaluation Facilities, ITSEFs) als auch von entsprechenden Zertifizierungsorganen (Certification Bodies, CBs) in der Schweiz zuständig ist (andere Staaten haben andere Stellen, die für Akkreditierungen zuständig sind). Die ITSEFs sind ihrerseits für die sicherheits-technische Prüfung von Produkten zuständig. Diese Prüfung kann auf der Basis bestehender Kriterienkataloge erfolgen, wie z.B. den Trusted Computer Security Evaluation Criteria (TCSEC), den Information Technology Security Evaluation Criteria (ITSEC) oder den Common Criteria (CC). Auf der anderen Seite sind die CBs für die Zertifizierung[3] von CA-Dienstleistungserbingern zuständig. Diese Zertifizierung kann auf der Grundlage verschiedener Kriterienkataloge erfolgen, wobei im Hinblick auf eine digitale Signaturgesetzgebung sich wahrscheinlich ein entsprechender Katalog durchsetzen wird. Die für die Zertifizierung zu verwendenden Kriterienkataloge werden in der Schweiz im Rahmen der AG DigSig und unter Mitwirkung entsprechender Wirtschaftsvertreter erarbeitet. Längerfristig ist sehr stark damit zu rechnen, dass die Kriterienkataloge auf europäischer bzw. internationaler Ebene harmonisiert werden.

6 Literatur

[Blakley79] Blakley, G.R.: Safeguarding cryptographic keys. Proceedings of the AFIPS 1979 National Computer Conference, 1979, S. 313 – 317

[Menezes96] Menezes, A.J., van Oorschot, P.C., Vanstone, S.A.: Handbook of Applied Cryptography. CRC Press, Boca Raton, FL, 1996

[Feigenbaum98] Feigenbaum, J.: Towards an Infrastructure for Authorization. Position Paper presented at the 3rd USENIX Workshop on Electronic Commerce, 1998

[Ford97] Ford, W., Baum, M.S.: Secure Electronic Commerce - Building the Infrastructure for Digital Signatures and Encryption. Prentice Hall, Upper Saddle River, NJ, 1997

[Feghhi99] Feghhi, J., Feghhi, J., Williams,P.: Digital Certificates: Applied Internet Security. Addison-Wesley Longman, Reading, MA, 1999

[Greulich99] Greulich, A., Oppliger, R., Trachsel, P.: A Distributed Certificate Management System (DCMS) Supporting Group-based Access Controls. Zur Publikation eingereicht

---

[3] Man beachte, dass in diesem Zusammenhang eine Zertifizierung nicht notwendigerweise durch die Beglaubigung eines öffentlichen Schlüssels erfolgt, sondern in erster Linie durch eine formale Anerkennungsprozedur.

[He96] He, J., Dawson, E.: On the Reconstruction of Shared Secrets. Proceedings of IFIP SEC '96, pp. 209 – 218

[ITU88] ITU-T Empfehlung X.509: Information Technology – Open Systems Interconnection – The Directory: Authentication framework. 1988 (ISO/IEC 9594-8)

[Oppliger98] Oppliger, R.: Internet and Intranet Security. Artech House, Norwood, MA, 1998

[Oppliger00] Oppliger, R.: A Security Primer for the World Wide Web. Artech House, Norwood, MA, 2000

[Oppliger99] Oppliger, R., Pernul, G., Strauss, Ch.: Using Attribute Certificates to Implement Role-based Authorization. Zur Publikation eingereicht

[Schneier96] Schneier, B.: Applied Cryptography. 2nd Edition, John Wiley & Sons, 1996

[Shamir79] Shamir, A.: How to share a secret. Communications of the ACM, Vol. 22, No. 11, November 1979, pp. 612 - 613

Sichere Gateways, Key- und Policy-Management in komplexen IP-Netzen

Kai Martius

secunet Security Networks AG

Zusammenfassung

Mit der Verfügbarkeit von IPSec stehen leistungsfähige Mechanismen bereit, Sicherheits-funktionen auf Netzwerkebene transparent für Anwendungen und Dienste zu implementieren. IKE (The Internet Key Exchange) stellt das dazugehörige Ende-zu-Ende-Protokoll für die ge-genseitige Authentisierung von Systemen und die Etablierung von Schlüsseln bereit. Aufbau-end auf diesen Mechanismen werden Möglichkeiten gezeigt, wie sichere Gatewayfunktionen realisiert werden können. Dazu wird ein erweitertes Key-Management Protokoll sowie ein zugehöriges Policy Management System vorgestellt, das diese Funktionalität auch in komple-xen (hierarchischen) Netzstrukturen mit verschiedenen Sicherheitszonen abbildet, sowie die herkömmlichen Firewall-Filtermechanismen auch für IPSec-gesicherte Verbindungen zuläßt.

1   Einleitung

1.1 Tendenzen im Infrastrukturbereich – resultierende Sicherheitsanforderungen

Die Vernetzung von Computersystemen ist in den vergangenen Jahren immer stärker vorangeschritten, wobei zwangsläufig auch die Komplexität der Netz-werke zunahm und weiter zunimmt. Die Internet-Protokolle (TCP/IP) werden dabei zur Standardtechnologie auch in internen Netzen (Intranets). Haupttrends, die zu einer komplexeren Netztopologie führen, sind u.a.:

- Wachsender Bandbreitenbedarf: In der Vergangenheit führte dies zu einer zunehmenden Segmentierung der Netze (bei TCP/IP durch Bildung von Subnetzen und deren Trennung durch Router oder Layer-3-Switches). Der Trend ist jedoch wieder gegenläufig, da leistungsfähige *Switchinglösun-gen* eine „Microsegmentierung" bereits auf OSI-Schicht 2 ermöglichen.

- Das Layer-2-Switching bietet bereits im Switch die Möglichkeit, Stationen dynamisch verschiedenen Subnetzen zuzuordnen. (Virtuelle LANs – V-

LAN). Sind Routingfunktionen bereits im Switch eingebaut, lassen sich einfach IP-Subnetze auf diese V-LANs abbilden.

- V-LANs können mit **dynamischer IP-Adreßvergabe** einhergehen, aber auch der verstärkte Einsatz von Managementsystemen sind ein wesentlicher Grund für deren zunehmenden Einsatz.

- V-LANs für Arbeitsgruppen und Abteilungen sind damit effektiv managebar. Es lassen sich zusätzlich sehr differenzierte Sicherheitsanforderungen abbilden. Einzelne kritische Teilbereiche einer Unternehmensorganisation werden bereits heute über separate Firewalls abgeschottet. Künftig werden **Router gleichzeitig** die Funktionalität eines **Security Gateways** wahrnehmen können, so daß für jedes geroutete Subnetz bestimmte Sicherheitsanforderungen (Policies) umgesetzt werden können.

Standortbezogen gibt es nur wenige Übergänge in öffentliche Netze, um diese gezielt kontrollieren zu können. Über diese Übergänge können Mitarbeiter oder Kunden auf unternehmensinterne Ressourcen zugreifen (**Remote-Access**) und / oder Verbindungen zu anderen Standorten mittels **Virual-Private-Networks (VPN)** realisiert werden. Für beide Szenarien sind **besonders hohe Sicherheitsanforderungen** notwendig. Gerade diese Anwendung ist derzeit von besonders großem Interesse, da sich dadurch ein enormes Einsparungspotential bietet. Werden z.B. herkömmliche Filialanbindungen per Standleitung oder Frame-Relay durch einen jeweils lokalen Internet-Zugang (möglichst per "Flat-Rate") ersetzt, so haben sich Investitionskosten in VPN-Lösungen auch bei sehr wenigen Außenstellen bereits nach wenigen Monaten rentiert. Das gleiche gilt für Außendienstmitarbeiter, die Zugang zum Unternehmensnetz benötigen – sie können statt teurer Fernverbindungen einen meist zum Ortstarif verfügbaren ISP (Internet Service Provider) nutzen. Verfügbare VPN- und Remote-Access-Lösungen sind jedoch nicht für hierarchische Sicherheitsmodelle vorgesehen, sondern dehnen quasi das gesamte Unternehmensnetz auf externe Filialen bzw. einzelne entfernte bzw. mobile Stationen aus.

Die Kombination unternehmensinterner Bereiche mit unterschiedlichen Sicherheitsanforderungen und deren übergreifende Kommunikationsbedürfnisse, evtl. die Notwendigkeit des gesicherten Zugriffes aus offenen Netzen (Internet) sowie die Nutzung von VPNs lassen jedoch **kaskadierte** Netzstrukturen mit **abgestuften Sicherheitsanforderungen** entstehen. Die **Realisierung** der unterschiedlichen Sicherheitsstufen erfolgt durch **Security Gateways**. Die Security Policies der Gateways reflektieren Bedingungen an sie überquerende Datenströme (Abschnitt 3). Basistechnologie zur Umsetzung der Sicherheitsanforderungen bzgl. Authentizität, Integrität und Vertraulichkeit wird durch die Flexibilität und Anwendungstransparenz **IPSec** (Abschnitt 2) sein.

1.2 Beispielszenario

Ein mögliches Remote-Access-Szenario zeigt Abbildung 1, bei dem Zugang zu Ressourcen mit verschiedenen Sicherheitsanforderungen benötigt wird, z.B. nicht öffentliche, aber wenig sicherheitskritische Produktinformationen auf der einen Seite, zum anderen aber auch sehr sensitive Daten z.B. aus dem Finanzbereich. Entsprechend den gerade angeforderten Ressourcen sind dann verschiedene Sicherheitsmechanismen einzusetzen. Eine mögliche Policy wäre, daß am Gateway zum offenen Netz (SG(a)) alle eingehenden Daten authentisiert sein müssen, der Gateway zum sensiblen Netz (SG(b)) verlangt Authentisierung und Verschlüsselung und letztlich wird eine Ende-zu-Ende-Authentisierung von Daten gefordert.

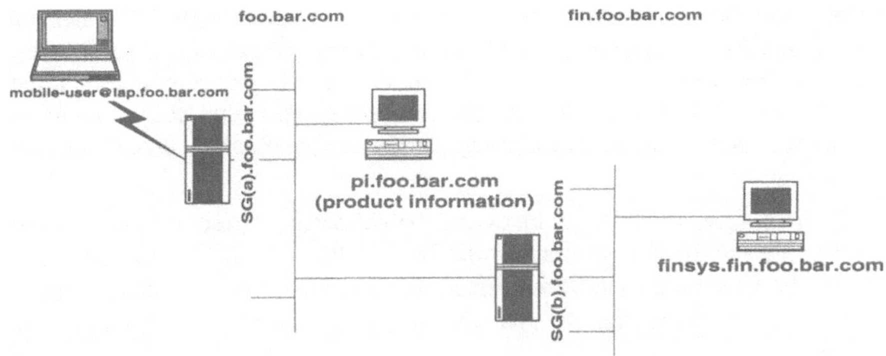

Abbildung 1 – Remote-Access-Szenario über 2 Sicherheitslevel

Eine Umsetzung dieser Policy ist mit IPSec-Mechanismen sehr effizient möglich (Abbildung 2). Andere Sicherungsverfahren können mit vertretbarem Aufwand und ausreichender Flexibilität praktisch nicht eingesetzt werden (z.B. wäre SSL zum einen nur applikationsspezifisch einzusetzen und andererseits nicht für verschachtelte Tunnel ausgelegt).

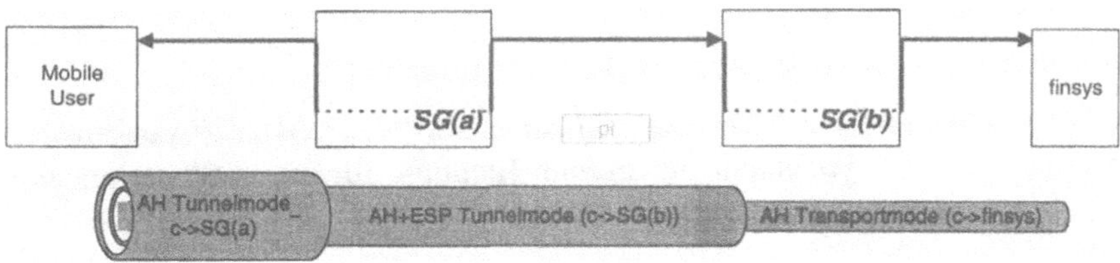

Abbildung 2 – Einsatz von IPSec-Mechanismen im Beispielszenario

Im folgenden werden nun zunächst die Basistechnologien von IPSec und das zugehörige Key Management Protokoll IKE vorgestellt.

2   IPSec und IKE als Basistechnologien

2.1 Funktionsweise

IPSec schützt die Daten im Wesentlichen durch zwei Mechanismen: dem *Authentication Header (AH)* [RFC 2402] und dem *Encapsulated Security Payload (ESP)* [RFC 2406]. Eine übergreifende Sicherheitsarchitektur wird in [RFC 2401] spezifiziert.

Mit AH wird eine kryptographische Prüfsumme über den Payload und Teile des Paketheaders transportiert. Die Prüfsumme wird dabei mittels der bekannten Hashfunktionen (z.B. SHA, MD5), die mit einem *symmetrischen* Schlüssel parametrisiert werden (Keyed Hash), gebildet. Mit AH sind zum einen die Nutzdaten vor Verfälschung während des Transportes geschützt. Zum anderen werden aber auch wichtige Headerdaten, insbesondere Source- und Destinationadresse gesichert.

ESP dient primär der Verschlüsselung der Nutzdaten. Diese wird mit symmetrischen Verschlüsselungsverfahren wie DES, 3DES oder IDEA realisiert. Neuerdings bietet aber auch ESP eine Integritätssicherung der Nutzdaten – mit den gleichen Verfahren wie bei AH. Der IP-Header bleibt dann allerdings ungeschützt.

Das IPSec-geschützte Paket trägt keine Information in sich, welches Verschlüsselungsverfahren mit welchem Schlüssel gerade eingesetzt wird. Auf diese, zur Paketbearbeitung jedoch zwingend notwendige Information **zeigt** der *SPI (Security Parameter Index)* im AH- / ESP-Header. Die eigentliche Datenstruktur, die lokal die relevanten Parameter vorhält, wird als *Security Association (SA)* bezeichnet. Security Associations sind ein fundamentaler Bestandteil der IP-Sicherheitsarchitektur. Eine SA beschreibt eine unidirektionale „Verbindung" in Richtung Sender → Empfänger bzgl. ihrer Sicherheitseigenschaften und adressiert durch

```
[Destination-IP-Address, SPI, Protocol].
```

"Protocol"[1] bezeichnet die IPSec-Mechanismen ESP oder AH und den jeweiligen Modus. Eine SA gilt damit nur in *eine* Richtung für *einen* Sicherheitsme-

---

[1] Da AH und ESP einen eigenen Identifier äquivalent zu TCP, UDP oder ICMP zugewiesen bekommen haben, verwendet man dafür die Bezeichnung "Protokoll", obwohl AH und ESP selbst strenggenommen kein Protokoll, sondern eine IP-Erweiterung ist.

chanismus. Für eine typische bidirektionale Verbindung sind damit zwei SAs zu etablieren. Werden zudem Kombinationsformen von IPSec-Mechanismen benötigt, müssen diese wiederum in separaten SAs festgelegt werden. Die für ein bestimmtes Datenpaket einzusetzenden Sicherheitsmechanismen werden dann durch ein geordnetes Bündel von SAs beschrieben.

Wie kommen nun die in einer Security Association gehaltenen Parameter, insbesondere die geheimen Schlüssel, auf die Systeme? Zunächst wäre eine manuelle Konfiguration denkbar, die allerdings wenig flexibel ist und zudem einige kryptographische Schwächen aufweist (bspw., daß symmetrische Schlüssel nur sehr selten und nur „per Hand" gewechselt werden können).

Aus diesem Grunde wird ein geeignetes Protokoll benötigt, das eine sichere Authentisierung und Schlüsselaustausch bietet. Ein solches Protokoll wurde mit *IKE – "The Internet Key Exchange"* – in der IETF entwickelt.

Das Protokoll besteht im wesentlichen aus zwei aufeinanderfolgenden Phasen. In der *ersten Phase* wird eine Authentisierung der beiden IKE-Instanzen, des *Initiators* und *Responders,* durchgeführt. Damit werden kryptographische Verfahren sowie notwendige Schlüssel für eine nachfolgende Kommunikation ausgetauscht. Es resultiert eine Security Association zwischen diesen beiden IKE-Instanzen (IKE-SA), die zum Schutz der nachfolgenden Kommunikation dient. Diese erste, sicherheitskritische Phase, die in einen sicheren Kanal zwischen Initiator und Responder mündet, ist durch ihre Konstruktion gegen verschiedene Angriffsarten, wie "Denial of Service" und Hijacking geschützt.

Für den Schlüsselaustausch in Phase I kommt das Diffie-Hellman (DH-) Verfahren in Verbindung mit Zufallswerten (Nonce) zum Einsatz. Zur Authentisierung der Nachrichten (und damit der DH-Exponenten und der IKE-Instanzen selbst) sind derzeit 3 Verfahren spezifiziert, durch deren Wahl man bestimmte Schutzziele verfolgt kann:

- Signatur (mit DSA oder RSA)

- Public-Key-Encryption (mit RSA, 2 Modi)

- Pre-Shared Keys (Ver- / Entschlüsselung mittels vorher ausgetauschter geheimer Schlüssel)

In Phase I können zwei Modi genutzt werden:

1. Main Mode
   erfordert eine größere Anzahl von Nachrichten (Round-Trips), bietet jedoch einige Vorteile, insbesondere in Bezug auf die DoS-Angriffe.

2. Aggressive Mode
   kommt mit der minimalen Anzahl von drei Nachrichten aus, die zu einer

gegenseitigen Authentisierung notwendig sind, erfordert jedoch bereits nach der ersten Nachricht eines Initiators ressourcenintensive Rechenoperationen.

Der Algorithmus zur Generierung des endgültigen (symmetrischen) Schlüsselmaterials für die IKE-SA ist abhängig vom verwendeten Authentisierungsverfahren. Wichtig ist, daß aus einem Masterkey verschiedene Schlüssel zur Verschlüsselung und Authentisierung der nachfolgenden Nachrichten unter der IKE-SA abgeleitet werden. Das erhöht maßgeblich die Sicherheit der später unter dieser IKE-SA ausgetauschten Nachrichten und Schlüssel.

In der *zweiten Phase* werden Security Associations für beliebige andere Protokolle, beispielsweise für IPSec, etabliert. Das geschieht unter dem Schutz der IKE-SA gewissermaßen über einen sicheren Kanal. Dies kann nun wesentlich schneller (ohne Public-Key-Operationen) geschehen und bietet die Möglichkeit, ohne großen Aufwand einen neuen symmetrischen Schlüssel zu etablieren oder gar das Verschlüsselungsverfahren zu wechseln (Rekeying). Das erhöht maßgeblich die Sicherheit, indem symmetrische Schlüssel nur kurze Zeit gültig sind. Außerdem bietet Phase II auch die Möglichkeit, s.g. "Perfect Forward Secrecy" (PFS) zu erreichen, indem zusätzlich ein neuer DH-Exponent übermittelt wird, der in den neuen Schlüssel eingeht.

Im IPSec-Paket verweist letztlich ein während des Key Managements mit ausgetauschter *Security Parameter Index* (SPI) auf die resultierende Security Association. Da diese mit den starken kryptographischen Mechanismen von IKE ausgehandelt wurde, kann im Grunde jedes Paket mit diesem SPI auf die Authentisierungsinformation von IKE zurückgeführt werden.

2.2 IPSec und Paketfilterfunktionen

Für IPSec-fähige Security Gateways bietet sich im Gegensatz zu herkömmlichen Paketfiltern erstmals die Möglichkeit, in Firewallsystemen *sichere* Filterregeln zu implementieren, indem nur AH-geschützte Pakete[2] zugelassen werden. Da vor der Nutzung von IPSec eine starke Authentisierung der Systeme mittels IKE stattfindet, können die Filterregeln damit von kryptographisch gesicherten Informationen abgeleitet werden[3] (im Gegensatz dazu verwenden herkömmliche Paketfilter ungesicherte Daten aus den Protokollheadern).

---

[2] Auch ESP-authentisierte Pakete, bei denen nur die Nutzdaten gesichert werden, sind denkbar, da Headerdaten letztlich nicht mehr zur Identifizierung genutzt werden, sondern über den SPI auf die zuvor per IKE verwendeten Merkmale...

[3] Im Grunde stellt die in der IP-Security Architektur beschriebene *Security Policy Database* (SPD) eine abstrahierte Form einer herkömmlichen Paketfilter-Tabelle dar.

Ein Beispiel soll das für den Zugriff auf einen WWW-Server mit der Adresse 10.2.1.1 vom Host 10.1.1.1 aus verdeutlichen. Die Filterregeln für einen herkömmlichen Paketfilter könnten so aussehen:

Src	Dst	Action
10.1.1.1/1024...	10.2.1.1/80	Permit
10.2.1.1/80	10.1.1.1/1024...	Permit
Default		Deny

Der „Rückweg" muß statisch für alle Ports über 1024 (Client-Ports) freigeschalten werden, da dieser Sourceport vom Client zufällig gewählt wird. Mögliches Adreßspoofing und die statische Öffnung nur temporär benötigter „Tore" sind nur die offensichtlichen Angriffspunkte dieser Lösung. Eine auf IPSec-Mechanismen zurückgreifende Filterregel könnte dagegen so aussehen:

Src	Dst	Action	SPI
10.1.1.1/x	10.2.1.1/80	AH required	(durch IKE
10.2.1.1/80	10.1.1.1/x	AH required	bereitgestellt)
Default		Deny	

Vor der Kommunikation müssen mittels IKE zwei SAs (jeweils eine für eine Richtung) zwischen Gateway und Client etabliert werden, wobei sich die Hosts mittels starker kryptographischer Mechanismen gegenseitig authentisieren. Die in der Tabelle vermerkten Informationen, insbesondere der SPI, können also direkt auf diese Authentisierung zurückgeführt werden. Für die initiale Zuordung von Filterregeln ist nur der Zielport notwendig, die zur Authentisierung aller weiteren Pakete genutzte Information ist in den etablierten SAs hinterlegt, die mit den Feldern [Ziel-Adresse; SPI; Protocol] eindeutig identifiziert sind.

Es besteht nunmehr sogar die (eingangs geforderte) Möglichkeit einer adreßunabhängigen Spezifikation von Zugriffsrechten: Src und Dst können beliebige, in [RFC2401] definierte Identifikatoren sein, z.B. Hostnamen – der „Filtereintrag" kann immer mittels IKE validiert werden.

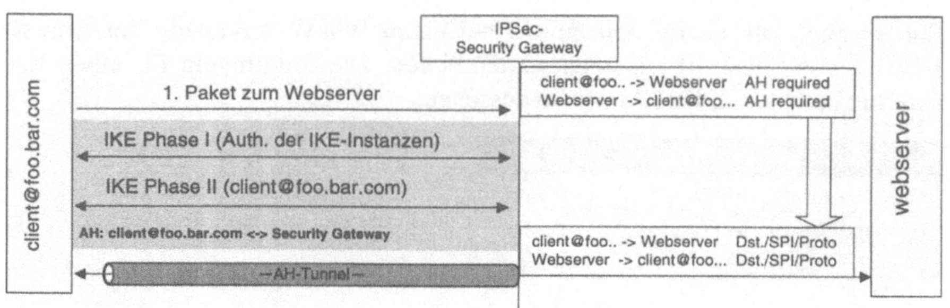

Abbildung 3 – IPSec-geschützte Filterung

2.3 Filtermechanismen und die Verwendung von Ende-zu-Ende-IPSec-Funktionen

Wird nur AH verwendet, bedeutet das für herkömmliche Paketfilter zunächst keine veränderten Bedingungen, da diese weiterhin Zugriff auf die Paketdaten haben, die zur Filterung notwendig sind (Ports). Bei ESP-Nutzung sind diese Daten jedoch nicht mehr sichtbar, so daß diese Paketfilter überhaupt nicht mehr nutzbar sind.

Wird bekannten (authentisierten) Endsystemen vertraut, daß diese IPSec-Mechanismen korrekt anwenden, kann die Filterfunktion wieder wahrgenommen werden, wenn das Tupel [Dst.-Addr.; SPI; Protocol] mittels eines kryptographisch sicheren Mechanismus einer entsprechenden Filterregel zugeordnet werden kann. Dieser Mechanismus wirkt dann auch für Ende-zu-Ende-verschlüsselte Verbindungen! Dazu muß ein gesicherter Mechanismus bereitgestellt werden, der die relevanten Informationen von den Endsystemen auf den Gateway überträgt.

Wird die eigene Verifizierung eines jeden Paketes auf dem Security Gateway gefordert, sind *zusätzlich* zu den Ende-zu-Ende-Funktionen IPSec-Mechanismen zum Gateway hin einzusetzen, so wie am Beginn des Abschnittes beschrieben. In diesem Fall ist ebenfalls eine kryptographisch sichere Korrelation nunmehr zwischen der ursprünglichen Filterregel, der „inneren" IPSec-Verbindung [Dst. (End-to-End); SPI; Protocol] und der zum Gateway [Dst. (Gateway); SPI; Protocol] herzustellen.

Abbildung 4 zeigt zu diesem Fall einen möglichen Ablauf, wobei auffällt, daß der erste (Authentisierung am Gateway) und der letzte Schritt (Bekanntgabe der ausgehandelten SPIs) noch nicht genauer spezifiziert sind, insbesondere zunächst keine Verbindung zum Key Management haben. Mit dem in Abschnitt 4 beschriebenen Protokoll wird genau diese sichere Verknüpfung ermöglicht.

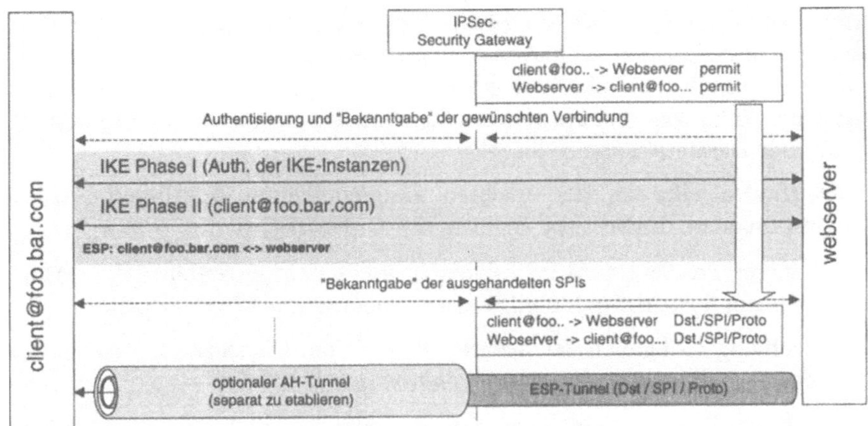

Abbildung 4 – sichere Ableitung von Filterregeln

2.4 IPSec und IKE in komplexen Netzstrukturen

Zusammenfassend kann zur Funktionalität von IPSec festgestellt werden:

- Die IPSec-Mechanismen bieten eine ausreichende Flexibilität, durch die Kombination von Transport- und Tunnel-Mode-Mechanismen für AH und ESP Sicherheitsanforderungen auch in komplexen Netzen zu realisieren.

- Durch die Verwendung symmetrischer kryptographischer Verfahren wird zwar eine hohe Performance gewährleistet, soll jedoch eine „individuelle" Authentisierung stattfinden, ist das mit einem relativ hoher Overhead für zusätzlich zu transportierende Daten (mehrere AH) verbunden.

- Ausgehend von der Verwendung symmetrischer kryptographischer Verfahren stellt sich die Forderung nach der Verwendung paarweiser symmetrischer Schlüssel zwischen allen Systemen, die Sicherheitsanforderungen an eine bestimmte Kommunikationsbeziehung stellen.

Die aktuelle IKE-Spezifikation deckt momentan Szenarien ab, bei denen Host I (Initiator) und Host R (Responder) Sicherheitsparameter etablieren wollen und:

- I und R zwei Endsysteme sind,

- I und R zwei Security Gateways sind und ein („flaches") Virtual Private Network (VPN) bilden, Endsysteme jedoch keine Sicherheitsfunktionen nutzen,

- I oder R ein Endsystem, der andere ein Security Gateway ist (einfaches Remote Access Szenario), wobei die Sicherheitsfunktionen am Gateway enden (keine Ende-zu-Ende-Authentisierung / ~ Verschlüsselung).

Durch die derzeitige IKE-Protokollspezifikation ist damit ein Security-Management nur in sehr einfachen, flachen Netzstrukturen möglich. Insbesondere fehlt ein Ende-zu-Ende-Management über eine beliebige Anzahl von Security Gateways hinweg. Für ein *universelles Security Management Protocol* gilt es, folgende Basisprobleme zu lösen:

1. Auffinden aller an der späteren Kommunikation beteiligten Systeme (insbesondere der Security Gateways) – *Gateway Discovery Problem* –

   – Dieses Problem wird im folgenden von einem separaten Policy Management System durch die Nutzung lokaler Policy Manager gelöst.

2. Beachtung / Abgleich der Security Policies der Gateways und der Endsysteme – *Policy Discovery, Decorrelation and Resolution* –

   – Dieses Problem wird ebenfalls von dem Policy Management System gelöst.

3. Authentisierung unter Beachtung von Vertrauensverhältnissen, Etablierung des benötigten Schlüsselmaterials und kryptographisch gesicherte Verknüpfung von kombinierten IPSec-Mechanismen (s. Abschnitt 2.3).

   – Ein erweitertes Key Management Protokoll (E-IKE) wird entwickelt, das Eigenschaften von IKE nutzt, jedoch in komplexen Netzstrukturen über eine beliebige Anzahl von Systemen genau die geforderten Eigenschaften realisiert.

3 Policy Management

3.1 Security Policies und IPSec

Mit IPSec-Mechanismen lassen sich zum einen Policies herkömmlicher Filterregeln wirklich sicher umsetzen (s. Abschnitt 2.2), zusätzlich sind aber auch wesentlich detailliertere und flexiblere Sicherheitsfunktionen realisierbar, indem die vielfältigen Authentisierungsfunktionen von IKE, z.B. für Hostnamen oder auch Nutzer, einbezogen werden. Damit sind erstmals adreßunabhängige Sicherheitsfunktionen auf Paketebene einsetzbar. Zusätzlich zu den (jetzt erweiterten) „Filtertabellen" können IPSec-Mechanismen für Kommunikationsbeziehungen gefordert werden.

Src / Port	Dst / Port	Protocol	User	Sec. Level	Dst. / Prot. / SPI
www.bar.com / 80	10.2.1.1 / *	TCP	bill	sec. & conf	(durch IKE
10.2.1.1 / *	www.bar.com / 80	TCP	bill	sec. & conf	bereitgestellt)

Die Beispieltabelle zeigt eine etwas abgewandelte Form der in Abschnitt 2.2 beschriebenen, einfachen Filterregeln, um die Möglichkeiten einer IPSec-gestützten Policy zu demonstrieren: Die Regeln bewirken, daß auf den Webserver *www.bar.com* nur von Nutzer „Bill" auf Host 10.2.1.1 zugegriffen werden darf. Die Daten sind mittels AH (sec) und ESP (conf) zu schützen.

3.2 Kombination und Verknüpfung von Policies

Schon eine einfache Punkt-zu-Punkt-Verbindung erfordert die Einigung beider Systeme auf gemeinsame akzeptable Sicherheitsfunktionen für diese Verbindung. Praktisch bedeutet das, daß passende Regeln auf beiden Systemen gefunden und auf eventuelle Konflikte überprüft werden müssen.

Dies ist für 2 Systeme noch relativ einfach, ggf. durch eine trial-and-error-Methode realisierbar. In komplexe Netzstrukturen bei einer Verbindung zwischen zwei Endpunkten über eine Anzahl von Security Gateways hinweg muß dazu jedoch ein separates Verfahren angewandt werden, das vor der eigentlichen Kommunikationsbeziehung alle beteiligten Systeme ermittelt und deren Policies verknüpft sowie evtl. auftretende Konflikte ggf. durch Nutzerinteraktion, auflöst.

[Sanchez 1998] beschreibt dazu ein Verfahren, das Konflikte verschiedener „Filtertabellen"[4] erkennen und auflösen kann. Dazu müssen Einträge einer lokalen Tabelle zunächst dekorreliert (policy decorrelation), um danach mit den Polices anderer Systeme zusammengeführt (policy resolution) zu werden. Am Ende steht eine binäre Aussage, ob eine Kommunikation überhaupt möglich ist (aus den kombinierten Einträgen der Filtertabellen), und wenn ja, unter welchen Sicherheitsbedingungen (aus den einzelnen Sicherheitsanforderungen).

3.3 Security Policy System

Die beschriebenen Verfahren zur *policy correlation und ~resolution* sind in einem "Security Policy System" eingebettet, das auch den im Abschnitt 2.4 benannten Punkt 1 – das Gateway Discovery Problem – löst. Dazu wird ein *"Security Policy Protocol (SPP)"* definiert, das zwischen Policy Clients und speziellen *Policy Managern* (PM) abläuft und natürlich Anforderungen an Authentizität und Integrität lösen muß.

Diese PMs müssen hierarchisch angeordnet sein, um nicht das Gateway-Discovery-Problem auf ein PM-Discovery-Problem zu verlagern. Mit einer hierarchischen Anordnung sind definierte über- / untergeordnete Instanzen vor-

---

[4] Der Begriff "Filtertabelle" wird hier nur verwendet, um die Abstammung von den einfachen Paketfiltern zu verdeutlichen. Im Grunde sind die IPSec-spezifischen Tabellen aber komplexer, und werden lt. IP Security Architecture als "Security Policy Database" bezeichnet.

handen. Ein PM ist jeweils für eine ihm zugeordnete Substruktur verantwortlich, kennt deren Security Gateways und die Bedingungen, unter denen ein- und ausgehender Datenverkehr über diese möglich ist. Für größere Organisationsstrukturen werden mehrere Substrukturen gebildet, die einen übergeordneten PM besitzen. Nach außen kann eine Organisation (Domain) nur einen "Master"-PM besitzen.

Möchte ein A mit einem B eine Verbindung aufbauen, „befragt" er den für seine Domain zuständigen PM nach den geforderten Sicherheitsbedingungen für die gewünschte Verbindung und evtl. zu überquerende Security Gateways. Dieser PM tritt seinerseits mit evtl. übergeordneten PMs in Verbindung, bis der Master-PM einer Organisation erreicht ist. Dieser schickt seine Anfrage an das vom Policy Client definierte Zielsystem. Wird von dieser Anfrage unterwegs ein weiterer Gateway „getroffen", reicht dieser die Policyanfrage an seinen lokalen PM weiter, der selbst weitere PMs seiner Organisation „befragen" kann. Auf jedem PM findet der Decorrelation- und Resolution-Prozeß zwischen lokalen und entfernten (per SPP erhaltenen) Policies statt, so daß letztlich eine dekorrelierte Liste aller relevanten Policies zur Verfügung steht. Der Policy Client kann nun für alle IPSec-relevanten Einträge zum Key Management übergehen, um die geforderten Sicherheitsbedingungen erfüllen zu können.

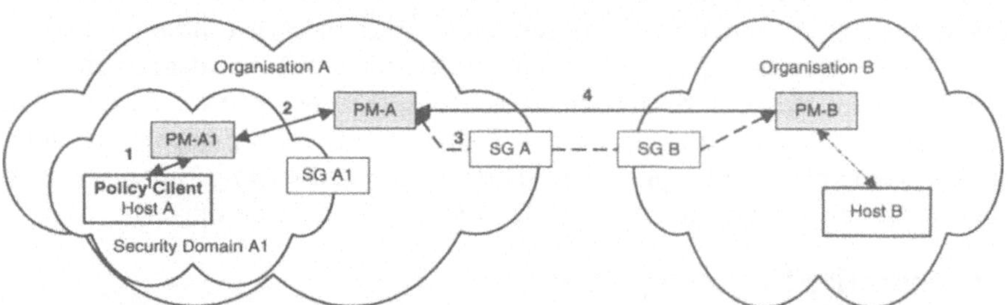

1: Host A stellt Policy-Anfrage an "seinen" PM für Host B
2: PM-A1 kennt "seinen" Gateway SG-A1 und dessen Policy, kann damit entsprechend gesicherte Verbindung zum übergeordneten PM-A aufbauen und die Policyanfrage weiterreichen.
3: PM-A sendet die Policyanfrage an Host B, die an SG-B auftrifft. SG-B reicht diese an den lokalen PM-B weiter, der (wenn nicht bekannt) die Policy von Host B abfragen kann.
Zur Optimierung kann PM-A sofort die korrelierten Policies von Organisation A mitsenden.
4: PM-B sendet die (korrelierte) Policy für Domain B an PM-A zurück, der über PM-A1 die "Gesamtpolicy" an Host A weitergibt.

Abbildung 5 - Ablauf eines Policy Management Protocols

Da die PMs eine „globale" Sicht auf die gewünschte Verbindung haben, können die auf dem Weg befindlichen Security Gateways in ihrer richtigen Reihenfolge angegeben werden. Diese Kenntnis in Verbindung mit den zu diesen Systemen anzuwendenden Sicherheitsfunktionen, insbesondere auf den zwischenliegenden Security Gateways, ist sehr wichtig.

Werden auf Teilstrecken Tunnel benötigt (z.B. Verschlüsselung), werden die entsprechenden Security Gateways von ihrem zuständigen PM instruiert, diesen Tunnel für die Verbindung zu etablieren. Der Tunnel kann seinerseits wieder über andere Security Gateways führen.

Damit sind die Punkte 1 (Gateway Discovery) und 2 (Policy Discovery and De-correlation and Resolution) aus Abschnitt 2.4 erfüllt. Nunmehr wird ein Key Management Protokoll benötigt, das Punkt 3 erfüllt: Die Etablierung von SAs über mehrere Gateways und deren gesicherte Verknüpfung.

Denkbar wäre zunächst, von jedem System parallel das normale IKE-Protokoll zu nutzen, womit die letztlich benötigten SAs zwar etabliert würden, andere Eigenschaften, wie Protokolleffizienz, Ausnutzen von Vertrauensbeziehungen und die Verknüpfung sich überlagernder Sicherheitsbeziehungen jedoch nicht erfüllt werden.

4 MIKE – Multi-Domain Internet Key Management Protocol

Zusammenfassend sollen zunächst die Anforderungen in komplexen Netzen herausgearbeitet werden, die von bisher verfügbaren Key Management Protokollen nicht abgedeckt werden (ausführliche Herleitungen, Untersuchungen und Analysen sind in [Martius 1998] und [Martius 1998-2] zu finden):

- Effiziente, sichere Etablierung von mehreren SAs zwischen einer prinzipiell beliebigen Anzahl von Systemen (Ende-zu-Ende sowie einer unbestimmen Anzahl von Security Gateways).

- Sparsamer Ressourcenverbrauch (auch in Bezug auf Public-Key-Operationen) unter Ausnutzung von bestehenden Vertrauensverhältnissen

- Sichere Ableitung von Filterregeln auf Gateways

4.1 Protokollentwurf

Für den Entwurf des Protokolls werden folgende Voraussetzungen und Designziele gesetzt:

- ***Grundlage bildet*** das bisherige Key Management Protokoll ***IKE***. Bereits definierte Phasen und Exchange-Typen sollten genutzt werden. Damit kann auf bereits evaluierte Designkriterien bzgl. der kryptographischen Sicherheit eines Authentisierungs- und Schlüsselaustauschprotokolls aufgebaut werden. Damit wird eine vergleichbare Sicherheit bezüglich der Authentisierung der Nachrichten, der Zufallswerte und der Diffie-Hellman-

Exponenten gewährleistet. Die Algorithmen zur Schlüsselgenerierung werden nur marginal angepaßt.

- *Skalierbarkeit*: unabhängig von der Anzahl der beteiligten Gateways sollen mit dem Protokoll alle benötigten Parameter effizient etabliert werden können.

- *Effizienz*: Minimierung der Anzahl von Messages zwischen den Systemen; Minimierung der Anzahl von Public-Key-Operationen.

Grundlegende Idee dazu ist, mittels IKE-Phase I einen gesicherten Kanal jeweils zwischen benachbarten Systemen zu etablieren und damit zunächst das potentiell unsichere Medium zwischen diesen zu überbrücken. Innerhalb dieses gesicherten Kanals wird dann ein Nachrichtenblock transportiert, der jeweils Einzelnachrichten verschiedener Systeme der gesamten Kette beinhaltet. Der Nachrichtenblock wird die durch die Gateways *dynamisch gefüllt bzw. „entleert"*.

Eine gegenseitige Authentisierung sowie die Etablierung entsprechender SAs incl. Key-Material muß dabei zwischen jedem der beteiligten Systeme möglich sein. Alle Parameter des Schlüsselaustausches einschließlich der letztlich genutzten SPIs sind jedoch durch die Konstruktion des Nachrichtenblocks für jedes beteiligte System sichtbar! Die Schlüssel können jedoch durch die Verwendung von Diffie-Hellman-Mechanismen nur paarweise von den entsprechenden Partnern generiert werden. Zur gegenseitigen Authentisierung sind mindestens 3 Nachrichten notwendig, so daß der Nachrichtenblock die Kette der Systeme dreimal passieren muß.

Das erweiterte Protokoll muß die selben Eigenschaften aufweisen, wie der herkömmliche IKE-Exchange zwischen zwei Systemen:

- Die Integrität der ausgetauschten Parameter muß gesichert werden

- Da kein IKE-Phase-I-Exchange zur Authentisierung zwischen nicht benachbarten Systemen stattfindet, muß diese innerhalb von MIKE stattfinden.

- Innerhalb des sicheren Kanals sind die Nachrichten nicht gegen Verfälschung geschützt, die Gateways müssen damit als "Man-in-the-Middle" angesehen werden! Aus dieser Sicht muß der Kanal als ungeschützt gelten und das Protokoll entsprechende Mechanismen zur Integritätssicherung bieten.

Folgende Nachteile ergeben sich aus diesem Ansatz:

- Ein prinzipiell neuer Phase-II-Exchange muß entworfen werden, es können nur Designansätze aus dem IKE-Protokoll übernommen werden.

- Die Anzahl der zu speichernden Statusinformationen wächst, was einen erhöhten Ressourcenverbrauch und damit das Risiko von Denial-of-Service-Angriffen nach sich zieht.

- Die absolute Anzahl der Public-Key-Operationen zur Schlüsselgenerierung kann nicht gesenkt werden, da diese „theoretisch" feststeht: Für die Berechnung eines geheimen DH-Schlüssels müssen 2 Operationen durchgeführt werden: die Erzeugung eines Paares x, g^x, und die Berechnung von g^{xy}.

- "Identity Protection", d.h. der Schutz der Identitäten der schlüsselaustauschenden Systeme (Hosts, Prozesse, User), ist nur in begrenztem Umfang möglich, da die beteiligten Security Gateways die Identitäten zur Anwendung ihrer Sicherheits-Policies kennen müssen.

Proxy-Authentication

Die Anzahl benötigter Public-Key-Operationen für die gegenseitige Authentisierung kann gesenkt werden, indem Vertrauensbeziehungen ausgenutzt werden und Gateways Parameter anderer (ihnen vertrauender) Systeme mit authentisieren.[5] Um diese, in Organisationen oftmals vorhandene Trust-Verhältnisse in MIKE abbilden zu können, wurde die Möglichkeit der Proxy-Authentication eingeführt. Damit läßt sich eine sehr feine Abstufung der Authentisierungsfunktionen erreichen, indem zwischen zwei bestimmten Systemen keine, einseitige oder auch beidseitige Authentisierung gefordert wird und ein System in den ersten beiden Fällen diese *Authentisierung* an ein ihm vertrauenswürdiges System (Trustee) *delegiert*. Dieser Trustee kann nun alle Parameter interner Systeme, die ihm vertrauen, auf einmal – mit nur einer kryptographischen Operation – authentisieren.

4.2 Nachrichtenformat

Um den genannten Anforderungen gerecht zu werden, wurde ein Nachrichtenformat entworfen, das eine dynamische Erweiterung und selektive Authentisierung erlaubt. Dabei werden Einzelnachrichten in Nachrichtenblöcken „verpackt", die im Ganzen zwischen benachbarten Systemen innerhalb des beschriebenen sicheren Kanals und einzeln nochmals gegen Verfälschung, Wiedereinspielen etc. durch IKE-ähnliche Authentisierungsfelder geschützt sind. Jede Einzelnachricht ist verbunden mit einer bestimmten Sicherheitsanforderung zwischen zwei Systemen, die in einem *"SA-Proposal"* (wie in IKE) trans-

---

[5] Im Grunde muß auch dieses Vertrauensverhältnis erst etabliert werden, was meist ebenfalls Authentisierungsmechanismen und damit Public Key Operationen erfordert. Diese Etablierung von Vertrauensverhältnissen, die auch länger gültig sein und für mehrere Key Exchanges genutzt werden können, soll jedoch schon während des Policy Managements erfolgen.

portiert werden. Werden Schlüssel für IPSec-Mechanismen benötigt, sind in der Einzelnachricht zusätzlich Zufallswerte und Diffie-Hellman-Parameter enthalten.

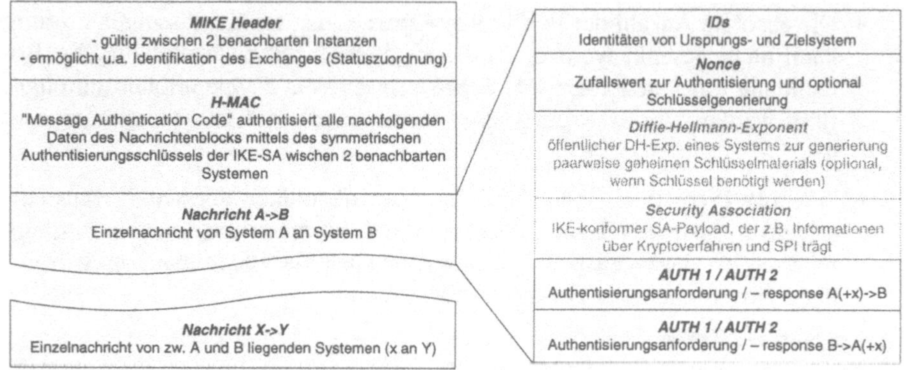

Abbildung 6 – MIKE Nachrichtenaufbau

4.3 Protokollablauf

Nach dem Ablauf des Policy Management Protocols stehen jedem die Sicherheitsanforderungen aller beteiligten Systeme und evtl. etablierte Vertrauensbeziehungen zur Verfügung. Mittels IKE Phase I wird vom Initiator zunächst ein gesicherter Kanal zum nächstgelegenen Security Gateway etabliert. Durch diesen Kanal wird eine Nachricht entsprechend Abbildung 6 gesendet, welche Einzelnachrichten des Initiators an alle Systeme enthält, die lt. Policy Management Sicherheitsanforderungen an die Kommunikation mit ihm haben.

Gateway 1 erkennt an Hand der Ende-zu-Ende-Adressierung (A→B) in der ersten Nachricht, ob eigene Anforderungen hinzugefügt werden müssen und ob Vertrauensbeziehungen genutzt werden können. Entsprechend wird eine neue Einzelnachricht angefügt (z.B. Nachricht X→Y in Abbildung 6). Zusätzlich werden Einzelnachrichten, die an ihn adressiert sind, dem Nachrichtenblock entnommen, da diese für weitere Systeme keine Relevanz haben.

Falls nicht bereits vorhanden, muß zunächst der sichere Kanal zum nächsten benachbarten Gateway erweitert werden. Die kompilierte Gesamtnachricht wird dann an den nächsten Gateway durch den sicheren Kanal geschickt, der äquivalent damit verfährt.

Da innerhalb des gesicherten Kanals ein Protokoll ähnlich dem Aggressive Mode von IKE verwendet wird, müssen zwischen allen beteiligten Systemen drei Nachrichten ausgetauscht werden. An einem Beispielszenario in Abschnitt 4.5 wird der Nachrichtenfluß genauer erläutert.

4.4 Sichere Verknüpfung von kombinierten IPSec-Verbindungen

Jede Einzelnachricht zur Anforderung von IPSec-SAs trägt die letztlich identifizierenden Informationen [Dst.-Addr.; SPI; Protocol] im SA-Payload. Diese ist auf jedem beteiligten System auswertbar und durch die Authentisierungsmechanismen auch kryptographisch gesichert. Damit steht ein Mechanismus bereit, der es Gateways erlaubt, auch ohne eigene IPSec-Mechanismen sowohl herkömmliche als auch „IPSec-erweiterte" Filterregeln sicher zu nutzen.

4.5 Beispielszenario

Im folgenden Beispielszenario wird eine einfache Netzstruktur mit nur einem Security Gateway betrachtet, für die exemplarisch der Protokollablauf demonstriert wird. Prinzipiell ist das Nachrichtenformat für eine beliebige Anzahl von beteiligten Systemen geeignet, also unabhängig von der Komplexität der zu Grunde liegenden Netzinfrastruktur.

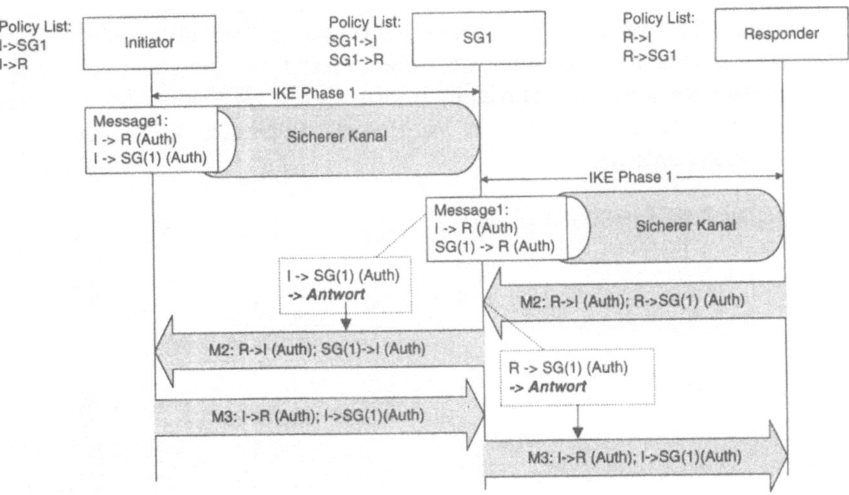

Abbildung 7 - MIKE zeitlicher Ablauf

Der Initiator I führt einen IKE-Phase-I-Exchange zu SG1 durch. Damit steht ein sicherer, authentisierter Kanal zwischen I und SG1 zur Verfügung.

- *I* sendet "Message 1" über den sicheren Kanal zu SG1. Message 1 enthält eine Nachricht für SG1 und eine für den Responder R.

- *SG1* entfernt die an ihn gerichtete Nachricht und fügt statt dessen eine eigene an R hinzu. Er führt einen IKE-Phase-I-Exchange zu R durch (damit wird der sichere Kanal bis zu R verlängert) und sendet "Message 1" weiter an R.

- *R* antwortet auf beide Nachrichten mit "Message 2". Ggf. müssen Authentisierungsinformationen an I hinzugefügt werden.

- *SG1* entnimmt die an ihn gerichtete Nachricht und fügt statt dessen seine Antwort an I ein.

- *I* kann Authentisierungsinformationen von R verifizieren und muß für diesen ggf. eigene in die letzte Nachricht einfügen. Die letzte Nachricht an SG1 und R wird in "Message 3" versandt.

- *SG1* wiederum entnimmt die an ihn gerichtete Nachricht und fügt seine Antwort an R an.

- *R* kann mit dem Empfang von "Message 3" die Authentisierungsinformationen von I validieren.

Damit stehen allen Systemen (falls benötigt) paarweise Schlüssel sowie kryptographisch gesicherte Informationen über die Identität der anderen Systeme bereit. Außerdem können „filterrelevante" Informationen (Adressen, SPI) aller zu dieser Kommunikationsbeziehung in Verbindung stehenden IPSec-Kanäle sicher zugeordnet werden.

4.6 Logischer Gesamtablauf

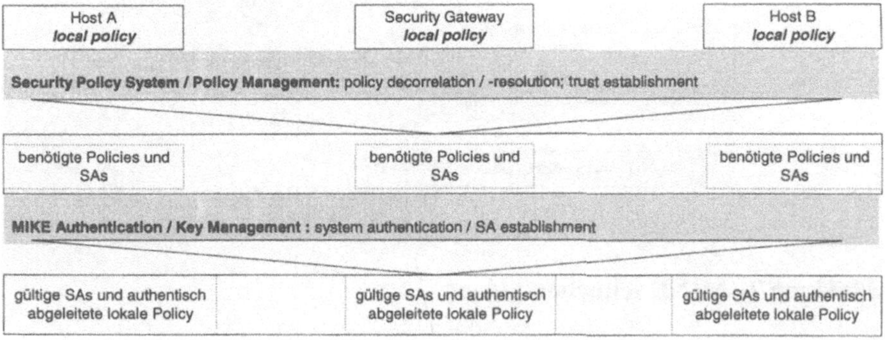

Abbildung 8 – logischer Ablauf von der lokalen Policy zur gültigen SA

4.7 Ergebnis und Ausblick

Mit dem vorgestellten Protokoll MIKE ist es möglich, Schlüsselmanagement und Authentisierung effizient zwischen einer beliebigen Anzahl von Systemen durchzuführen. Zusammen mit dem in Abschnitt 3.3 vorgestellten Security Policy System erlaubt MIKE die effiziente und sichere Etablierung von notwendigen Sicherheitsbeziehungen in komplexen Netzstrukturen mit mehreren Sicherheitszonen. MIKE gibt Security Gateways die Möglichkeit, kryptographisch gesichert Filterregeln auch für verschlüsselte überquerende Verbindungen abzuleiten, ohne daß diese zwingend selbst IPSec-Mechanismen für diese Verbindungen einsetzen müssen.

5   Literaturverzeichnis

RFC 2401   S. Kent, R. Atkinson: Security Architecture for the Internet Protocol; Request for Comments 2401, Nov. 1998

RFC 2402   S. Kent, R. Atkinson: IPAuthentication Header; Request for Comments 2402, Nov. 1998

RFC 2406   S. Kent, R. Atkinson: IP Encapsulating Security Payload Request for Comments 2406, Nov. 1998

RFC 2409   D. Harkins, D. Carrel: The Internet Key Exchange (IKE) Request for Comments 2409, Nov. 1998

Martius 1998   Kai Martius: „Flexibles Sicherheitsmanagement in TCP/IP-Netzen"; Dissertation an der TU Dresden, IfN; abgeschlossen im Mai 1999

Martius 1998-2   Kai Martius: "An Extended Internet Key Exchange Protocol (E-IKE)" draft-martius-ipsec-eike-01.txt ; Internet Draft; work-in-progress

Sanchez 1998   L.A. Sanchez, M.N. Condell: Security Policy System; draft-ietf-ipsec-sps-00.txt; Internet Draft; work-in-progress

4.2 Ergebnis und Ausblick

5 Literaturverzeichnis

[illegible]

Mehrseitige Sicherheit im Digital Inter Relay Communication (DIRC) Netzwerk

Uwe Jendricke
jendricke@iig.uni-freiburg.de
Institut für Informatik und Gesellschaft, Abteilung Telematik
Albert-Ludwigs-Universität Freiburg, Deutschland
www.iig.uni-freiburg.de/telematik/

Zusammenfassung

Die Berücksichtigung der Schutzinteressen aller an einer Kommunikation Beteiligten gewinnt mehr und mehr an Bedeutung. Mit Digital Inter Relay Communication (DIRC) wurde eine neue Telekommunikationsinfrastruktur vorgestellt, die im Gegensatz zu vielen anderen Infrastrukturen schon aufgrund ihrer Architektur die Realisierung solcher mehrseitig sicheren Kommunikationsdienste erleichtert. Zudem bietet sich DIRC für eine kostengünstige Überbrückung der „letzten Meile" zum Kunden an. Das DIRC-Konzept enthält in seiner derzeitigen Planung jedoch noch deutliche Sicherheitsmängel, die diese Arbeit aufzeigt. Es werden zudem Maßnahmen zur Behebung dieser Sicherheitsmängel vorgeschlagen.

1 Einleitung

Bei den heutigen offenen Kommunikationssystemen kann nicht davon ausgegangen werden, daß sich alle Beteiligten vollständig vertrauen. Ganz im Gegenteil sind bei einer Analyse von deren Sicherheit prinzipiell alle Beteiligten auch als potentielle Angreifer zu betrachten. Zudem stellen nicht nur die Systembetreiber, sondern auch die Nutzer hohe Ansprüche an die Sicherheit. Es wird also eine *mehrseitige Sicherheit* gefordert, d.h. die Sicherheitsbelange aller Beteiligten müssen berücksichtigt werden (Rannenberg et al. 1997).

Nahezu alle derzeit eingesetzten Kommunikationssysteme weisen jedoch starke Defizite im Bereich der mehrseitigen Sicherheit auf: sie sind zwar oft gegen externe Angreifer geschützt, der Schutz gegen potentielle interne Angreifer wie beispielsweise Systemadministratoren ist jedoch gering. Die Schutzinteressen der Nutzer bleiben dabei oftmals unberücksichtigt. Es ist beispielsweise bei vielen Systemen für die Betreiber leicht möglich, Kommunikationsprofile der Nutzer zu erstellen. Auch die Inhalte der Kommunikation bleiben den Betreibern in den seltensten Fällen verborgen. Diese Mängel sind oft bereits systembedingt vorgegeben, da viele Systeme über zentrale Strukturen verfügen, die eine Konzentration aller anfallenden Daten an einem Punkt bewirken und somit die zentrale Überwachung erleichtern. Zudem wurde bisher kaum ein System unter dem Gesichtspunkt der Datensparsamkeit konzipiert.

Mit der „Digital Inter Relay Communication" (DIRC) hat die DIRC GmbH & Co KG[1] eine neue Telekommunikationsinfrastruktur vorgestellt, die schon aufgrund ihrer Systemarchitektur die Etablierung von mehrseitig sicheren Diensten begünstigt. DIRC besteht nahezu vollständig aus dezentralen Komponenten. Dadurch wird die sonst häufig vorkommende Konzentration von Daten an wenigen zentralen Punkten des Netzes größtenteils vermieden. In Verbindung mit dem geplanten Gebührenmodell der „Flat-Rate" läßt sich mit DIRC ein mehrseitig sicheres und datensparsames Kommunikationsnetz realisieren. Zudem eignet sich DIRC aufgrund der Funkvernetzung zur Überwindung der „letzten Meile" zum Endkunden. Dieser Gesichtspunkt macht DIRC für alle Konkurrenten der Telekom interessant, die über keine eigene Vernetzung der Kunden verfügen.

Derzeit befindet sich das DIRC-Konzept noch in der Entwicklungsphase, und der Bau von Prototypen ist geplant. Die derzeitige Planung vernachlässigt jedoch noch einige Sicherheitsaspekte. In dieser Arbeit wird das DIRC-Netz auf noch bestehende Mängel im Sicherheitsbereich untersucht, und es werden Lösungswege vorgeschlagen. In Kapitel 2 wird das DIRC-Netz vorgestellt und ein Überblick über das bestehende Sicherheitskonzept von DIRC gegeben. Kapitel 3 zeigt weiterhin bestehende Sicherheitsprobleme im zentralen Bereich eines DIRC-Netzes (Infocenter) auf und zeigt mögliche Alternativen. Schließlich werden in Kapitel 4 Sicherheitsprobleme außerhalb des Infocenters im DIRC-Netz aufgezeigt. Auch hier werden Alternativen vorgeschlagen.

2   Das DIRC-Netzwerk

Ein DIRC-Netzwerk besteht aus einer Vielzahl von DIRC-Stationen (DS) und einem zentralen Infocenter[2]. Abbildung 1 zeigt den Ausschnitt eines solchen Netzes. Die DS werden von den Teilnehmern betrieben und dienen als Netzabschlußknoten, an die Endgeräte wie Telefone, PCs oder Faxgeräte angeschlossen werden. Die Stationen stellen jedoch neben der Funktionalität des Netzabschlußknotens auch fast alle netzinternen Vermittlungsfunktionen bereit. Dazu stehen die DS jeweils mit ihren in der Nachbarschaft liegenden DS per Funkverbindung in Kontakt, wobei die

---

[1]DIRC GmbH & Co KG, Im Ahorngrund 13, 50996 Köln, http://www.dirc.net/
[2]Die zur Zeit ausführlichste technische Beschreibung von DIRC findet sich in Meckelburg et al. (1997)

Stationen je nach den örtlichen Gegebenheiten nur einige Meter oder auch wenige Kilometer weit entfernt voneinander stehen können. Normalerweise werden die DS an einem festen Ort betrieben. Verweilt der Teilnehmer jedoch längere Zeit an anderen Orten, so kann er seine DS an diesen Orten in Betrieb nehmen, und die DS integriert sich automatisch in das Netz am neuen Ort. Ein mobiler Betrieb der DS ist jedoch nicht möglich. Für diesen Zweck können spezielle mobile DIRC-Stationen eingesetzt werden, die allerdings nur eine begrenzte Mobilität ermöglichen (Ebbinghaus 1998).

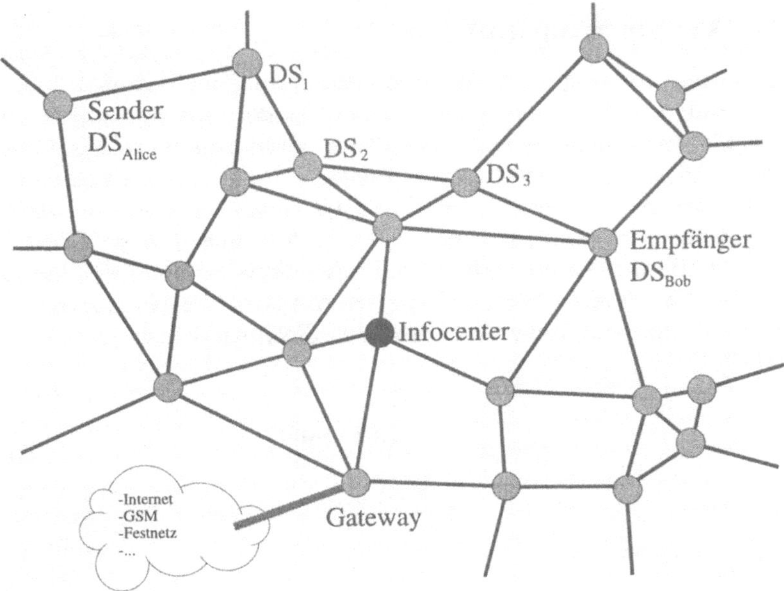

Abbildung 1: Struktur eines DIRC-Netzes: DIRC-Stationen (Knoten) sind per Funkverbindung (Kanten) verbunden.

Bisher existieren noch keine DS-Prototypen. Die Idee wird jedoch von Unternehmen wie Panasonic, Debis, Netcologne und Motorola unterstützt (Ebbinghaus 1998).

2.1 Das DIRC Infocenter

Das zentrale Infocenter speichert die Identifikationsnummer, die geographische Position und den öffentlichen Schlüssel aller DS und stellt diese *Anrufdaten* den DS durch einen Informationsdienst zur Verfügung. Die Anrufda-

ten sind ein Teil der Vermittlungsdaten und werden für den Verbindungsaufbau benötigt. Vermittlungsdaten sind die Daten, die beispielsweise für
das Routing oder den Verbindungsauf- und Abbau zwischen einzelnen DS
ausgetauscht werden. Jede DS meldet sich sofort nach Inbetriebnahme bei
ihren Nachbarn an und erhält dabei die Anrufdaten des Infocenters, zu dem
sie eine Verbindung herstellt. Die neue DS ermittelt ihre geographische Position per GPS, meldet sich dann beim Infocenter an und übermittelt ihm
ihre eigenen Anrufdaten.

2.2 Verbindungsaufbau

Das Beispiel in Abbildung 2 zeigt den Verbindungsaufbau. Soll DS_{Alice} eine
Verbindung mit DS_{Bob} aufnehmen, dann dienen die geographisch zwischen
den beiden Stationen liegenden DS als Vermittlungsknoten. Vom Infocenter
bezieht DS_{Alice} die Anrufdaten der Zielstation DS_{Bob}. Dazu schickt sie eine
Anfrage an das Infocenter ($InfoRequest(DS_{Bob})$, Nr. 1 in der Abbildung).
Die Anfrage wird vom Infocenter mit einem Infopaket $Info(DS_{Bob})$ (Nr. 2
in der Abbildung) beantwortet, das die Anrufdaten von DS_{Bob} enthält. Mit
Hilfe der Anrufdaten nimmt DS_{Alice} Kontakt zu der Nachbarstation DS_1
auf, die in geographischer Richtung der Zielstation liegt: $Routing(DS_{Bob})$
(Nr. 3).

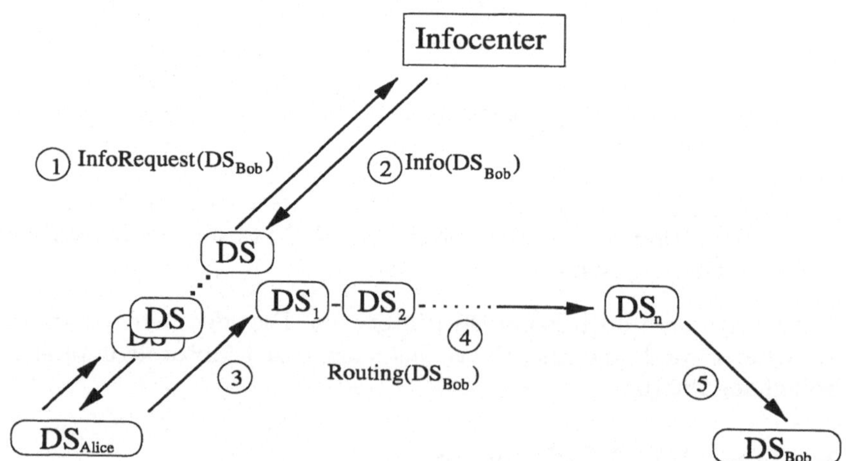

Abbildung 2: Ablauf des Verbindungsaufbaus

Nach diesem Prinzip nehmen dann auch diese Stationen DS_i mit den jeweils nächsten in Richtung DS_{Bob} liegenden Nachbarstationen DS_{i+1} Kon-

takt auf (Nr. 4), bis die Zielstation DS_{Bob} erreicht ist (Nr. 5). Ab diesem Moment steht die Verbindung, und die beiden DS können Nutzdaten austauschen. Die DS auf dem Weg zwischen DS_{Alice} und DS_{Bob} arbeiten als Vermittlungsrechner, um die Verbindung zu ermöglichen. Jede DS kann 105 Duplexverbindungen mit einer Kapazität von jeweils 40 kbit/s vermitteln, wobei eine Bündelung der Kanäle möglich ist. Für Verbindungen in andere Netze können DS auch als Gateway z.B. in das Internet oder das Telefon-Festnetz dienen.

Weitere Informationen über die Vermittlungs- und Routingstrategien von DIRC finden sich in der Machbarkeitsstudie (Meckelburg et al. 1997).

2.3   Das derzeitige Sicherheitskonzept von DIRC

Um die Vertraulichkeit der Vermittlungs- und Nutzdaten zu garantieren, soll ein asymmetrisches Konzelationsverfahren nach RSA (Rivest et al. 1978) eingesetzt werden. Dazu muß jede DS über ein Schlüsselpaar aus privatem und öffentlichem Schlüssel verfügen. Bei jeder Verbindung verschlüsselt die sendende Station die Nutzdaten mit dem öffentlichen Schlüssel der empfangenden Station. Mit dieser Ende-zu-Ende-Verschlüsselung soll die Vertraulichkeit der Daten auf dem Weg zur Zielstation gewährleistet werden. Aus Performancegründen sollte ein hybrides Kryptosystem eingesetzt werden (Schneier 1996, S. 38).

Ein wichtiger Aspekt ist die Schlüsselverteilung, auf die in Kapitel 3.4 genauer eingegangen wird. Die Schlüsselverteilung bei DIRC wurde bisher noch nicht untersucht.

Zusätzlich zu den verschlüsselten Nutzdaten tauschen die vermittelnden DS auf der Verbindung zwischen der Start- und der Zielstation untereinander Vermittlungsdaten aus. Diese Daten werden für die Übertragung über die Luftschnittstelle zwischen den miteinander kommunizierenden DS verschlüsselt. Somit liegen die Vermittlungsdaten nur in den DS unverschlüsselt vor, weshalb sie durch reines Abhören der Funkverbindung nicht ermittelt werden können.

Jede DS soll über einen Smartcard-Leser verfügen (Ebbinghaus 1998). Auf der Smartcard werden der private und der öffentliche RSA-Schlüssel, sowie die persönlichen Daten des Nutzers gespeichert. Mit Smartcard und PIN[3] soll die Authentifizierung des Nutzers erfolgen.

---

[3]Personal Identification Number

3 Sicherheitsrisiken des Infocenters und ihre Vermeidung

Die einzige zentrale Komponente im DIRC-Netz ist das DIRC-Infocenter, das die Identifikationsnummern (ID), die öffentlichen Schlüssel und die geographischen Koordinaten (Anrufdaten) aller DS speichert.

Ohne das Infocenter kann keine Verbindung hergestellt werden. Daher muß die Verfügbarkeit des Infocenters gewährleistet sein. Das Infocenter kann beispielsweise durch Fluten mit Anfragen nach Anrufdaten oder durch Störung der Funkverbindung angegriffen werden. In Kapitel 3.3 wird diese Problematik verdeutlicht.

Da alle DS dem Infocenter mit den Anrufdaten ihren Standort übermitteln, kann es Bewegungsprofile der Nutzer erstellen. DS weisen jedoch bei weitem nicht die Mobilität beispielsweise eines GSM-Gerätes auf, weshalb die Profile auch nicht entsprechend aussagekräftig sind wie im GSM-Bereich.

Da vor jedem Verbindungsaufbau im Infocenter eine Anfrage der DS eingeht, die die Verbindung aufbauen will, kann vom Infocenter ein Kommunikationsprofil der Nutzer jeder DS erstellt werden. Bei jeder Anfrage erhält das Infocenter die Information, welche DS zu welchem Zeitpunkt eine Verbindung zu einer anderen DS herstellen soll. Nicht bekannt wird jedoch, ob die Verbindung zustande kommt und über welche Zeitdauer die Verbindung besteht. Da keine verbindungsabhängigen Gebühren erhoben werden sollen, entfallen auch die sonst nötigen Datenbanken über die Verbindungsdaten (Zielteilnehmer, Zeitdauer, etc.) der Nutzer. Vor dem Betreiber des Infocenters sind die Daten der Nutzer daher bei diesem datensparsamen System bereits besser geschützt als bei den derzeitig genutzten Festnetz- oder GSM-Systemen. Das Erstellen von Kommunikationsprofilen kann mit der Einführung von Anonymisierern (Kapitel 3.2) und durch lokale Teilnehmerverzeichnisse (Kapitel 3.1) verhindert werden.

Die DIRC-Stationen melden ihre Anrufdaten an das Infocenter, das diese Daten wiederum an anfragende DS weiterleitet. Dabei ist die Authentizität dieser Daten nicht gewährleistet und die Betreiber des Infocenters können an diesem Punkt einen erfolgreichen Angriff durchführen. Abbildung 3 zeigt einen solchen Man-in-the-middle-Angriff. DS_{Alice} soll eine Verbindung zu DS_{Bob} aufbauen, und das Infocenter liefert nicht die Anrufdaten der gewünschten Empfängerstation DS_{Bob} an DS_{Alice}, sondern die Daten einer dritten Station DS_X (Nr. 1 und 2 in der Abbildung). DS_{Alice} vertraut dem Infocenter und baut die Verbindung auf. Somit schickt DS_{Alice} ihre Nutzdaten an DS_X statt an DS_{Bob} (Nr. 3). DS_X steht jedoch unter der Kontrolle des Infocenters und späht die Nutzdaten aus (Nr. 4). DS_X verschlüsselt die Nutzdaten daraufhin mit dem Schlüssel der eigentlichen Empfängerstation DS_{Bob} und schickt ihr diese (Nr. 5), sodaß DS_{Alice} und DS_{Bob} den Angriff nicht bemerken.

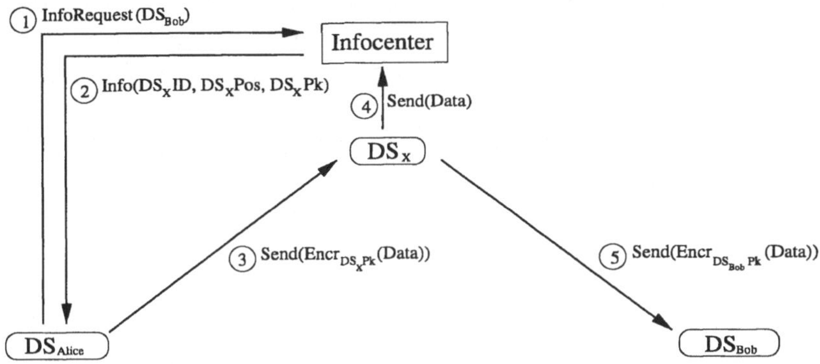

Abbildung 3: Erfolgreicher Man-in-the-middle-Angriff des Infocenters. DS_X kann die Nutzdaten von DS_{Alice} entschlüsseln. Um die Problematik zu verdeutlichen, wird die Ende-zu-Ende Verschlüsselung zwischen DS_{Alice}, DS_X und DS_{Bob} dargestellt.

Im derzeitigen Sicherheitskonzept von DIRC ist die Sicherung der Authentizität der Anrufdaten nicht berücksichtigt. Die Einführung einer Public Key Infrastruktur (PKI) und die Zertifizierung der Anrufdaten zur Sicherung der Authentizität wird in Kapitel 3.4 beschrieben.

3.1 Lokale Teilnehmerverzeichnisse: Vertraulichkeit der Kommunikationsbeziehungen I

Der Problematik der Erstellung von Kommunikationsprofilen durch das Infocenter steht das Interesse der Nutzer gegenüber, zu jeder Zeit schnell die Anrufdaten anderer Nutzer für den Aufbau von Verbindungen erhalten zu können. Eine Möglichkeit, das Infocenter nicht bei jedem Verbindungsaufbau konsultieren zu müssen, ist ein lokales Teilnehmerverzeichnis in jeder DS. Die Anrufdaten der einmal erreichten Teilnehmer legt die DS in dem lokalen Verzeichnis ab. Wird nun wieder eine Verbindung zu einem dieser Teilnehmer gewünscht, so entnimmt die DS die Daten des Teilnehmers dem lokalen Teilnehmerverzeichnis. Das Infocenter wird dann bei einem weiteren Verbindungsaufbau nicht erneut über den Verbindungswunsch informiert.

Problematisch ist dieses Verfahren bei Nutzern, die den Standort ihrer DS öfter wechseln. In diesem Fall stehen in den lokalen Teilnehmerverzeichnissen der anderen DS die veralteten geographischen Daten der umgezogenen DS. Ein Verbindungsaufbau mit diesen Daten wäre erfolglos, da sich die angerufene DS nicht mehr an dem gespeicherten Ort befindet. In diesem Fall müßten ihre Daten von anderen Teilnehmern erneut beim Infocenter abgefragt werden. Dieser Vorgang erhöht die Netzbelastung.

3.2 Anonymisierer: Vertraulichkeit der Kommunikationsbeziehungen II

Damit eine sendewillige DS ihren Kommunikationswunsch nicht dem Infocenter gegenüber offenlegen muß, ist die Einführung von Anonymisierern im DIRC-Netz denkbar. Jede DS kann als Anonymisierer arbeiten, indem sie die Identität der sendewilligen DS vor dem Infocenter verbirgt. Natürlich muß die sendewillige DS über die Anrufdaten der anonymisierenden DS verfügen, weshalb diese eine Nachbar-DS oder eine DS, deren Anrufdaten im lokalen Teilnehmerverzeichnis gespeichert sind, sein muß.

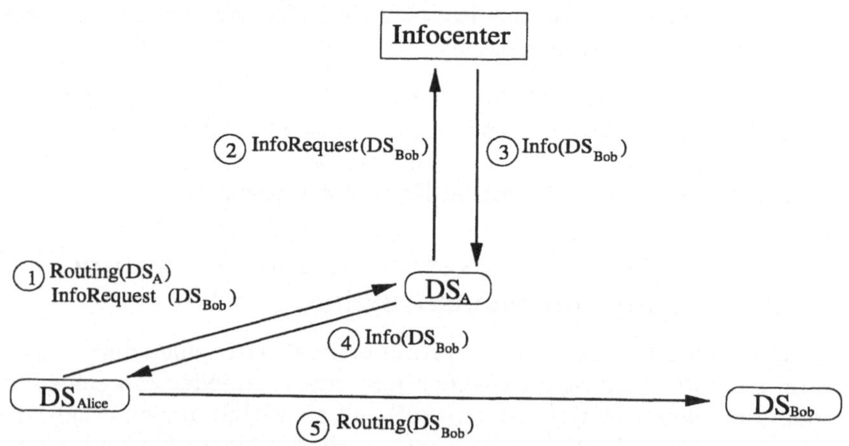

Abbildung 4: Funktion von anonymisierenden DS im DIRC-Netz: DS_{Start} nutzt DS_A für die Anonymisierung der Verbindung zur DS_{Bob}.

In unserem Beispiel soll DS_{Alice} eine Verbindung zu DS_{Bob} aufbauen. DS_{Alice} nutzt eine ihr bekannte DS_A zur Anonymisierung ihrer Infocenter-Anfrage. Abbildung 4 zeigt den Ablauf: DS_{Alice} baut eine Verbindung zu DS_A auf und übermittelt ihr die Anfrage nach den Anrufdaten von DS_{Bob}

(Nr. 1). Dazu muß sie keine Verbindung mit dem Infocenter herstellen, da ihr die Anrufdaten bekannt sind. DS_A fordert daraufhin die Anrufdaten von DS_{Bob} beim Infocenter an (Nr. 2). Das Infocenter sendet die Anrufdaten an DS_A (Nr. 3), die die Daten an DS_{Alice} weiterleitet (Nr. 4). Nachdem DS_{Alice} die Anrufdaten erhalten hat, baut sie die Verbindung in gewohnter Weise zu DS_{Bob} auf (Nr. 5). Alternativ kann auch DS_A gleich die Verbindung zu DS_{Bob} aufbauen, die jedoch in den meisten Fällen keine optimal geroutete Verbindung sein wird, da DS_A selten auf dem direkten Weg zwischen DS_{Alice} und DS_{Bob} liegt.

Damit DS_{Alice} dem Infocenter nicht über ihren öffentlichen Schlüssel ihre Identität verrät, muß sie für die Infoanfrage einen neuen Sitzungsschlüssel generieren, den sie mit ihrer Anfrage an das Infocenter schickt. Das Infocenter verschlüsselt mit diesem Schlüssel die gewünschten Anrufdaten, die nur von DS_{Alice} wieder entschlüsselt werden können.

Da jede DS (aus Performancegründen möglichst jedoch in näherer Nachbarschaft zur sendenden DS) diese Anonymisierfunktion ausüben kann, läßt sich diese Funktion mit einem lokalen Teilnehmerverzeichnis kombinieren. Aus dem Teilnehmerverzeichnis kann sich jede DS eine weitere DS aussuchen, die sie als anonymisierende DS nutzen will. Ist das Teilnehmerverzeichnis leer (z.B. direkt nach Inbetriebnahme der DS), so kann eine der Nachbarstationen als anonymisierende DS dienen. Die Nachbarstationen werden sofort nach Initialisierung einer DS ermittelt. Somit stehen einer DS zu jedem Zeitpunkt bekannte DS zur Verfügung.

Da jede DS als anonymisierende DS genutzt werden kann, ist ein erfolgreicher Angriff auf das Netz nur schwer realisierbar. Potentielle Angreifer müßten alle DS in der Nähe[4] der zu beobachtenden DS kontrollieren.

Die Daten, die das Infocenter dann aufgrund der Anfragen von DS erhält, lassen sich nicht mehr zu Kommunikationsprofilen verwerten, da die anfordernden DS nicht diejenigen sind, die die Verbindung aufbauen sollen. Die einzige verwertbare Information für das Infocenter ist diejenige, wann welche DS angerufen werden soll. Die anrufende DS bleibt unerkannt.

Nun besteht natürlich für die anonymisierende DS die Möglichkeit eines Angriffs. Sie hat Zugriff auf die entsprechende Information und könnte auch dem Infocenter die Identität der anrufenden DS mitteilen. Auf diese Art und Weise kann jedoch nur mit großem Aufwand ein vollständiges Profil erstellt werden, da für jeden InfoRequest eine andere DS zur Anonymisierung ausgewählt wird. Es müßten also alle DS in der Nähe der anrufenden DS kompromittiert sein. Desweiteren läßt sich dieser Angriff erschweren,

---

[4] In der Nähe liegen zumindest die direkten Nachbarn (max. 8 DS), u.U. auch noch deren Nachbarstationen

indem eine Kette von DS als Anonymisierer genutzt wird. Dabei durchläuft
der InfoRequest erst mehrere DS, bevor er an das Infocenter weitergeleitet
wird. In diesem Fall kann keine der anonymisierenden DS mehr feststellen,
wer die anrufende DS ist, da die „vorherige" DS entweder eine anonymisierende oder die anrufende DS sein kann.

Möglicherweise könnte man die Anonymisierung auch durch die Einführung von Mixen (Chaum 1981) realisieren. Jede DS könnte dann als Mix
auftreten, und DS würden ihre Infocenter-Anfragen über Mixketten an das
Infocenter schicken.

3.3   Redundanz: Verfügbarkeit des Infocenters

Stehen die Auskunftsdienste des Infocenters nicht zur Verfügung, so kann
keine Verbindung mehr aufgebaut werden, da die Anrufdaten anderer DS
nicht mehr ermittelt werden können. Um die Verfügbarkeit des Infocenters
zu verbessern, ist eine redundante Auslegung des Infocenters zu empfehlen. Um dabei die Konsistenz der Anrufdaten zu gewährleisten, muß ein
Broadcast-Dienst zwischen den Infocentern eingerichtet werden. Sobald ein
Infocenter neue Anrufdaten bekommt, sendet es diese aktualisierten Daten
an die anderen Infocenter.

Lokale Teilnehmerverzeichnisse (Kapitel 3.1) erhöhen zusätzlich die Verfügbarkeit. Einerseits können Verbindungen zu bereits bekannten Teilnehmern auch bei nicht aktivem Infocenter aufgebaut werden, da die nötigen
Anrufdaten bereits im lokalen Teilnehmerverzeichnis vorliegen. Andererseits wird die Anzahl der Zugriffe auf das Infocenter bei der Nutzung von
lokalen Teilnehmerverzeichnissen deutlich verringert, da das Infocenter nur
noch bei Verbindungen zu DS in Anspruch genommen werden muß, deren
Anrufdaten bei Verbindungsaufbau unbekannt sind.

3.4   Zertifikate: Authentizität der Anrufdaten

Nach dem bisherigen Konzept von DIRC müssen alle Nutzer des DIRC-
Netzes dem Infocenter vertrauen. Es gibt keine Möglichkeit, die Authentizität der vom Infocenter übertragenen Anrufdaten zu kontrollieren. Durch
die Ende-zu-Ende-Verschlüsselung wird nur die Integrität (und die Vertraulichkeit) der Daten auf dem Weg zwischen Infocenter und DS gewährleistet.

Daher muß eine sichere Schlüsselgenerierung und -verteilung garantiert
sein. Die Nutzer sollten ihre Schlüssel selber generieren. Können die Nutzer
ihre Schlüssel nicht selber generieren, so muß ein Trustcenter die Schlüssel
gemeinsam mit den Nutzern generieren (Pfitzmann et al. 1997). Der öffent-

liche Schlüssel des Nutzers wird vom Trustcenter zertifiziert und zusammen mit dem privaten Schlüssel und der ID des Nutzers auf dessen SmartCard gespeichert. Der öffentliche Schlüssel des Trustcenters sollte auch auf der Karte installiert werden, um dem Nutzer die Überprüfung anderer vom Trustcenter zertifizierten Schlüssel zu ermöglichen. Die von Trustcenter und vom Nutzer signierten öffentlichen Schlüssel werden vom Trustcenter an die Infocenter verteilt.

Diese Schlüssel sind in den Anrufdaten enthalten, die das Infocenter an die anrufende DS schickt. Aufgrund der Zertifikate kann das Infocenter die Schlüssel nicht unbemerkt verändern oder austauschen. Damit das Infocenter auch die Positionsdaten und die ID der DS nicht unbemerkt manipulieren kann, sollten die Nutzer diese Daten signieren. Damit die Nutzer die ID nicht unbemerkt manipulieren, sollte diese vom Trustcenter (oder vom Infocenter) signiert sein. Somit ist die Authentizität der Anrufdaten und der Nutzdaten gewährleistet. In diesem Modell bleibt jedoch dem Trustcenter noch eine Angriffsmöglichkeit, da es neue Anrufdaten generieren, und die Schlüssel zertifizieren könnte. Aus diesem Grund sollte die Nutzerverwaltung von DIRC nicht dem Trustcenter unterliegen. Zudem wird empfohlen, bereits bestehende Zertifizierungsstrukturen zu nutzen. In Deutschland wird diese Entwicklung durch das Signaturgesetz (Bundesregierung 1997) gefördert. Die Nutzung solcher nationalen Strukturen kann jedoch die internationale Verbreitung von DIRC behindern.

3.5   Fazit

Mit dem bisherigen Sicherheitskonzept des DIRC-Infocenters werden die Sicherheitsinteressen der Nutzer nicht ausreichend berücksichtigt. Da jedoch bei DIRC im Gegensatz zu GSM oder den Festnetzen verhältnismäßig wenig Daten zentral verarbeitet werden, erreicht DIRC bereits einen hohen Datenschutzstandard. Durch Einführung einer Schlüsselzertifizierungsinfrastruktur, Anonymisierern und lokalen Teilnehmerverzeichnissen läßt sich ein hohes Maß an mehrseitiger Sicherheit im DIRC-Infocenter realisieren.

4   Sicherheitsrisiken im DIRC-Netz und ihre Vermeidung

In diesem Kapitel werden die Risiken im DIRC-Netz außerhalb des Infocenters betrachtet. Dabei wird von einem normalen DIRC-Netz ohne die in Kapitel 3 eingeführten Sicherheitsmechanismen ausgegangen.

Im DIRC-Netzwerk soll die Vertraulichkeit, die Authentizität und die Integrität der übertragenen Daten durch die Ende-zu-Ende-Verschlüsselung gesichert werden. Mit dem derzeitigen Sicherheitskonzept von DIRC sind jedoch erfolgreiche Angriffe gegen diese Schutzziele denkbar. Bringen Angreifer Schlüssel anderer Nutzer in ihren Besitz, oder gefälschte Schlüssel in Umlauf, so können sie Zugriff auf die unverschlüsselten Daten erhalten und beispielsweise Anrufdaten manipulieren (Kapitel 4.2). Um diese Angriffsmöglichkeiten zu unterbinden, muß eine sichere Schlüsselverteilung und der Einsatz von Zertifikaten (Kapitel 3.4) im zukünftigen DIRC-Netz vorgesehen sein.

Im Gegensatz zu bisherigen Kommunikationsnetzen ist eine Überwachung der Verbindungen mit Zugriff auf die Nutz- und Vermittlungsdaten durch die Netzbetreibergesellschaft im DIRC-Netz nur mit hohem Aufwand möglich, da sie die Netzinfrastruktur mit Ausnahme des Infocenters nicht unter ihrer Kontrolle hat. Das Infocenter kann, falls es überhaupt Vermittlungsfunktionen bereitstellt, nur die Verbindungen beobachten, auf deren Weg es liegt. Aufgrund der Ende-zu-Ende-Verschlüsselung verfügt es auch in diesem Fall nur über die verschlüsselt übertragenen Daten.

Die Verfügbarkeit des DIRC-Netzes kann aus verschiedenen Gründen beeinträchtigt werden. So müssen neben dem verfügbaren Infocenter (Kapitel 3.3) genügend vermittelnde DS bereitstehen, um anfallende Verbindungswünsche realisieren zu können, insbesondere im Zentrum des Netzes oder in der Nähe von Gateways. In schwach versorgten Gebieten können durch die Mobilität der DS temporär Verfügbarkeitsprobleme auftreten. Auch die Nutzer können durch ihr Verhalten die Verfügbarkeit des Netzes beeinträchtigen. In Kapitel 4.1 werden diese Probleme genauer betrachtet und Lösungen vorgeschlagen.

Aufgrund der verteilten Infrastruktur des DIRC-Netzes durchlaufen die Anrufdaten während des Routings die DS verschiedenster Teilnehmer. Im Gegensatz zu konventionellen Kommunikationsnetzen haben die Teilnehmer dadurch Zugriff auf die Vermittlungsdaten anderer Teilnehmer. Dieses Problem und mögliche Abhilfen werden in Kapitel 4.3 behandelt.

4.1   Verfügbarkeit

Um eine hohe Verfügbarkeit des DIRC-Netzes zu gewährleisten, muß auf eine möglichst dezentrale und gleichmäßig verteilte Struktur des Netzes geachtet, und beispielsweise die Konzentration von Infocenter, Internet- und Telefoniegateway an einem Ort vermieden werden. Um temporäre lokale Ausfälle aufgrund des Umzugs einzelner DS zu verhindern, ist die Installation von DS an kritischen Orten durch die Betreibergesellschaft denkbar.

Nach den derzeitigen Planungen sollen innerhalb eines DIRC-Netzes keine verbindungsabhängigen Gebühren anfallen („Flat-Rate"). Das verführt Benutzer natürlich dazu, auch ungenutzte Verbindungen bestehen zu lassen oder Dienste zu etablieren, die dauerhaft Kanäle belegen. In diesem Fall werden die Kapazitäten des DIRC-Netzes schnell erschöpft sein, da durch das Prinzip der Leitungsvermittlung auch ungenutzte Leitungen die volle Kapazität belegen. Da zudem Kanalbündelung möglich ist, kann eine Verbindung mehrere Kanäle belegen. Aus diesen Gründen sollte das DIRC-Netz auch mit einem paketvermittelnden Protokoll arbeiten können. Kann ein Verbindungsaufbau schnell genug erfolgen, so ist auch eine Leitungsvermittlung denkbar, wo nicht genutzte Verbindungen nach gewisser Zeit automatisch beendet werden. Die Verbindung könnte dann bei erneuter Inanspruchnahme schnell wieder aufgebaut werden.

Im Gegensatz zu konventionellen Kommunikationsnetzen sind bei DIRC die Nutzer gleichzeitig auch Betreiber der Infrastruktur. Somit übernehmen die Nutzer einen Teil der Verantwortung für den Betrieb des Netzes. So sollen die DS möglichst dauernd in Betrieb sein, um die Vermittlungsfunktionen bereitstellen zu können. Nimmt ein Nutzer seine DS nur temporär in Betrieb, so ist die verläßliche Vermittlung anderer Verbindungen durch die DS nicht möglich. Durch die Trennung einer DS vom Stromnetz werden alle momentan über die DS vermittelten Verbindungen für einen kurzen Moment unterbrochen, bis das DIRC-Netz Ersatzwege für die Verbindung gefunden hat (Meckelburg et al. 1997, Kap. 3.4.5).

4.2   Angriff durch Verbindungsumleitung

Ohne authentische Anrufdaten (Kapitel 3.4) ist ein erfolgreicher Angriff auf das Netz möglich, indem sich eine DS mit falschen Anrufdaten beim Infocenter anmeldet. So kann sich in unserem Beispiel DS_X beim Infocenter als DS_{Bob} anmelden und in Zukunft alle Verbindungen für DS_{Bob} erhalten. Abbildung 5 zeigt den Ablauf des Angriffs.

Die angreifende DS_X bestellt sich die Anrufdaten von DS_{Bob} beim Infocenter (Nr. 1 und 2 in der Abbildung). DS_X generiert neue Schlüssel und meldet sich mit der ID von DS_{Bob}, ihren eigenen Koordinaten und dem neu generierten öffentlichen Schlüssel beim Infocenter an (Nr. 3). Baut nun eine weitere DS (DS_{Alice}) eine Verbindung zu DS_{Bob} auf, dann bestellt sie deren Anrufdaten beim Infocenter (Nr. 4). Das Infocenter schickt die von DS_X manipulierten Anrufdaten an DS_{Alice} (Nr. 5), woraufhin DS_{Alice} die Verbindung aufbaut. Diese Verbindung wird aber nicht zu DS_{Bob} aufgebaut,

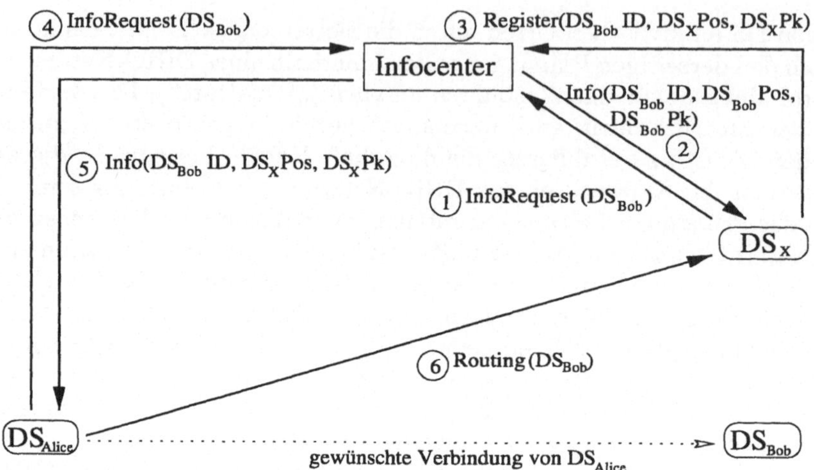

Abbildung 5: Angriff durch Umleitung der Verbindung: DS_X gibt sich vor dem Infocenter als DS_{Bob} aus und empfängt ab sofort alle Verbindungsanfragen für DS_{Bob}.

sondern zu DS_X, ohne daß DS_{Alice} diese Umleitung bemerkt (Nr. 6). Auch das Infocenter kann die „falsche" Anmeldung von DS_X nicht bemerken.

Mit dem in Kapitel 3.4 vorgeschlagenen System der Schlüsselgenerierung und Zertifizierung ist der geschilderte Angriff nicht mehr erfolgreich. Aufgrund der Schlüsselzertifikate könnte nur das Trustcenter neue Schlüssel generieren und zertifizieren. Die eigenen Positionsdaten werden von jeder DS signiert. Somit ist auch hier ein Angriff nur noch erfolgreich, wenn das Trustcenter kompromittiert ist.

4.3 Vertraulichkeit der Vermittlungsdaten, Senderanonymität

Während des Verbindungsaufbaus (Kapitel 2.2) von DS_{Alice} zu DS_{Bob} erhalten alle auf dem Weg liegenden DS die Anrufdaten von DS_{Bob} und durch die sie anrufende DS die ungefähre geographische Richtung von DS_{Alice}, die den Verbindungsaufbau gestartet hat. Werden zum Verbindungsaufbau nicht die gesamten Anrufdaten von DS_{Bob} übermittelt, sondern beispielsweise nur die geographischen Koordinaten und ein Pseudonym (z.B. eine ID der DS, keine Nutzernamen), so ist bis auf die erste und die letzte ver-

mittelnde DS den vermittelnden DS weder DS_{Alice} noch DS_{Bob} bekannt[5].
In diesem Fall darf das Infocenter natürlich keine Auflösung der IDs anbieten, da die vermittelnden DS sonst über das Infocenter die Daten der DS anhand der ID ermitteln könnten.

Die Identität der Zielstation bleibt beim Einsatz von Pseudonymen allen vermittelnden DS verborgen. Bei der Vermittlung erfährt nur die erste Nachbar-DS von DS_{Alice} deren Identität. Somit verfügt das DIRC-Netz bereits über ein datensparsames Verbindungsaufbauverfahren. DS_{Bob} erfährt nicht automatisch die Identität von DS_{Alice}, weshalb Dienste mit Senderanonymität ohne weitere Maßnahmen realisiert werden können.

4.4 Fazit

Im Gegensatz zu anderen Kommunikationsnetzen existieren im DIRC-Netz keine zentralen Netzknoten, über die die Verbindungen vermittelt werden. Dies erschwert die Überwachung von Verbindungen für die Netzbetreiber. Um jegliche Kommunikation im Netz zu überwachen, müßten alle DS, bzw. deren Funkverbindungen kontrolliert werden. Die Überwachung einer bestimmten DS wäre denkbar, indem man alle ihre Nachbar-DS kontrolliert.

Durch die Ende-zu-Ende-Verschlüsselung der Nutzdaten ist zudem die Vertraulichkeit der Nutzdaten gewährleistet. Um die Erfolgsaussichten eines Angriffs zu minimieren, muß jedoch die Generierung und Verteilung der Schlüssel sicher gestaltet werden, sowie die Authentizität der Anrufdaten gewährleistet sein.

Die Nutzer des DIRC-Netzes sind weitaus mehr am Betrieb des Netzes beteiligt, als das bei bisherigen Kommunikationsnetzen der Fall war und übernehmen deshalb auch mehr Verantwortung für den Betrieb des Netzes. Jede DS stellt einen Vermittlungsknoten des DIRC-Netzes dar, der bei Störung oder Außerbetriebnahme der DS nicht mehr zur Verfügung steht. Um eine konstante Verfügbarkeit des Netzes zu garantieren, müssen die Nutzer ihre DS möglichst immer in Betrieb haben. Eventuell muß der konstante Betrieb der DS durch vertragliche Regelungen oder andere Anreize garantiert werden.

5 Ausblick

Aufgrund seiner starken Dezentralität ist das DIRC-Netz gut dazu geeignet, einen mehrseitig sicheren Netzbetrieb zu realisieren. Mit der in der

---

[5]Aufgrund der geographischen Daten kann jedoch der Standort von DS_{Bob} bestimmt werden.

Machbarkeitsstudie (Meckelburg et al. 1997) beschriebenen Funktionalität bietet das DIRC-Netz jedoch nur eingeschränkte Sicherheit für Betreiber und Nutzer. Die Studie berücksichtigt nur Bedrohungen von außerhalb des Netzes (Abhören der Funkverbindung). Die hier beschriebenen Angriffsmöglichkeiten innerhalb des Netzes sind bei dem derzeitig geplanten Sicherheitskonzept nicht berücksichtigt. Das Netz kann jedoch mit den in dieser Arbeit beschriebenen Funktionalitäten als ein mehrseitig sicheres Kommunikationsnetzwerk realisiert werden. Sowohl die Sicherheitsbelange der Nutzer als auch die der Infocenter-Betreiber lassen sich berücksichtigen. Alle Teilnehmer und Teilnehmerinnen eines DIRC-Netzes müssen sich jedoch zu einem konstanten Betrieb ihres Netzwerksegments verpflichten, damit die Verfügbarkeit des Netzes garantiert ist.

Aufgrund der Dezentralität ist eine Überwachung der Nutzer im DIRC-Netz außerordentlich schwierig, da die Kommunikation nahezu jeder DS abgehört werden müßte. Um im Falle der Überwachung die Nutzdaten einsehen zu können, müßten der überwachenden Stelle die privaten Schlüssel aller Teilnehmer verfügbar sein oder ein Key-Escrow/Recovery-System eingesetzt werden.

Literatur

Bundesregierung (1997). *Informations- und Kommunikationsdienste-Gesetz (IuKDG), Absatz 3.* BGBl. I S.1870. http://www.iid.de/rahmen/iukdgk.html.

Chaum, David L. (1981). Untraceable Electronic Mail, Return Addresses, and Digital Pseudonyms. *Communications of the ACM*, 24, 2:84–88.

Ebbinghaus, Nikolaus (1998). Telekommunikationsnetz ohne Carrier. *Gateway*, 3/1998.

Meckelburg, Hans-Jürgen, Klaus Jahre & Carsten Kuhfuss (1997). *DIRC Technische Grundlagen.* Machbarkeitsstudie im Auftrag der DIRC KG, http://www.wdr.de/tv/Computer-Club/dirc.htm.

Pfitzmann, Andreas, Birgit Pfitzmann, Matthias Schunter & Michael Waidner (1997). Trusting Mobile User Devices and Security Modules. *IEEE Computer*, pp. 61–68.

Rannenberg, Kai, Andreas Pfitzmann & Günter Müller (1997). Sicherheit, insbesondere mehrseitige IT-Sicherheit. In Günter Müller & Andreas Pfitzmann (Eds.), *Mehrseitige Sicherheit in der Kommunikationstechnik*, pp. 21–29. Addison-Wesley Longman Verlag GmbH.

Rivest, Ronald L., Adi Shamir & Leonard M. Adleman (1978). A Method for Obtaining Digital Signatures and Public-Key Cryptosystems. *Communications of the ACM*, 21(2):120–126. reprinted: 26/1 (1983) 96-99, http://theory.lcs.mit.edu/~rivest/rsapaper.ps.

Schneier, Bruce (1996). *Angewandte Kryptographie.* Addison Wesley (Deutschland) GmbH. ISBN 3-89319-854-7.

Message Recovery durch verteiltes Vertrauen

Jörg Schwenk

Deutsche Telekom AG, Technologiezentrum
Am Kavalleriesand 3, 64295 Darmstadt
schwenk@tzd.telekom.de

Zusammenfassung

Ein neues Message Recovery-Verfahren, bei dem der Sesseion Key zur Verschlüsselung der Daten mit Hilfe der öffentlichen Schlüssel der Message Recovery-Zentren gewählt wird, bietet die Möglichkeit, Vertrauen ohne Performanceeinbußen auf beliebig viele Zentren zu verteilen. Dies bietet den Nutzern die Gewähr, daß die Message Recovery-Zentren ihre Macht nicht mißbrauchen können. Bei Datenverschlüsselung müssen diese Zentren nur im Recovery-Fall benannt werden, bei Email-Verschlüsselung sind sie öffentlich bekannt. Die Sicherheit des vorgeschlagenen Verfahrens ist äquivalent zur Sicherheit des Diffie-Hellman-Schlüsselaustauschs.

1 Einleitung

Zur Sicherung der Kommunikation und von gespeicherten Daten werden immer größere Datenmengen verschlüsselt. Dies reicht von der Verschlüsselung einzelner Emails über den Aufbau chiffrierter Verbindungen bis hin zur Verschlüsselung kompletter Partitionen auf Festplatten. Dazu werden meist hybride Verfahren eingesetzt, bei denen die Daten selbst mit einem symmetrischen Algorithmus (z.B. DES, IDEA) unter einem zufällig gewählten Session key verschlüsselt werden, und dieser Session key dann mit einem Public key-Verfahren gesichert den Daten beigefügt wird.

Während die generelle Verschlüsselung von gespeicherten Daten bei zunehmender Vernetzung aller Computer immer sinnvoller erscheint, birgt diese Vorgehensweise auch ein großes Problem: Was passiert mit den Daten, wenn auf den Session key nicht mehr zugegriffen werden kann, weil der private Schlüssel nicht mehr verfügbar ist?

Prinzipiell stehen zur Lösung dieses Problems zwei Ansätze zur Verfügung: Key recovery und Message recovery. (Ein ausführlicher Vergleich der beiden Ansätze und ihrer Problematik findet sich in [W98].)

Verfahren zur Realisierung von Key recovery werden dabei von Kryptologen eher mißtrauisch betrachtet, da es nicht an Versuchen gefehlt hat, über solche Verfahren im Sinne von Key Escrow einen Zugriff staatlicher Stellen auf vertrauliche Daten zu ermöglichen. Die (technischen) Risiken von Key escrow sind sehr überzeugend in [Abe97] dargestellt. Es wurde sowohl in den USA (Clipper-Chip) als auch in Europa (Royal-Holloway-System [F98]) versucht, Key Escrow-Verfahren durch staatliche Vorgaben zwingend vorzuschreiben, ohne daß dazu vorher eine wissenschaftliche Diskussion stattgefunden hätte. Diese Diskussion fand dann im Nachhinein statt (Clipper-Kontroverse in den USA), und dabei wurden teilweise recht interessante Vorschläge gemacht, wie man Key Escrow realisieren könnte, ohne gleichzeitig einem totalitären Überwachungsstaat den Weg zu ebnen [Den97]. Als Beispiel sei hier nur Shamirs Partial Key Escrow [Den97] genannt, bei dem die Session Keys sich aus einem festen, bei Regierungsbehörden hinterlegten Teil, und 48 zufällig gewählten Bits zusammensetzt. Zur Entschlüsselung einer Nachricht muß für die unbekannten 48 Bit eine vollständige Schlüsselsuche durchgeführt werden, was die routinemäßige Überwachung von vertraulicher Kommunikation unmöglich macht. Die Anzahl der unbekannten Bits kann skaliert werden, um Fortschritten in der Computer- bzw. Chipentwicklung Rechnung zu tragen.

Während sich Key Recovery mit der Rekonstruierbarkeit von Schlüsseln mit langer Lebensdauer beschäftigt, ist Message Recovery auf das Entschlüsseln einzelner Nachrichten beschränkt. Im folgenden soll ein System vorgestellt werden, das es durch geeignete Wahl des Session Key ermöglicht, diesen mit Hilfe von einem oder mehreren Message Recovery-Zentren zu rekonstruieren. Der Session Key wird bei diesem Verfahren nicht direkt gewählt, sondern mit Hilfe eines oder mehrerer Diffie-Hellman-Operationen [DH76] erzeugt. Die Anzahl der gewählten Message Recovery-Zentren hat keinen Einfluß auf die verwendeten Datenstrukturen, so daß ein verteiltes Vertrauen ohne Datenoverhead realisiert werden kann.

2 Message Recovery

Wir beschreiben das Verfahren zunächst nur für ein Message Recovery-Zentrum Z. Öffentlich bekannt sind eine Gruppe G von Primzahlordnung, in der das Problem des diskreten Logarithmus praktisch unlösbar ist, und ein Element g aus dieser Gruppe. Das Zentrum Z hat den geheimen Schlüssel z und den öffentlichen Schlüssel $\gamma = g^z$.

Möchte Alice eine Datei verschlüsseln, so wählt sie zunächst eine Zufallszahl r und bildet den Session Key als $k := \gamma^r$. (In der Praxis werden natürlich nur eine begrenzte Anzahl der Bits von γ^r für den Session key k benötigt; wir verwenden die hier angeführte Notation aber aus Gründen der Übersichtlichkeit im folgenden weiter.) Der Datei fügt sie als Message Recovery-Feld (MRF) den Wert $\alpha := g^r$ hinzu. Zusätzlich muß natürlich, wie bei allen hybriden Verfahren, der Session Key mit dem öffentlichen Schlüssel P_A von Alice gesichert der Datei angefügt werden. Abbildung 1 zeigt die Struktur der verschlüsselten Datei.

Ist nun der Private Schlüssel S_A von Alice nicht mehr verfügbar, so kann k nicht mehr aus dem ersten Feld zurückgewonnen werden. Alice kann sich aber in diesem Fall an das Message Recovery-Zentrum wenden und diesem den Wert α übermitteln. Der Sitzungsschlüssel kann dann mittels der Gleichung

$$\alpha^z = (g^r)^z = (g^z)^r = \gamma^r = k$$

zurückgewonnen werden.

$P_A(k)$	$\alpha = g^r$	k(Datei)

Abbildung 1: Verschlüsselte Datei mit Message Recovery Feld (MRF).
                   Dabei bedeutet die Notation X(Y), daß die Daten Y mit Schlüssel X verschlüsselt wurden.

Satz: *Die Sicherheit des Message Recovery-Verfahrens ist mindestens genauso hoch wie die Sicherheit der Diffie-Hellman Schlüsselvereinbarung.*

Beweis: Ein Angreifer kennt zunächst einmal nur das MRF $\alpha = g^a$ und die öffentlichen Parameter G und $g \in G$. Er muß nun raten, welches Message Recovery-Zentrum von Alice gewählt wurde. Hat er richtig geraten, so kennt er auch noch den öffentlichen Schlüssel $\gamma = g^z$. In diesem Fall steht er vor der Aufgabe, aus den Werten g^a und g^z den Schlüssel g^{az} zu berechnen. Dies entspricht genau dem Problem, die Diffie-Hellman-Schlüsselvereinbarung zu brechen.

Umgekehrt ist es klar, daß ein Angreifer den Schlüssel k berechnen kann, wenn er das Message Recovery-Zentrum Z kennt und in der Lage ist, die Diffie-Hellman-Schlüsselvereinbarung zu brechen.

Betrachten wir nun mehrere Message Recovery-Zentren Z_1, Z_2, Z_3, ..., die von verschiedenen Institutionen betrieben werden (z.B. Bundesamt für Post und Telekommunikation BAPT, Chaos Computer Club, TeleTrust e.V. ...). Jedes Zentrum Z_i hat einen geheimen Schlüssel z_i und einen öffentlichen Schlüssel g^{z_i}.

Möchte Alice ihr Vertrauen zwischen zwei Zentren Z_1 und Z_2 aufteilen, so daß beide Zentren benötigt werden, um den Session Key zu rekonstruieren, so geht sie wie folgt vor:

- Alice wählt eine zufällige Zahl r.

- Der Session Key ergibt sich als $k := (g^{z1})^r \oplus (g^{z2})^r$.

- Das MRF enthält den Wert $\alpha := g^r$.

Die Datenstruktur zur Speicherung der verschlüsselten Datei ändert sich also gegenüber Abbildung 1 nicht.

Die Message Recovery ist analog zu dem Fall, daß nur ein Zentrum eingeschaltet wird, nur daß hier α sowohl an Z_1 als auch an Z_2 gesendet wird.

Es sind vielfältige Varianten dieses Verfahrens denkbar

- Die Länge des MRF kann minimiert werden, indem die Gruppe G geeignet gewählt wird. Z.B. kann G eine elliptische Kurve über einem endlichen Körper GF(p) sein, mit $\log_2 p \approx 160$.

- Beliebig viele Zentren können zur Message Recovery benutzt werden, ohne daß dies aus dem Nachrichtenformat ersichtlich wäre. Ein Angreifer, der in den Besitz einer Nachricht gelangt ist, und der vollständige Kontrolle über alle n Message Recovery-Zentren hat, müßte im Extremfall 2^n Möglichkeiten durchprobieren, ehe er die Teilmenge von Zentren gefunden hat, die den Schlüssel rekonstruieren können.

- Die Kombination der Werte $(g^z)^r$ zum Schlüssel k muß nicht mit XOR erfolgen, sondern kann mit einer beliebigen Funktion geschehen.

3 Einsatz von Threshold-Verfahren

Im praktischen Einsatz eines Message Recovery-Verfahrens muß man mit der Möglichkeit rechnen, daß bestimmte Zentren ihre Tätigkeit einstellen können. Verschlüsselte Nachrichten wären dann nicht mehr rekonstruierbar.

Man kann diesem Problem durch rechtliche Vorschriften zum Betrieb eines MRC begegnen (Übergabepflicht des privaten Schlüssels z an eine geeignete Nachfolgeorganisation), oder durch organisatorische Maßnahmen im eigenen Verantwortungsbereich (Umverschlüsselung aller Dateien unter Einbeziehung einer neuen Auswahl von Message Recovery Zentren). Eine dritte, rein technische Maßnahme ist der Einsatz von Threshold-Verfahren bei der Generierung des Session keys, die allerdings Änderungen im MRF zur Folge hat.

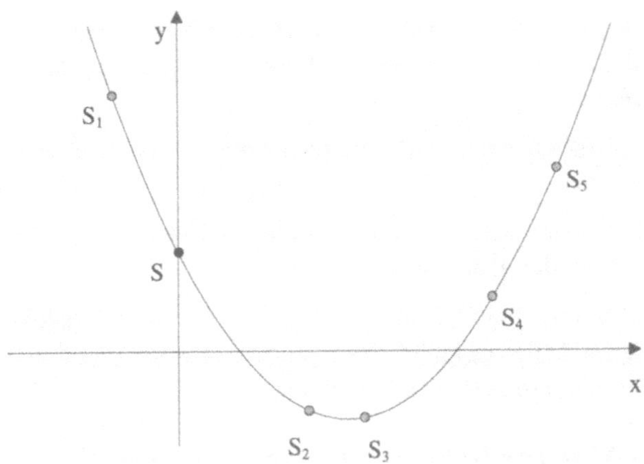

Abbildung 2: Das Threshold-Verfahren von Shamir.

Mit einem (n,m)-Thresholdverfahren [BSW98] kann ein Geheimnis (hier: der Session Key k) so in m Teilgeheimnisse ("Shares") zerlegt werden, daß das Geheimnis aus je n Teilgeheimnissen wieder rekonstruiert werden kann. Kennt man hingegen nur höchstens n-1 Teilgeheimnisse, so erhält man dadurch keinerlei Informationen über das Geheimnis (im informationstheoretischen Sinn).

Das eleganteste Beispiel für ein Threshold-Verfahren stammt von Shamir [Sha79]. Es nutzt die Tatsache aus, daß jedes Polynom vom Grad n-1 über einem Körper K aus genau n Werten eindeutig rekonstruierbar ist (Abbildung 2).

Alice muß sich zunächst für die Parameter der Threshold-Verfahrens entscheiden, d.h. sie muß die Zahl n der Zentren festlegen, die insgesamt beteiligt werden sollen, und die Zahl t der Zentren, die ausreichen, um den Session Key zu rekonstruieren. Diese Parameter habe Auswirkungen auf das Format der gespeicherten Daten: im MRF müssen n-t+1 Werte gespeichert werden. Aus unserer Konstruktion ergibt sich, daß ein (n,n+(n-t))-Threshold-Verfahren.

Der entscheidende Schritt ist wiederum die Generierung des Session Keys. Alice geht dazu wie folgt vor:

- Alice wählt die Parameter n und t, und n verschiedene Zentren $Z_1, ..., Z_n$.

- Sie wählt eine Zufallszahl r und bildet $s_i:=(g^{z_i})^r$ für i=1,...,n.

- Die n Shares (i,s_i) legen eindeutig ein Polynom f(x) vom Grad n-1 über einem endlichen Körper hinreichender Größe (z.B. $GF(2^{64})$ oder $GF(2^{128})$) fest. Der Wert dieses Polynoms an einer fest vorgegebenen Stelle ist der Schlüssel k, z.B. k:=f(0).

- Alice wählt n-t Punkte $(n+j, f(n+j))$, $j=1,...,n-t$ auf dem Graphen des Polynoms und fügt die y-Komponente dieser Punkte zusammen mit dem Wert g^r in das MRF ein.

- Zur Rekonstruktion eines verlorengegangenen Session Key geht Alice wie folgt vor:

- Alice wählt t noch aktive Message Recovery-Zentren, o.B.d.A. die Zentren $Z_1, ..., Z_t$, und sendet g^r an diese Zentren.

- Als Antworten erhält sie t Shares $s_i:=(i,(g^r)^{z_i})$, die es ihr erlauben, zusammen mit den n-t im MRF gespeicherten Shares den Schlüssel k durch Rekonstruktion des Polynoms $f(x)$ zu berechnen.

4   Email-Verschlüsselung und IPSec

Die Verschlüsselung von Email-Nachrichten kann prinzipiell mit den oben skizzierten Methoden erfolgen, mit dem Unterschied, daß der öffentliche Schlüssel des Empfängers Bob zur Verschlüsselung des Session Key verwendet wird.

Als weiterer wichtiger Unterschied kommt hinzu, daß die von Bob gewählten Message Recovery Zentren öffentlich bekannt sein müssen, damit Alice den Session Key korrekt berechnen kann. Der zusätzliche Schutzfaktor, daß ein Angreifer die verwendeten Zentren nicht kennt, fällt hier also weg.

Auch für die Verschlüsselung von IP-Paketen könnten die beschriebenen Verfahren eingesetzt werden. Dies wäre allerdings nur nötig, um eine gesetzlich vorgeschriebene Überwachungsmöglichkeit zu realisieren, da verschlüsselte IP-Pakete nirgendwo für längere Zeit abgespeichert werden. Der IPSec-Standard [IPSec] müßte dazu um ein neues Schlüsselvereinbarungsprotokoll neben OAKLEY erweitert werden. Sollte jemals eine solche Internet-Überwachungsvorschrift erlassen werden, so kämen die Vorteile des vorgeschlagenen Verfahrens zum Tragen: Nutzer können den Zugriff auf die von ihnen verschlüsselten Daten unter den verschiedensten Organisationen aufteilen, ohne daß die auf IP-Ebene wichtige Performance darunter leidet.

5   Zusammenfassung

Durch Verwendung der Technik des Diffie-Hellman-Schlüsselaustausch zur Generierung des Session keys in einem hybriden Verschlüsselungsverfahren ist es möglich, eine Message Recovery-Möglichkeit zu schaffen. Dabei kann die Fähigkeit, den Session key zu rekonstruieren, auf beliebig viele Key Recovery-Zentren verteilen, ohne dadurch einen zusätzlichen Overhead bei den verschlüsselten Daten zu erzeugen. Dies bietet dem Nutzer die Möglichkeit, sein Vertrauen zu verteilen. Von staatlicher Seite besteht die Möglichkeit, eine rechtsstaatliche Kontrolle beim Abhören von Nachrichten technisch einfach zu implementieren, indem z.B. nur das Gericht, die Staatsanwaltschaft und eine Anwaltsvereinigung gemeinsam Nachrichten entschlüsseln können.

6 Literatur

[Abe97]   H. Abelson, R. Anderson, S.M. Bellovin, J. Benaloh, M. Blaze, W. Diffie, J. Gilmore, P.G. Neumann, R.L.Rivest, J.I.Schiller and B. Schneier, *The Risks of Key Recovery, Key Escrow, and Trusted Third-Party Encryption.* http://www. counterpane.com/key-escrow.html. Deutsche Übersetzung (H. Heimann, D. Fox) in Datenschutz und Datensicherheit, Heft 1/98.

[BSW98]   A. Beutelspacher, J. Schwenk und K.-D. Wolfenstetter, *Moderne Verfahren der Kryptographie.* Vieweg Verlag Wiesbaden, 2. Auflage 1998.

[Den97]   D. E. Denning, *Descriptions of Key Escrow Systems.* http:// www.cosc.georgetown. edu/~denning/crypto/Appendix.html

[DH76]   W. Diffie und M. E. Hellman, *New Directions in Cryptography.* IEEE Transactions on Information Theory, 6, November 1976, 644-654

[F98]   D. Fox, *Das Royal Holloway-System. Ein Key Recovery-Protokoll für Europa?* Datenschutz und Datensicherheit, Heft 1/98.

[IPSec]   *IP Security Protocol (ipsec).* http://www.ietf.org/html.charters/ ipsec-charter.html

[Sha79]   A. Shamir, *How to Share a Secret.* Comm. ACM, Vol. 24, Nr. 11 (1979), 612-613.

[Sha95]   Adi Shamir, *Partial Key Escrow: A New Approach to Software Key Escrow.* The Weizmann Institute, presentation at NIST Key Escrow Standards meeting, Sept. 15, 1995.

[W98]   G. Weck, *Key Recovery: Möglichkeiten und Risiken.* Informatik Spektrum 21, 3, 147-157 (1998).

XML und IT-Sicherheit

Rüdiger Grimm, Jürgen Wäsch

GMD, Darmstadt
`grimm@darmstadt.gmd.de, waesch@darmstadt.gmd.de`

Zusammenfassung

Zunächst wird die Spezifikationssprache XML und ihre Bedeutung für die Internet-Entwicklung vorgestellt. Ein wichtiger Aspekt von XML ist dabei, daß es den Zugang von Anwendungen zu Sicherungsinfrastrukturen vereinfachen kann. Dann geben wir einen Überblick über bestehende XML-Initiativen in verschiedenen IT-Sicherheitsbereichen. Als Beispiel für den Sicherheitsaspekt der Verbindlichkeit wird ein IETF-Entwurf für digitale Signaturen im Internet hervorgehoben.

1　Einleitung

XML steht für "Extensible Markup Language" und wird im Kontext des World Wide Web Consortiums (W3C) entwickelt [XML98, XMLA98]. XML ist ein aussichtsreicher Kandidat für eine einheitliche Sprache zur Darstellung, Spezifikation und Implementierung von strukturierten Daten und Dokumenten. Insbesondere könnte XML die verschiedenen Spezifikationswelten SGML/HTML, ASN.1 und EDI zusammenführen. Als „HTML-nahe" Sprache ist XML geeignet, Web-Technologie zu beschreiben, und verspricht daher eine leichte Integration von Anwendungen in die Internet- und Web-Welt. Das gilt besonders für den Zugang von Anwendungen zu Sicherungsinfrastrukturen im Web, vorausgesetzt, daß diese alle in XML spezifiziert sind.

Das ist im Augenblick nicht der Fall, aber viele Kräfte ziehen in diese Richtung.

XML erfreut sich im Augenblick ungeheurer Popularität, was man z.B. an der immensen Zahl von Artikeln über XML sowie an den Ankündigungen vieler Softwarehersteller erkennen kann (siehe z.B. http://www.oasis-open.org/cover). Allerdings wird der Begriff „XML" oft auf verschiedene Weise gebraucht. Aus diesem Grund charakterisieren wir hier kurz die verschiedenen Ebenen von XML.

XML als Syntax: XML im engeren Sinne ist ein *syntaktischer Apparat zur Beschreibung der Struktur von Information*, der durch das W3C standardisiert wird. XML als eine textbasierte Auszeichnungssprache ermöglicht es, die hierarchische Struktur nahezu beliebiger Dokumente, Daten oder Nachrichten zu beschreiben. Zusätzlich ist es möglich, Dokumentklassen (sogenannte Dokumenttyp Definitionen, kurz DTD) zu spezifizieren, die festlegen wie Instanzen der Dokumentklasse auszusehen haben.

Es ist wichtig zu bemerken, daß XML *nicht die Semantik* (z.B. das Layout) der Auszeichnungen in den Dokumenten, sondern nur die Struktur der Daten beschreibt. Dieser Sachverhalt wird unserer Meinung nach oft nicht richtig dargestellt.

XML als Familie von „Standards": XML im weiteren Sinne beschreibt *eine Architektur für Hypermedien*, aufbauend auf der XML-Syntax. Dazu gehören Namensräume, Hyperlinks, Stylesheets und APIs. Teile dieser XML-Architektur befinden sich bereits in der Standardisierung im W3C bzw. sind schon standardisiert, andere Teile befinden sich noch am Anfang der Entwicklung (z.B. Schema- und Anfrage-/Transformations-Sprachen für XML).

XML als Anwendung: Aufbauend auf der XML-Syntax und der XML-Architektur lassen sich *XML-Anwendungen* spezifizieren, die Bedeutung und die Verarbeitung von XML-Dokumenten für bestimmte (meist vertikale) Anwendungsbereiche festlegen. Dazu müssen DTDs beschrieben werden, aber auch die Bedeutung der Auszeichnungen (das *Vokabular*). Zusätzlich ist es für viele XML-Anwendungen nötig, ein „Kooperationsprotokoll" zwischen den einzelnen Anwendungsprogrammen zu spezifizieren, das die Reaktionen eines Programms auf den Erhalt eines XML-Dokumentes festlegt.

XML-Anwendungen können als *offene Standards* vorliegen, indem sie durch das W3C oder die Internet Engineering Task Force (IETF) standardisiert sind. Sie können anderseits auch *kommerziell* sein, indem sie durch einzelne Softwarehersteller oder durch Industriekonsortien spezifiziert sind. Beispiele für die erste Kategorie sind Mathematical Markup Language [MML98] und Resource Description Framework [RDF99]. In die zweite Kategorie fallen z.B. das Open Trading Protocol [OTP98] und Open Financial Exchange [OFX98].

2 Extensible Markup Language

XML wurde unter der Schirmherrschaft des W3C entwickelt und am 10. Februar 1998 als eine W3C-Recommendation [XML98] verabschiedet. XML baut auf dem ISO-Standard SGML [ISO86] auf, versucht aber dessen hohe Komplexität zu verringern und somit die Erstellung und Nutzung von XML-basierten Anwendungen einem großen Kreis von Anwendern zu ermöglichen.

2.1 Kurzbeschreibung

XML (eXtensible Markup Language) [XML98] kann als *eine textbasierte, deklarative Meta-Auszeichnungssprache* charakterisiert werden. Die wesentlichen Bestandteile der XML-Syntax sind *textuelle Auszeichnungen* (*Markup*), die es erlauben, Daten und Dokumente in kleinere Einheiten zu zerlegen, die ihrerseits wieder beliebig tief strukturiert werden können. Damit können Tabellen, WWW-Dokumente, Formulare, Datenbankeinträge und vieles mehr beschrieben werden.

Dieses grundlegende Konzept ist nicht besonders neu. In stark vereinfachter Form wird es von HTML (HyperText Markup Language) [HTML498], der heute gängigen Auszeichnungssprache zur Darstellung und Präsentation von WWW-Dokumenten verwendet. Während jedoch in HTML nur fest definierte Auszeichnungen verwendet werden können, erlaubt XML die Definition *beliebiger* Auszeichnungen. Optional können *Dokumenttypen* vereinbart werden, die erlaubten Auszeichnungen und deren strukturelle Abhängigkeiten beschreiben.

Durch diese *Erweiterbarkeit* ist es möglich auf bestimmte Anwendungsgebiete zugeschnittene Auszeichnungssprachen mittels einer *Dokumenttyp Definition* (*DTD*) formal zu definieren. Deswegen wird XML als Meta-Sprache bezeichnet. Jedes XML-Dokument besteht aus den Teilen DTD und Dokumentinstanz, wobei die DTD optional ist.

Das folgende Beispiel eines Überweisungsauftrags illustriert den grundlegenden Aufbau von XML-Dokumenten.

```xml
<?xml version="1.0" encoding="ISO-8859-1"?>
<Einzelüberweisung>
    <Auftraggeber>
        <Name>Wäsch, Jürgen</Name>
        <Bank>
            <BLZ>50890000</BLZ>
            <Name>VoBa Darmstadt</Name>
        </Bank>
        <KtoNr>123456789</KtoNr>
    </Auftraggeber>
    <Empfänger>
        <Name>Rüdiger Grimm</Name>
        <Bank>
            <BLZ>50652124</BLZ>
            <Name>Sparkasse Mühlheim</Name>
        </Bank>
        <KtoNr>987654321</KtoNr>
    </Empfänger>
    <Betrag Währung="EUR">100,00</Betrag>
    <Auftragsdatum>10.2.1999</Auftragsdatum>
    <Verwendungszweck>Kauf XML-Buch</Verwendungszweck>
</Einzelüberweisung>
```

Dieser Einzelüberweisungsauftrag besteht auf oberster Ebene aus fünf *Elementen*, dem `Auftraggeber`, dem `Empfänger`, dem `Betrag`, dem `Auftragsdatum` und dem `Verwendungszweck`. Elemente werden jeweils durch öffnende (z.B. `<Auftraggeber>`) und schließende (z.B. `</Auftraggeber>`) *Tags* begrenzt. Jedes öffnende Tag muß (im Gegensatz zu HTML und SGML) auch wieder geschlossen werden.

Wie am Beispiel zu erkennen ist, können Elemente wieder verschachtelt sein. So besteht z.B. ein `Auftraggeber` aus den Elementen `Name`, `Bank` und `Kontonummer`. Das oberste Element (hier `Einzelüberweisung`) wird *Dokument- oder Wurzel-Element* genannt. Zusätzlich können Elemente *Attribute* enthalten. Diese erscheinen in dem öffnenden Tag eines Elementes. So hat im obigen Beispiel das Element `Betrag` ein Attribut `Währung`, das den Wert `EUR` besitzt.

Auf unterster Ebene enthalten Elemente in XML immer nur Zeichenketten (genauer *gesagt Parseable Character Data*) – es können *keine* anderen Datentypen benutzt werden. Die erste Zeile im Beispiel ist eine spezielle *Verarbeitungsanweisung* (Processing Instruction), welche die benutzte XML-Version und die Art der Kodierung des Dokumentes angibt.

2.2 Syntax versus Semantik

Das Beispiel macht deutlich, daß die Auszeichnungen in den Dokumenten an sich *keine Semantik* tragen, auch wenn ihre Namen für Menschen eine intuitive Bedeutung haben – für ein Softwareprogramm sind diese Namen nur eine Folge von Zeichen. So könnte z.B. `Einzelüberweisung` auch eine Bestellung bedeuten und keine Überweisung bezeichnen. Statt `EUR` könnte man auch `EURO` als Wert des Attributes `Währung` einsetzen – beides sind Zeichenketten ohne jede vordefinierte Bedeutung. Übersetzt man die Auszeichnungen ins Englische, würden die meisten Menschen das Dokument immer noch verstehen, ein Anwendungsprogramm wäre aber wahrscheinlich überfordert.

Die Bedeutung von Auszeichnungen muß also zusätzlich für jede XML-Anwendung als *Vokabular* festgelegt werden. Dieses Vokabular kann unter Umständen kontextabhängig sein: das Element `Name` kommt z.B. einmal im Element `Auftraggeber` vor und einmal im Element `Bank`. Einer Software, die das XML-Dokument verarbeiten soll, muß das Vokabular bekannt gemacht werden – entweder deklarativ wie beim Layout mit Stylesheets oder durch Kodierung im Programm.

Diesen Sachverhalt kann man auch als ein Vorteil auffassen, denn dadurch erhält man die Möglichkeit, XML in beliebigen Anwendungsbereichen einzusetzen, nachdem man Vokabulare festgelegt und gegebenenfalls DTDs vereinbart hat.

2.3 Verhältnis von XML zu SGML und HTML

Die Idee des strukturierten Markups und von Dokumenttypen stammt von *der Structured Generalized Markup Language* (SGML). SGML ist ein 1986 verabschiedeter ISO-Standard [SGML86] und stellt eine Architektur zur Verfügung, mit der Dokumente für beliebige Medien aufbereitet werden können. Der entscheidende Nachteil von SGML ist seine *hohe Komplexität*.

Im Gegensatz zu SGML ist HTML zwar einfach und hat sich deswegen als Standardsprache im WWW durchgesetzt, ist aber für komplexere Anwendungen aufgrund seiner fehlenden Erweiterbarkeit ungeeignet. HTML kann als eine *Präsentationsbeschreibungssprache* angesehen werden, die eine festgelegte Menge von Auszeichnungen benutzt, deren Layout- und Hyperlink-*Semantik eindeutig definiert* ist.

XML versucht die Vorteile von HTML und SGML zu vereinen. Formal gesehen besteht ein fundamentaler Unterschied zwischen HTML und XML. HTML ist eine *Anwendung von SGML*, d.h., durch eine SGML DTD definiert. Im Gegensatz dazu ist gültiges XML eine *Teilmenge von SGML* (mit SGML Web-Annex). XML konzentriert sich auf die als wichtig erachteten Anteile von SGML und läßt alle selten genutzten und komplexen Eigenschaften von SGML außen vor. Man halte sich nur vor Augen, daß der XML-Standard [XML98] auf 36 Seiten beschrieben ist, während SGML mehr als 500 Seiten benötigt. XML stellt sozusagen ein *"SGML-light"* dar. Tabelle 1 faßt das Verhältnis von XML zu SGML und HTML zusammen.

	HTML	XML	SGML
Zahl der Auszeichnungen	feststehend	beliebig viele	beliebig viele
Komplexität	gering	mittel	hoch
Semantik	pro *Tag* festgelegt	nicht vorhanden	nicht vorhanden
Layout	pro *Tag* festgelegt, kann mit Attributen oder Stylesheets beeinflußt werden	mittels Stylesheets	mittels DSSSL (komplex)
Hyperlinks	einfaches "GOTO"	nicht vorgegeben, Link-Modell in Arbeit	nicht vorgegeben
Dokumentklassen (DTD)	HTML ist eine spezielle SGML DTD	DTD optional	DTD muß vorhanden sein

Tabelle 1: Vergleich von HTML, XML und SGML

2.4 Logische und physikalische Struktur von XML-Dokumenten

Die *logische Struktur* eines XML-Dokumentes wird durch die Anordnung der *Tags* in einem Dokument beschrieben. Da sich öffnende und schließende *Tags* verschiedener Elemente in einem XML-Dokument nicht überlappen dürfen (Konzept der *Wohlgeformtheit*), entspricht die logische Struktur eines XML-Dokumentes immer der eines *Elementbaumes*.

Unabhängig von seiner logischen Struktur kann ein XML-Dokument in physikalische Einheiten zerlegt werden. Die *physikalische Struktur* eines XML-Dokumentes wird durch sogenannte *Entitäten* festgelegt und ist orthogonal zur logischen Ebene. So ist es z.B. möglich, ein XML-Dokument in verschiedene Dateien zu zerlegen und verteilt über WWW-Server zu speichern. Entitäten für sich gesehen müssen selbst wieder wohlgeformt sein.

2.5 Wohlgeformte versus gültige XML-Dokumente

Ein XML-Dokument ist *wohlgeformt* (*well-formed*), wenn es folgende grundlegenden syntaktischen Eigenschaften erfüllt (für eine genaue Definition siehe [XML98]):

- Jeder öffnende *Tag* muß explizit geschlossen werden.

- Öffnende und schließende *Tags* verschiedener Elemente dürfen sich nicht überlappen, d.h. sie müssen korrekt verschachtelt sein (z.B. ist `<a><b></a><b>` nicht erlaubt).

- Elemente ohne Inhalt haben eine spezielle Syntax: `<elementname/>`.

- Alle Attributwerte müssen in Anführungszeichen stehen.

- Alle Entitäten müssen deklariert sein.

Ein XML-Dokument, das eine DTD beinhaltet (*interne DTD*) oder eine *externe DTD* referenziert, wird als *gültig* (*valid*) bezeichnet, wenn das Dokument wohlgeformt ist und die logische Struktur gegen keine in der DTD angegebenen Regeln verstößt. Allgemein gilt also, daß ein wohlgeformtes Dokument nicht unbedingt gültig sein muß, allerdings muß ein gültiges Dokument immer wohlgeformt sein.

Das Konzept der Wohlgeformtheit ermöglicht die Überprüfung der korrekten Syntax und Schachtelung der Auszeichnungen in einem XML-Dokument, auch *ohne* daß eine DTD bekannt ist. Das führt zu einer Reduzierung des Verarbeitungsaufwandes durch einen Parser und ermöglicht es, prinzipiell beliebige XML-Dokumente oder wohlgeformte Teile von XML-Dokumenten zu verarbeiten oder anzuzeigen. Dies ist als entscheidender Vorteil gegenüber SGML anzusehen.

2.6 Dokumenttyp Definitionen

Eine „Dokumenttyp Definition" ist eine *formale Grammatik*, die eine konkrete XML-Auszeichnungssprache beschreibt. In ihr werden die Namen der in den Dokumentinstanzen erlaubten und erforderlichen *Tags* und ihre mögliche Schachtelung (*Inhaltsmodell, Content Model*) definiert. Die DTD dient als allgemeines Muster, wie gültige Instanzen syntaktisch auszusehen haben. Sie macht keine Aussage über die Bedeutung der Auszeichnungen.

Die grundlegende *Deklaration von Elementen* in einer DTD sieht folgendermaßen aus:

```
<!ELEMENT Elementname (Inhaltsmodell)>
```

Die so deklarierten Elementtypen können Zeichenketten ("parseable character data - PCDATA") sein, die nicht weiter zerlegbar sind, oder in der *Art regulärer Ausdrücke* weiter zusammengesetzt werden.

Zusätzlich zu dem Inhaltsmodell für Elemente können Attribute für einen Elementtyp in der DTD vereinbart werden. Die allgemeine *Attributdeklaration* sieht folgendermaßen aus:

```
<!ATTLIST  Elementname  Attributname Typ Vorgabe ... >
```

Das folgende Beispiel beschreibt eine *mögliche* DTD für die Beispiel-Überweisung aus Abschnitt 2.1:

```
<!ELEMENT Einzelüberweisung (Auftrageber, Empfänger,
      Betrag, Auftragsdatum, Verwendungszweck?)>
<!ELEMENT Auftraggeber        (Name, Bank, KtoNr)>
<!ELEMENT Empfänger           (Name, Bank, KtoNr)>
<!ELEMENT Bank                ((BLZ, Name?) | (Name?, BLZ))>
<!ELEMENT Name                (#PCDATA)>
<!ELEMENT BLZ                 (#PCDATA)>
<!ELEMENT KtoNr               (#PCDATA)>
<!ELEMENT Betrag              (#PCDATA)>
<!ATTLIST Betrag              Währung (DEM | EUR) "DEM" >
<!ELEMENT Auftragsdatum       (#PCDATA)>
<!ELEMENT Verwendungszweck    (#PCDATA)>
```

Das Komma bezeichnet eine Sequenz von Elementen, das Fragezeichen markiert optionale Elemente, der senkrechte Strich "|" steht zwischen Alternativen, "#PCDATA" bezeichnet den terminalen Typ einer Zeichenkette.

Diese DTD kann nun in das Beispieldokument direkt eingefügt werden (interne DTD) oder mittels einer URL als externe DTD-Entität referenziert werden. Unter der Annahme, daß diese DTD unter *http://www.gmd.de/banking/Einzel-ueberweisung.dtd* verfügbar ist, kann sie in der Beispiel-Überweisung oben folgendermaßen referenziert werden:

```
<?xml version="1.0" encoding="ISO-8851-1" ?>
<!DOCTYPE Einzelüberweisung SYSTEM
     "http://www.gmd.de/banking/Einzelueberweisung.dtd">
   <Einzelüberweisung>
     ...
   </Einzelüberweisung>
```

Die Verwendung von externen DTDs hat den Vorteil, daß alle DTDs an einer zentralen Stelle verwaltet werden können. Anderseits kann es vorteilhaft sein, ein XML-Dokument *komplett selbstbeschreibend* zu machen, indem man die DTD in das Dokument einbettet und gemeinsam verschickt.

2.7 Verarbeitung von XML-Dokumenten

Alle Anwendungen, die XML-Dokumente verarbeiten, benötigen einen *XML-Parser*. Der XML-Parser liest das textuelle XML-Dokument vom Filesystem oder über ein Transportprotokoll, zerlegt das Dokument in einzelne Tokens, löst Entitätsrefenzen und überprüft, ob das Dokument wohlgeformt ist. Falls das Dokument eine interne DTD enthält oder eine externe DTD referenziert, wird noch überprüft, ob die geparste Dokumentinstanz konform zu dieser DTD ist.

Nach dem Parsen kann das Dokument angezeigt bzw. gedruckt oder mit einem Anwendungsprogramm weiterverarbeitet werden. Als Ergebnis der Verarbeitung können neue XML-Dokumente entstehen, die an andere XML-fähige Anwendungen weitergereicht werden oder das Anwendungsprogramm kann mit Datenbanken, Standard-Geschäftsanwendungen etc. kommunizieren, zum Beispiel via ODBC, JDBC, CORBA, DCOM, SAP BAPIs.

Grundsätzlich können natürlich die Ergebnisse eines XML-Parsing an andere Parser weitergeleitet werden, beispielsweise an einen ASN.1-Interpreter. Das Ziel einer einheitlichen Spezifikationssprache ist es hingegen, das Hintereinanderschalten verschiedener Parser zu vermeiden. Aus diesem Grund ist es erstrebenswert, die bestehenden ASN.1-Spezifikationen von X.509-Zertifikaten [ASN92, X500-88] in XML umzuspezifizieren.

3 Sicherheit

3.1 Relevante Sicherheitsaspekte und Initiativen

Als „HTML-nahe" Sprache ist XML geeignet, Web-Technologie zu beschreiben, und verspricht daher eine leichte Integration von Anwendungen in die Internet- und Web-Welt. Für alle ernsthaften Anwendungen, z.B. für Electronic Commerce, ist es eminent wichtig, daß sie in Sicherungsinfrastrukturen integrierbar sind. Dabei stehen die folgenden Sicherheitsaspekte im Vordergrund:

- *Verbindlichkeit* mit Hilfe digitaler Signaturen
- *Meta-Informationen* über Dokumente und *Datenschutz*
- *Vertraulichkeit*
- *Schlüsselmanagement*

Authentizität von Partnern und Dokumenten, sowie *Integrität* von Daten sind Bestandteile sowohl der Verbindlichkeit von Kommunikation, als auch von gesicherten Meta-Informationen über Dokumente. Andere Aspekte wie *Verfügbarkeit* der Systeme, *Zugriffssicherheit* (Firewalls, Zugriffskontrollmechanismen) oder *Informationsflußkontrolle* innerhalb einer Organisation (Bell-LaPadula) werden hier nicht weiter berücksichtigt.

Dieser Abschnitt liefert einen Überblick über die Möglichkeiten,

1. mit Hilfe von XML Zugänge zu Sicherungsinfrastrukturen zu vereinfachen,

2. seine Sicherheitsinteressen bei Einsatz von XML zu wahren.

Das positive Potential von XML beruht auf seiner Eigenschaft, eine einheitliche Sprache zur Spezifikation, Implementation und Darstellung von Daten unabhängig von Anwendungen, Systemen und Medien zu sein. Dabei wird unterstellt, daß sowohl die Anwendungen, als auch die Sicherungsinfrastrukturen XML-fähig sind, d.h. auf XML-Daten zugreifen und diese verarbeiten können. Zu diesem Zweck werden hier bestehende Initiativen vorgestellt, die auf der Basis von XML die entsprechenden Sicherheitsaspekte abdecken.

In den Sicherheitsbereichen aber, in denen noch keine XML-Initiativen sichtbar sind, muß eine entsprechende Strategie für die Wahrung der Sicherheitsinteressen bei einer XML-Migration sorgen.

In der Sicherheitstechnologie (wie in allen anderen IT-Disziplinen) steht die Einführung von XML erst am Anfang. Nichts davon ist bereits etablierter Standard, noch viel weniger gibt es erprobte Implementationen oder gar marktstabile Produkte. Dennoch sind die existierenden Initiativen aus den folgenden drei Gründen von herausragender Bedeutung:

1. durch ihre Einbettung in den Standardisierungsprozeß der Internet Engineering Task Force (IETF) sowie des World Wide Web Consortium (W3C),

2. durch die Beteiligung aller relevanten Players wie Microsoft, Netscape, Sun, u.a. sowie Banken, Handel und Administration weltweit und besonders in den USA,

3. durch die weltweite Aufmerksamkeit und den Einfluß auf die strategischen Überlegungen aller Branchen.

Bezogen auf die vier oben erwähnten Sicherheitsaspekte sind folgende Initiativen zu beachten:

Verbindlichkeit mit Signatur	Meta-Info und Datenschutz	Vertraulichkeit	Schlüssel-management
SDML (W3C) Dig. Sig. for XML (IETF) PICS Signed Labels (W3C)	PICS (W3C) P3P (W3C) In D (kein XML): BDSG/TDDSG	*Nichts in XML!* PGP, PGP-MIME X.509, PEM, S/MIME	*Nichts in XML!* X.509 PKIX (IETF) In D (kein XML): Mailtrust, SigG/SigI

Tabelle 2: XML-Initiativen der verschiedenen Sicherheitsaspekte

Zusammenfassend läßt sich zum heutigen Zeitpunkt über die XML-Ansätze zu Beschreibung von Sicherungsdiensten sagen:

- Für *Verbindlichkeit und digitale Signatur* gibt es fortgeschrittene Initiativen in IETF und W3C, vor allem [DigSig99] [SDML98]. Die Möglichkeit zur Unterstützung verbindlicher Telekooperation wird durch eine XML-Migration vereinfacht und daher verbessert.

- Für *Meta-Informationen* und *Datenschutz* gibt es auf *internationaler* Internet-Ebene Initiativen in W3C, vor allem [PICS98] [P3P99]. Die Möglichkeit zur Unterstützung von Meta-Informationen wird durch eine XML-Migration vereinfacht und daher verbessert.

- Für *Datenschutz* ist die *deutsche Gesetzgebung* sowohl relevant für deutsche Teledienste, als auch im internationalen Vergleich weit vorangeschritten, vor allem BDSG und TDDSG in [IUK97, GeRo98]. Hierfür gibt es *keine XML-Ansätze*. Zur Implementierung von Systemdatenschutz ist ohnehin eine grundlegend neue Spezifikation notwendig, die genauso gut in XML geschehen kann. Daher behindert eine XML-Migration neu zu implementierenden Systemdatenschutz nicht.

- Für *Vertraulichkeit* gibt es *keine XML-Ansätze*. Hier ist zu entscheiden, ob die „Kanalsicherung" (SSL, IPSec), auf welche die US-Amerikaner vertrauen, gegenüber einer Dokumenten-orientierten Verschlüsselung ausreichend ist. Bei einer Entscheidung zugunsten der Dokumenten-orientierten Verschlüsselung müssen heute Formate zur Dokumentenverschlüsselung nach XML entworfen und auf den Standardisierungsweg (IETF, W3C, ZKA) gebracht werden.

- Zum *Schlüsselmanagement* gibt es weder im internationalen Bereich (PGP, X.509, IETF-PKIX), noch im nationalen Bereich (Mailtrust, SigI [Sigi99]) XML-Ansätze. Diese wären aber über die XML-Initiativen zur digitalen Signatur [DigSig99, SDML98] leicht herstellbar. Formate zur Dokumentenverschlüsselung nach XML müssen heute entworfen und auf den Standardisierungsweg (IETF, W3C, Mailtrust, SigI, ZKA) gebracht werden.

3.2 Verbindlichkeit und digitale Signatur

Mit *Verbindlichkeit* von Kommunikation ist die zuverlässige Einhaltung von gegebenen Versprechen gemeint. Die Zuverlässigkeit wird in der juristischen Praxis durch eine unabstreitbare Beweisbarkeit der Versprechen abgesichert. Der Nachweis der originalen Herkunft sowie der Unverletztheit digitaler Kommunikationsdaten (welche Ausdruck von Versprechen, Willenserklärungen usw. sein können) wird nach State-of-the-Art der IT-Technologie durch *digitale Signaturen* unterstützt [BSch96, Gri96]. Es gibt eine Reihe von Initiativen zur Spezifikation von Dokumenten, die digitale Signaturen enthalten. Sie schließen Spezifikationen von zugehörigen Schlüsselinformationen und ihrer Zertifizierung ein und gewähren dadurch Zugangsschnittstellen zu Sicherungsinfrastrukturen von Zertifizierungs- und Registrierungsinstanzen öffentlicher Schlüssel.

Interessant sind insbesondere die folgenden drei Initiativen:

- SDML - Signed Document Markup Language (W3C) [SDML98],
- Digital Signatures for XML (IETF) [DigSig99],
- PICS Signed Labels (Dsig, W3C) [PICSDSig98].

Alle drei sehen digitale Signaturen für Endbenutzerdokumente vor, d.h. sie spezifizieren digitale Dokumente, welche digitale Signaturen und zugehörige Schlüsselinformationen und Zertifikate enthalten. Indem sie dasselbe Ziel verfolgen, stehen sie auch in Konkurrenz zueinander. Offensichtlich ist ein Konvergenz- oder Ausleseprozeß notwendig. Am Ende kann *nur ein einziger weltweit akzeptierter XML-Standard für digital signierte Endbenutzerdokumente* bestehen.

SDML ist eine Initiative des W3C und entstammt dem Kontext US-amerikanischer Finanzdienstleistungen: FSTC – Financial Services Technology Consortium, Electronic Check Project, US Treasury Pilot, FSML – Financial Services Markup Language. Es ist älter als XML und auf dem heutigen Stand ein SGML-Derivat, das noch nicht ganz XML-kompatibel ist. Es besteht die erklärte Absicht, für SDML die XML-Kompatibilität herzustellen.

Das inhaltliche Ziel von SDML ist die Spezifikation von "Digital Document Signatures", vor allem (aber nicht nur) aus dem Finanzdienstbereich, zum Beispiel digitale Schecks. Aus Abschnitt 1.1 ("Background") von [SDML98] ergeben sich folgende Hauptpunkte von SDML:

1. *Strukturierung der Dokumente* (Schecks) in Bestandteile mit Business-Bedeutung;

2. alle Teile sind explizit inkorporiert, es gibt *keine externen Referenzen;*

3. *Mehrfach-Signaturen* für Gegenzeichnungen, Befürwortungen, Bezeugung in bezug auf das ganze Dokument oder einzelne Teile davon;

4. Einfaches Hinzufügen bzw. Entfernen von Teilen eines Dokumentes; dabei Unterstützung des Mehrfach-Signatur-Konzeptes.

Digital Signatures for XML ist eine Initiative des IETF und befindet sich auf dem Standardisierungsweg zu einem Internet-Standard [DigSig99]. Dieser Ansatz wird auch von anderen Initiativen des Electronic Commerce, besonders vom Open Trading Protocol [OTP98] unterstützt. Hier besteht kein besonderer Anwendungshintergrund, allerdings ist der Bezug zu Electronic Commerce offensichtlich. Dieser Entwurf beruht auf reinem XML.

Das inhaltliche Ziel von "Digital Signatures for XML" ist dem von SDML sehr ähnlich. Der Hauptunterschied besteht darin, daß hier die Dokumentenstruktur sowohl explizit inkorporierte Teile, als auch externe Referenzen zuläßt. Die Spezifikation zielt auf folgende Hauptpunkte:

1. *Strukturierung der Dokumente* in einzelne Bestandteile mit Business-Bedeutung;

2. *explizite oder referenzierte Authentifikation*: d.h. die zu signierenden Teile können nach Wahl explizit inkorporiert sein, oder *externen Referenzen* darstellen;

3. *Mehrfach-Signaturen* in bezug auf das ganze Dokument oder einzelne Teile davon;

4. Einfaches Hinzufügen bzw. Entfernen von Teilen eines Dokumentes; dabei Unterstützung des Mehrfach-Signatur-Konzeptes.

Dieser Spezifikationsvorschlag "Digital Signatures for XML" von IETF [DigSig99] wird hier beispielhaft etwas näher erläutert.

Den Kern eines „Dokuments" bildet in diesem Ansatz das Element `Signature`, welches als `Manifest` die zu authentifizierenden Elemente und als `Value` den Signaturwert enthält:

```
<Signature>
  <Manifest>
      (elements to be authenticated)
  </Manifest>
  <Value encoding="base64">
      (encoded signature value, Bitstring)
  </Value>
</Signature>
```

Die zu authentifizierenden Elemente des `Manifest` sind die zu signierende Quelle selbst (`Resource`), der Urheber und (ggf. mehrere) Empfänger des Dokumentes, weitere Attribute wie Signaturzeit und Dokumentklassifikation und schließlich die eingesetzten Signaturalgorithmen:

```
<Manifest>
  <Resource>
     (to-be-signed reference or incorporated docu)
  </Resource>
  <OriginatorInfo>
     (names, certificates, keys)
  </OriginatorInfo>
  <RecipientInfo>
     (names, certificates, keys;
       multiple recipients possible)
  </RecipientInfo>
  <Attributes>
       (time, private/public, critical/informal etc.)
  </Attributes>
  <SignatureAlgorithms> (...) </SignatureAlgorithms>
</Manifest>
```

Die sogenannte `Resource` verweist auf das zu signierende Datenelement. Das zu signierende Datenelement kann in einem anderen Block derselben Quelle inkorporiert sein ("Internal Id"), oder es kann extern auf ein anderes Web-Dokument referenziert werden ("External URL"):

```
<Resource>
  <Locator href="...(Internal Id or External URL)" />
  <ContentType type="text/data" or ... />
  <Digest>
      <DigestAlgorithms> (...) </DigestAlgorithms>
      <Value encoding="base64">
        (explicit digest KiK98UjksIlxo9/r...)
      </Value>
  </Digest>
</Resource>
```

Jede `Resource` enthält ihren eigenen Hashwert (`Digest`), welcher über die Quelle, auf die im `Locator` referenziert wird, gebildet wird. Eine Signatur wird mit Hilfe des privaten Schlüssels des `Originator` über das gesamte `Manifest`-Element gebildet, einschließlich aller enthaltenen *Tags*. Mehrfach-Signaturen, zum Beispiel Vertragsunterschriften oder Mitzeichnungen, werden gebildet, indem die `Resource` eines `Signature`-Elementes (Zweitunterschrift) auf ein anderes `Signature`-Element (Erstunterschrift) intern oder extern verweist.

Zusammengesetzte Dokumente, zum Beispiel Schecks, die aus Überweisungsauftrag und Gutschrift bestehen, werden gebildet, indem ein neues `Resources`-Element aus mehreren anderen `Resource`-Elementen zusammengesetzt wird:

```
<Block id="Überweisungsauftrag-37">  ...    ...   </Block>
<Block id="Gutschrift-37">             ...    ...   </Block>
<Resources id="Scheck-37">
  <Resource>
      <Locator href="#Überweisungsauftrag-37" />
      ...
      <Digest> ...</Digest>
  </Resource>
  <Resource>
      <Locator href="#Gutschrift-37" />
      ...
      <Digest> ...</Digest>
  </Resource>
</Resources>

<Signature>
  <Manifest>
      <Resource>
          <Locator href="#Scheck-37">
          ...
          <Digest> ...</Digest>
      </Resource>

      ...
  </Manifest>
      <Value encoding="base64">
          (encoded signature value, Bitstring)
      </Value>
</Signature>
```

Die XML-Spezifikation eines Public-Key-Zertifikats zeigt eine pragmatische Kompromißhaltung: die X.509-Zertifikate werden in ihrem weithin akzeptierten ASN.1-Format belassen und „transparent" in die XML-Struktur eingebettet.

Damit hat man sich zunächst ein Stück Neuspezifikation gespart, allerdings um
den Preis, hinter den XML-Parser noch einen ASN.1/X.509-Parser schalten zu
müssen:

```
<Certificate type="X.509v3">
  <IssuerAndSerialNumber encoding="base64">
    (Bitstring of Integer and X.500-Name of Issuer...)
  </IssuerAndSerialNumber>
  <Value encoding="base64">
      (Bitstring of X.509/ASN.1-Certificate...)
  </Value>
</Certificate>
```

Alternativ zu `Value` kann ein `Locator` auf einen Directory-Eintrag eines
Zertifikats verweisen.

PICS Signed Labels (Dsig) ist eine Initiative des W3C im Rahmen seiner
PICS-Initiative ("Platform for Internet Content Selection" [PICS98]). PICS spezifiziert Labels (eine Art „Anbieterkennzeichnung") für Web-Seiten und Web-
Dienste, anhand derer auf den zu erwartenden Inhalt geschlossen werden kann
(s.u. Abschnitt 3.3).

Bei "Signed Labels" geht es nun darum, solche PICS-Labels mit digitalen Signaturen zu versehen. Dabei wird gleich etwas weiter gezielt, allgemeine digital
signierte HTML-Dokumente für allgemeine Anwendungen, etwa Willenserklärungen und Verträge zu spezifizieren. Die gegenwärtige Spezifikation ist
HTML-basiert und noch nicht XML-kompatibel, könnte aber leicht in XML
ausgedrückt werden [PICSDSig98].

Diese Initiative ist deswegen wichtig, weil sie folgende Perspektiven aufweist:

- Ausdruck für *Anbieterkennzeichnungen nach § 6 TDG* - Teledienstegesetz
  [IUK97]
- Ausdruck für Web-Service-*Proposal nach P3P* [P3P99]
- Signatur für allgemeine HTML/Web-Dokumente

3.3 Meta-Informationen über Dokumente und Datenschutz

Datenschutz dient der Selbstbestimmung der Menschen über ihre personenbezogenen Daten. Der übergeordnete Kontext ist die informationelle und kommunikative Selbstbestimmung der Menschen, welche unter anderem voraussetzt,
daß man vorhandene Information erkennen und nach inhaltlichen Gesichtspunkten auswählen kann. In diesem Zusammenhang sind die folgenden Initiativen von Bedeutung:

Zur Klassifikation und Erkennung von Web-Inhalten:

- USA: *PICS* - "Platform for Internet Content Selection" [PICS98]

- Deutschland: die *Anbieterkennzeichnung* nach *§ 6 TDG*- Teledienstegesetz [IUK97]

Für die Kontrolle der Nutzer über ihre personenbezogenen Daten:

- USA: *P3P* - "Platform for Privacy Preferences" [P3P99]

- Deutschland: *TDDSG* - Das Teledienstedatenschutzgesetz [IUK97]

Bei der **PICS**-Initiative ("Platform for Internet Content Selection" [PICS98]) geht es darum, Labels (eine Art „Anbieterkennzeichnung") für Web-Seiten und Web-Dienste zu spezifizieren, anhand derer auf den zu erwartenden Inhalt geschlossen werden kann. Durch geeignete automatische Interpretation der PICS-Labels durch Client-Browser könnten etwa unerwünschte Seiten abgeblockt werden. Ein Anwendung wäre die Initiative „Eltern schützen ihre Kinder vor Pornographie". Zum ersten Verständnis von PICS verhilft z.B. "PICS Statement of Principles" in http://www.w3.org/PICS/principles.html.

Vorhandene PICS-Spezifikationen basieren auf HTML, aber noch nicht auf XML. Wegen der Nähe von HTML zu XML ist eine baldige Neuorientierung von PICS mit XML zu erwarten.

PICS-Labels können durchaus im Sinne der **Anbieterkennzeichnungen nach dem deutschen Teledienstegesetz (§ 6 TDG)** verstanden werden. PICS-Labels gehen aber darüber hinaus, indem sie eine schematisierte Klassifikation von Inhalten erlauben, welches die deutsche Anbieterkennzeichnung nicht vorschreibt, aber auch nicht verbietet. PICS-Labels sind in ihren Adressangaben weniger festgelegt als die deutschen Anbieterkennzeichnungen, aber auch hier gibt es keinen formalen Widerspruch. Deutsche Anbieterkennzeichnungen könnten ohne weiteres in Form von PICS-Labels dargestellt werden.

Über eine technische Spezifikation von Anbieterkennzeichnungen nach § 6 TDG gibt es weder Festlegungen, noch Vorschläge. Insbesondere ist XML bisher noch kein Thema dafür gewesen. Wegen der internationalen Kompatibilität ist daher eine Ausdrucksform nach PICS, und diese schließlich nach XML zu empfehlen.

In der Initiative **P3P** - "Platform for Privacy Preferences" [P3P99] werden Datenschutzfunktionen und Protokolle zu ihrer Aushandlung zwischen Client und Server definiert. Clients stellen in ihren Browsern Anforderungen an den Datenschutz als "Preferences" ein. Server markieren ihre Dienste mit "Proposals" für ihre Datenschutzfunktionen. Bei Verbindungsaufbau werden "Proposals" mit "Preferences" verglichen, und ein automatisches Aushandlungsprotokoll führt zu einer gemeinsamen Datenschutzpolitik dieser Sitzung. Zum Verständnis der Initiative **P3P** - "Platform for Privacy Preferences" [P3P99] dient am besten der Überblick "P3P™ Project in a nutshell" in http://www.w3c.org/P3P/:

> "P3P is a *privacy* assistant: users can be informed, in control, and use P3P to simplify and help them make decisions based on their individual privacy preferences.
>
> The P3P specification will enable *Web sites to express their privacy practices* and *users to exercise preferences* over those practices. P3P products will allow users to be informed of site practices, to delegate decisions to their computer when possible, and allow users to tailor their relationship to specific sites. Sites with practices that fall within the range of a user's preference could, at the option of the user, be accessed "seamlessly," otherwise users will be notified of a site's practices and have the opportunity to agree to those terms or other terms and continue browsing if they wish. [...]
>
> P3P allows one to make *statements about privacy practices and preferences* in a flexible manner. P3P uses RDF/XML for making privacy statements as well as for exchanging data under user control. P3P will support future digital certificate and digital signature capabilities as they become available. P3P can be incorporated into browsers, servers, or proxy servers that sit between a client and server."

Das deutsche **Teledienstedatenschutzgesetz** (TDDSG, [IUK97, Art. 2]) erlegt den Teledienstanbietern eine Reihe von Pflichten auf, darunter die Vermeidung personenbezogener Daten, Angebote zur pseudonymen Nutzung, Unterrichtung der Nutzer, die Löschung von Nutzungsdaten nach Anfallen, das Einholen der Einwilligung von Nutzern in die Auswertung ihrer personenbezogener Daten, das Erteilen nutzerbezogener Auskünfte sowie die Ausführung von Berichtigungs- und Löschungsaufträgen der Nutzer in bezug auf ihre personenbezogenen Daten.

Diese Pflichten könnten sowohl als P3P-Proposal eines Web-Anbieters, als auch als P3P-Preferences eines Web-Clients dargestellt werden. Beim Aufeinandertreffen eines solchen Web-Clients auf einen solchen Web-Server würde der Web-Server sich dann genau nach dem TDDSG verhalten. Ein Web-Client würde dann auch international seine Datenschutzfunktionen nach dem TDDSG anbieten, und ein Web-Client könnte sie international einholen (wenn auch nicht immer durchsetzen).

Über eine technische Spezifikation von Datenschutz-unterstützenden Funktionen gibt es weder Festlegungen, noch Vorschläge. Insbesondere ist XML bisher noch kein Thema dafür gewesen. Wegen der internationalen Kompatibilität ist daher eine Ausdrucksform der Angebote (Proposals) bzw der Anforderungen (Preferences) nach P3P in XML zu empfehlen.

3.4 Vertraulichkeit

Es gibt keine Initiativen für eine einheitliche XML-Spezifikation von Internetdiensten zur Unterstützung von Vertraulichkeit. Es gibt zwar sehr wohl Standards und Standardisierungsinitiativen für Vertraulichkeitsdienste, aber eben nicht auf XML-Basis, nämlich:

- PGP (marktstabiles Produkt [PGP94]) und PGP-MIME (Internet Standard-Proposal [OPGP98])

- PEM (Internet-Standard [PEM93]) auf der Basis von X.509 (ISO-Standard [X500-88])

- S/MIME (Internet-Standard-Proposal [SMI96]) als Weiterentwicklung von PEM

Das Fehlen an XML-Initiativen für Vertraulichkeit kann folgende Gründe haben:

- unterschiedliche politische Standpunkte in der Kryptokontroverse,

- unterschiedliche Anforderungen an eine Schlüsselhinterlegung (Key Escrow),

- Vertrauen auf die Vertraulichkeitsdienste von SSL (über TCP) und IPSec (in IP).

Der dritte Punkt ist nicht stichhaltig. Die Anforderung an den Schutz der Vertraulichkeit von Enddokumenten selbst gilt unabhängig von den darunterliegenden Medien, sei es Disketten, Datenbanken, Email oder das Web. Dieser Schutz setzt auf Endbenutzerebene an, d.h. direkt an den digitalen Dokumenten. Ein solcher Schutz wäre mit derselben Technik zu haben, die die digitale Signatur liefert. Entsprechende Spezifikationen wären auch gar nicht schwierig. Ein Beispiel auf hohem Abstraktionsniveau wäre etwa:

```
<EncryptedDocument>
   <KeyInfo>
      ... (per-recipient information on
      cryptographic key material) ...
   </KeyInfo>
   <Content>
       b2Axf6/hHgl... (base64 encoding of cryptogram)
   </Content>
</EncryptedDocument>
```

Auch eine Verfeinerung dieser Spezifikation ist nicht schwieriger. Insbesondere sind die Anforderungen an eine Zertifizierung zugehöriger öffentlicher Verschlüsselungsschlüssel technisch kompatibel zu Anforderungen an die Zertifizierung öffentlicher Verifikationsschlüssel für digitale Signaturen.

3.5 Schlüsselmanagement

Die beiden klassischen Verfahren des Schlüsselmanagements sind PGP [PGP94, OPGP96] und X.509 [X500-88]. X.509 ist mit Hilfe von ASN.1 - Abstract Syntax Notation [ASN92] spezifiziert. ASN.1 ist „*die*" Spezifikationssprache des OSI-Kommunikationsparadigmas, welches für das X.509-Zertifizierungsmodell auch im Internet gültig anerkannt ist.

Während PGP einen Bottom-up-Ansatz verfolgt (jeder zertifiziert jeden, dadurch wächst ein "Web-of-Trust"), setzt X.509 auf ein Top-down-Modell einer hierarchischen Infrastruktur von Zertifizierungsinstanzen. PEM und S/MIME, sowie die Internet-Vorschläge aus der IETF-PKIX-Arbeitsgruppe setzen auf das hierarchische X.509-Modell, welches zuverlässiger funktioniert und durchschaubarer mit der Anzahl und den Anforderungen der Anwender und der Anwendungen wächst ("scalable"). Ein Vergleich PEM-PGP findet sich in [Gri96].

Ein wichtiges Schlüsselmanagement-Modell in Deutschland ist durch das Signaturgesetz SigG [IUK97] gegeben. Zugehörige Spezifikationsinitiativen sind Mailtrust aus dem TeleTrust-Konsortium, sowie SigI von BSI [Sigi99].

Für Verschlüsselungsdienste gibt es für manche Anwendungen die Anforderung der Schlüsselhinterlegung oder anderer Mechanismen zur Aufdeckung verschlüsselter Daten ohne Besitz des originalen Zugangsschlüssels (zum Beispiel für innerbetriebliche Vertreteraufgaben). Ihre Erfüllung erfordert ebenfalls infrastrukturelle Managementaufgaben.

Keines der Schlüsselmanagementmodelle verwendet zur Zeit XML. Allerdings ist der Übergang zwischen den Signaturverfahren nach [SDML98] und [DigSig99], welche XML-nah sind, zu X.509-Managamenent-Funktionen sehr naheliegend. Es ist zu erwarten, daß XML die Nachfolge von ASN.1 als Spezifikationssprache der Sicherungsinfrastrukturen übernehmen wird. Der Grund dafür ist klar: *Durch XML als gemeinsame Spezifikationssprache sind die Schnittstellen der Anwendungen zur Sicherheit einheitlicher zu gestalten und deshalb einfacher, übersichtlicher, billiger und sicherer zu bedienen.* SDML (W3C) und "Digital Signatures for XML" (IETF) führen dies bereits heute vor.

Es bedarf einer strategischen Entscheidung, die benötigten Zertifikatstrukturen heute neu in XML zu spezifizieren und in die entsprechenden Standardisierungsgremien einzubringen. Bis dahin wird man mit einer Übergangslösung leben müssen, in der die bestehenden X.509-Formate im Binärcode nach Base64-Kodierung in XML-Strukturen eingefügt werden.

4   Zusammenfassung und Folgerungen

XML ist eine (Meta-)Sprache zur Darstellung, Spezifikation und Implementierung von strukturierten Daten und Dokumenten. XML hat das Potential, die verschiedenen Spezifikationswelten SGML/HTML, ASN.1 und EDI zusammenführen. Als „HTML-nahe" Sprache ist XML dazu geeignet, Web-Technologie zu beschreiben. Deswegen kann es Anwendungen den Zugang zu Sicherungsinfrastrukturen (etwa für die Public-Key-Zertifizierung) im Web erleichtern, wenn diese alle in XML spezifiziert wären. Das ist bisher nicht der Fall.

Um das zu erreichen, sind mehrere Aktivitäten notwendig. Erstens müssen die Ansätze zur Spezifikation von digitalen Signaturen dahingehend komplettiert werden, daß auch alle X.509/ASN.1-Formate umspezifiziert werden. Das ist insofern nicht so dringend, als der bestehende pragmatische Ansatz der Integration von X.509-Zertifikaten in XML-Dokumente funktioniert.

Wichtiger ist es, die anderen Sicherheitsanforderungen wie Datenschutz und Vertraulichkeit, sowie das unterstützende Schlüsselmanagement in die XML-Welt zu überführen. In bezug auf Datenschutz verfolgen wir in der GMD den Weg, eine datenschutzunterstützende Funktionalität aufgrund des Teledienstedatenschutzgesetzes mit Hilfe von XML aufzubauen, die mit den W3C-Initiativen P3P und PICS kompatibel ist. Erste Ergebnisse erwarten wir Mitte 1999.

In bezug auf Vertraulichkeit ist es notwendig, XML-Elemente für den Krypto-Code zu verschlüsselnder Daten und Dokumente zu spezifizieren. Dieser Weg ist nur dann erfolgversprechend, wenn man sie gleich in Verschlüsselungs-, Signatur- und Datenschutzfunktionen integriert und diese samt zugehörigem Schlüsselmanagement einem großen Kreis von Internet-Nutzern zum Schutz ihrer Email und Web-Verbindungen zur Verfügung stellt.

5   Literatur

[ASN92]   ISO 8824/8825: Information Processing Systems – Open Systems Interconnection – *Specification of Abstract Syntax Notation One*, and *Specification of Basic Encoding Rules of ASN.1*. 1992. (s. also: CCITT X.208/X.209.)

[BSch96]   Bruce Schneier: *Applied Cryptography. Protocols, Algorithms, and Source Code in C.* 2nd Ed. Wiley & Sons, Chichester 1996.

[DigSig99] Brown, Richard: *Digital Signatures for XML.* Proposed Internet Standard RFC, January 1999, draft-brown-xml-dsig-00.txt, 42 pages.

[GeRo98]   M. Geppert, A. Roßnagel: *Telekommunikations- und Multimedia-recht.* Darin: TelekommunikationsG, TelediensteG, Telediensteda-tenschutzG, SignaturG, SignaturVO, Mediendienste-Staatsvertrag. Beck-Texte im dtv, München 1998.

[Gri96]   Grimm, Rüdiger: *Kryptoverfahren und Zertifizierungsinstanzen.* In: Datenschutz und Datensicherheit (DuD) 1/96, Jan 1996, Vieweg Verlag, Wiesbaden, 27-36.

[HTML498]   Dave Ragett et al: *HTML 4.0 Specification.* W3C Recommendati-on, Revised 24. April 1998, http://www.w3.org/TR/1998/REC-html40-19980424.

[IUK97]   *Informations- und Kommunikationsdienste-Gesetz (IuKDG).* Be-schluß des Deutschen Bundestages vom 13. Juni 1997, http://www.iid.de/rahmen/index.html. Auszugsweiser Buchdruck in [GeRo98].

[MML98]   Patrick Ion et al: *Mathematical Markup Language (MathML) 1.0 Specification.* W3C Recommendation, 07. April 1988, http://www.w3.org/TR/1998/REC-MathML-19980407.

[OFX98]   CheckFree Corp., Intuit Inc., Microsoft Corp.: *Open Financial Exchange (OFX).* Specification 1.5.1, November 23, 1998, 525 pa-ges.

[OTP98]   The Open Trading Protocol Consortium (OTP): *Internet Open Tra-ding Protocol. Version 0.9.9*, 17. August 1998.

[P3P99]   W3C Initiative: *Platform for Privacy Preferences (P3P Project).* W3C Working Draft, 7 April 1999, http://www.w3c.org/P3P/ and http://www.w3c.org/ TR/WD-P3P/.

[PEM93]   Internet IETF: *Privacy Enhancement for Internet Electronic Mail. Part I-IV ("PEM").* RFC 1421-1424, Feb 93.

[PGP94]   Zimmermann, Philip: *Pretty Good Privacy – Public Key Encrypti-on for the Masses.* PGP User's Guide. Vol. I: Essential Topics, 31 printed pages; Vol. II: Special Topics, 47 printed pages. PGP Ver-sion 2.6.1, 30. August 1994.

[PICS98]   W3C Initiative: *Platform for Internet Content Selection (PICS)*, March 1998, http://www.w3.org/PICS/.

[PICSDSig98]   Chu, Yang-hua et al: *PICS Signed Labels (Dsig). 1.0 Specifi-cation.* W3C Recommendation, 27 May 1998, http://www.w3c.org/ TR/PR-Dsig-label.

[RDF99]	Ora Lassila et al: *Ressource Description Framework (RDF). Model and Syntax Specification.* W3C Proposed Recommendation, 5.1.99, http://www.w3.org/TR/1999/PR-rdf-syntax-19990105.

[SDML98]	Kravitz, Jeff: *SDML - Signed Document Markup Language.* Version 2.0, W3C Note 19 June 1998, http://www.w3c.org/TR/NOTE-SDML (Work-in-progress).

[Sigi99]	Bundesamt für Sicherheit in der Informationstechnik, BSI: *Spezifikation zur Entwicklung interoperabler Verfahren und Komponenten nach SigG/SigV.* Signatur-Interoperabilitätsspezifikation SigI, Abschnitt A1 „Zertifikate", Version 3.0, 31.1.1999.

[SGML86]	Structured Generalized Markup Language, ISO 8879.

[SMI96]	S/MIME Editor: *S/MIME Message Specification* – PKCS Security Services for MIME. Revised Feb 21, 1996, 11 pages. ftp://ftp.rsa.com/pub/S-MIME/smimemsg.doc.

[X500-88]	ISO/IEC 9594, ITU X.500 (1988/92): Information technology – Open Systems Interconnection – *The Directory* 1993(E). Insb.: X.509 – *The Authentication Framework.*

[XML98]	Tim Bray et al: *Extensible Markup Language (XML) 1.0.* W3C Recommendation, 10. Februar 1998, http://www.w3.org/TR/1998/REC-xml-19980210.html.

[XMLA98]	W3C XML Activity. *Extensible Markup Language - Activity Statement.* 1998, http://www.w3c.org/XML/Activity.

VPL – Sprachunterstützung für den Entwurf von Zugriffsschutzpolitiken

Gerald Brose, Klaus-Peter Löhr

Institut für Informatik, Freie Universität Berlin
{brose,lohr}@inf.fu-berlin.de

Zusammenfassung

Entwurf, Implementierung und Management von Zugriffsschutzpolitiken sind sicherheitskritische und gleichzeitig fehleranfällige Tätigkeiten. Es gibt bisher keine angemessenen Methoden und Werkzeuge zur Unterstützung dieser Aufgaben. Dieses Papier stellt einen sprachbasierten Ansatz zur Entwicklung eines allgemeinen Zugriffsschutzmodells für CORBA-Umgebungen vor, das sich als Grundlage für die Entwicklung solcher Werkzeuge eignet. Wir demonstrieren die Beschreibung einer Schutzpolitik in unserer Notation anhand einer Fallstudie.

1   Einführung

In offenen verteilten Systemen, wie sie etwa durch CORBA [OMG98a] unterstützt werden, stellt die Infrastruktur in der Regel geeignete Sicherheitsmechanismen [OMG98b] bereit, mit denen als Sicherheitspolitik formulierte Schutzanforderungen für Objekte durchgesetzt werden können. In CORBA ist dies ein *Interceptor* genannter Nachrichtenfilter, der die Rolle eines Referenzmonitors übernimmt. Durch die Verwendung eines Referenzmonitor-Mechanismus ist allerdings noch kein Modell festgelegt, mit dem Zugriffsschutzpolitiken für solche Systeme zu formulieren sind. Die Frage, welches Zugriffsschutzmodell zugrundegelegt werden soll, ist jedoch aus mehreren Gründen von Bedeutung.

Zum einen sind Entwurf, Implementierung und Management von Zugriffsschutzpolitiken sowohl sicherheitskritische als auch fehleranfällige Tätigkeiten; Methoden und Werkzeuge, die auf einem abstrakteren Modell basieren, können dabei wertvolle Unterstützung bieten. Leider ist das in [OMG98b] vorgeschlagene Zugriffsschutzmodell nicht objektorientiert und auf sehr niedrigem Abstraktionsniveau angesiedelt [Bro99, Kar98]; entsprechende Werkzeuge müssen daher entweder ebenfalls auf dieser Ebene arbeiten, oder ein eigenes Modell sowie eine Abbildung in das Standardmodell definieren.

Zum anderen soll das Schutzsystem als Infrastrukturkomponente nicht das Spektrum möglicher Anwendungen einschränken. Das aber ist der Fall, wenn

durch das gewählte Sicherheitsmodell von vornherein bestimmte Sicherheitspolitiken und damit auch die Anwendungen, die diese erfordern, ausgeschlossen
werden. Als Beispiel kann wiederum das Standardmodell für Zugriffsschutz in
CORBA gelten, dessen fehlende Skalierbarkeit Anwendungen mit einer großen
Anzahl von Objekten und Typen nicht mehr handhabbar werden läßt.

Wir schlagen daher ein objektorientiertes Zugriffsschutzmodell und eine entsprechende Entwurfssprache vor, die sowohl für ein breites Anwendungsspek-
trum geeignet sind als auch direkt auf CORBA-Objekte bezogen. Dabei werden
allerdings keine informationsflußbasierten Politiken unterstützt, sondern ausschließlich Zugriffsschutzpolitiken im engeren Sinne.

Das Papier gliedert sich wie folgt: In Abschnitt 2 werden Anforderungen an ein
Zugriffsschutzmodell für CORBA-Umgebungen ermittelt. Abschnitt 3 stellt un-
ser Modell und seine Notation vor. In Abschnitt 4 wird die Verwendung dieser
Beschreibungssprache an einer Fallstudie gezeigt und anschließend, in Ab-
schnitt 5, diskutiert. In Abschnitt 6 werden verwandte Arbeiten vorgestellt. Das
Papier schließt mit einer Zusammenfassung und einem Ausblick.

2   Anforderungen an ein Zugriffsschutzmodell

In diesem Abschnitt werden die eingangs erwähnten Anforderungen an mögliche Zugriffsschutzmodelle genauer untersucht. Zunächst soll jedoch der Begriff
„Zugriffsschutzpolitik" präzisiert werden.

Allgemein gesprochen ist eine Zugriffsschutzpolitik eine Beschreibung, anhand
derer über die Zulässigkeit von Objektzugriffen entschieden werden kann. Solche Beschrei-bungen können sehr allgemein oder sehr konkret gehalten sein;
wir betrachten im folgenden jedoch nur Politiken auf einer operationalen Ebene,
d.h. durch einen Sicherheitsdienst direkt interpretierbare Formalismen. Konkret
verstehen wir unter einer Zugriffsschutzpolitik einen Formalismus oder ein Programm, mit dem ein in einem Referenzmonitor enthaltener Prozessor unter Einbeziehung von Zugriffsschutzinformation über die Zulässigkeit von Objektzugriffen entscheidet. Das zu entwickelnde Zugriffsschutzmodell entspricht somit
einer Sprache, in der solche Programme geschrieben werden können.

Schutzmodelle und Sicherheitsmanagement müssen sowohl *anwendungsspezifische* als auch *systemspezifische* Politiken berücksichtigen. Dabei werden anwendungsspezifische Politiken zur Einhaltung anwendungsbezogener Sicherheitsanforderungen entwickelt, während systemspezifische Politiken übergeordneten Sicherheitsanforderungen Rechnung tragen und für Anwendungen
transparent sind. Sie werden für eine bestimmte Domäne zentral festgelegt und
administriert. Beispielsweise könnte eine solche Politik den Zugriff auf einen

zentralen Verzeichnisdienst regeln, indem die Rechte zum Eintragen neuer Namensbindungen oder zu Anfragen zur Namensauflösung an verschiedene Benutzergruppen oder -rollen vergeben werden.

In beiden Fällen unterliegt die Funktionalität einer verteilten Anwendung der jeweils geltenden Schutzpolitik: die Verfügbarkeit von Diensten oder der Zugriff auf Daten ist abhängig vom aktuellen Schutzstatus. Die zugrundeliegenden Sicherheitsanforderungen sind hier aus der Sicht der betroffenen Objekte nichtfunktionale Anforderungen, die beim Entwurf und der Implementierung der zu schützenden Objekte nicht betrachtet zu werden brauchen, sofern die Zielplattform geeignete Mechanismen und Modelle bereitstellt, mit denen sich die geforderten Schutzziele durchsetzen lassen. Die Beschreibung von Sicherheitspolitiken als orthogonalen Aspekt [KLM+97] in einer separaten Sprache bietet sich hier an.

Stellt die Zielplattform jedoch keine geeigneten Mechanismen oder Modelle bereit, so müssen diese selbst implementiert werden. Selbst wenn dafür geeignete Softwarebausteine vorhanden sind, verursacht ein solcher Schritt in der Regel einen starken Anstieg an Komplexität und, damit verbunden, ein erhöhtes Fehlerrisiko. Aus diesem Grund ist es wünschenswert, einer Middleware-Plattform wie CORBA ein möglichst allgemeines, flexibles und skalierbares Zugriffsschutzmodell zugrundezulegen, mit dem sich ein breites Spektrum möglicher Politiken formulieren und durchsetzen läßt.

Zwar könnte ein Sicherheitsdienst statt eines allgemeinen Modells auch verschiedene Modelle mit jeweils spezifischen Einsatzmöglichkeiten bereitstellen, jedoch müßte jedes dieser Modelle einen eigenen Satz von Methoden und Werkzeugen definieren, die die verantwortlichen Entwickler und Administratoren zu erlernen haben, was aus pragmatischer Sicht nicht wünschenswert erscheint.

Es gibt jedoch nicht nur Abhängigkeiten der Anwendungsfunktionalität von der aktiven Schutzpolitik, sondern auch in umgekehrter Richtung: Der Schutzstatus des Systems kann vom Zustand der Anwendung abhängen, sich also mit den Aktivitäten der Anwendung ändern. In solchen Fällen können die Sicherheitsanforderungen einer Anwendung als Teil der *funktionalen* Anforderungen der Anwendung angesehen werden. Ebenso kann man den Entwurf der Zugriffsschutzpolitik hier als Teilproblem des Anwendungsentwurfs ansehen. Ein Beispiel dafür ist die in Abschnitt 4 beschriebene Anwendung.

Aus dem Ziel, den Entwicklern und Administratoren von Politiken Unterstützung zu bieten, ergibt sich zudem, daß das gewünschte Modell eine vom zugrundeliegenden Mechanismus unabhängige, deklarative Notation erlauben sollte [WL93]. Die zu entwerfenden Sprachmittel sollten nicht nur für die tatsächliche Auswertung und die Zugriffsentscheidung geeignet sein, sondern als abstrakte Repräsentation von Politiken ebenso für die Verwaltung der Politikdomänen wie für die Kommunikation zwischen Anwendern und die Dokumentation von Entscheidungen geeignet sein. Ebenso ist die Wiederverwendbarkeit einmal vorgenommener Entwürfe anzustreben.

Ein wesentliches Kriterium für ein solches Modell ist seine gute Anwendbarkeit auf die tatsächlich zu beschreibenden Entitäten, d.h. das unterliegende Datenmodell. Je direkter sich Schutzanforderungen in einer Sprache ausdrücken lassen, desto weniger Reibungsverluste entstehen bei der Beschreibung von Politiken dadurch, daß Besonderheiten des Datenmodells in der Politikbeschreibungssprache modelliert werden müssen.

Unser Ansatz zielt auf ein einziges objektorientiertes Datenmodell, das Objektmodell von CORBA. Die Beschränkung auf dieses Datenmodell ermöglicht es, dessen Eigenschaften, insbesondere Typeigenschaften, zu nutzen, um die Einhaltung bestimmter Sicherheitseigenschaften statisch prüfen zu können. Ohne eine solche Beschränkung des Datenmodells wäre außerdem die direkte Verbindung von Anwendungsentwurf und Politikentwurf nicht in dem Maße möglich, wie wir es für sinnvoll halten.

3   VPL – Eine sichtbasierte Politiksprache

Für die objektorientierte Spezifikation von Sicherheitspolitiken schlagen wir eine Erweiterung des in [Bro99] vorgestellten Modells vor, das auf dem Konzept von Views basiert. In diesem Abschnitt beschreiben wir unser Modell anhand einer konkreten Notation, der *View Policy Language* (VPL).

Ein View ist eine Menge von *Rechten* (*Erlaubnisse* und *Verbote*) für Operationen einer Schnittstelle und definiert einen *Berechtigungstyp* für Zugriffe auf Objekte des Typs der genannten Schnittstelle. Ein Subjekt kann im Besitz von *Berechtigungen*, d.h. Exemplaren von Berechtigungstypen sein. Beim Objektaufruf wird überprüft, ob das aufrufende Subjekt eine Berechtigung für das aufgerufene Objekt besitzt, das die geforderte Operation erlaubt. Ist das der Fall, so wird der Aufruf erlaubt. Man beachte, daß Berechtigungen keine Capabilities darstellen, da sie keine Objektreferenzen enthalten.

Abbildung 1 zeigt ein einfaches Beispiel für Views, die Berechtigungstypen für Zugriffe auf Namensdienst-Objekte[1] definieren. Der Typ der Schnittstelle, für

---

[1]   Die IDL–Schnittstelle für CORBA–Namensdienste [OMG97] heißt `CosNaming::NamingContext`.

den ein View definiert wird, ist in der **controls**-Klausel genannt. Erlaubte
Operationen werden hinter dem Schlüsselwort **allow** aufgeführt.

```
view NameResolver controls CosNaming:: NamingContext {
    allow
        resolve;
        list;
};

view NameBinder: NameResolver {
    allow
        bind;
};

view NamingContextManager: NameBinder {
    allow
        new_context;
        bind_new_context;

};
```

Abbildung 1: Berechtigungstypen für Namensdienste

Die Abbildung zeigt, daß Views durch eine Erweiterungsbeziehung verbunden
sein können. Im Beispiel erweitert der View NameBinder den View Name-
Resolver um die Operation bind. Der View NamingContextManager
erlaubt zwei weitere Operationen, mit denen neue Namensräume erzeugt bzw.
gleichzeitig mit der Erzeugung als Unterräume angemeldet werden können. Auf
diese Weise können View-Definitionen wiederverwendet werden.

Die Erweiterungsbeziehung ist gewissen Beschränkungen unterworfen, um gut
verständlich und leicht handhabbar zu sein. Zum einen ist sie monoton, d.h. abgeleitete Views müssen stets mehr Erlaubnisse enthalten als die Views, von denen sie abgeleitet sind; ein abgeleiteter View erlaubt somit mindestens soviel
wie sein Basisview. Abgeleitete Views können auch für einen Subtyp des IDL-
Typs ihrer Basisviews definiert sein, d.h. Berechtigungstypen für speziellere
Objekttypen sein. Zum anderen können Views nur von *einem* Basisview abgeleitet werden, d.h. es gibt keine Mehrfachableitung.[2]

3.1 Granularität und Skalierbarkeit

Die kleinste Einheit der Zugriffsentscheidung ist der Aufruf einer einzelnen
Operation eines Objekts. Da derart feinkörnige Zugriffsentscheidungen sehr

---

[2] Diese Einschränkung vereinfacht auch die Definition der Spezialisierungsbeziehung in Abschnitt 3.2.

schnell nicht mehr handhabbar oder zu aufwendig werden, wenn größere Systeme betrachtet werden, ist der Einsatz von Gruppierungskonstrukten nötig.

Ein managementorientiertes Konzept dafür sind *policy domains* [Slo94], mit denen Objekte gruppiert werden, für die eine gemeinsame Politik gilt. Auch die in der CORBA *Security Service Specification* definierten *security policy domains* sind solche Domänen, mit denen der Geltungsbereich einer Sicherheitspolitik beschrieben wird.[3]

Um sowohl feinkörnige wie auch flexibel skalierbare Zugriffskontrolle zu erlauben, können Berechtigungen in VPL sowohl für einzelne Objekte als auch für ganze Extensionen von Objekttypen innerhalb einer Politikdomäne vergeben werden. Sei T der Objekttyp, für den ein View V definiert ist, dann können Berechtigungen vom Typ V für die ganze Extension von T, die Extension eines Subtyps S von T oder für einzelne Objekte des Typs T oder S vergeben werden. Views selbst stellen ebenfalls ein Gruppierungskonstrukt dar, das einzelne Rechte für Objektzugriffe in einem Berechtigungstyp zusammenfaßt. Diese Rechte werden dann in Form einer Berechtigung gemeinsam vergeben.

3.2 Implizite Berechtigungen und Konflikte

Wenn bei der Vergabe von Berechtigungen Gruppierungskonstrukte verwendet werden, so werden weitere Berechtigungen impliziert [RBKW91]. Die Vergabe einer Berechtigung an eine Benutzergruppe impliziert beispielsweise Berechtigungen für die einzelnen Mitglieder, ebenso impliziert die Vergabe einer Berechtigung für eine ganze Typextension einzelne Berechtigungen für alle Objekte dieses Typs (und seiner Subtypen) in der betrachteten Domäne.

```
view BaseView controls T          view DerivedView : BaseView
{                                  {
    allow                              allow
        op_1;                              op_4;
        op_2;                              op_5;
    deny                           };
        strong op_3;
        op_4;
};
```

Abbildung 2: Verbote und explizite Prioritäten

Diese implizite Vergabe von Berechtigungen ist in vielen Fällen sehr handlich, jedoch muß es möglich sein, auch Ausnahmen formulieren zu können, z.B. "alle

---

[3] Die Art der Rechtevergabe und –verwaltung in CORBA macht allerdings *access control policy domains* gleichzeitig zu *protection domains*, wie sie aus dem Betriebssystemkontext bekannt sind.

Studenten außer Peter Pim dürfen die Modemleitung xyz benutzen". Ohne die Möglichkeit, Ausnahmen angeben zu können, müßte die Berechtigung an alle Studenten einzeln vergeben werden – bis auf Peter Pim. Um das zu erlauben, muß zunächst zwischen *Erlaubnissen* und *Verboten* [KW90] explizit unterschieden werden. VPL enthält dafür ein Schlüsselwort **deny**, mit dem Verbote spezifiziert werden können, wie in Abbildung 2 gezeigt.

Durch die Verwendung von positiven und negativen Rechten können Konflikte entstehen. Einige dieser Konflikte sind erwünscht, denn sie stellen Ausnahmen dar. Für diese Konflikte muß eine Strategie angegeben werden, mit der entschieden werden kann, welches Recht gilt. Bestimmte andere Konflikte ergeben sich jedoch nicht aus bewußt formulierten Ausnahmen, sondern aus Widersprüchen in der Spezifikation. Mögliche Widersprüche zwischen Berechtigungen können aber bereits durch eine statische Analyse der Definition von Berechtigungstypen erkannt und ausgeschlossen werden, so daß keine unerwünschten Laufzeitkonflikte zwischen Berechtigungen auftreten können.

3.2.1 Konfliktauflösung und Widerspruchsfreiheit

Gelten für einen Zugriffsversuch sowohl Verbote wie Erlaubnisse, so muß eindeutig entscheidbar sein, welches dieser Rechte die Ausnahme ist und Vorrang hat. Unsere Strategie zur Konfliktauflösung für Ausnahmen beruht auf einem Priorisierungsansatz, der die implizite Priorisierung von Berechtigungstypen auf der Basis einer Spezialisierungsbeziehung zwischen Berechtigungstypen mit einer expliziten Priorisierung einzelner Rechte verbindet. Das Hauptziel beim Entwurf dieser Art der Priorisierung ist die Beschränkung der Komplexität und eine einfache Handhabbarkeit, so daß an einigen Stellen bewußt Einschränkungen gemacht werden, um die Notation intuitiv verständlich zu halten.

Implizite Priorisierung durch Spezialisierung

Die Spezialisierungsbeziehung zwischen Berechtigungstypen ergibt sich einerseits aus ihren Ableitungsbeziehungen, zum anderen aus der Spezialisierungsbeziehung zwischen den Objekttypen, für die sie definiert werden. Im folgenden schreiben wir $\prec$ („spezieller–als") für die Spezialisierungsbeziehung zwischen Views, $<$ für Viewableitung und $\subset$ für die Spezialisierungsbeziehung zwischen Objekttypen. Seien V_A und V_B definierte Berechtigungstypen für die IDL-Typen A und B. Tabelle 1 zeigt, wie sich die Relation $\prec$ aus $<$ und $\subset$ zusammensetzen läßt.

$\prec$	$A \subseteq B$	$A \supseteq B$	$A \not\subseteq B \wedge B \not\supseteq A$
$V_A < V_B$	$V_A \prec V_B$	1) –	2) –
$V_A > V_B$	1) –	$V_B \prec V_A$	2) –
$V_A \not\prec V_B \wedge V_B \not\prec V_A$	$V_A \prec V_B$	$V_B \prec V_A$	3) undefiniert

Tabelle 1: Spezialisierung von Berechtigungstypen

Im allgemeinen ist ein abgeleiteter View spezieller als der View, von dem er abgeleitet wurde. Stehen zwei Views nicht in einer Ableitungsbeziehung, so entscheidet die Spezialisierungsbeziehung zwischen den Objekttypen, für die die Views definiert sind, welcher View spezieller ist. Diese Regel erfaßt jedoch noch nicht alle möglichen Fälle, so daß für die Fälle 1) – 3) Sonderregeln angegeben werden müssen.

Der Fall 1), d.h. $V_A > V_B \wedge A \subseteq B$ bzw. $V_A < V_B \wedge A \supseteq B$, in dem die Ableitungsbeziehungen zwischen Views und die IDL-Typhierarchie in entgegengesetzter Richtung verlaufen, wird verboten, da sich in solchen Fällen nicht sinnvoll von einer Spezialisierung zwischen den beteiligten Views sprechen läßt. Derartige Viewdefinitionen können von einem Übersetzer erkannt und zurückgewiesen werden. Wegen der Semantik der Viewableitung ist Fall 2), d.h. die Ableitung eines Berechtigungstyps für einen IDL-Typ B von einem Berechtigungstyp für einen IDL-Typ A, der in keiner hierarchischen Beziehung zu B steht, ebenfalls nicht erlaubt. Die Tabelle zeigt auch den undefinierten Fall 3), in dem die Spezialisierungsbeziehung keine Auskunft darüber geben kann, welche Rechte im Konfliktfall Vorrang haben. Ein Analysewerkzeug kann diesen Fall erkennen und prüfen, ob eine Disambiguierung durch explizite Prioritäten möglich ist. Wenn nicht, wird die Definition zurückgewiesen.

Explizite Priorisierung

Ein Beispiel für die explizite Prioritätsmarkierung von Rechten gibt Abbildung 2. Das Schlüsselwort **strong** im View `BaseView` markiert das Verbot der Operation `op_3` als ein "starkes" Recht [RBKW91]; alle anderen Rechte in den angegebenen Berechtigungstypen sind schwach. Mit dieser Markierung lassen sich ggf. Unklarheiten im Fall 3) aus Tabelle 1 auflösen. Wie aber verhält sich die explizite Priorisierung in Kombination mit Viewableitung und -spezialisierung?

Wir fordern, daß starke Rechte in abgeleiteten Views nicht überschrieben werden dürfen, für schwache Rechte ist das erlaubt. Das Verbot der Operation `op_3` in Abbildung 2 kann in `DerivedView` nicht überschrieben werden.

Man beachte, daß Erlaubnisse wegen der Monotonie der Viewableitung nicht überschrieben werden können. Ein Überschreiben der Erlaubnisse `op_1` und `op_2` in `DerivedView` ist somit nicht möglich. Durch eine geeignete Verwendung der Spezialisierungsbeziehung zwischen Views ist es aber dennoch möglich, auch Verbote als Ausnahmen zu definieren.

```
view B_U controls U {            view B_V controls V {
    allow                            allow
        op_3;                            op_1;
        op_4;                            strong op_2;
    deny                             deny
        op_1;                            op_3;
        strong op_2;      };             strong op_4;
};                                                  };
```

Abbildung 3: Spezialisierung und starke Rechte

In Kombination mit Spezialisierung haben explizit priorisierte Rechte stets Vorrang. Ist ein Berechtigungstyp spezieller als ein anderer, so haben seine Rechte bei gleicher Stärke Vorrang, nicht jedoch bei geringerer. Ein Beispiel für einen solchen Fall ist in Abbildung 3 wiedergegeben. Hier sei $U \preceq V$ und daher $B_U \preceq B_V$. Es gelten die Verbote aus B_U für `op_1` und `op_2`, da sie bei gleicher Stärke Vorrang haben. Für `op_4` gilt jedoch das Verbot aus B_V, da es stärker ist als die Erlaubnis in B_U.

3.3 Dynamische Änderungen des Schutzstatus

In vielen Fällen ist der Schutzstatus der Objekte einer Domäne nicht konstant, sondern kann dynamisch geändert werden, indem Berechtigungen vergeben, weitergegeben oder entzogen werden. Dies kann aus Gründen der Delegation von Verantwortung geschehen oder dann notwendig sein, wenn sich Objektaufrufe über mehrere Stationen fortsetzen. Ebenso kann die Anpassung des Schutzstatus Teil einer anwendungsspezifischen Sicherheitspolitik sein. VPL unterscheidet und unterstützt die folgenden Fälle:

1. *Rechteweitergabe* geschieht, indem der Weitergebende explizit die Operation `grant` in der Schnittstelle zum Sicherheitsdienst aufruft. Es können nur solche Berechtigungen weitergegeben werden, die der Aufrufer selbst hat und die außerdem als weitergebbar gekennzeichnet sind. Darüberhinaus dürfen weiterzugebende Berechtigungen keine Verbote enthalten. Weitergegebene Rechte sind jederzeit durch eine entsprechende `revoke`-Operation entziehbar.

2. *Rechtevergabe* oder Rechteentzug durch das Schutzsystem geschieht implizit als Folge eines Operationsaufrufs und gemäß einer Anwendungspolitik wie etwa der *Chinese-Wall*-Politik. [BN89].

3. *Delegation* geschieht ebenfalls implizit und transparent im Verlauf eines Objektaufrufs [GD90]. Dabei werden Sicherheitsattribute[4] des Aufrufers gemäß einer spezifizierten Delegationspolitik [OMG98b] weitergegeben und evtl. geeignet mit Sicherheitsattributen der Zwischenstationen des Aufrufs verknüpft.

Ein einfaches Beispiel für den ersten Fall ist in Abbildung 4 dargestellt.

```
view DelegatableView controls M::T
{
    allow
            grant { tech_staff, ri-
chards };
            op_1;
    deny
            op_2;
};
```

Abbildung 4: Explizite Rechteweitergabe

Zum Zwecke expliziter Rechteweitergabe wird der View `DelegatableView` durch die Erlaubnis für die (Meta–)Operation `grant` als weitergebbar markiert. Allerdings ist die explizite Rechteweitergabe durch Angabe der möglichen Empfänger eingeschränkt — lediglich die Subjekte `tech_staff` oder `richards` dürfen diese Berechtigung erhalten.

Während die explizite Weitergabe von Rechten von der Delegierbarkeit eben dieser Rechte abhängt und angemessen in der View-Definition zu beschreiben ist, hängen implizite Delegation und implizite Rechtevergabe nur vom Aufruf von Operationen der Schnittstelle ab, nicht von den zum Aufruf verwendeten Rechten. Wir führen daher ein weiteres Sprachkonstrukt **schema** ein, mit dem implizite Delegation und implizite Rechtevergabe spezifiziert werden können. Ein Schema kann als eine Erweiterung einer Schnittstellenbeschreibung angesehen werden.

Wir verdeutlichen dieses Konzept an einem Beispiel, in dem dem Erzeuger eines Objekts Eigentümerstatus erteilt wird. VPL ist nicht a priori auf *discre-*

---

[4] Im allgemeinen sind dies keine Rechte, sondern Eigenschaften, die die Einstufung als ein anderes Subjekt ermöglichen, woraus sich andere aktuelle Zugriffsrechte ergeben. Allerdings ist es prinzipiell auch möglich, Rechte direkt in Capabilities bei der Delegation von Sicherheitsattributen in Credentials zu übertragen.

tionary access control festgelegt und hat daher kein eingebautes Eigentümer-konzept für Objekte; dieses kann aber durch implizite Rechtevergabe mittels eines Schemas modelliert werden. Für das folgende Beispiel setzen wir die IDL-Schnittstellen Document und DocumentFactory aus Abbildung 5 voraus.

```
interface Document {
        void read (out string text);
        void update(in string text);
};

interface DocumentFactory {
        Document create();
        void op1();
};
```

Abbildung 5: Document und DocumentFactory

```
view Reader controls Document{
        allow
                read;
}
view Owner: Reader {
        allow
                grant;
                edit;
}
schema DocumentFactory {
        create
                revokes this.User from caller;
                grants result.Owner to caller;
        op1
                delegates with simple_delegation;
};
```

Abbildung 6: Views und ein Schema für die Erzeugung von Dokumenten

Abbildung 6 zeigt die benötigten View- und Schemadefinitionen. Um dem Aufrufer der create()-Operation eines DocumentFactory-Objekts einen *owner*-Status für das neu erzeugte Dokument zu geben, spezifiziert das Schema für DocumentFactory mittels einer grants-Klausel, daß der Aufrufer (caller) eine Berechtigung vom Typ Owner für das Resultatobjekt (result) der Operation, also das neu geschaffene Objekt, erhält. Der View Owner erlaubt neben dem Aufruf aller Operationen in der Schnittstelle von Document auch die unbeschränkte explizite Weitergabe, da die grant-Operation nicht mit Zielsubjekten qualifiziert wurde. Um neben der impliziten Rechtevergabe auch den impliziten Entzug von Berechtigungen zu veranschaulichen, enthält das Schema für DocumentFactory auch eine revokes-Klausel, die dem Aufrufer das Recht für weitere Aufrufe des aufgerufen DocumentFactory-Objekts entzieht. Dafür wird ein hier nicht angegebener Berechtigungstyp User angenommen.

Schließlich enthält das Schema für die Operation op1 eine delegates with-Klausel, die die Delegationspolitik für Aufrufe dieser Operation festlegt. Eine solche Delegationspolitik kann als eine Vorbedingung für den Aufruf der Operation angesehen werden, mit der sich der Aufrufer einverstanden erklären muß, da die Funktionalität der Operation ohne entsprechende Rechtedelegation wegen der Delegation des Aufrufs an andere Objekte nicht erbracht werden kann. Im Beispiel ist dies simple_delegation, d.h. das aufgerufene Objekt wird implizit vom Aufrufer ermächtigt, alle beim Aufruf vorgelegten Credentials in weiteren Aufrufen zu verwenden, die aus der Implementierung von op1 in DocumentFactory heraus auf anderen Objekten erfolgen. Technisch kann dies z. B. durch ein Delegationszertifikat geschehen. Das DocumentFactory-Objekt kann so im Namen des Aufrufers auftreten. Als andere mögliche Delegationspolitiken können traced_delegation, combined_delegation oder composite_delegation (vgl. [OMG98b]) angegeben werden. Ist keine Delegationspolitik spezifiziert, so können die vorgelegten Credentials in keiner Weise in weiteren Aufrufen verwendet werden.

Man kann die grants- und revokes-Klauseln in einer Schemadefinition als Nachbedingungen von Operationen in Bezug auf den Schutzstatus ansehen, ebenso wie die delegates with-Klausel als Vorbedingung einer Operation betrachtet werden kann. Ferner sei auf die reservierten Namen this, caller und result hingewiesen, die Verweise auf das aufgerufene Objekt, den Aufrufer der Operation und den Rückgabewert der Operation bezeichnen. Außerdem können an solchen Stellen auch IDL-Bezeichner verwendet werden, die beim Aufruf der Operation sichtbar sind, z. B. Argumentnamen. Ohne diese Sprachmittel könnte nicht auf dynamische Aspekte des Zugriffsschutzes Bezug genommen werden. Man beachte schließlich, daß durch die Typisierung von Berechtigungen und die statische Typprüfung gewährleistet werden kann, daß keine Widersprüche durch die dynamische Vergabe von Berechtigungen auftreten können.

4   Eine Fallstudie

Als ein realistisches Beispiel betrachten wir ein System, mit dem das Programmkomitee einer Konferenz dabei unterstützt werden soll, eingereichte Beiträge zu begutachten und auszuwählen.[5]

4.1 Anforderungen

Das System, das als einfache Workflow-Anwendung angesehen werden kann, unterstützt folgenden Prozeß:

1. Autoren dürfen bis zum Einsendeschluß Beiträge einreichen. Der oder die Vorsitzende des Programmkomitees wählt für jeden eingereichten Beitrag eine Anzahl Gutachter aus und teilt diesen den Beitrag zur Bearbeitung zu. (Dieser Zuordnungsvorgang wird nicht explizit unterstützt.)

2. Die Gutachter fertigen Gutachten an und reichen diese ein. Sobald ein Gutachter ein Gutachten zu einem Beitrag eingereicht hat, darf er die anderen Gutachten zu diesem Beitrag – sofern bereits vorhanden – einsehen (vorher nicht!). Anschließend darf das eigene Gutachten geändert werden, fremde Gutachten hingegen nicht. (Damit soll einerseits die Beeinflussung des Gutachterurteils durch bereits vorliegende Gutachten vermieden werden, andererseits aber auch schon eine Angleichung und Konfliktauflösung im Vorfeld des endgültigen Urteils ermöglicht werden.)

3. Das endgültige Urteil – Annahme oder Ablehnung – muß einhellig von allen beteiligten Gutachtern getroffen werden. (Die Auflösung verbleibender Meinungsverschiedenheiten bleibt den beteiligten Gutachtern überlassen und wird nicht gesondert unterstützt. Das Programmkomitee als Ganzes tritt nicht in Aktion.)

4.2 Anwendungsentwurf

Aus der obigen Beschreibung lassen sich unmittelbar Szenarien oder Use-Cases ableiten, die zur Identifizierung der beteiligten Akteure und Schnittstellen führen. Solche Use-Case-Modelle sind zwar wegen der Einfachheit des Beispiels beim Entwurf nicht unbedingt erforderlich, sie erweisen sich aber für den Entwurf der Zugriffsschutzpolitik der Anwendung als nützlich. In unserem Beispiel gibt es die folgenden einfachen Szenarien. In Klammern werden die beteiligten Akteure und Objekttypen genannt.

---

[5]   Das Beispiel wurde angeregt durch ein ähnliches, bei der ECOOP 1999 verwendetes System.

1. Wechsel der Bearbeitungsphasen (Vorsitzender, `Conference`)

2. Einreichen von Beiträgen (Autoren, `Conference`)

3. Begutachtung der Beiträge (Mitglieder, `Conference`, `Paper`, `Review`)

Die identifizierten Akteure – also die Autoren von Beiträgen, die Programm-komiteemitglieder und der Vorsitzende – werden selbst nicht im System reprä-sentiert. Die Benachrichtigung der Autoren erfolgt per E-Mail und nicht per Fernaufruf. In den Abbildungen 7 und 8 führen wir die Schnittstellen der betei-ligten Objekte auf.

```
interface Conference {
    void callForPapers();
    void deadlineReached();
    void makeDecision();
    void submitPaper(in string paper);
    void listPapers(out string list);
    Paper getPaper(in long paper);
};
```

Abbildung 7: Die Schnittstelle Conference

Der Prozeß beginnt mit dem Aufruf zum Einreichen von Beiträgen, der vom Vorsitzenden durch Aufruf von `callForPapers()` herausgegeben wird. Beiträge werden als Argument der Operation `submitPaper()` eingereicht und als einfache Zeichenketten repräsentiert. Das Konferenz-Objekt erzeugt daraus Objekte vom Typ `Paper`, die intern verwaltet werden. Solche Beiträge können später von den Mitgliedern des Programmkomitees durch die Operation `getPaper()` unter Angabe einer internen Referenznummer angefordert wer-den, nachdem der Vorsitzende die Einreichungsphase durch den Aufruf von `deadlineReached()` für beendet erklärt hat. Zu diesem Zeitpunkt können die Mitglieder durch Aufruf von `listPapers()` eine Aufstellung der Titel, Autoren und Referenznummern der eingereichten Beiträge erhalten.

```
interface Paper {
        void read ( out string text);
        Review submitReview( in string review,
                             in long reviewer);
        void listReviews( out string list);
        Review getReview( in long reviewer);
};

interface Review
{
        void read( out string text);
        void update( in string text);
};
```

Abbildung 8: Schnittstellen `Paper` und `Review`

Die Schnittstelle `Paper` erlaubt zunächst das Lesen, wobei die Operation `read()` einen unstrukturierten Text zurückliefert. Außerdem kann mit `listReviews()` nachgesehen werden, welche Gutachten bereits eingereicht wurden. Die Gutachter, denen ein Beitrag zugeteilt wurde, können ihr Gutachten einreichen, indem sie die Operation `submitReview()` aufrufen und dabei ihre eigene Referenznummer angeben. Als Resultat erhält der Aufrufer eine Referenz auf ein neu erzeugtes `Review`-Objekt, mit der das Aktualisieren des Gutachtens möglich ist. Nach dem Aufruf dieser Operation dürfen Gutachter außerdem die Gutachten anderer Gutachter anfordern und einsehen. Dazu rufen sie `getReview()` auf.

4.3 Entwurf der Sicherheitspolitik

Für diese Aufgabe bietet sich der Rückgriff auf die oben skizzierten Use-Cases an. In diesem Fall entsprechen die Akteure direkt den zu definierenden Subjekten. Aus den einzelnen Use-Cases lassen sich direkt die Definitionen für die Sichten ableiten, die für die Beschreibung der Politik benötigt werden.

4.3.1 Subjekte

Für die beteiligten Akteure werden in Abbildung 9 Subjektklassen definiert.

```
subject chair:          ( accessId == "Chair");
subject the_public:     ( public && !(chair) );
subject member:         ( accessId == "jones" ||
                          accessId == "smith" || ... );
```

Abbildung 9: Subjektdefinitionen

Wir verwenden in unserer Notation Bezeichner für Subjektklassen, die über ein
Prädikat auf Sicherheitsattributen definiert sind. Die Subjektklasse `chair` ist
definiert als die Menge aller Prozesse, die ein `accessId`-Zertifikat eines vertrauenswürdigen Ausstellers besitzen, das sie als "Chair" ausweist. Eine Zertifizierungsinstanz wird durch Konfiguration der Politikdomäne als vertrauenswürdig definiert. Weitere Subjektklassen sind `the_public`, d.h. alle Prozesse
bis auf den Chair. Die Subjektklasse `public` ist implizit als

```
subject public: ( true );
```

definiert. Schließlich gibt es Prozesse, die als Programmkomiteemitglieder agieren und deren `accessIds` explizit aufgezählt und disjunktiv verknüpft werden.

4.3.2 Statische Aspekte der Politik

Um die statischen Aspekte der Zugriffsschutzpolitik zu beschreiben, definieren
wir die in Abbildung 10 angegebenen Views.

```
view Member controls Conference{
    allow
        listPapers;
        getPaper;
}
view Member controls Paper {
    allow
        read;
        listReviews;
}
view Chair: Conference.Member {
    allow
        callForPapers;
        deadlineReached;
        makeDecision;
}
```

Abbildung 10: Views

Es gibt zwei Berechtigungstypen für Programmkomiteemitglieder: den View
`Member` auf Objekte mit der Schnittstelle `Conference`, sowie einen gleich-
namigen View auf `Paper`-Objekte. Der `Member`-View auf `Conference`-
Objekte erlaubt das Auflisten aller Beiträge sowie den Zugriff auf einzelne Beiträge. Der `Member`-View für `Paper`-Objekte gestattet das Lesen von Beiträgen
und das Anzeigen von Information über bereits eingereichte Gutachten.

Ein weiterer Berechtigungstyp `Chair`, der die Erlaubnisse aus der `Member`-
Sicht auf `Conference`-Objekte um die Operationen zum Wechsel der Bear-

beitungsphasen erweitert, wird für das Umschalten zwischen den Bearbeitungs-phasen benötigt.

VPL erlaubt die Angabe *initialer Berechtigungen* für Subjekte mit dem Schlüs-selwort `holds`, wie Abbildung 11 zeigt.

```
chair holds Conference.Chair;
member, chair holds Paper.Member, Review.read;
```

Abbildung 11: Initiale Berechtigungen

Hier besitzt der Vorsitzende initial eine Berechtigung vom Typ `Chair` für alle `Conference`-Objekte, wobei die Extension von `Conference` nur ein einzi-ges Objekt umfassen wird. Gleichzeitig besitzen alle Mitglieder sowie der Vor-sitzende des Programmkomitees zwei weitere Berechtigungen, nämlich eine vom Typ `Member` für alle `Paper`-Objekte sowie eine einzelne Erlaubnis an-onymen Typs zum Lesen aller `Review`-Objekte. Die Berechtigung `Re-view.read` nennt keinen Berechtigungstyp, sondern lediglich einen Operati-onsnamen. Diese Schreibweise ist eine Abkürzung für die Definition eines an-onymen Berechtigungstyps:

```
view _ controls Review {
    allow read;
}
```

Da Programmkomiteemitglieder aber noch keine Berechtigung haben, um mit-tels `getPaper` Zugriff auf Beiträge bzw. mittels `getReview` Zugriff auf Gutachten zu bekommen, werden diese Berechtigungen erst nach Vergabe der `Conference.Member`-Berechtigung wirksam.

4.3.3 Dynamische Aspekte

Das wichtigste Merkmal der Sicherheitspolitik in diesem Beispiel ist die Verän-derung des Schutzstatus als Reaktion auf das Einreichen von Gutachten: vorher war den Gutachtern der Zugriff auf fremde Gutachten nicht erlaubt, danach ist er erlaubt. Welche Zugriffe aktuell erlaubt sind, hängt also von früher bereits durchgeführten Zugriffen ab, ähnlich wie bei der *Chinese Wall*-Politik [BN89].

```
schema Conference {
    callForPapers
        grants this.submitPaper to the_public;
        grants this.Member to member;
    deadlineReached
        revokes this.submitPaper from the_public;
        grants Paper.submitReview to member;
}
schema Paper {
    submitReview
        grants result.update to caller;
        grants this.getReview to caller;
        revokes this.submitReview from caller;
}
```

Abbildung 12: Berechtigungsschemata

Um solche regulären Übergänge zwischen Schutzstatus zu beschreiben, die direkt von Übergängen des Anwendungsstatus abhängen, werden Schemata verwendet. In unserem Beispiel gibt es zwei Berechtigungsschemata, eines für das Konferenzobjekt und eines für Beiträge, die in Abbildung 12 wiedergegeben sind.

Das Schema `Conference` beschreibt, wie sich der Schutzstatus beim Wechsel der Bearbeitungsphasen der Anwendung verhält. Wird `callForPapers` aufgerufen (durch den Vorsitzenden), so wird die Berechtigung zum Einreichen von Beiträgen vergeben. Diese ist wiederum von einem anonymen Typ und enthält lediglich die Erlaubnis für die Operation `submitPaper`, die explizit für das aufgerufene Objekt vergeben wird. Ferner erhalten alle Komiteemitglieder die Berechtigung `Member`, und zwar ebenfalls für das Konferenzobjekt. Nach Erreichen des Abgabetermins wird die Berechtigung zum Einreichen von Beiträgen wieder entzogen, gleichzeitig erhalten Mitglieder die Berechtigung zum Einreichen von Gutachten für Beiträge.

Das Schema `Paper` definiert, daß diese Berechtigung beim Einreichen eines Gutachtens dem Aufrufer wieder entzogen wird, d.h. es können nicht mehrere Gutachten zu einem Beitrag eingereicht werden. Mit dem Einreichen wird auch eine Berechtigung vergeben, um für den betrachteten Beitrag alle Gutachten einsehen zu dürfen.

5 Diskussion

Das in Abschnitt 4 vorgestellte Beispiel einer anwendungsspezifischen Zugriffsschutzpolitik zeigt einige wesentliche Punkte, die beim Entwurf dieser Klasse von Zugriffsschutzpolitiken zu beachten sind. Deutlich wird die Notwendigkeit von Sprachmitteln für die Beschreibung dynamischer Eigenschaften des Schutzstatus. Ebenso illustriert das Beispiel die Nähe des Entwurfs der Zugriffsschutzpolitik zum Anwendungsentwurf, da diese Politik ohne Bezug zur Anwendungslogik gar nicht formulierbar wäre.

Andererseits stellt sich in einem solchen Fall auch die Frage nach der Abgrenzung der Schutzanforderungen von anderen funktionalen Anforderungen. Insbesondere ist zu klären, welche der funktionalen Anforderungen angemessen als Schutzanforderungen im eigentlichen Sinne anzusehen sind und welche nicht. Man muß also jeweils entscheiden, ob es sich um funktionsbedingte Schutzanforderungen handelt, die in VPL beschrieben werden sollten, oder ob die Erfüllung dieser Anforderungen von der Anwendung selbst anstatt vom Schutzsystem geleistet werden sollte. Einen anderen Zugang nimmt [Edw96], dort wird explizit ein Zugriffsschutzsystem für die Kontrolle von Koordinationspolitiken verwendet, diese werden allerdings als anwendungs*unterstützend* und nicht als anwendungsspezifisch klassifiziert. Im folgenden werden einige Kriterien genannt, die bei der Beantwortung dieser Frage helfen können, es bleibt jedoch noch einiger Spielraum für Entwurfsentscheidungen.

Die Antwort fällt nicht so leicht, wie es zunächst scheinen mag, denn die Klassifizierung nach den üblichen Schutzanforderungen Geheimhaltung und Integrität ist nicht immer eindeutig. Den Zugriff auf die Gutachten anderer Gutachter des gleichen Beitrags zu regeln, kann als legitime Aufgabe des Schutzsystems bezeichnet werden, da hinter der Ablehnung eines Zugriffs die Anforderung nach Geheimhaltung steht.

Betrachten wir den Übergang zwischen den einzelnen Bearbeitungsphasen, so fällt eine solche Einschätzung schon schwerer. Beispielsweise kann die Tatsache, daß nach Erreichen des Einsendeschlusses keine Beiträge mehr angenommen werden sollen, als Schutzanforderung aufgefaßt werden, wenn das zu späte oder zu frühe Einreichen als Integritätsverletzung interpretiert wird. Die konkrete Konsequenz eines solchen Entwurfs ist, daß nicht-konformes Verhalten zu einer NO_PERMISSION-Ausnahme führt. Eine andere Möglichkeit wäre jedoch, zu spät eingegangene Beiträge kommentarlos zu ignorieren oder eine anwendungsdefinierte Ausnahme zu melden, die z. B. DEADLINE_EXCEEDED heißen könnte.

Entscheidet sich ein Entwickler für letzteres, so fällt die Aufgabe, Ausnahmen zu definieren, Ausnahmebedingungen an geeigneter Stelle im Code zu prüfen und gegebenenfalls eine Ausnahme auszulösen, dem Programmierer zu. Die Überprüfung von Ausnahmebedingungen findet dann stets *in* einer Operation statt, während der Sicherheitsdienst dies *vor* Eintritt in die Implementierung einer Operation durchführt. Als ein weiteres Kriterium kann auch die Art der möglichen Ausnahmebehandlung gelten: Zugriffsschutzverletzungen führen zu Systemausnahmen, die vom Aufrufer in der Regel nicht sinnvoll behandelt werden können, während für anwendungsdefinierte Ausnahmen eine sinnvolle Behandlung möglich sein sollte.

6   Verwandte Arbeiten

Sprachbasierte Ansätze gibt es spätestens seit den 70er Jahren. Ein früher programmiersprachlicher Ansatz ist [JL78], in dem ADTs für die Durchsetzung von Objektschutz verwendet werden, jedoch ist die Politikbeschreibung hier Teil der Implementierung und wird nicht separat behandelt. Ein weiteres, programmiersprachliches und objektorientiertes Modell für nicht-verteilte Umgebungen ist [RSC92]. Dieses Modell unterscheidet feinkörnig zwischen mehreren Klassen von Principals, jedoch können auch hier Schutzpolitiken nicht separat beschrieben werden. Der Ansatz kennt ein Eigentümerkonzept für Erzeuger von Objekten, die ihre Rechte durch Aufrufe von Bibliotheksfunktionen weitergeben.

Der Begriff eines *Views* als Zugriffsschutzkonzept ist nicht neu und wurde zuerst in [Hag94] für ein verteiltes Objektsystem verwendet. Auch in relationalen und objektorientierten Datenbanken werden Views als Schutzkonzept verwendet, vgl. z. B. [SLT91]. Die Verwendung von Datenbank-Views zu diesem Zweck Art ähnelt der Verwendung von ADTs, jedoch können solche Views, anders als unsere, auch auf verbundenen Typen oder Tabellen definiert sein. Neu ist jedoch unser Konzept der Typisierung von Berechtigungen als Basis eines systematisch sprachbasierten Ansatzes zur Beschreibung von Schutzpolitiken.

Ein allgemeiner Rahmen zur Definition beliebiger Schutzpolitiken wird in [JSSB97] vorgeschlagen. Die Formulierung einer Politik als Satz von Regeln geschieht in einer logikbasierten Sprache. Alle Entscheidungen in Bezug auf die Ableitung von Rechten aus impliziten Berechtigungen, die Propagierung von Rechten in Gruppen, die Priorisierung von Rechten und Konfliktauflösungsstrategien sind offengelassen und müssen in diesem Rahmen zunächst als Bestandteil einer Bibliothek von Politiken vereinbart werden. Das Datenmodell für die Schutzobjekte ist ebenfalls offengelassen und muß separat beschrieben werden. Der Schutzzustand wird um eine Geschichtskomponente erweitert, die alle Zugriffe in der Form von done-Fakten protokolliert, damit zustandsbasierte Politiken wie *Chinese Wall* ausgedrückt werden können. Aus der Allgemeinheit des Ansatzes ergibt sich eine komplexere konkrete Syntax als die von uns vorgestellte. Politikbeschreibungen selbst können weniger gut strukturiert werden.

Darüberhinaus kann man keinen Nutzen aus der Struktur des Datenmodells der zu schützenden Objekte ziehen, etwa ihrer Typisierung.

Eine umfassende Arbeit über Konzepte zur objektorientierten Spezifikation von Rechten ist [Brü97], dort wird auch explizit Gebrauch von Operationsklassen als dritter Kategorie neben Subjekt- und Objektklassen gemacht. Views können als eine Erweiterung dieses Konzepts verstanden werden. Das dort vorgestellte, objektorientierte Zugriffsschutzmodell ist allgemeiner als unseres, jedoch ist unser Konzept eines zustandsorientierten Berechtigungsschemas neu.

7 Zusammenfassung und Ausblick

In diesem Papier haben wir ein allgemeines Zugriffsschutzmodell für CORBA und eine konkrete Entwurfsnotation vorgestellt. Anhand eines realistischen Anwendungsbeispiels wurde gezeigt, wie sich anwendungsspezifische Schutzanforderungen in VPL beschreiben lassen. Zwei weitere Details für die flexible Modellierung von Politiken, *kombinierte Rechte* und *virtuelle Rechte*, sind in [Bro99] zu finden. Gegenwärtig arbeiten wir an einer Implementierung des Modells im Rahmen der Entwicklung eines Zugriffsschutzsystems für unsere Java/CORBA-Implementierung JacORB [Bro97].

Weitere, geplante Arbeiten beinhalten die Erweiterung des Modells um Sprachmittel zur Komposition von Politiken sowie die Formalisierung und die Untersuchung weiterer Fallstudien. Aufbauend auf diesem Modell sollen Managementkonzepte und Werkzeuge entwickelt werden, mit denen sich sowohl Politikdomänen konfigurieren und verwalten lassen, als auch die dynamische Überwachung des Schutzstatus vorgenommen werden kann.

8 Literatur

[BN89]   David Brewer und Michael Nash. The chinese wall security policy. In *IEEE Symposium on Security and Privacy*, S. 206-214, 1989.

[Bro97]   Gerald Brose. JacORB - Design and Implementation of a Java ORB. In *Proc. International Conference on Distributed Applications and Interoperable Systems (DAIS '97)*, S. 143-154, Chapman & Hall, 1997.

          http://www.inf.fu-berlin.de/~brose/jacorb/

[Bro99]   Gerald Brose. A view-based access model for CORBA. In: Jan Vitek und Christian Jensen (Hrsg.), *Secure Internet Programming:*

Security Issues for Mobile and Distributed Objects. Springer LNCS 1603, 1999.

[Brü97]		Hans H. Brüggemann. *Spezifikation von objektorientierten Rechten*. DUD-Fachbeiträge. Vieweg, 1997.

[Edw96]		W. Keith Edwards. Policies and Roles in Collaborative Applications. *In Proc. Computer Supported Cooperative Work (CSCW '96)*, S. 11-20, 1996.

[GM90]		Morrie Gasser und Ellen McDermott. An architecture for practical delegation in a distributed system. In *Proc. IEEE Symposium on Research in Security and Privacy*, S. 20-30, 1990.

[Hag94]		Daniel Hagimont. Protection in the Guide object-oriented distributed system. In *Proc. ECOOP 1994*, Springer LNCS, S. 280-298, 1994.

[JL78]		Anita Jones und Barbara Liskov. A language extension for expressing constraints on data access. *Communications of the ACM*, 21(5):358-367, Mai 1978.

[JSSB97]		Sushil Jajodia, Pierangela Samarati, V. S. Subrahmanian und Elisa Bertino. A unified framework for enforcing multiple access control policies. *In Proc. International Conference on Management of Data*, S. 474-485, 1997.

[Kar98]		Günter Karjoth. Authorization in CORBA security. In *Proc. ESORICS'98*, S. 143-158, 1998.

[KH90]		Oliver C. Kowalski und Hermann Härtig. Protection in the BirliX operating system. In *Proc. 10th Int. Conf. on Distributed Computing Systems*, S. 160-166, 1990.

[KLM+97]	Gregor Kiczales, J. Lamping, A. Mendhekar, C. Maeda, C. Lopes, J.-M. Loingiter und J. Irwin. Aspect-oriented programming. In *Proc. ECOOP*, Springer LNCS, 1997.

[OMG97]	OMG. CORBAservices: Common Object Services Specification, November 1997.

[OMG98a]	OMG. The Common Object Request Broker: Architecture and Specification, revision 2.2, Februar 1998.

[OMG98b] OMG. *Security Service Revision 1.2*, Januar 1998.

[RBKW91] Fausto Rabitti, Elisa Bertino, Won Kim und Darrel Woelk. A model of authorization for next-generation database systems. *ACM Transactions on Database Systems*, 16(1):88-131, März 1991.

[RSC92] Joel Richardson, Peter Schwarz und Luis-Filipe Cabrera. CACL: Efficient fine-grained protection for objects. In *Proc. OOPSLA 1992*, S. 263-275, 1992.

[Slo94] Morris Sloman. Policy driven management for distributed systems. *Journal of Network and Systems Management*, 2(4), 1994.

[SLT91] Marc H. Scholl, Christian Laasch und Markus Tresch. Updatable views in object-oriented databases. *In Proc. 2. Int. Conf. on Deductive and Object-Oriented Databases*, Springer LNCS 566, S. 189-207, 1991.

[WL93] Thomas Y. C. Woo und Simon S. Lam. Authorization in distributed systems: A new approach. *Journal of Computer Security*, 2(2-3):107-136, 1993.

Verletzlichkeitsreduzierende Technikgestaltung

Methodische Grundlagen für die Anforderungsanalyse

Volker Hammer

Secorvo Security Consulting, Karlsruhe
hammer@secorvo.de

Zusammenfassung

Um „Sicherheit" für soziale Systeme zu erreichen, müssen nicht nur Schadenswahrscheinlichkeiten verringert, sondern insbesondere Schadenspotentiale begrenzt und Beobachtungs- und Handlungsoptionen für schwere Störfälle bereitgestellt werden (verletzlichkeitsreduzierende Technikgestaltung). Der Beitrag stellt die methodische Grundlagen für die Anforderungsanalyse zur verletzlichkeitsreduzierenden Technikgestaltung vor.

1   Wahrscheinlichkeitsorientierte IT-Sicherheit?

„Klassische" Ansätze der IT-Sicherheit konzentrieren sich auf drei Grundbedrohungen und die korrespondierenden Schutzziele „Schutz der Vertraulichkeit", „Schutz der Integrität" und „Schutz der Verfügbarkeit".[1] Die Maßnahmen, die aus diesen Schutzzielen für die Technikgestaltung abgeleitet werden sind weitgehend an der Technik orientiert und bemühen sich vorrangig, die Wahrscheinlichkeit von Störfällen gering zu halten (wahrscheinlichkeitsorientierte Sicherungsmaßnahmen).[2]

Bereits im ingenieurwissenschaftlichen Verständnis wird „Risiko" jedoch auf zwei Dimensionen zurückgeführt: Schadenswahrscheinlichkeit und Schadenspotential. Eine an niedrigen Schadenspotentialen orientierte Gestaltung von IT-Systemen wird mit den bisherigen Ansätzen jedoch nur unzureichend unterstützt. Auch neuere Ansätze, wie die Common Criteria[3], bieten trotz einzelner Ergänzungen keine umfassende methodische oder gar generische Unterstützung. Dieser Beitrag zeigt, daß einer Orientierung an Schadenspotentialen in der Anforderungsanalyse für Sicherungsmaßnahmen eine hohe Priorität eingeräumt werden muß. Anschließend werden die methodischen Grundlagen für die

---

[1] Z. B. ITSEC 1993, 427 ff.
[2] Vgl. dazu und zum folgenden die Analyse in Hammer 1999, Kap. 4 bis 6.
[3] CC 1997.

Anforderungsanalyse vorgestellt, mit denen dieser Schwerpunktsetzung Rechnung getragen werden kann.

2 Ausgangspunkte der verletzlichkeitsreduzierenden Technikgestaltung

Anwendungsorientierte und relativierende IT-Sicherheitsbegriffe heben darauf ab, daß die trotz Sicherungsmaßnahmen verbleibenden Risiken tragbar sein sollen.[4] In der Anforderungsanalyse für Systemspezifikationen und Einsatzkonzepte muß daher berücksichtigt werden, wie Risiken von sozialen Systemen bewertet werden. Nur so kann erreicht werden, daß die Sicherungsmaßnahmen implementiert werden, die aus der Sicht der potentiell von Störungen betroffenen sozialen Systeme notwendig und wünschenswert erscheinen. Hinweise für die *soziale* Bewertung von Risiken bieten Untersuchungen aus der Psychologie, die Verfassungsverträglichkeit und Ansätze aus der Soziologie und Politologie, die im folgenden vorgestellt werden. Deren Faktoren sollten in der Anforderungsanalyse methodisch berücksichtigt werden.

Soziale Risikobewertung

Intuitive Risikokonzepte aus der Psychologie zeigen Faktoren auf, die mit einer „hohen" Risikobewertung durch Individuen korrelieren. Risiken werden intuitiv als „hoch" bewertet, wenn:[5]

- sie unfreiwillig eingegangen werden müssen,[6] unkontrollierbar, furchtbar und tödlich erscheinen, eine ungerechte Verteilung von Vor- und Nachteilen entsteht oder sie ein hohes Katastrophenpotential beinhalten (der Faktor wird als *dread Risk* bezeichnet),

- sie als nicht wahrnehmbar, unbekannt oder neuartig beurteilt werden oder ihre Wirkungen erst mit starker Verzögerung erwartet werden (*unknown Risk*), oder

- eine große Anzahl von Menschen einer Gefahr ausgesetzt sind, auch wenn der einzelne sich nicht unmittelbar bedroht fühlt (*exposure*).

Können diese Faktoren vermieden oder gering gehalten werden, ist mit einer höheren Akzeptabilität von IT-Systemen zu rechnen.

---

[4] So Z. B. in BSI 1997, Kap. 1-5, oder in Amann/Atzmüller, DuD 1992, 287.

[5] Z. B. Jungermann / Slovic 1993, 167 ff.; Rudinger / Espey / Holte / Neuf 1996, 128 ff.

[6] Bereits Starr 1969, 12 stellt eine „*Differenz, um mehreren Gößenordnungen, zwischen der gesellschaftlichen Bereitschaft, 'freiwilliges' oder 'unfreiwilliges' Risiko zu akzeptieren*" fest.

Technikanwendungen sollen mit den *Zielen des Grundgesetzes* verträglich sein oder diese fördern (Verfassungsverträglichkeit).[7] Hohe Schadenspotentiale können jedoch zu sozialen Sicherungsmaßnahmen zwingen und dadurch zu Einschränkungen von individuellen Freiheitsgrundrechten führen. Mittelbar können auch die Voraussetzungen der demokratischen Willensbildung beeinträchtigt werden. Können Störungen weitreichende Auswirkungen auf die Versorgung der Bevölkerung mit lebensnotwendigen Gütern und Leistungen haben, kann die staatliche Pflicht zur Daseinsvorsorge vernachlässigt sein. Schließlich trifft den Staat als demokratisch legitimiertes und verpflichtetes Organ des Allgemeininteresses auch eine Schutzpflicht für Leben und Gesundheit des einzelnen und zur Vermeidung von Katastrophen gesellschaftlichen Ausmaßes.

Von Vertretern aus der Soziologie, Politologie, Fehlerpsychologie und anderen Disziplinen wird ein weiterer Bewertungsansatz für Risiken vertreten.[8] Er geht vom unterschiedlichen Einfluß des Schadenspotentials und der Schadenswahrscheinlichkeit auf die *Überlebens- und Lernfähigkeit* sozialer Systeme aus. Lernfähigkeit meint in diesem Zusammenhang, daß das soziale System Kenntnisse und Fähigkeiten im Umgang mit dem technischen System erwerben und sich, falls erforderlich, durch Anpassung auf neue Bedingungen einstellen kann. Dies verbessert auch seine Überlebensfähigkeit. Niedrige Schäden verbessern zudem die Chance, daß Anwender aus Fehlern lernen können. Fehler machen zu dürfen (wegen niedriger Schadenspotentiale) ist wiederum eine Voraussetzung, um ein mentales Modell vom Verhalten von Techniksystemen zu entwickeln. Die Chancen, in Störfällen einem Human-Task Mismatch[9] mit schwerwiegenden Folgen zu entgehen, werden dadurch verbessert.

Für eine stärkere Berücksichtigung des Schadenspotentials in der Technikgestaltung spricht auch, daß die Güte der Abschätzung der beiden Dimensionen für Risikobewertungen häufig unterschiedlich ist.[10] Während künftige Schadenspotentiale vergleichsweise gut abgeschätzt werden können, liegen für die Schadenswahrscheinlichkeiten, insbesondere für neue und komplexe Systeme, häufig keine geeigneten Zahlen vor. Außerdem können die sozialen Faktoren, die die Fehler- und Angriffswahrscheinlichkeit beeinflussen, sehr großen Schwankungen unterliegen.

---

[7] Vgl. zu diesem Absatz und den folgenden Aspekten z. B. Roßnagel / Wedde / Hammer / Pordesch 1990a und Roßnagel / Wedde / Hammer / Pordesch 1990b, 171 ff.; Roßnagel 1995, 56 ff.

[8] Vgl. z. B. Guggenberger 1987; Wehner, BSI-Forum 1993, 49f., oder Weizsäcker / Weizsäcker 1984, 167 ff.

[9] Leveson 1995, 91-126, bezeichnet damit Situationen, in denen Operateure die Aufgabe, ein technisches System zu steuern, *nicht erfüllen können*, weil dies durch die Situation und das Techniksystem verhindert wird. Ein Grund können unzureichende oder verfälschte Informationen über Störungsursachen sein.

[10] Vgl. die Nachweise in Wehner, BSI-Forum 1993, 146 ff.

Normative Vorgaben

Diese Ergebnisse zur sozialen Risikobewertung können in den folgenden sozialen Zielen der Technikgestaltung zusammengefaßt werden:[11]

(V1) *niedrige Schadenspotentiale:* Primär ist das Schadenspotential von IT-Anwendungen für alle potentiell betroffenen sozialen Systeme niedrig zu halten. Ausgangspunkt für die Bewertung des Schadenspotentials muß dabei die künftige Abhängigkeit sozialer Funktionen vom Techniksystem sein.

(V2) *niedrige Schadenswahrscheinlichkeit:* Als zweite Komponente von Risiken ist die Schadenswahrscheinlichkeit zu betrachten. Sie wird in den meisten Ansätzen der IT-Sicherheit vorrangig verfolgt, ohne daß dies im Rahmen der Risikobewertung begründet wird.

(V3) *Autonomie:* Risiken sollen freiwillig übernommen werden können. Potentiell betroffene soziale Systeme müssen die Höhe ihres Risikos bestimmen und an veränderte Bewertungen anpassen können.

(V4) *Erfahrungsbildung:* Risiken sollen „erfahrbar" sein. Die Technikgestaltung muß deshalb die Erfahrungsbildung im Normalbetrieb und in Störungssituationen erlauben.

Im Unterschied zu den Grundbedrohungen der ITSEC geht die *verletzlichkeitsreduzierende Technikgestaltung* von diesen vier sozialen Zielen aus. Für sie kann unterstellt werden, daß sie auf breite Zustimmung als vernünftige Vorgaben einer Technikgestaltung stoßen. Sie eignen sich daher als Ausgangspunkte für eine Anforderungsanalyse und werden als *normative Vorgaben* bezeichnet.

Die vier normativen Vorgaben sind unter den Gesichtspunkten der sozialverträglichen Technikgestaltung allerdings nicht gleichgewichtig. Die größten Gewinne für die Sozialverträglichkeit sind zu erwarten, wenn es gelingt, Schadenspotentiale niedrig zu halten, weil dadurch z. B. soziale Sicherungszwänge vermieden und die Erfahrungsbildung gefördert werden können. *Verletzlichkeit* bezeichnet daher die Möglichkeit großer Schäden für die gesellschaftliche Gruppen, Organisationen oder Individuen.[12] Eine hohe Verletzlichkeit durch Informations- und Kommunikationstechnik besteht für ein soziales System dann, wenn es durch technische Störungen hohe Schäden erleiden kann. Verletzlichkeitsreduzierende Technikgestaltung ist dementsprechend primär auf die Verminderung hoher Schadenspotentiale gerichtet. Die möglichen Abhängigkeiten zwischen den Risiken unterschiedlicher beteiligter Akteure durch den Techni-

---

[11] Siehe zum folgenden Hammer 1999, Kap. 7 und die Begründungen in Kap. 4-6 mwN.

[12] Roßnagel/Wedde/Hammer/Pordesch 1990a, 7; provet/GMD 1994, 20f. Ähnlich SARK 1979, 45.

keinsatz muß dabei berücksichtigt werden. Es ist eine Balancierung der Risiken anzustreben, die allen potentiell Betroffenen gerecht wird.

Für eine konkrete Technikgestaltung sind die generalklauselartigen normativen Vorgaben allerdings noch nicht geeignet. Zwischen ihnen und technischen Gestaltungsvorschlägen im Sinne einer Spezifikation liegt eine Beschreibungslücke. Mit Hilfe der Methode der „normativen Anforderungsanalyse" (NORA[13]) kann diese Beschreibungslücke jedoch überwunden werden (vgl. Abb. 1). Dazu werden in der Beschreibungslücke „Zwischenebenen" definiert.[14] Jede der Ebenen entspricht einem Modell, in dem die normativen Vorgaben (Normbereich), das Technikfeld und der Anwendungskontext mit zunehmender Techniknähe zu konkretisieren sind. Daraus entsteht das im weiteren skizzierte Kriteriensystem für die Anforderungsanalyse zur verletzlichkeitsreduzierenden Technikgestaltung.[15]

Soziale Anforderungen

Im ersten Konkretisierungsschritt werden aus den generalklauselartigen normativen Vorgaben soziale Anforderungen abgeleitet. Sie beschreiben in der Sprache eines sozialen Modells, welche Aspekte der Vorgaben auch unter dem Eindruck eines

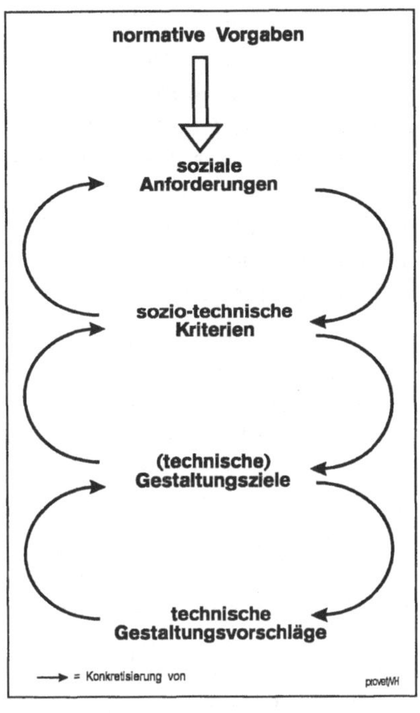

Abb. 1: Die fünf Ebenen eines Kriteriensystems im Konkretisierungsprozeß nach NoRA. Technische Gestaltungsvorschläge entsprechen Anforderungen im Sinne einer Spezifikation.

geplanten Technikeinsatzes aufrecht erhalten werden sollen. Für den Normbe-

---

[13] Die normative Anforderungsanalyse ist eine methodische Weiterentwicklung der „schrittweisen Konkretisierung rechtlicher Anforderungen" (KORA). Der methodische Ansatz wurde zunächst für die rechtsgemäße Technikgestaltung von Telefonanlagen entwickelt und in Forschungs- und Beratungsprojekten eingesetzt. In weiteren Projekten wurde er für Forschungsprojekte im Technikfeld digitale Signaturen und Verschlüsselung angewendet. Eine Übertragung war auch für die Technikgestaltung unter psycho-sozialen Vorgaben möglich. Zur Entwicklung siehe Hammer 1999, Kap. 9.1, mit weiteren Nachweisen.

[14] Zur Vorgehensweise siehe Hammer 1999, Kap. 9 mwN.

[15] Zum weiteren siehe die Entwicklung des Kriteriensystems mit den ausführlichen Konkretisierungsschritten in Hammer 1999, Kap. 10.

reich Verletzlichkeit können acht soziale Anforderungen identifiziert werden, auf die an dieser Stelle nur kurz eingegangen wird.

Bezogen auf die Leistungsfähigkeit des sozialen Systems sollen durch Störungen in IT-Systemen nur *niedrige Schäden* (A1) auftreten. Soziale Systeme sollen außerdem in Störungssituationen reagieren können (*Beherrschbarkeit von Störungssituationen*, A2), möglichst auch ohne die Hilfe Dritter. Soziale Systeme müssen ein aus ihrer Sicht akzeptables Risiko wählen können, wobei auch die Einflußnahme auf die Schadenshöhe möglich sein muß (*Selbstbestimmbare Risiken*, A3). Die Wahlmöglichkeiten hinsichtlich des Technikeinsatzes, seines Umfangs und der spezifischen Risikoausprägung sind für Anpassungen im Laufe der Zeit offen zu halten.

Soziale Systeme können außerdem darauf setzen, daß sie ihre Risiken selbst kontrollieren, unter anderem um im Störfall schneller handeln zu können, ihre Interessen selbst zu verfolgen und deshalb geringere Schäden zu erleiden, als wenn sie auf Reaktionen eines Dritten angewiesen sind. IT-Systeme sollten deshalb so gestaltet werden, daß sie auch die Möglichkeit zu *autonomer Technikanwendung* (A4) bieten. Wenn kleinere soziale Einheiten individuell auf Störungen reagieren können, kann dies auch aus der Sicht der jeweils größeren sozialen Einheit zur Beherrschbarkeit von Störungssituationen beitragen. Soziale Systeme müssen die Möglichkeit haben, Techniksysteme zu erproben und ihr Verhalten in Störfälle zu untersuchen (*Erprobungsmöglichkeiten*, A5). Schließlich soll die Technik so gestaltet werden, daß Fehler, Angriffsmotive und Angriffsmöglichkeiten vermieden werden (A6, A7 und A8)

Für den Schwerpunkt der verletzlichkeitsreduzierenden Technikgestaltung müssen die Anforderungen A1 und A2 sowie Teile von A3 bis A5 weiter konkretisiert werden. Im nächsten Konkretisierungsschritt sind dazu sozio-technische Kriterien zu bestimmen. Sie sollen beschreiben, wie die sozialen Anforderung im Zusammenwirken von sozialem System und Technik erfüllt werden können (sozio-technisches Modell). Bevor dies möglich ist, müssen allerdings die technikspezifischen Beiträge zu Schadenspotentialen identifiziert we rden.

3 Technikspezifische Beiträge zum Schadenspotential

Primär sollen Störfälle mit hohe Schadenspotentiale vermieden bzw. beherrscht werden. Für die verletzlichkeitsreduzierende *Technik*gestaltung bietet es daher sich an, technikspezifische Beiträge von IT-Systemen zu Schadenspotentialen gering zu halten oder zu vermeiden. Potentiell hohe Schäden können zum einen aus einer Störungsursache entstehen, wenn ein *hoher Einzelschaden* möglich ist. Zum anderen sind hohe Schadenspotentiale möglich, wenn eine *Menge von Schäden* gemeinsam bewertet wird, weil sie auf die gleiche oder auf ähnliche Störungsursachen zurückzuführen sind. Für solche Fälle sind mögliche Störungsverläufe zu betrachten. Um Schadenspotentiale in Abhängigkeit vom Störungsverlauf zu charakterisieren, werden die folgenden *Schadenstypen* eingeführt.[16]

Zahl der Störereignisse➲ ↻Ausbreitung		einzelnes primäres Störereignis	mehrere gleiche / primäre Störereignisse
ohne Ausbreitung	einzelnes (Teil-)System	Einzelschaden	Kumulationsschaden
	viele unabhängige (Teil-) Systeme durch Ereignissteuerung	Synchronschaden	kumulierte Synchronschäden (untypisch)
mit Ausbreitung	lineare Ausbreitung	Kopplungsschaden	kumulierte Kopplungsschäden
	automatische Reproduktion	Multiplikationsschaden	kumulierte Multiplikationsschäden
	komplexe Ausbreitung	Komplexschaden	kumulierte Komplexschäden

Tabelle 1: Schadenstypen in Abhängigkeit vom Störungsverlauf

Mehrere Schäden, die auf gleichartige Störungsursachen zurückzuführen sind und aus der Sicht eines sozialen Systems gemeinsam zu bewerten sind, können in einem Kumulationsschaden zusammengefaßt werden. Schadenssummen entstehen auch durch Störungsverläufe, insbesondere auch dann, wenn die Störung nicht rechtzeitig erkannt wird oder die Handlungsmöglichkeiten nicht ausreichen, um den Störfall zu beherrschen (*hohe Störungsdynamik*). Die Ausbreitung von Störungen kann unterschiedliche Charakteristika aufweisen. Sie kann linear (Kopplungsschaden) oder als Spezialfall in der Form der automatischen Reproduktion erfolgen (Multiplikationsschaden). Viele Komponenten können auch

---

[16] Vgl. Hammer 1999, Kap. 8.

betroffen sein, wenn sich ein primäres Störereignis über komplexe Abhängigkeiten ausbreitet (Komplexschaden). Durch die Möglichkeit zur Ereignissteuerung kann außerdem eine „außerhalb" der IT-Systeme liegende Störbedingung zur gleichzeitigen Störung vieler ansonsten unabhängiger Komponenten führen. Diese Form von Störungsdynamik ist technikspezifisch für IT-Systeme. Die Schadenssumme eines solchen Störfalls wird als Synchronschaden eingeordnet. Prominentes Beispiel ist das Jahr 2000-Problem.

Das Konzept der Störungsdynamik wird im Konkretisierungsprozeß nach NORA insbesondere in den Kriterien K1 bis K4 aufgegriffen. Die Kriterien werden im nächsten Abschnitt vorgestellt.

4 Sozio-technische Kriterien verletzlichkeitsreduzierender Technikgestaltung

Mit den bereits erwähnten sozio-technischen Kriterien wird im zweiten Konkretisierungsschritt nach NORA ein „Modell" für das Zusammenwirken von sozialem und technischem System entwickelt. Sie werden verwendet, um Gestaltungsalternativen zu suchen oder auszuwählen, die den sozialen Anforderungen gerecht werden. Dazu wird beschrieben, welche Eigenschaften für ein sozio-technisches System gelten sollen. Für die verletzlichkeitsreduzierenden Technikgestaltung mit dem Schwerpunkt „Schadenspotential" können mit dieser Vorgehensweise zehn Kriterien entwickelt werden (vgl. Abb. 2):[17]

(K1) *Begrenzte Schadenshöhe*: Auch unter den Bedingungen eines Technikeinsatzes sollen für ein soziales System möglichst für alle Schadenstypen Obergrenzen für die Schadenshöhe durchgesetzt werden.

(K2) *Transparenz*: Transparenzmechanismen sollen das Erkennen und Analysieren von Störereignissen und die Planung von Maßnahmen unterstützen. Durch beobachtungsorientierte Sicherungsmaßnahmen sollen soziale Systeme außerdem das sie betreffende Schadenspotential erkennen können. Transparenz kann auch durch einfache Systemstrukturen gefördert werden.

(K3) *Niedrige Störungsdynamik*: Das Kriterium fordert eine Ausgestaltung von Techniksystemen und Einsatzkonzepten, in der sich Störungen nur schwer und nur langsam ausbreiten können. Dazu sind lose Kopplung und lineare Kopplungsstrukturen anzustreben. Außerdem sind Synchronisationsmechanismen (im oben beschriebenen Sinn) zu vermeiden. Zur losen Kopplung tragen auch zeitliche Spielräume oder vorbereitete spezielle und universelle Eingriffsmöglichkeiten für die Operateure bei.

---

[17] Zur Konkretisierung der Kriterien siehe ausführlich Hammer 1999, Kap. 10.4.

(K4) *Graduelle Reduktion sozialer Funktionen*: Die gradueller Reduktion sozialer Funktionen ist eine besondere Form der losen Kopplung. Das Kriterium empfiehlt, Techniksysteme so zu strukturieren, daß auch beim Auftreten von Störungen wichtige soziale Kernfunktionen noch aufrecht erhalten werden. Dazu können beispielsweise unabhängige Substitutionsmechanismen auf niedrigerem Leistungsniveau zur Verfügung stehen.

(K5) Die *Unterstützung von Schadenskompensation* kann dazu beitragen, das nachlaufend Schäden ausgeglichen werden. Eingeschlossen sind Maßnahmen zur freiwilligen wie zur (rechtlich) durchsetzbaren[18] Kompensation.

(K6) *Entscheidungsfreiheit*: Das Kriterium fordert Entscheidungsmöglichkeiten für soziale Systeme bezüglich aller Aspekte, die risikorelevant sind. Dies bezieht sich z. B. auf Schadensobergrenzen, aber auch auf Störungsdynamiken.

(K7) Das Kriterium *Anpassungsfähigkeit* fordert, daß Techniksysteme in Übereinstimmung mit K6 angepaßt werden können und über die Zeit an veränderte Risikobewertungen anpaßbar bleiben.

(K8) Damit soziale Systeme Techniksysteme im Normalbetrieb selbst steuern und in Störungssituationen selbst handeln können, ist als Option eine *autonome Technikkontrolle* zu fordern. Ob diese Option wahrgenommen wird, unterliegt der Entscheidungsfreiheit (K6).

(K9) *Testunterstützung* soll es im Wirkbetrieb und in Störungssituationen erlauben, das Verhalten eines IT-Systems zu untersuchen. Dazu sind zum ersten Testfunktionalitäten bereitzustellen. Zum zweiten ist eine Abgrenzung des Testbetriebs notwendig, damit Tests in produktiven Anwendungen keine hohen Schäden verursachen können.

(K10) Durch *Techniksicherung* sollen die aus den bisher genannten Kriterien abzuleitenden technischen Maßnahmen abgesichert und vor Fehlern und Angriffen geschützt werden. Dazu gehört beispielsweise auch der Schutz von verletzlichkeitsreduzierenden Maßnahmen durch eine geeignete Zugangs- und Zugriffskontrolle, wenn sie Angriffe erlauben können.

---

[18] Vgl. dazu auch den Ansatz des Gleichgewichtsmodells bei Grimm 1994.

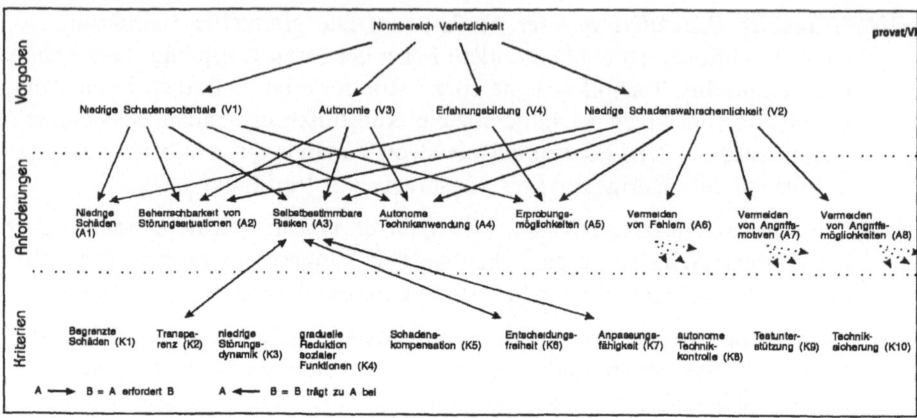

Abb. 2: Vorgaben, Anforderungen und schadenspotentialrelevante Kriterien. Die Relationen zwischen Anforderungen und Kriterien sind beispielhaft für A3 dargestellt. A4 bis A8 werden in den hier vorgestellten Kriterien nur in ihren schadenspotentialrelevanten Anteilen berücksichtigt.

Diese zehn sozio-technischen Kriterien erweitern den Gestaltungsraum der IT-Sicherheit um schadenspotentialorientierte, beobachtungsorientierte und handlungsorientierte Sicherungsmaßnahmen. Sie ergänzen die klassischen Ansätze der IT-Sicherheit in der Anforderungsanalyse systematisch um den Schwerpunkt niedriger Schadenspotentiale und berücksichtigen durchgängig eine sozio-technische Sichtweise. Sie sind im nächsten Konkretisierungsschritt auf Gestaltungsobjekte zu beziehen. Für diese werde technische Gestaltungsziele abgeleitet.

5 Technische Gestaltungsziele

Die sozio-technischen Kriterien zur verletzlichkeitsreduzierenden Technikgestaltung konnten unabhängig von konkreten Techniksystemen und Anwendungskontexten formuliert werden. Im dritten Konkretisierungsschritt werden sie jedoch auf technische Gestaltungsobjekte angewandt.[19] Dazu wird gefragt, welche Eigenschaften diese Gestaltungsobjekte aufweisen müssen, damit die

---

[19] Vgl. dazu Hammer 1999, Kap. 11, und die Beispiele in Kap. 12-14. Da sich die Kriterien auf sozio-technische Systeme beziehen, können mit ihnen auch Gestaltungsziele für andere Gestaltungsobjekte, beispielsweise Rechtsregeln oder organisatorische Maßnahmen abgeleitet werden. In der Praxis werden sogar im allgemeinen Systemlösungen zu suchen sein, die sich aus einer Kombination der verschiedenen Gestaltungsziele zusammensetzen. Im Sinne einer *Technik*gestaltung sollte jedoch zunächst versucht werden, *technische* Gestaltungsobjekte gemäß der Kriterien auszuformen. Kompensationsmaßnahmen für technische Defizite durch Recht, Organisation oder soziale Anpassung sind nur Mittel der zweiten Wahl.

sozio-technischen Kriterien erfüllt werden können. Dazu müssen vier Bezüge hergestellt werden:

- zur *Größe sozialer Systeme*: Da die Möglichkeiten sozialer Systeme, Störungen zu verkraften, von ihrer spezifischen Leistungsfähigkeit abhängt, müssen die Eigenschaften von Gestaltungsobjekten an potentiell betroffenen sozialen Systemen ausgerichtet werden. Dies betrifft zum einen die vertretbare Schadenshöhe und zum anderen die Beobachtungs- und Handlungsoptionen, die für das soziale System zur Verfügung gestellt werden sollen. Häufig wird es dazu ausreichen, Individuen, Organisationen und gesellschaftliche Gruppen als idealtypische soziale Systeme zu unterscheiden.

- zu den *Interessen sozialer Systeme*: Soziale Systeme können in unterschiedlichen Rollen agieren, z. B. als Signierender oder als Empfänger signierter Willenserklärungen. Dementsprechend werden sie an Sicherungsmaßnahmen und damit auch an Technikkomponenten unterschiedliche Erwartungen haben. Das Konzept der rollenspezifischen Gestaltungsobjekte konnte erfolgreich eingesetzt werden, um diesem Aspekt in der Anforderungsanalyse Rechnung zu tragen.[20] Dabei wird durch einen „Übertragungsmechanismus" auch unterstützt, daß sich beispielsweise aus den Interessen des Prüfenden einer digitalen Signatur Anforderungen an die Signaturkomponente des Schlüsselinhabers ergeben.

- zu den potentiellen *Schäden*: Unterschiedlichen Schadensarten, z. B. „monetäre Verluste" oder „Verlust der elektronischen Geschäftsfähigkeit", wird im allgemeinen mit unterschiedlichen Maßnahmen begegnet werden. Die Konkretisierung der Kriterien ist daher nach den zu erwartenden Schadensarten zu unterscheiden.

- zu *relevanten Störfällen:* Verletzlichkeitsrelevante Störfälle werden identifiziert, indem aus der Perspektive des jeweiligen sozialen Systems nach Gestaltungsobjekten und Störungsverläufen mit hohem Schadenspotential gesucht wird. Die verschiedenen Störungsdynamiken bieten dabei Anhaltspunkte, an denen die Suche ausgerichtet werden kann, z. B. zur Identifikation zentraler Komponenten für mögliche Komplexschäden oder von Ereignissen, über die eine Synchronstörung entstehen kann. Der Begriff „Gestaltungsobjekt" wird dabei bewußt weit verstanden. Er schließt z. B. Einsatzkonzepte für Techniksysteme oder Strukturen, wie die Zertifizierungsgraphen, ein. Störfall-Szenarien, die ähnliche Eigenschaften aufwei-

---

[20] Dadurch wird mit NORA das Ziel der mehrseitigen Sicherheit (vgl. Rannenberg / Pfitzmann / Müller 1997, 21 ff) in der Anforderungsanalyse berücksichtigt.

sen, können zu Klassen zusammengefaßt werden. Jede Klasse von Störfällen, die vom sozialen System beherrscht werden soll, wird dann als ein *Auslegungsstörfall* betrachtet. Ein Beispiel für einen Auslegungsstörfall ist die Forderung aus der Perspektive der Gesellschaft, daß das Auslaufen eines Zertifizierungsinstanz-Zertifikats nicht zum Verlust der elektronischen Geschäftsfähigkeit vieler Teilnehmer führen darf.

Die zehn Kriterien werden verwendet, um anhand von Auslegungsstörfällen wünschenswerte verletzlichkeitsreduzierende Sicherungsmaßnahmen zu identifizieren. Eine systematische Darstellung der Gestaltungsdiskussion ist wegen des Umfangs an dieser Stelle zwar nicht möglich.[21] Es können jedoch drei Beispiele aus dem Technikfeld Sicherungsinfrastrukturen angedeutet werden.

Beispiele

Nach dem SigG ist eine *Verwendungsbegrenzungen in Zertifikaten* vorgesehen. Im allgemeinen Fall wird sie allerdings nicht ausreichend sein, um Kumulations- oder Multiplikationsschäden durch den Mißbrauch eines Signaturschlüssels für den Schlüsselinhaber zu begrenzen. Zusätzlich wäre es notwendig, durch eine entsprechende Kontrolle auf der Chipkarte oder durch einen Autorisierungsdienst nur eine limitierte Anzahl von Nutzungen pro Zeiteinheit zuzulassen, um dem Kriterium „begrenzte Schäden" (K1) gerecht zu werden.

Mißbrauchsfälle bei der Verwendung *von Zertifizierungsschlüsseln* müssen aus der Perspektive der jeweils betroffenen gesellschaftlichen Gruppe beherrscht werden. Bei genauerer Betrachtung zeigt sich, daß mehrere Auslegungsstörfälle unterschieden werden müssen. Zum ersten kann eine Sperrung für *künftige Verwendung* notwendig sein. Davon zu unterscheiden sind einzelne Mißbrauchsfälle, die erst *nach* den Manipulationen bekannt werden. In diesen Fällen kann es notwendig sein, einzelne Zertifikate *rückwirkend zu sperren*. In eine dritte Klasse fallen Störfall-Szenarien, in denen der Mißbrauch nicht abschätzbar ist oder die Ausforschung eines geheimen Schlüssels angenommen werden muß. In diesem Fall kann die *Sperrung einer Teilhierarchie* von Zertifikaten notwendig sein. Wenn die Sicherungsinfrastruktur auf die unterschiedlichen Störfall-Szenarien vorbereitet sein soll, müssen sowohl die Technikkomponenten der Vertrauensinstanzen als auch die Komponenten der Teilnehmer so ausgelegt werden, daß je nach Störfall die geeigneten Maßnahmen ergriffen werden können (K2 bis K4). Nur so können einerseits z. B. monetäre Schäden begrenzt

---

[21] Zu diesen und weiteren Beispielen ausführlich Hammer 1999, Kap. 11-14 mwN. Eine Übersicht über verletzlichkeitsreduzierende Gestaltungsziele für verschiedene Technikkomponenten im Feld Sicherungsinfrastrukturen findet sich unter   http://www.provet.org/leute/p-vh.htm. Auf die Ebene der technischen Gestaltungsvorschläge nach NORA geht dieser Aufsatz nicht ein.

und andererseits die elektronische Geschäftsfähigkeit möglichst gut aufrecht erhalten werden. Bisherige Sperrkonzepte differenzieren die Fälle allerdings nur unzureichend.

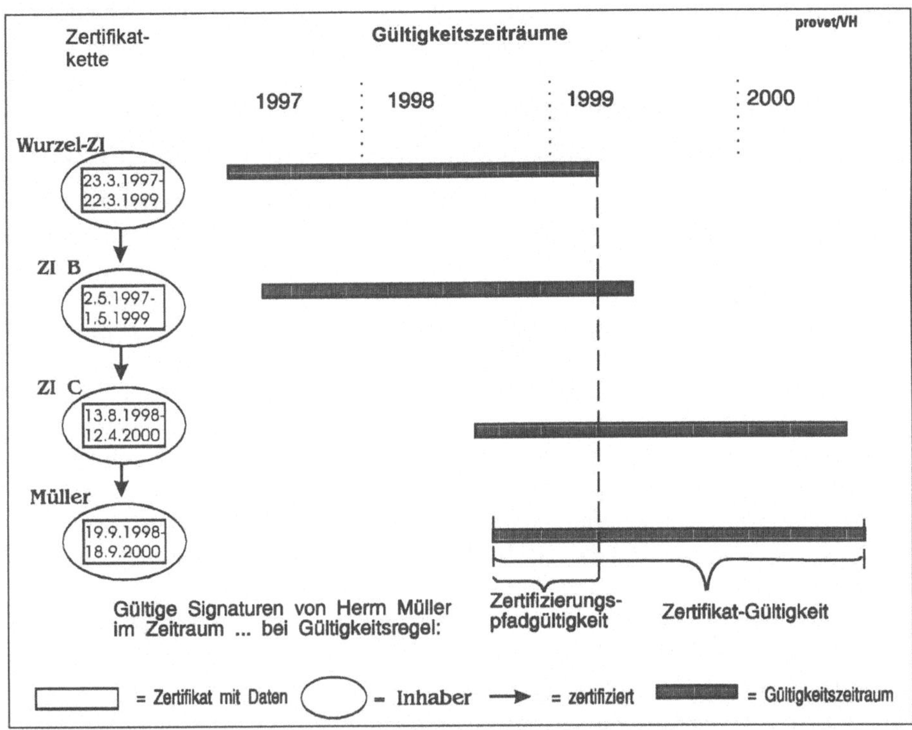

Abb. 3: Gültigkeitszeiträume für Signaturen in Abhängigkeit von der Regel zur Gültigkeitsprüfung. Zertifizierungspfad-Gültigkeit ist nur in der Schnittmenge der Gültigkeitszeiträume gegeben. Bei „Zertifikat-Gültigkeit" gilt dagegen (nur) die Bedingung, daß sich die Gültigkeitszeiträume der Zertifikate in der Zertifikatkette überlappen müssen.

Zertifikate werden für einen Gültigkeitszeitraum ausgestellt. Für *Gültigkeitsprüfungen* sind unterschiedliche Akzeptanzregeln möglich (vgl. Abb. 3). Im Falle von Zertifizierungspfad-Gültigkeit wird gefordert, daß zum Signaturzeitpunkt alle Zertifikat einer Zertifikatkette gültig sind. Ohne besondere Vergaberegeln für Zertifikate kann es aus der Perspektive „Gesellschaft" deshalb beim Auslaufen eines Zertifizierungsinstanz-Zertifikats für alle Teilnehmer mit nachgeordneten Zertifikaten und deren Kooperationspartner zu einer Synchronstörung kommen. Muß dagegen jede Signatur nur im Gültigkeitszeitraum des übergeordneten Zertifikats ausgestellt werden (Zertifikat-Gültigkeit), wird die Störungsdynamik erheblich verringert (K3).[22] Aus der Perspektive der Zertifikatinhaber wären Transparenzmechanismen sinnvoll (K2), die sie frühzeitig auf das Gültigkeitsende ihres Zertifikats aufmerksam machen und ihnen Spielräume für einen Zertifikatwechsel verschaffen.

6 Grenzen und Chancen verletzlichkeitsreduzierender Technikgestaltung

Wie mit anderen Ansätzen der IT-Sicherheit kann auch mit der skizzierten Methode selbstverständlich keine vollständige Sicherheit erreicht werden. Grenzen der verletzlichkeitsreduzierenden Technikgestaltung ergeben sich unter anderem, weil verletzlichkeitsreduzierende wie andere Sicherungsmaßnahmen neben einem Sicherungsbeitrag auch einen Störungsbeitrag aufweisen. Grenzen ergeben sich auch, wenn Schadenspotentiale durch die Randbedingungen eines Systemkonzepts nicht beeinflußt werden können. Oft können auch die Zielkonflikte innerhalb und zwischen den Kriterien oder zu anderen Anforderungsbereichen nicht völlig aufgelöst, sondern nur balanciert werden. Schließlich trägt die normative Anforderungsanalyse zur verletzlichkeitsreduzierenden Technikgestaltung zwar dazu bei, daß mögliche individuelle Risikopräferenzen und die Interessenkonflikte zwischen verschiedenen Rollen aufgezeigt werden. Sie kann aber nur darauf hinweisen, daß für solche Probleme Anpassungs- und Aushandlungsmöglichkeiten in der Technik notwendig sind, etwaige Konflikte müssen in der Realität sozial bewältigt werden.

Das skizzierte Kriteriensystem kann bereits in frühen Phasen der Anforderungsanalyse zur Gestaltung von Einsatzkonzepten und Technikkomponenten herangezogen werden. Es bietet daher die Chance zur *vorlaufenden Technikgestaltung*, auch für neue Technikfelder wie Sicherungsinfrastrukturen. Mit den sozio-technischen Kriterien werden Gestaltungsoptionen erschlossen, die die Schadenspotentiale von Störungen begrenzen oder Beobachtungs- und Handlungsoptionen eröffnen, um sie zu beherrschen. Die verletzlichkeitsreduzierende Technikgestaltung ergänzt damit die herkömmlichen IT-Sicherheitsansätze um eine systematische Berücksichtigung der Dimension des Schadenspotentials. Sie trägt dazu bei, daß der sozialen Bewertung von Risiken und den langfristigen sozialen Folgen hoher Schadenspotentiale besser Rechnung getragen werden kann und die Beherrschung von Störfällen in der Anforderungsanalyse als sozio-technisches Problem berücksichtigt wird.

---

[22] Die Regeln für „Zertifikat-Gültigkeit" werden in BSI 1999 angewendet.

Literaturverzeichnis

Amann, E. / Atzmüller, H. (1992): IT-Sicherheit - Was ist das?, DuD 6/1992, 286 ff.

BSI - Bundesamt für Sicherheit in der Informationstechnik (Hrsg.) (1999): Spezifikation zur Entwicklung interoperabler Verfahren und Komponenten nach SigG/SigV - SigI Abschnitt A6 Gültigkeitsmodell, BSI, Bonn 1999.

CC - The Common Criteria Project Sponsering Organisations (1997): Common Criteria for Information Technology Security Evaluation, Version 2.0 Draft, 19. December 1997, z. B. http://www.bsi.bund.de.

Grimm, R. (1994): Sicherheit für offene Kommunikation - Verbindliche Telekooperation, Mannheim, 1994.

Guggenberger, B. (1987): Das Menschenrecht auf Irrtum, München, Wien, 1987.

Hammer, V. (1999): Die 2. Dimension der IT-Sicherheit - Verletzlichkeitsreduzierende Technikgestaltung am Beispiel von Public Key Infrastrukturen, Braunschweig/ Wiesbaden, 1999, im Erscheinen.

BSI - Bundesamt für Sicherheit in der Informationstechnik (1997): IT-Grundschutzhandbuch 1997 - Maßnahmenempfehlungen für den mittleren Schutzbedarf, Köln, 1997.

ITSEC (1993): Kriterien für die Bewertung der Sicherheit von Systemen der Informationstechnik - Information Technology Security Evaluation Criteria (ITSEC), Version 1.2, in: Internationale Sicherheitskriterien - Kriterien zur Bewertung der Vertrauenswürdigkeit von IT-Systemen sowie von Entwicklungs- und Prüfumgebungen, München, 1993, 427 ff.

Jungermann, H. / Slovic, P. (1993): Die Psychologie der Kognition und Evaluation von Risiko, in: Bechmann, G. (Hrsg.): Risiko und Gesellschaft, Opladen, 1993, 167 ff.

Rannenberg, K. / Pfitzmann, A. / Müller, G. (1997): Sicherheit, insbesondere mehrseitige IT-Sicherheit, in: Müller, G. / Pfitzmann, A. (Hrsg.): Mehrseitige Sicherheit in der Kommunikationstechnik, Bonn, 1997, 21 ff.

Leveson, N. (1995): Safeware - System Safety and Computers, Bonn, 1995.

Roßnagel, A. / Wedde, P. / Hammer, V. / Pordesch, U. (1990a): Die Verletzlichkeit der 'Informationsgesellschaft', Opladen, 1990.

Roßnagel, A. / Wedde, P. / Hammer, V. / Pordesch, U. (1990b): Digitalisierung der Grundrechte? Zur Verfassungsverträglichkeit der Informations- und Kommunikationstechnik, Opladen, 1990.

Roßnagel, A. (1995): Die Verletzlichkeit der Informationsgesellschaft und rechtlicher Gestaltungsbedarf, in: Kreowski, H.-J. / Risse, T. / Spillner, A.

/ Streibl, R. E. / Vosseberg, K. (Hrsg.): Realität und Utopien der Informatik, Münster, 1995, 56 ff.

Rudinger, G. / Espey, J. / Holte, H. / Neuf, H. (1996): Der menschliche Umgang mit Unsicherheit, Ungewißheit und (technischen) Risiken aus psychologischer Sicht, in: BSI - Bundesamt für Sicherheit in der Informationstechnik (Hrsg.): Kulturelle Beherrschbarkeit digitaler Signaturen - Interdisziplinärer Diskurs zu querschnittlichen Fragen der IT-Sicherheit, Ingelheim, 1996, 128 - 154.

Starr, Ch. (1969): Sozialer Nutzen versus technisches Risiko; Übersetzung von Rader, M, Original: Science, 19/1969, 1232 ff.; übersetzt in: Bechmann, G. (Hrsg.): Risiko und Gesellschaft, Opladen, 1993, 3 ff.

Wehner, T. (1993): Zum Umgang mit Fehlern, BSI-Forum in KES 5/1993, 49f.

Weizsäcker, C. v. / Weizsäcker, E. U. v. (1984): Fehlerfreundlichkeit, in: Kornwachs, K. (Hrsg.): Offenheit - Zeitlichkeit - Komplexität. Zur Theorie der Offenen Systeme, Frankfurt a.M., 1984, 167 ff.

Ein Service zur Haftungsverteilung für kompromittierte digitale Signaturen[1]

Birgit Baum-Waidner

Entrust Technologies Europe, Glatt Tower, CH-8301 Glattzentrum/Zurich
`birgit.baum@entrust.com`

Zusammenfassung

Wenn eine digitale Signatur vom Schlüsselinhaber für kompromittiert erklärt wird, ist es nicht notwendigerweise möglich zu entscheiden, ob sie tatsächlich kompromittiert wurde. Dies kann zu Fehlurteilen führen, was Risiken sowohl für den Schlüsselinhaber als auch für denjenigen birgt, der sich auf die Signatur verläßt. In dieser Arbeit wird der sogenannte "Commitment Service" vorgestellt, der es ermöglicht, eine digitale Signatur so zu nutzen, daß für alle an der Transaktion Beteiligten das Risiko zu begrenzt ist.

1   Einleitung

Die Sicherheit einer digitalen Signatur basiert auf

- der kryptographischen Sicherheit (Nicht-Brechbarkeit) des Signieralgorithmus

- der Sorgfalt des Benutzers

- der Verläßlichkeit und Vertrauenswürdigkeit der Zertifizierungsinstanz, die durch Zertifikate bestätigt, mit wessen Schlüssel signiert wurde

- der Annahme, daß die Signierkomponenten des Benutzers keine Attacken erlauben, die ohne Wissen und Veranlassung des Benutzers das Signieren beliebiger Information erlauben.

In den meisten Publikationen über "Public Key Infrastructures" (PKIs) sowie in den meisten Regelungen zur digitalen Signatur findet man nur die ersten drei Punkte berücksichtigt, der vierte wird weitgehend ignoriert. Jedoch wird gerade dieser Punkt um so relevanter, je eher die betrachteten Szenarios das Internet und dessen Benutzer miteinschließen. Bereits heute werden Privatpersonen und Organisationen Opfer von Angriffen sogenannter „Trojanischer Pferde", die typischerweise (aber nicht ausschließlich) durch das „Herunterladen" und Instal-

---

[1]   Diese Arbeit entstand im Rahmen des ACTS Projekts SEMPER (http://www.semper.org) und wurde gefördert durch die Europäische Kommission und das Schweizerische Bundesamt für Bildung und Wissenschaft.

lieren von Programmen auf den Rechner des Benutzers gelangen. Solche Angriffe, die eine Signatur des Benutzers erschleichen, sind nicht notwendigerweise nachweisbar, da sie die Beseitigung der Spuren nach vollbrachter Tat miteinschließen können. Angriffe dieser Art können sich nur vermeiden bzw. erkennen lassen, wenn die Signaturfunktion und die Darstellung des unterschriebenen Inhalts ein sicheres Betriebssystem benutzen oder zumindest mit sicherer Hardware (inklusive Display) durchgeführt wird, so daß die Funktionalität abgeschirmt von äußeren Einflüssen ist. Jedoch ist weder das eine noch das andere derzeit mit der Sicherheit verfügbar, wie sie zu diesem Zweck notwendig wäre. Andererseits eröffnet gerade diese Tatsache unehrlichen Parteien die Möglichkeit, Angriffe vorzutäuschen, was die Rechtsunsicherheit weiter vergrößert.

In dieser Arbeit wird die resultierende Haftungssituation für kompromittierte Signaturen analysiert und gezeigt, daß die derzeitige Situation nicht für den Signierer und gleichzeitig für den Signaturempfänger akzeptabel sein kann. Zur Lösung wird ein sogenannter "Commitment Service" vorgeschlagen, der eine faire Verteilung der Haftung erreicht, so daß das Risiko sowohl für den Signierer als auch für den Signaturempfänger einschätzbar und tragbar ist. Dieser Dienst kann sowohl als Online-Service wie auch durch Smartcards realisiert werden. Da mit limitiertem Risiko auch die Flexibilität des Schlüsselinhabers beschränkt wird, kann diese Lösung zumindest als praktikabler Kompromiß verstanden werden, solange bis jeder Schlüsselinhaber entweder ein sicheres Betriebssystem benutzt oder aber sichere Hardware zur Erzeugung der digitalen Signatur zur Verfügung hat. Zudem ist es die einzige bisher vorgeschlagene Lösung, die für alle involvierten Parteien für den derzeitigen Stand der Technik akzeptabel sein kann.

Produkthaftung wird hier ausgeklammert, da sie zusätzlich und separat geregelt werden sollte. Jedoch kann erwartet werden, daß die hier betrachteten Attacken eher darauf zurückzuführen sind, daß verwendete Betriebssysteme Attacken nicht verhindern, als beispielsweise auf ein fehlerhaftes Produkt zur Signaturerzeugung.

1.1 Rechtsverbindlichkeit der digitalen Signatur

Eine digitale Signatur [DiHe_76, MeOV_97, BKWG_98] wird derzeit nicht als rechtsverbindlich anerkannt in der Weise wie eine handschriftliche Unterschrift. Mit wenigen Ausnahmen (z.B. Utah) gibt es noch keine durchsetzbare Regelung ihrer Rechtsverbindlichkeit. Das deutsche Signaturgesetz einschließlich der Verordnungen [DigSigG_97, DigSigV_97] bedeutet zwar einen großen Schritt in diese Richtung, jedoch wird deren Umsetzung noch einige Monate in Anspruch nehmen. Zudem ist die Haftungsfrage bisher nicht geregelt für den

Fall, daß der angebliche Signierer bestreitet, die Signatur tatsächlich selbst erzeugt zu haben. Dies würde im Einzelfall nach Ermessen des Richters entschieden werden. Generell ist eine Beweislastumkehr angestrebt, was bedeutet, daß der angebliche Signierer beweisen muß, daß er nicht signiert hat. Dies würde ihm jedoch bei bestimmten Attacken gar nicht möglich sein, so daß er den Beweis für seine Aussage schuldig bliebe. Daher strebt man an, nur solche Komponenten zum Zwecke der Signaturerstellung zu verwenden, mit denen Attacken entdeckt oder sogar mit hoher Wahrscheinlichkeit ausgeschlossen werden können. Weitere kritische Aspekte der Umsetzung werden in [RBHK_94] beschrieben.

Auch in anderen Ländern innerhalb und außerhalb Europas werden derzeit Signaturgesetze erarbeitet. Dies führt dazu, daß die resultierenden Gesetze unverträglich miteinander sein und damit für grenzüberschreitende Transaktionen Probleme bereiten könnten. Ein wesentlicher Punkt ist hier die gegenseitige Anerkennung von Zertifizierungsinstanzen über Landesgrenzen hinweg.

Auf Europäischer Ebene wird daher am Entwurf einer Europäischen Richtlinie zur 'elektronischen Signatur' [CEC_98] gearbeitet, um hier eine Harmonisierung zu erreichen. Eine Weiterentwicklung dieses Entwurfes liegt dem Europäischen Parlament vor. Er beinhaltet Regelungen für eine Signatur, die der handschriftlichen äquivalent sein soll und sichere Geräte vorschreibt sowie Regelungen für eine weniger harte Signatur, deren Rechtsverbindlichkeit und Haftung sich durch den Markt selbst regulieren soll. Bei letzterem ist beabsichtigt, daß es Urteile zulasten des Schlüsselbesitzers geben wird, wenn man der Zertifizierungsinstanz keinen Fehler nachweisen kann, sie beispielsweise den Schlüsselbesitzer auf die Möglichkeit von Attacken aufmerksam gemacht hat. Dies erscheint jedoch bedenklich für eine breite Anwendung im Electronic Commerce, solange sich der Schlüsselbesitzer technisch gar nicht vor solchen Attacken schützen kann. Sobald bestimmte Electronic Commerce Anwendungen in breitem Einsatz sein werden und gleichzeitig die digitale Signatur, auf welcher Basis auch immer, rechtsverbindlich sein wird, könnte die Entwicklung solcher Attacken attraktiv für gewisse kriminelle Gruppen werden. Dies könnte je nach Rechtslage dazu führen, daß das Risiko für den Benutzer, den Schaden tragen zu müssen für Aufträge, die er angeblich gegeben hat, jedes vorhersehbare (geschweige denn, akzeptable) Limit überschreitet. Diese Gefahr besteht beispielsweise für jeden, der sich derzeit in Utah zertifizieren läßt. Berücksichtigt umgekehrt die Rechtslage die Möglichkeit solche Angriffe, kann dies wiederum bedeuten, daß sich der Empfänger einer Signatur nicht mehr ohne weiteres auf deren Gültigkeit verlassen kann, d.h. nicht sicher vor nachträglichen Überraschungen ist.

Dieses Dilemma soll durch Anwendung des hier vorgeschlagenen Commitment Service bis zu einem gewissen Grad gelöst werden. Gleichzeitig schützt der Commitment Service sogar vor Schaden im Falle von Erpressung und Attacken, die unabhängig von der technischen Sicherheit der digitalen Signatur sind. Für eine allgemeine Diskussion möglicher Attacken durch eigene Unachtsamkeit bis hin zu Trojanischen Pferden sei auf [PPSW_97, Webe_97, Baum_99] verwiesen.

1.2 Risiken durch die digitale Signatur

Selbst mit großer Sorgfalt lassen sich Attacken durch Trojanische Pferde nicht ausschließen. Mit der Bereitschaft, sich einen Schlüssel zur digitalen Signatur zu besorgen und zertifizieren zu lassen, sowie mit der Entscheidung, sich auf digitale Signaturen zu verlassen, sind daher gewisse Risiken verknüpft.

Entsteht ein Disput zwischen angeblichem Sender und Transaktionsempfänger, weil der Sender bestreitet, die vorliegende Transaktion (z.B. eine Bestellung, ein Auftrag) veranlaßt zu haben, so könnte dieser Disput in bestimmten Fällen vor Gericht gelangen. Leider ist es zum heutigen Zeitpunkt nicht möglich, richterliche Entscheidungen annähernd zuverlässig vorherzusagen, da Urteile dieser Art bisher nicht genügend vorliegen. Es ist außerdem zu erwarten, daß durch die neue mit dem Internet und dessen Risiken verbundene Sachlage mancher Richter überfordert ist: das Somm-Urteil [Somm_98] ist ein Beispiel für eine unsachgemäße Entscheidung eines Richters, obwohl in diesem Fall sachgemäße Gutachten vorlagen. Jedoch mag es in der hier betrachteten Situation technisch gar nicht möglich sein, zu beurteilen, ob die Signatur tatsächlich kompromittiert wurde oder nicht. Es gibt daher die folgenden Möglichkeiten:

	Signatur tatsächlich von Schlüsselinhaber	Signatur kompromittiert
Richter entscheidet: „Signatur echt"	ok	Problem für Schlüsselinhaber
Richter entscheidet: „Signatur gefälscht"	Problem für Transaktionsempfänger	ok

1.2.1 Mögliche Regelungen und resultierende Risiken

Nun betrachten wir die Situation von einer anderen Seite: Wir nehmen an, die richterliche Entscheidung sei durch eine klare Regelung vorhersehbar. Zur Vereinfachung unterscheiden wir die folgenden Lösungen für Regelungen, um die Risiken der einzelnen Parteien genauer betrachten zu können:

a) Der angebliche Signierer ist immer haftbar für seine digitale Signatur, auch im Falle einer Attacke. Dies bedeutet, es nützt ihm nichts, seine Signatur zu leugnen.

b) Der angebliche Signierer kann seine Signatur immer leugnen, ohne haftbar gemacht zu werden. Dies bedeutet, er kann sie auch leugnen, obwohl er sie tatsächlich geleistet hat.

c) Der angebliche Signierer ist haftbar für seine digitale Signatur, auch im Falle einer (auch angeblichen) Attacke, jedoch in diesem Fall nur bis zu einem bestimmten Limit (beispielsweise im Bereich von EURO 500, EURO 5.000 für Privatleute, EURO 50000, EURO 500.000, EURO 5.000.000 für Unternehmen). Selbstverständlich muß nach einer (angeblichen) Attacke der Schlüssel zurückgerufen werden.

Die Risiken dieser Regelungen a, b, c sind für die jeweiligen Parteien in folgender Tabelle skizziert. Man beachte die Felder unten rechts, die zeigen, daß die Einführung eines Haftungslimits nicht genügt.

	a) Schlüsselinhaber immer haftbar	b) Schlüsselinhaber niemals haftbar	c) Schlüsselinhaber bei (angeblicher) Attacke bis zu bestimmtem Limit haftbar
Risiken für Schlüsselinhaber	• Haftbar ohne Limit auch als Opfer einer Attacke (z.B. bestehend aus Hunderten von Transaktionen)	• Kein Haftungsrisiko	• Haftungsrisiko im Falle einer Attacke bis zum Limit
Risiken für Empfänger	• Kein Risiko	• Volles Risiko für alle entgegengenommenen Transaktionen	• Fast volles Risiko, da das Limit des Senders bereits überschritten sein könnte.
Fazit	Unakzeptabel für Schlüsselinhaber, jedoch gut für den Empfänger	Gut für den Schlüsselinhaber, jedoch schlecht für den Empfänger	Akzeptabel für den Schlüsselinhaber, jedoch immer noch schlecht für den Empfänger

Wir werden sehen, daß der Commitment Service bessere Regelungen ermöglicht, die beide Seiten tatsächlich zufriedenstellen können – im Gegensatz zu a), b), c), wie in der Tabelle illustriert.

1.3 Commitment Service als Lösung zur fairen Verteilung der Haftung zwischen Sender und Empfänger

Die betrachteten Risiken haben ergeben, daß keine der Lösungen a), b), oder c) für sowohl Sender als auch Empfänger akzeptabel sind. Dies bedeutet nach den Regeln von Angebot und Nachfrage, daß potentielle Dienste, die unter idealen Bedingungen über das Internet möglich wären, erst gar nicht in Angriff genommen oder aber nach den ersten Fehlschlägen eingestellt oder nicht mehr in Anspruch genommen werden. Dies könnten Dienste sein, in denen es um sehr hohe Werte geht, wie z.B. Geldtransfer, Aktiengeschäfte, Dienstleistungen im Beratungsbereich, Handel mit großen Mengen an Frischware oder kundenspezifische Bestellungen und Sonderanfertigungen von Kraftfahrzeugen oder Computern. Jedoch können Attacken, die Tausende von kleinen Transaktionen durch eine Signatur veranlassen, auch Transaktionen, die in kleinerem Rahmen beabsichtigt sind, gefährden. So bleibt der elektronische Handel auf dem Internet nur in einem Rahmen, der dem Empfänger keine zu hohen Risiken impliziert, d.h. Anbieter werden sich nicht einem zu hohen Risiko widerrufener Aufträge, und Nutzer sich nicht einer potentiellen Haftung ohne akzeptables Limit für den Fall von kompromittierten digitalen Signaturen, aussetzen.

Die Lösung, die hier vorgeschlagen wird, soll diesen "Deadlock" aufbrechen und beide Parteien ermuntern, ein Risiko bis zu einem gewissen Grad zu übernehmen, um etwas flexibleren elektronischen Handel innerhalb dieser Grenzen führen zu können, so daß das Risiko auch jeweils für den Geschäftspartner akzeptabel ist. Hierzu ist eine faire Risiko-Verteilung nötig:

- Der Signaturempfänger sollte in Kauf nehmen, daß Signaturen widerrufbar sind, jedoch als Ausgleich "Commitments" (Zusicherungen) anfordern, die rechtsverbindlich und nicht widerrufbar sind. Für widerrufene Transaktionen ohne ausreichende "Commitments" muß der Signaturempfänger selbst haften.

- Der Signierer sollte ein Risiko für "Commitments" übernehmen, das in etwa seine geplanten monatlichen Verbindlichkeiten umfaßt. Im schlimmsten Fall wäre sein Verlust gleich dem Umfang der "Commitments", die er im Monat ausgeben würde.

Die vorgeschlagene Lösung ist auch trotz unsicherer Rechnerausstattung des typischen Internet Benutzers anwendbar. Sie verhindert zwar nicht mögliche Angriffe, bietet jedoch Sicherheit für den Benutzer, indem sie sein Risiko vorhersehbar macht und Möglichkeit zur Begrenzung gibt, die der Benutzer selbst bestimmen kann.

Der Commitment Service begrenzt das Risiko nicht nur für Attacken, sondern auch für alle Angriffe durch mangelnde Sorgfalt bis hin zur Erpressung. Vor letzterem kann auch ein sicheres Gerät nicht schützen, jedoch kann der Commitment Service (sofern die Signatur unter den Regeln des Commitment Service Gültigkeit hat) den Schaden begrenzen.

Durch den Vertrag, den der Benutzer bei der Initiierung des Commitment Services unterschreibt, ist das Risiko für den Benutzer begrenzt sogar für den Fall, daß der Commitment Service selbst betrügerisch ist. Der schlimmste Fall ist derselbe wie im Falle einer Attacke, denn der Benutzer kann nachweisen, welches sein oberstes Haftungslimit ist.

Als weiterer Vorteil braucht der Commitment Service nicht auf eine Harmonisierung der Regulierungen zu warten, sondern er kann kurzfristig aufgebaut und angewandt werden.

Der Kern des Commitment Service ist eine Registrierungs- und Zertifizierungsinstanz, im folgenden *Commitment CA* genannt, von der angenommen wird, daß die Beteiligten ihr trauen. Im folgenden wird der Commitment Service vorgestellt, der um einiges flexibler ist als der anschließend vorgestellte Haftungszertifikat-Service, einem Sonderfall des Commitment Services, der genau zur Verteilung der Haftung bei digitalen Signaturenbenötigt wird.

2   Beschreibung des Commitment Service

Der Commitment Service hat Ähnlichkeit mit dem Prinzip der Banken bei Kreditkartenzahlungen (z.B. bei SET [SET_97]) oder Cheques, wenn sie den Händlern die "Authorization Response" erteilen, was bedeutet, daß der Kunde zahlungsfähig ist.

In ähnlicher Weise kontrolliert die Commitment CA die ausgegebenen Commitments des Benutzers, so daß sie einen bestimmten Betrag oder eine bestimmte Menge (je nach Art des Commitments) pro Monat nicht überschreiten können. Dies gewährleistet die Schadensbegrenzung bei Attacken für den Benutzer. Wesentliche Unterschiede sind jedoch:

- Es handelt sich nicht um ein Zahlungssystem.

- Der Benutzer bestimmt selbst die Höhe seines (monatlichen) Limits.

- Der Benutzer bestimmt selbst den Inhalt des ausgegebenen Commitments. Bei Kreditkartenzahlungen dagegen können ohne Wissen des Kunden andere, auch höhere Beträge autorisiert werden (z.B. beim Leihen von Mietwagen oder Reservieren eines Hotelzimmers).

2.1 Definition des "Commitments"

Unter "Commitment" wird hier eine rechtsverbindliche Zusicherung verstanden, die vom Benutzer erfüllt werden muß. Die Zusicherung kann z.B. darin bestehen, jemandem einen bestimmten Geldbetrag zukommen zu lassen.

Ist eine Bedingung mit dieser Zusicherung verknüpft, so ist die Zusicherung nur gültig, falls diese Bedingung erfüllt ist. Diese Bedingung könnte lauten „falls der Schlüsselinhaber die Signatur zu dieser Transaktion Schlüsselinhaber für kompromittiert erklärt". Komplexere Bedingungen sind ebenfalls denkbar. Der Benutzer kann bereits bei der Initialisierung Bedingungen spezifizieren, und/oder bei der konkreten Anforderung eines Commitments.

Der Benutzer verpflichtet sich bei seiner Registrierung zu Commitments (z.B. insgesamt EURO 2000 pro Monat) durch einen Vertrag mit der Commitment CA, bevor er weiß, wann, an wen, in welcher Stückelung und ob überhaupt manche oder alle Zusicherungen jemals zu irgendeinem Empfänger gelangen und dort erfüllt werden müssen.

Durch diesen Vertrag ist der Benutzer verpflichtet zur Einhaltung aller von der Commitment CA ausgegebenen Commitments, die der Benutzer später veranlaßt. Dies gilt aber auch für ausgegebene Commitments, die der Benutzer nicht veranlaßt hat, z.B. wenn er Opfer einer Attacke wurde. Allerdings muß der Benutzer keine Commitments erfüllen, die von der Commitment CA ausgegeben werden, *nachdem* sein (monatliches) Limit bereits überschritten wurde oder nachdem er seinen Schlüssel, der für den Request benutzt wurde, bereits zurückgerufen hat.

Stellt die Commitment CA mit Hilfe ihrer digitalen Signatur ein Commitment im Auftrag des Benutzers aus und kommt dieses beim spezifizierten Begünstigten an, und ist die Bedingung zur Gültigkeit erfüllt (sofern eine solche spezifiziert wurde), so muß der Benutzer aufgrund des Vertrages das Commitment erfüllen. Dies geht für den Empfänger aus dem von der Commitment CA (in Form eines Zertifikats) bestätigten Commitment hervor. Um den potentiellen Schaden für den Benutzer zu begrenzen, ist es jedoch sinnvoll, zu fordern, daß das Commitment seine Gültigkeit verlieren kann, wenn es nicht innerhalb von wenigen Wochen eingelöst wird oder der Benutzer der Gültigkeit zustimmt. Dies schränkt natürlich die möglichen Bedingungen ein, z.B. "gültig am 24. Dezember" wird im September eventuell keine sinnvolle Bedingung für ein ausgegebenes Commitment sein.

Man kann Commitments sehen als Blanko-Gutscheine mit benutzerspezifizierten Gültigkeitsbedingungen, die die Commitment CA auf Anforderung und insgesamt nur bis zu einem gewissen Limit ausfüllt, signiert und ausgibt. Selbst im

Falle einer Attacke ist der Benutzer zumindest davor geschützt, daß sein Limit überschritten wird. Der Empfänger bekommt zwar kein Geld, jedoch ein rechtsverbindliches Commitment, das auch per Gericht eingeklagt werden kann, aufgrund des vom Benutzer unterschriebenen Vertrags.

2.2 Initialisierung des Benutzers

Zu Beginn werden Benutzer und sein Schlüssel beim Commitment Service registriert. Die Commitment CA ist dafür verantwortlich und haftbar, daß die richtige Person registriert wird. Dies ist bei diesem Dienst besonders wichtig, da später Commitmentzertifikate ausgestellt werden, die den Schlüsselinhaber binden.

Der Benutzer legt eine Menge von Commitments fest, die der Commitment Service für eine bestimmte Zeiteinheit (z.B. einem bestimmten Monat) oder insgesamt verwalten soll. Auch kann die Menge der Commitments sich auf jeden Monat beziehen, oder es können verschiedene Mengen für verschiedene Monate festgelegt werden.

Beispiele für Commitments sind Geldbeträge oder ein maximal auszugebender Geldbetrag, aber es können auch Dinge sein (eine bestimmte Anzahl an spezifizierten (Ersatz-) Rechnern oder anderen Produkten) oder Dienstleistung (z.B. Stunden an Beratungstätigkeit, Service, Support). Die mögliche Stückelung muß von Anfang an klar sein (2 Stunden Dienstleistung am Stück sind etwas anderes als 120 mal 1 Minute Dienstleistung).

Die Commitments können aus den erlaubten Teilmengen der festgelegten Menge der Einzelcommitments bestehen. Bei Commitments über Zahlungen dürfen die Zahlungen insgesamt die festgelegte Geldmenge (bzw. das Geldlimit) nicht übersteigen.

Gleichzeitig kann der Benutzer für die jeweils möglichen Commitments Bedingungen festlegen, unter denen ausgegebene Commitments Gültigkeit haben sollen. Alternativ können die Bedingungen auch später im aktuellen Fall festgelegt werden. Eine solche Bedingung kann beispielsweise lauten:

- „gültig nur wenn die Signatur vom Benutzer für kompromittiert erklärt wird" – dies ist im Spezialfall des Haftungszertifikats-Service der typische Fall,

- „gültig nur wenn der Benutzer (z.B. aus finanziellen Gründen) die Transaktion rückgängig machen möchte und dies (z.B. aus Kulanz) akzeptiert wird",

- „gültig nur wenn der Signaturempfänger die mit dem Schlüssel S digital signierte Information I vorlegen kann".

Die Gültigkeit selbst in Abhängigkeit von der Erfüllung einer Bedingung betrifft nicht das System selbst, sondern nur Signierer und Signaturempfänger. Die Bedingung kann damit grundsätzlich „blind" durch die Commitment CA mitaufgenommen werden, ohne daß sie interpretiert werden muß.

Ein Vertrag mit dem Benutzer legt fest, daß sich der Benutzer zur Erfüllung aller vom Commitment Service ausgegebenen Commitments, unter den jeweils von der CA bestätigten und im Commitment spezifizierten Bedingung, verpflichtet. Genau für die Zusicherung dieser Verpflichtung agiert die Commitment CA als Zeugin – durch Ausstellung, Signierung und Ausgabe des angeforderten Commitmentzertifikats. Diese Verpflichtung gilt insbesondere auch für Commitmentzertifikate, die durch Kompromittierung des Signierschlüssels des Benutzers erschlichen wurden, bevor der Schlüssel zurückgerufen wurde. Dies wiederum bedeutet, der Empfänger kann sich die Überprüfung der Gültigkeit des Schlüsselzertifikats ersparen, wenn er ein gültiges Commitment erhält. Die Notwendigkeit wird verlagert auf die Überprüfung der Commitment CA selbst.

Im Vertrag wird zudem vereinbart, auf welche Weise der Benutzer die Commitment CA veranlassen soll, ein Commitmentzertifikat auszugeben, und auf welche Weise der Commitment Service die Anfrage autorisieren soll, z.B. nur durch Prüfen der digitalen Signatur des Benutzers einschließlich Prüfen der Schüsselrückrufliste, oder auch durch weitergehende Maßnahmen, für die im Extremfall der Commitment Service sogar selbst die Verantwortung und Haftung hat. Je nach vereinbartem Verfahren kann der Dienst niedrige oder hohe Kosten verursachen. Ein kombinierter Dienst, z.B. mit verschiedenen Schlüsseln für den Request, oder verschiedene Authentifizierungsmöglichkeiten je nach Höhe des auszugebenden Commitments, ist ebenfalls denkbar.

2.3 Schlüsselzertifikat

Das von der Commitment CA ausgegebe Schlüsselzertifikat unterscheidet sich nicht grundsätzlich von Schlüsselzertifikaten anderer CAs. Entscheidend hier ist jedoch die "Policy", d.h. daß sich der Empfänger einer Signatur darüber informieren kann, daß der entsprechende Signierschlüssel nur im Rahmen der Vereinbarungen mit dem Commitment Service benutzt wird und gültig ist, insbesondere

- daß eine Signatur vom Schlüsselinhaber geleugnet werden kann,

- dagegen jedoch ein Commitment nicht widerrufbar ist.

Schlüsselzertifikate können auf Pseudonyme anstatt auf Namen ausgestellt werden, die jedoch im Disputfall aufgedeckt werden können.

2.4 Schlüsselrückrufliste

Eine Schlüsselrückrufliste wird von der Commitment CA geführt und sofort erneuert, wenn ein Schlüssel zurückgerufen wird (z.B. als kompromittiert gemeldet). Dies ist nicht anders als bei üblichen Zertifizierungsinstanzen. Lediglich wird hier kein Commitment mehr ausgegeben, nachdem der Schlüssel zurückgerufen wurde. Es muß wieder eine neue Initialisierung mit neuem Schlüssel vorgenommen werden.

2.5 Anforderung und Ausgabe eines Commitments

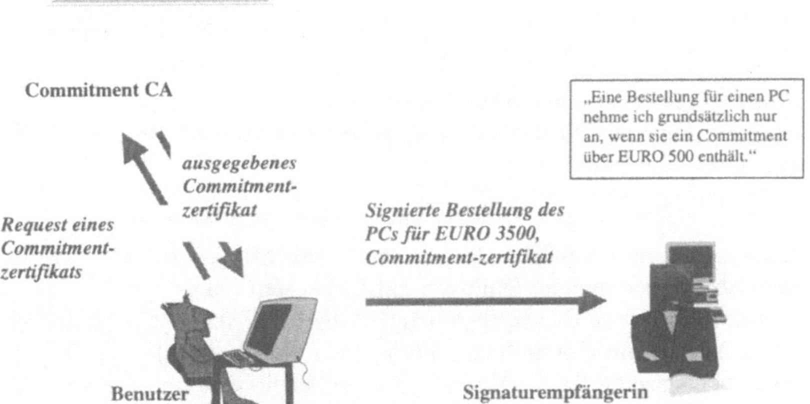

Abb. 1: Vereinfacht dargestellte Transaktion

Möchte der Benutzer einem Geschäftspartner ein verläßliches nichtabstreitbares Commitment zukommen lassen, so sendet er einen Request an den Commitment Service (siehe Abb. 1).

Der Benutzer sichert den Request auf die mit dem Commitment Service vereinbarte Weise, d.h. signiert sie im Normalfall mit dem registrierten Schlüssel, und sendet sie an den Commitment Service.

Der Request könnte folgende Information enthalten:

- Service ID des Benutzers

- Benutzer ID (in der Form, wie sie der Benutzer dem Signaturempfänger zeigen möchte und von diesem verstanden wird, z.B ein Pseudonym und eine Kundennummer)

- hash (

  - Eindeutige Kontext ID spezifiziert durch den Benutzer für die beabsichtigte Transaktion,

  - Eine eindeutige ID des Signaturempfängers (z.B. ein Pseudonym)) – die hier gewählte Hashfunktion soll so gewählt werden, daß sie den Inhalt vor der Commitment CA verbirgt. Sie kann auch weggelassen werden, so daß der Inhalt ganz oder teilweise im Klartext vorliegt.

- Commitments, die ausgegeben werden sollen, zusammen mit den jeweiligen (neuen oder bereits bei der Initialisierung festgelegten) Bedingungen, unter denen sie gelten sollen. (Z.B. Betrag, über den ein Commitment ausgestellt werden soll (z.B. EURO 500), wobei die Bedingung sein könnte, daß die Signatur als kompromittiert erklärt wurde.)

- Ggf. weitere Transaktionsinformation, die im Klartext oder verschlüsselt im Zusammenhang mit dem Commitment einen Zeitstempel von der Commitment CA bekommen soll.

- Die digitale Signatur des Benutzers über die gesamte Information.

Der Commitment Service führt die vereinbarte Authentifizierung aus, prüft insbesondere, ob der verwendete Schlüssel zurückgerufen wurde, prüft weiterhin, ob zu diesem Kontext an diesen Begünstigten, bzw. für den entstandenen Hashwert, nicht bereits ein Commitment ausgegeben wurde, ob die angeforderten Commitments insgesamt das vereinbarte Limit bzw. die vereinbarte Menge aller Commitments nicht bereits übersteigen, unter Einrechnung dessen, was bereits ausgegeben worden ist.

Waren alle Überprüfungen erfolgreich, so stellt der Commitment Service ein digital signiertes Commitmentzertifikat aus (das hier nur "Commitment" genannt wird, wenn der Zusammenhang klar ist), das an den Benutzer zurückgeschickt wird. Zudem streicht der Commitment Service die ausgegebenen Commitments aus der Menge der Commitments, die noch ausgegeben werden können.

Das Commitmentzertifikat kann folgende Information enthalten:

- Seriennummer des ausgegebenen Commitmentzertifikats

- Benutzer ID (in der Form, wie sie der Benutzer dem Signaturempfänger zeigen möchte und von diesem verstanden wird)

- Dazugehöriger öffentlicher Schlüssel des Benutzers

- hash (

  - Eindeutige Kontext ID spezifiziert durch den Benutzer für die beabsichtigte Transaktion,

  - Eine eindeutige ID des Signaturempfängers (z.B. ein Pseudonym)), siehe Request

- Commitments, die ausgegeben werden sollen, zusammen mit den jeweiligen Bedingungen, siehe Request

- Weitere Transaktionsinformation, die im Klartext oder verschlüsselt im Zusammenhang mit dem Commitment einen Zeitstempel von der Commitment CA bekommen soll, siehe Request.

- Datum und Zeit, Gültigkeit des Commitmentzertifikats

- Bestätigung daß der obige Schlüssel des Benutzers nicht zurückgerufen wurde

- Referenz zur Policy zu Anwendung und Gültigkeit der digitalen Signatur des Benutzers

- Signatur der Commitment CA, und Information zur Überprüfung ihres Zertifikats

Das ausgestellte Commitmentzertifikat wird dem Benutzer übermittelt. Dieser kann es überprüfen und weiß im Erfolgsfall, daß sich der darauf verlassen kann. Er braucht nicht die Schlüsselrückrufliste zu befragen, da das Commitmentzertifikat dessen Gültigkeit (zum Zeitpunkt der Ausgabe) bestätigt - auch nach einem Rückruf des Schlüssels ist der Benutzer an das Commitmentzertifikat gebunden, sofern es vor dem Zeitpunkt des Rückrufs ausgestellt wurde.

Ein Commitmentzertifikat kann auch im Kontext einer eigens dafür spezifizierten Transaktionen als nichtabstreitbarer Gutschein dienen. Eine Bedingung muß in diesem Fall gar nicht vorhanden sein.

Wenn man Probleme bei der Nachweisbarkeit des zustandegekommenen Vertrags befürchtet (z.B. wenn er mündlich zustandegekommen ist), kann der Händler ein Commitment über den zu bezahlenden Preis anfordern. Die Bedingung des Signierers könnte hier lauten „sobald die Leistung durch die Gegenseite erbracht wurde", oder „falls die Leistung durch die Gegenseite bis zu einem bestimmten Termin erbracht wurde". Der Händler könnte damit die Bezahlung gerichtlich erzwingen – denn es handelt sich um ein Commitment – müßte allerdings nachweisen, daß die Bedingung erfüllt war.

2.6　Betrugsmöglichkeiten durch die Commitment CA

Die Commitment CA hat den Zweck, Commitments des Benutzers zu verwalten und auf Anforderung des Benutzers auszugeben, und zwar nur innerhalb des vorher vereinbarten Rahmen pro Monat. Diesen Rahmen kann der Benutzer z.B. durch einen schriftlichen Vertrag nachweisen, den er unterschrieben hat und der ihm zu Beginn ausgehändigt wurde.

Damit verbleiben die folgenden Angriffsmöglichkeiten:

- Die Commitment CA könnte Commitments auch ohne Anforderung des Benutzers ausstellen und anderen betrügerischen Parteien zukommen lassen, auch unbemerkt vom Benutzer. Dieser würde es erst dann merken, wenn die Erfüllung des Commitments von ihm verlangt würde. Der schlimmste Fall wäre, daß sein monatliches Limit ausgeschöpft würde, eventuell für mehrere Monate, bis das erste der unberechtigten Commitments eingelöst wird. Um zu verhindern, daß sich die Limits über mehrere Monate summieren, ist die oben genannte Regelungen sinnvoll, die besagt, daß ein ausgestelltes Commitment innerhalb einer bestimmten Zahl von Wochen eingelöst werden muß und danach seine Gültigkeit verliert.

- Die Commitment CA könnte den Vertrag fälschen, den der Benutzer unterschrieben hat. Damit stünde Aussage gegen Aussage, da der Benutzer ebenfalls eine Version des Vertrages hat. Jedoch wäre es fatal, wenn betrügerische CAs handschriftliche Commitment-Verträge mit irgendwelchen Personen fälschen würden, von denen diese Personen gar nichts wüßten und auch keine anderslautenden Verträge zeigen könnten. Hieraus folgt zumindest, daß die Commitment CAs nicht beliebige Institutionen sein, sondern einer bestimmten Kontrolle unterliegen sollten.

3　Haftungszertifikat-Service

3.1　Haftungszertifikat-Service als Sonderfall des Commitment Service

Der Haftungszertifikat-Service ist ein Sonderfall des Commitment Service. Er ist speziell dazu gedacht, eine Haftung für eine digitale Signatur zu spezifizieren für den Fall, daß der Schlüssel (angeblich oder tatsächlich) kompromittiert wurde. Diese Haftung wird mit Hilfe eines Commitmentzertifikats, des Haftungszertifikats, ausgedrückt.

Der wesentliche Charakter des Haftungszertifikat-Service liegt in der speziellen Bedeutung der Commitments, also in der Semantik des Services. Nehmen wir als Beispiel die Bestellung einer Sonderanfertigung eines PCs, Kosten EURO 3.500.

Beim allgemeinen Commitment Service könnte ein Commitment folgendermaßen lauten: „EURO 500 für Transaktionskontext k an Empfänger E, gültig nur, wenn die Signatur vom Signierer als kompromittiert gemeldet wird und die Transaktion dadurch nicht zustande kommt". Da die Signatur durch den Vertrag mit dem Commitment Service sowieso als kompromittiert erklärt werden kann und in diesem Fall nicht gültig ist, hat der Empfänger als Entschädigung zumindest ein Commitment über EURO 500, die er auf jeden Fall bekommt, unabhängig vom tatsächlichen Schaden. Beim Haftungszertifikat-Service würde das Commitment dagegen wie folgt lauten: „je nach Schaden beim Empfänger E *Haftung bis zu* EURO 500 für Transaktionskontext, gültig nur, wenn die Signatur vom Signierer als kompromittiert gemeldet wird und die Transaktion dadurch nicht zustande kommt".

Der Unterschied ist, in letzterem Fall handelt es sich um eine Haftung des Schlüsselinhabers für die Transaktion, die mit seinem Schüssel signiert wurde, und zwar für den Schaden, der im Falle der Kompromittierung der Signatur durch deren Widerruf beim Empfänger entstanden ist – und zwar nur bis zu einer Höhe von EURO 500. Beträgt der Schaden nur EURO 240 (z.B. Versandkosten plus Aufwand), so beinhaltet das Commitment nur eine Verpflichtung, EURO 240 zu erstatten. Die tatsächliche Verpflichtung kann durch Einigung (z.B. mit Hilfe von Nachweisen) oder vor Gericht festgelegt werden, jedoch kann sie EURO 500 nicht überschreiten.

Ebensogut kann die Verwendung von Haftungszertifikaten auch unter anderen Bedingungen vereinbart werden, z.B. wenn man erlaubt, die Transaktion (nicht die Signatur) zu widerrufen. Dies ist unüblich in normalen Geschäftsvorgängen, jedoch könnte der Haftungszertifikat-Service die Zustimmung des Geschäftspartners zum Widerruf einer Bestellung erleichtern. All diese Konditionen sollten zur Vereinfachung bereits vor Abschluß des Vertrages geklärt werden, z.B. kann die Art des Commitments, die durch das Haftungszertifikat bestätigt werden soll, zuvor ausgehandelt werden. Beim Haftungszertifikat-Service würde das Commitment entsprechend wie folgt lauten: „je nach Schaden bei Empfänger E *bis zu* EURO 500 für Transaktionskontext k, gültig nur, wenn die Transaktion aus Gründen, die beim Schlüsselinhaber liegen, nicht zustande kommt".

Die Menge der zu Beginn vereinbarten Commitments besteht hier in einem Maximalbetrag der insgesamt auszugebenden Haftungszertifikate, absolut oder z.B. pro Monat. So mag ein Benutzer sein monatliches Haftungslimit auf EURO 1500 festlegen, während er ein anderes Limit für andere Varianten des Commitment Services festlegen kann. Services und Limits können natürlich auch miteinander kombiniert werden.

Zusätzliche benutzerspezifizierte Bedingungen zur Gültigkeit des Commitments gibt es beim Haftungszertifikatservice – im Gegensatz zum Commitment Service – jedoch nicht.

4 Offline Commitment Service mit Hilfe einer Smartcard

Den Commitment Service bei jeder Transaktion einzuschalten erscheint aufwendig. Er kann auch mit Hilfe einer Smartcard ausgeführt werden, die in gewissen Bereichen den Online Commitment Service ersetzen kann. Es gibt hierbei verschiedene Varianten.

4.1 Nutzung der Smartcard für die Kontrolle und Ausgabe der Commitmentzertifikate

Die Initialisierung läuft in diesem Fall wie gehabt, außer daß der Benutzer eine Smartcard bekommt, auf der das monatliche Limit nichtmanipulierbar eingestellt ist, das der Benutzer ausgeben kann. Optimalerweise sollte diese Karte auch gleich den Signierschlüssel des Benutzers enthalten. Ein Verlust der Karte ist sofort zu melden, zum Rückruf des Schlüssels und um weiteren Schaden zu vermeiden.

Den Request (Abschnitt 2.5) richtet der Benutzer an die Karte. Die Karte führt dieselben Prüfungen durch wie die Commitment CA im Abschnitt 2.5, außer der Prüfung, ob der Schlüssel zurückgerufen wurde. Das Commitmentzertifikat – hier ohne die Bestätigung, daß der Schlüssel nicht zurückgerufen wurde – wird ebenfalls durch die Karte ausgestellt und mit einem karteninternen und kartenspeziellen Schlüssel der Commitment CA signiert. Ein solches Commitmentzertifikat ist ebenso rechtsverbindlich wie on-line von der Commitment CA ausgestellt. Jedoch muß der Empfänger zusätzlich überprüfen, ob der Schlüssel zurückgerufen wurde, bevor er sich auf das Commitment wirklich verlassen kann. Insbesondere für den Haftungszertifikat-Service ist die Verwendung einer Smartcard praktikabel.

Die Transaktionen, die generell mit einer Karte durchgeführt werden können, sollten in ihrem Wert möglichst nicht so hoch liegen wie der Aufwand, der benötigt würde, um eine Karte zu brechen oder zu manipulieren. Daher sollten die insgesamt ausgegebenen Commitments nicht nur monatlich, sondern auch total pro Karte limitiert sein. Für jede Karte sollte daher ein eigener Vertrag ausgegeben werden, um den Kartenbesitzer vor Ansprüchen jenseits des Limits zu schützen.

4.2 Nutzung der Smartcard zur Änderung der Limits

Sollen die Limits geändert werden, so muß der Benutzer dies normalerweise direkt bei der Commitment CA veranlassen, um Attacken zu vermeiden, die das den Benutzer schützende Limit umgehen können. Mit Hilfe einer Karte jedoch kann der Benutzer eine Änderung bis zu einem gewissen Ausmaß (das bei der Initialisierung des Commitment Services vereinbart wird) selbst vornehmen. Beispielsweise kann vereinbart sein, daß der Benutzer sein monatliches Limit dreimal pro Monat um denselben Betrag wieder aufstocken kann. Dies jedoch sollte mindestens die Eingabe eines exklusiv hierfür benötigten Passwords erfordern sowie eine Benutzerführung beinhalten, so daß der Benutzer weiß, was er tut. Mit einer digitalen Signatur auf der Karte wird die gewünschte Erhöhung unterschreiben, so daß dieser Schritt nachvollziehbar ist. Auch hier sollte die Anzahl der Aktionen zur Erhöhung pro Karte begrenzt sein. Selbstverständlich kann dieser Vorgang ohne sichere Geräte auch attackiert und eine höhere Limite erreicht werden. Darum ist es wichtig, daß das Ausmaß dieser Aktion begrenzt ist (siehe oben), um höheren Schaden zu vermeiden.

Auf diese Weise ist es möglich, das Risiko für den kompromittierten Fall flexibler zu staffeln, ebenso das Risiko des Verlusts der Karte. Mehrere Stufen können hier definiert sein, wobei die Sicherheit der Authentifizierung wachsen kann. Beispielsweise kann ein Anruf bei der Commitment CA erforderlich sein, die nach der Prüfung aller Daten und einiger vorher vereinbarter Kontrollfragen (z.B. Mädchenname der Mutter des Vaters, etc.) eine Kennung mitteilt, die man der Karte eingeben muß. Alternativ kann die Karte auch online von der Commitment CA geladen werden, nachdem der Wille des Benutzers, das Limit zu erhöhen, verifiziert wurde. Eine Karte kann zur Änderung des Limits insbesondere auch benutzt werden, wenn der eigentliche Commitment Service online, d.h. nicht auf der Karte selbst, ausgeführt wird.

5 Mögliche Varianten zum Online Service

Aus Platzgründen sollen mögliche Varianten des Online Service nur erwähnt werden.

- Der Request kann auch durch den Signaturempfänger erfolgen, jedoch muß dies durch den Schlüsselinhaber selbst spezifiziert und autorisiert werden. Der Nachteil ist, daß der Benutzer weniger Kontrolle hat, welche Commitments bereits ausgegeben wurden, und daß eine Anonymität der Transaktion

inklusive des Geschäftspartners gegenüber der Commitment CA schwieriger
zu bewerkstellen ist, was dagegen in der vorgestellten Variante durch Anwenden einer Hashfunktion leicht erreicht werden kann.

- Durch Einschließen des Requests des Benutzers in das Commitmentzertifikat
  kann der Benutzer vor unberechtigt von der Commitment CA ausgegebenen
  Commitments geschützt werden.

- Weiterhin können sowohl Request als auch die Commitment auf anderen
  Wegen als dem Internet erfolgen, ebenso die Übermittlung des Commitments
  zum Signaturempfänger. Beispielsweise könnte der Request telefonisch erfolgen, das Commitment könnte gefaxt werden, und der Benutzer – der zu
  diesem Zweck nicht einmal einen Signierschlüssel bräuchte – könnte das
  Commitment weiterfaxen innerhalb einer Bestellung per Fax, die vom Empfänger eingescannt werden kann. Dies bedeutet: Die handschriftliche Unterschrift auf einem Fax, deren Rechtsverbindlichkeit fragwürdig ist, kann entscheidend "aufgewertet" werden durch ein aufgedrucktes nichtabstreitbares
  rechtsverbindliches Commitmentzertifikat. Oder der Benutzer kann ein
  Commitmentzertifikat telefonisch bestellen, das vom Commitment Service
  elektronisch direkt zum Empfänger gesandt wird. Auf diese Weise können
  telefonische Bestellungen für den Empfänger höchst wirksam gesichert werden. Dies zeigt, daß der Commitment Service auch völlig losgelöst von registrierten Schlüsseln existieren kann und auch ohne Signaturen Sinn macht.

- Im Falle einer kompromittierten Signatur kann eine alternative Regelung
  vom Benutzer grundsätzlich die Übernahme einer bestimmten Haftung verlangen, die auf jeden Fall übernommen werden muß. Dies kann überlappend
  mit zu erfüllenden Commitmentzertifikaten sein, d.h. dabei können Commitmentzertifikate bereits diese Haftung darstellen. Vor allem macht dies
  Sinn, wenn der Benutzer nicht oder nur wenig zur Abgabe von Commitments bereit ist.

- Der Commitment Service kann unter veränderter Semantik auch, z.B. von
  einer Bank, als "Solvency" Service, oder als "Commitment- and Solvency"
  Service betrieben werden. Der Solvency Service würde Zahlungsfähigkeit
  bescheinigen, jedoch nicht die Verpflichtung zu bezahlen. Beim Commitment Service ist dies genau umgekehrt. Dieser Service könnte auch mit Hilfe
  einer von der Bank ausgegebenen Smartcard anstatt online ausgeführt werden.

6   Wer hat Interesse am Commitment Service

In Abschnitt 1.2.1 wurde gezeigt, daß andere suggestive Regelungen nicht für Signierer und Signaturempfänger beide akzeptabel sein können. Der Nutzen des Commitment Services liegt darin, das eigene Risiko zu minimieren, aber gleichzeitig dem potentiellen Geschäftspartner gerade soviel zu bieten, daß sein Risiko so akzeptabel wird, daß er zum effektiven Geschäftspartner werden kann.

Es liegt daher auf der Hand, daß es vor allem die Händler auf dem Internet sind, die von diesem Dienst profitieren, denn sie können nicht nur den Besteller identifizieren, sondern sich auch vor dessen Abstreiten der Bestellung schützen, indem sie ein rechtsverbindliches Commitmentzertifikat über einen Betrag verlangen, der ihrem Schaden entsprechen würde. Dies wird dem Händler bereits eine ähnliche Sicherheit bieten wie Signaturgesetze, die hochsichere Signierkomponenten vorschrieben. Ein weiterer Vorteil ist, daß ein Commitment (sofern sie nicht von einer Smartcard des Benutzers ausgegeben wurde) die Abfrage erspart, ob der Schlüssel des Bestellers bereits zurückgerufen wurde – die Notwendigkeit dieser Abfrage wird verlagert auf das Prüfen, ob die Commitment CA selbst mittlerweise Opfer einer Attacke geworden ist, was hoffentlich sehr unwahrscheinlich ist. Der generelle Bedarf der Händler an einer rechtsverbindlichen digitalen Signatur ihrer Kunden liegt auf der Hand. Widerruft der Besteller seine Bestellung (was er ohne digitale Signatur oder handschriftliche Unterschrift ohne weiteres kann, indem er behauptet, er habe das nicht bestellt – die Unterschrift könnte irgend ein unbedeutendes Krakel sein), so hat heute der Händler das Nachsehen.

Daher liegt es nahe, daß eine Interessensgemeinschaft der Händler einen Commitment Service betreibt, z.B. die Industrie- und Handelskammern, und zwar möglichst im Zusammenhang mit bereits existierenden CAs, die diesen Dienst als Zusatzdienst anbieten könnten. Die Ausstellung der Zertifikate kann kostenpflichtig für den Benutzer erfolgen. Dies kann durch den Preis oder durch günstige Konditionen beim Händler wieder ausgeglichen werden.

Etwas weniger reizvoll scheint dieser Service auf ersten Blick für den Benutzer selbst, da ein gewisses Risiko eingegangen werden muß, geradezustehen für Commitments, die durch Attacken zustandegekommen sind. Jedoch muß man dies mit der Alternative vergleichen, nämlich einer rechtverbindlichen digitalen Signatur womöglich ohne generelles Haftungslimit, so daß der Schaden im Falle einer Attacke – die möglicherweise gar nicht nachgewiesen werden kann – wesentlich größer sein kann als der begrenzte Schaden, der beim Commitment Service eintreten kann, da dort die digitale Signatur in diesem Fall abstreitbar ist. Es ist abzusehen, daß viele Händler rechtsverbindliche digitale Signaturen vom Kunden verlangen werden, sobald der gesetzliche Rahmen hierfür geschaffen sein wird. Commitmentzertifikate plus widerrufbare Signaturen (im Falle einer Attacke) können diese rechtsverbindlichen Signaturen ersetzen und gleichzeitig das Risiko für den Schlüsselinhaber begrenzen.

Der Commitment Service bietet also eine Risikoverteilung auf Gegenseitigkeit. Sowohl Signierer als auch Signaturempfänger tragen bei diesem Service dazu bei, daß das Risiko des anderen erträglich da vorhersehbar begrenzt bleibt.

7 Literatur

[Baum_99] Birgit Baum-Waidner: Haftungsbeschränkung der digitalen Signatur durch einen Commitment Service; Arbeitskonferenz „Sicherheitsinfrastrukturen", Hamburg, 9.-10.März 1999.

[Baum_99a]Birgit Baum-Waidner: Limiting Liability in E-commerce, Chapter 13 in SEMP_99.

[BaZi_99] Birgit Baum-Waidner, Rita Zihlmann: Legal Aspects, Chapter 14 in SEMP_99.

[BKWG_98] Wendelin Biser, Heinrich Kersten, Bruno Wildhaber, Matthias Gut: Chipkarte statt Füllfederhalter. Hüthig GmbH, Heidelberg. ISBN 3-7785-2634-0.

[CEC_98] Entwurf für EG-Richtlinie über gemeinsame Rahmenbedingungen für elektronische Signaturen, Vorschlag für eine Richtlinie des Europäischen Parlaments und des Rates KOM(1998)297/2, 98/0191 (COD), deutsche Fassung, vorgelegt am 22. Juni 1998

[DigSigG_97] Gesetz zur Regelung der Rahmenbedingungen für Informations- und Kommunikationsdienste (Informations- und Kommunikationsdienste-Gesetz - IuKDG), Artikel 3: Gesetz zur digitalen Signatur (Signaturgesetz - SigG) vom 22. Juli 1997 (BGBl. I S.1870)

[DigSigV_97] Verordnung zur digitalen Signatur (Signaturverordnung - SigV) in der Fassung des Beschlusses der Bundesregierung vom 8. Oktober 1997

[DiHe_76] Whitfield Diffie, Martin E. Hellman: New Directions in Cryptography. IEEE Transactions on Information Theory 22/6 (1976) 644-654

[MeOV_97] Alfred J. Menezes, Paul C. van Oorschot, Scott A. Vanstone: Handbook of Applied Cryptography; CRC Press, Boca Raton 1997.

[PPSW_97] Andreas Pfitzmann, Birgit Pfitzmann, Matthias Schunter, Michael Waidner: Trusting Mobile User Devices and Security Modules; in Computer 30/2 (1997) 61-68.

[RBHK_94] Alexander Rossnagel, Johann Bizer, Volker Hammer, Christel Kumbruck, Ulrich Pordesch, Heinz Sarbinowski, Michael J. Schneider: Die Simulationsstudie Rechtspflege - Eine neue Methode zur Technikgestaltung für Telekooperation, Projektgruppe Verfassungsverträgliche Technikgestaltung e. V. (Provet), Gesellschaft für Mathematik und Datenverarbeitung mbH (GMD), Edition Sigma, Berlin, 1994, ISBN 3-89404-373-3

[SEMP_99] Gerard Lacoste, Michael Steiner, Michael Waidner (Hrsg): Secure Electronic Marketplace for Europe – Final Report of Project SEMPER; LNCS, Springer-Verlag, to appear.

[Somm_98] Decision of 28 May 1998 - 8340 Ds 465 Js 173158/95 - " CompuServe"

[SET_97] Mastercard Inc., Visa Inc.: Secure Electronic Transactions (SET) Version 1.0; May 31, 1997.

[Webe_97] Arnd Weber: Zur Notwendigkeit sicherer Implementation digitaler Signaturen in offenen Systemen; in: Müller, Günter; Pfitzmann, Andreas (Hrsg.): Mehrseitige Sicherheit in der Kommunikationstechnik., Addison-Wesley-Longman 1997, 465-478.

Kontextabhängige Gültigkeitsprüfung digitaler Signaturen[1]

Andreas Berger, Ulrich Pordesch

Institut für Telekooperationstechnik, D-64283 Darmstadt
{Andreas.Berger,Pordesch}@gmd.de

Zusammenfassung

Digitale Signaturen nach Signaturgesetz sollen es ermöglichen, die Echtheit und Urheberschaft elektronischer Dokumente rechtssicher nachweisen zu können. Der Wunsch die Signaturprüfungen nicht von den Eigenheiten bestimmter Prüfprogramme abhängig zu machen, legt es nahe, ein anwendungsunabhängiges einheitliches Gültigkeitsmodell für alle Signaturprüfungen zu spezifizieren. Demgegenüber vertreten die Autoren die Auffassung, daß die Gültigkeitsüberprüfung aus rechtlichen und praktischen Erwägungen abhängig von den Bedürfnissen der Anwender und den rechtlichen Regelungen des Anwendungsfeldes und mithin konfigurierbar sein sollte. Statt einem universellen Modell ist Anpassbarkeit, Reproduzierbarkeit und Entscheidungsfreiheit gefordert. Die Autoren schlagen daher eine modulare und in Schichten aufgebaute Systemarchitektur vor, mit deren Hilfe verschiedene Gültigkeitsmodelle konfiguriert, ausgewählt und parametrisiert werden können.

1 Einleitung

Digitale Signaturverfahren sollen in der virtuellen Welt der Netze die Prüfung der Unverfälschtheit und Urheberschaft von Dokumenten ermöglichen und ein Äquivalent für handschriftliche Unterschriften werden. Leider schaffen die neuen Verfahren eine bislang nicht vorhandene Abhängigkeit von technischen Systemen: Die Signaturen können von Menschen selbst nicht geprüft werden. Vielmehr sind Prüfprogramme nötig, die Hashwerte errechnen, verschlüsselte Daten mit dem öffentlichen Schlüssel des behaupteten Signierers entschlüsseln, Bits vergleichen, Verzeichnisdienste abfragen, Zeitangaben überprüfen usw. und auf dieser Basis ein Prüfergebnis ausgeben. Dabei besteht die Gefahr, daß

---

[1] Dieses Papier ist im Rahmen von Diskussionen über technischer Spezifikationen für das deutsche Signaturgesetz entstanden. Für wertvolle Hinweise danken wir Petra Glöckner, Alfred Giessler und Rüdiger Grimm, alle GMD/TKT.

hersteller- und systemabhängige Prüfverfahren in einer nicht nachvollziehbaren Weise für dieselben Signaturen unterschiedliche Prüfergebnisse erzeugen. Im Interesse der Rechtssicherheit sind daher aus Interoperabilitätsgründen über Systemgrenzen hinweg funktionierende Prüfverfahren nötig.

Aus der Sicht des Technikers ist es zunächst bedauerlich, daß Signaturgesetz und Signaturverordnung kein solches Verfahren vorgeben. Diese Vorschriften regeln nur einige Aspekte der Prüfung. Ein Beispiel hierfür ist die Prüfung der zeitlichen Gültigkeit der Signaturen: Nach § 13 (5) des Signaturgesetzes bleibt die Gültigkeit von Zertifikaten von der Rücknahme der Genehmigung einer Zertifizierungsstelle unberührt. Dies legt eine Prüfung von Zertifikaten zum Signaturzeitpunkt nahe und nicht, was ebenfalls möglich wäre, zum Prüfzeitpunkt. Doch ob mitgelieferte Zertifikate ausgewertet, lokal zwischengespeicherte Zertifikatverzeichnisse genutzt oder aktuelle Auskünfte zentraler Verzeichnisdienste angefordert werden, regelt das Gesetz nicht. Zur inhaltlichen Darstellung von Prüfergebnissen ist nichts ausgesagt.

Parallel zur Programmierung von Prüfroutinen in Anwendungen wird deshalb im Zuge der Umsetzung des Signaturgesetzes versucht, rechtliche Spielräume auszuloten und innerhalb dieser mit plausiblen Argumenten eindeutige Verfahren festzulegen. So werden in den Signatur-Interoperabilitätsspezifikationen [BSI99] eine Reihe von Festlegungen getroffen, unter anderem Anzeigetexte für Signaturprüfungen. Einige Beteiligte hoffen, das Interoperabilitätsproblem durch eine genaue Spezifikation eines einheitlichen Gültigkeitsmodells zu lösen. Dieses universelle Modell soll so gestaltet sein, daß die Signaturprüfung stets eine eindeutige Aussage „gültig/ungültig" zum Ergebnis hat. Dieses Ergebnis soll dann nur abhängig von den signierten Daten, dem Zeitpunkt, Sperrverzeichniseinträgen etc. sein, nicht aber von Nutzerpräferenzen oder anderen Bedingungen. Dabei scheint davon ausgegangen zu werden, daß eine nach einem solchen Modell automatisch erzeugte Gültigkeitsaussage eine rechtliche Gültigkeitsaussage impliziere, zumindest wird eine diesbezügliche Unterscheidung bislang vermieden. Diese Herangehensweise ist jedoch problematisch.

2   Probleme eines einheitlichen Gültigkeitsmodells

Zunächst ist festzustellen, daß weder Signaturgesetz (SigG) noch Signaturverordnung (SigV) den Begriff der „Gültigkeit von Signaturen" kennen und auch keine Verfahrensweise zur Überprüfung dieser Gültigkeit festlegen. Der Begriff „gültig" wird nur an einzelnen Stellen, z.B. in Bezug auf die Gültigkeitsdauer von Zertifikaten, verwendet. Werden die verbleibenden großen Spielräume der Gültigkeitsprüfung durch technische Spezifikationen für Verifikationsverfahren ausgefüllt, so haben diese keinen Gesetzes- sondern nur Vorschlagscharakter.

Hersteller und Anwender müssen sich nicht nach ihnen richten und können trotzdem SigG-konforme Verfahren entwickeln bzw. Signaturen erzeugen. Darüber hinaus ist zu betonen, daß das SigG nicht die rechtliche Anerkennung digital signierter Dokumente bestimmt. Dies muß durch Änderung anderer Rechtsvorschriften (z.B. des Schriftformerfordernis im BGB) erfolgen und sich in der Rechtsprechung bewähren. Neben diesen eher formalen Einwänden bestehen jedoch auch praktische.

Zum ersten ist ein einheitlich und genau spezifiziertes Verifikationsverfahren oft *unpassend*. Manchmal mögen bestimmte Prüfmöglichkeiten fehlen, etwa bei Mobilanwendungen mit fehlendem Zugang zu Verzeichnisdiensten. Es wäre inakzeptabel, den Prüfer mit Aussagen wie „nicht prüfbar" oder gar „ungültig" zu konfrontieren, statt die brauchbaren Teilprüfungsergebnisse darzustellen. Ähnlich ist der Fall, wenn sich der Empfänger in einer anderen Zertifizierungshierachie als der Sender befindet und deshalb eine Signatur nicht verifiziert werden kann. Weiterhin wäre der Weg für anwendungsbezogene Anpassungen versperrt, bei denen bestimmte Sicherheitsmerkmale (wie etwa Zeitstempel) bei Dokumenten weggelassen werden können oder als zwingend erforderlich vereinbart werden. Manchmal sind vorgesehene Prüfschritte auch unnötig, so z.B. die Prüfung des Namens und der Zeichnungsberechtigung bei einer Transaktionen unter guten Bekannten. Es wäre inakzeptabel, dem Nutzer in solchen Fällen die Kosten für überflüssige Prüfungen aufzubürden und ihn mit ihren Ergebnissen zu belästigen. Umgekehrt wird ein Nutzer aber auch bisweilen höhere Sicherheitsanforderungen haben als in einem universellen Modell vorgesehen. So wird den Empfänger einer elektronischen Warenbestellung zweifelhafter Herkunft auch interessieren, ob das Zertifikat des Senders zum Verifikationszeitpunkt gesperrt ist. Er könnte so den Fall umgehen, daß die Bestellung von einem Betrüger zu einem Zeitpunkt signiert wurde, zu dem der Betrug noch nicht bekannt und somit das Zertifikat noch nicht gesperrt war.

Zum zweiten ist darauf hinzuweisen, daß die Gültigkeit einer Signatur im Sinne des Signaturgesetzes auch Aspekte umfaßt, die *nicht ausschließlich technisch prüfbar* sind. So läßt sich zwar die Unverfälschtheit eines Zertifikats technisch prüfen, nicht aber, ob dies durch die Mitarbeiter der Zertifizierungsstelle an eine berechtigte Person ausgestellt wurde. Eine umfassende und vollständige Gültigkeitsprüfung erfordert daher auch organisatorische Prüfungen, die beispielsweise durch einen Sachverständigen im Rahmen eines Gerichtsprozesses durchzuführen wären.

Schließlich ist zum dritten ausdrücklich zu betonen, daß eine „Gültigkeit im Sinne des Signaturgesetzes" trotzdem *rechtsunwirksam* sein kann. Ein Kaufvertrag, bei dem die Signaturprüfung positiv verläuft, wird trotzdem voraussichtlich rechtsunwirksam, wenn der Inhaber des Schlüssels nachweisen kann, daß er nicht signiert hat - etwa weil er zum fraglichen Zeitpunkt im Koma lag. Umgekehrt muß etwa eine elektronische Strafanzeige bei der Polizei wegen eines Einbruchs auch dann rechtswirksam werden, wenn das Benutzerzertifikat des Signierenden abgelaufen ist, da es eine strafrechtliche Verfolgungspflicht gibt.

Es ist also ein ziemlich fragwürdiges Unterfangen, die rechtlich erlaubten großen Gestaltungsmöglichkeiten für Prüfverfahren durch die technische Spezifikation eines universellen Modells einer Gültigkeitsprüfung aufzufüllen, wie plausibel die für die Designentscheidungen verwendeten Argumente im Einzelnen auch sein mögen. Zu fragen ist statt dessen, wie die rechtlich vorgesehene und sinnvolle Offenheit technisch abzubilden ist und wie unter diesen Bedingungen Interoperabilität umgesetzt werden kann.

3 Anforderungen an Verifikationsverfahren

Da die für eine rechtliche Anforderungsanalyse notwendigen konkreten rechtlichen Vorgaben zumindest zur Zeit fehlen, liegt es nahe, diese aus anderen, vor allem grundlegenden rechtlichen Regelungen abzuleiten. Wir wollen die dazu nötige Konkretisierung (grund)rechtlicher Anforderungen zu technischen Gestaltungsvorschlägen hier jetzt nicht durchführen (zur Methode der Ableitung siehe [HPR93] und verallgemeinert [Ham99]). Es sollen aber einige rechtlich motivierte Kriterien vorgestellt werden, die unsere Lösungsüberlegungen begründen. Kriterien für die Gestaltung von Signaturverfahren und ihre rechtliche Herleitung wurden bereits in [PR94] dargestellt; sie werden hier allerdings im Hinblick auf Verifikationsverfahren etwas modifiziert,

3.1 Anpassbarkeit

Rechtssicherheit ist nur dann zu gewährleisten, wenn die Rechtsfolgen erkannt und durchgesetzt werden können, die elektronische Willenserklärungen haben sollen. Die Rechtsfolgen sind vom jeweiligen Anwendungskontext des signierten Dokumentes abhängig. Je nach Kontext sind ganz bestimmte Umstände von Urheberschaft (Pseudonym, Identität oder Zeichnungsberechtigung,..), Authentizität (komplettes Dokument oder separat signierter Teil) oder Zeit (nur Tag oder genauer Zeitpunkt) entscheidend dafür, ob etwas zu tun oder zu unterlassen ist.

Rechtliche Anpassbarkeit erfordert, daß der Verifikationsprozeß an die Regeln rechtlicher Gültigkeit angepaßt werden kann, die in dem Verwendungszusammenhang des signierten Dokumentes gelten. Festlegbar muß jeweils sein, welche Sicherheitsmerkmale ein Dokument enthalten muß, welche Prüfungen zu diesen durchzuführen sind, wie die Prüfungen zu erfolgen haben und wie die Prüfergebnisse darzustellen und zu bewerten sind. Die rechtlichen Vorgaben im Anwendungsfeld und die möglichen Rechtsfolgen sind dabei entscheidend, die technische Prüfung ist nur Hilfsmittel! Wird ein Prüfprogramm für mehrere Anwendungen genutzt, so muß es verschiedene mögliche rechtliche Gültigkeitsmodelle abbilden können.

3.2 Entscheidungsfreiheit

Jeder Teilnehmer eines Kommunikationssystems muß selbst darüber entscheiden können, mit wem und unter welchen Bedingungen er kommuniziert (kommunikative Selbstbestimmung). Im Arbeitsverhältnis ist diese Selbstbestimmung eingeschränkt, jedoch hat auch der Arbeitnehmer im Rahmen beamten- und arbeitsrechtlich zulässiger Einschränkungen die Befugnis, selbst über die Art und Weise der Erfüllung übertragener Aufgaben zu entscheiden.

Entscheidungsfreiheit bedeutet bezogen auf Verifikationsverfahren, daß der Anwender im durch die Tätigkeit vorgegebenen Rahmen selbst über die Modalitäten der Signaturprüfung entscheiden können sollte. Entsprechend seinen konkreten Sicherheitsbedürfnissen sollte das System den Nutzer in die Lage versetzen, bestimmte Prüfungen durchzuführen oder darauf zu verzichten. Der Nutzer sollte in der Lage sein, strenge Prüfungen durchzuführen, wenn der Inhalt eines Dokumentes wichtig und die Unsicherheit groß ist. Er sollte aber auch schwächere Prüfungen durchführen können, wenn eine strengere nicht nötig ist, aber nachteilige Wirkungen (insbesondere Kosten, Zeit) hat. Prüfungen sollten vom Benutzer gezielt bezogen auf die von ihm gewünschten Aspekte durchgeführt werden können. Schließlich sollte der Benutzer möglichst auch entscheiden können, welchen Programmen welches Herstellers er traut und welche er demzufolge für Prüfungen einsetzt.

3.3 Reproduzierbarkeit

Um Rechtssicherheit bei elektronischem Dokumentenaustausch zu gewährleisten, muß es möglich sein, Rechtsfolgen notfalls vor Gericht einzuklagen. Da die Prüfung eines Dokumentes über das Handeln oder Unterlassen von Handlungen entscheidet, was gegebenenfalls rechtlich zu bewerten ist, muß über diese Prüfung gegebenenfalls Beweis erhoben werden können. Daraus folgt nicht, daß jede Form der Dokumentprüfung zu jedem Zeitpunkt zum selben Ergebnis führen muß. Es muß aber möglich sein festzustellen, ob eine bestimmte Form der Prüfung zu einem bestimmten Ergebnis geführt hat und gegebenenfalls auch, ob diese Form der Überprüfung angemessen war.

Um den Beweis erheben zu können, muß also nachvollziehbar sein, wie jemand zu einem bestimmten Prüfergebnis kam. Es muß feststellbar sein, welche Prüfschritte zu welchem Ergebnis führten. Das heißt, daß zu jedem Zeitpunkt das Ergebnis eines früheren Verifikationsprozesses eindeutig hergeleitet werden kann. Diese Forderung nach Reproduzierbarkeit ist eine „schwächere" (d.h. weniger reglementierende) Forderung als „Eindeutigkeit" durch ein einheitliches Gültigkeitsmodell und Prüfverfahren, die rechtlich gesehen weder notwendig noch geboten ist.

3.4 Transparenz

Um Rechtssicherheit und Unbefangenheit zu gewährleisten, müssen die Nutzer das Ergebnis des Verifikationsprozesses verstehen. Verstehen ist nicht nur sprachlich gemeint, sondern vor allem hinsichtlich der Bedeutung. Gültigkeitsaussagen gelten immer nur unter bestimmten Annahmen, etwa über die Sicherheit kryptographischer Verfahren oder die korrekte Tätigkeit der Zertifizierungsstelle. Der Nutzer sollte die Annahmen kennen können, unter denen ein Prüfergebnis zustande kam. Das Zustandekommen des Prüfergebnisses, die Prüffragen und ihre Ergebnisse, muß für den Prüfenden nachvollziehbar sein. Das Ergebnis der Verifikation muß insbesondere in Problemfällen hinsichtlich der tatsächlichen oder möglichen Ursachen erläutert werden. Transparenz ist auch in Bezug auf die möglichen Rechtsfolgen geboten, die ein Prüfergebnis und ein Handeln bzw. Unterlassen von Handlungen in diesem Zusammenhang gebietet. Im jeweiligen Rechtskontext muß der Benutzer also auch z.B. bei einem negativen Prüfergebnis wissen können, ob der Eingang der Willenserklärung ignoriert werden kann, oder ob es eventuell gar nicht auf den gescheiterten Aspekt der Prüfung ankommt (etwa die gerade abgelaufene Gültigkeitszeit eines Zertifikats).

4   Grundfunktionalitäten und Gestaltungsziele

Die im vorangegangenen Abschnitt vorgestellten rechtlich motivierten Kriterien ließen bereits technische Anforderungen erkennen. Wir wollen nun in einem weiteren Schritt einige technische Grundfunktionen des zu konzipierenden Verifikationssystems aufzeigen und für die technische Gestaltungsziele ableiten:

- *Prüfvorgaben des Anwendungsprogrammes:* Das Anwendungsprogramm sollte die Art der durchzuführenden Prüfungen bestimmen können (Application-security-policy). Zur Art der durchzuführenden Prüfung gehören die Prüftatbestände (welche Sicherheitsmerkmale muß das Dokument aufweisen), die Prüfschritte (wie sind die Prüfungen durchzuführen) und die Ergebnisdarstellung (wie sind die Ergebnisse darzustellen). Die Festlegung sollte anhand des jeweiligen Dokumentes oder auch Vorgangs und der geltenden Rechtsregeln erfolgen können (Anpaßbarkeit). Dabei sollten aber Freiräume für die Nutzer erhalten bleiben (Entscheidungsfreiheit), ihm sollten mehrere Prüfmodelle sowie innerhalb dieser Modelle Einstellvarianten zur Auswahl angeboten werden.

- *Prüfvorgaben des Nutzers:* Der Prüfende sollte innerhalb der vom Anwendungssystem vorgegebenen Freiräume, Entscheidungen entsprechend seiner Bedürfnisse fällen können (User-security-policy). Er sollte beim einzelnen Prüfvorgang Modelle auswählen und Einstellungen vornehmen können, wenn er dies möchte (Entscheidungsfreiheit). Dazu sollte er allgemeine Präferenzen für die Art der durchzuführenden Prüfungen angeben können, insbesondere Vorgaben zur maximalen Laufzeit der Prüfung, der zu verursachenden Kosten und ob der Prüfprozeß auch bei Auftreten eines negativen Teilergebnisses abgebrochen oder trotzdem vollständig durchlaufen werden soll.

- *Ergebnisanalyse:* Der Nutzer sollte die den Gültigkeitsaussagen zugrundeliegenden Annahmen ermitteln können. Das Prüfsystem sollte das Ergebnis und die ihm zugrundeliegenden Annahmen in verschiedenen Detaillierungsgraden darstellen können (Transparenz).

- *Kontextbezogene Ergebnisinterpretation:* Das Anwendungssystem sollte Prüfergebnisse in Bezug auf die Rechtsfolgen im jeweiligen beruflichen Anwendungskontext darstellen können (Anpaßbarkeit, Transparenz). Darüber hinaus sollten auf den Anwendungsfall zugeschnittene Aussagen möglich sein, wenn dem Anwendungssystem die Art der geprüften Dokumente bekannt ist und dessen Inhalte automatisch verarbeitbar sind. Das Anwendungssystem sollte Prüfergebnisse auch auswerten können, um andere auf den Kontext bezogene Aktionen vorzuschlagen oder auszulösen (Anpaßbarkeit, Entscheidungsfreiheit).

- *Standardmodelle:* Um die Prüfenden nicht mit Einstellungsmöglichkeiten zu überfordern und damit Signierende und Prüfende von denselben Prüfverfahren ausgehen können, sollten einige Prüfverfahren für die verschiedenen Anwendungskontexte standardisiert werden (Transparenz, Reproduzierbarkeit). Die Wahl eines Anwendungskontextes sollte die Vorauswahl eines Gültigkeitsmodelles einschließen, beim Signierer und beim Prüfer.

- *Nachstellbare Prüfvorgänge:* Damit Prüfvorgänge trotz verschiedener Modelle und Modellvarianten reproduzierbar sind, müssen alle für den Prüfvorgang gewählten Prüfmodelle und Einstellungen am Prüfergebnis erkannt werden können (Reproduzierbarkeit, Transparenz). Prüfergebnisse können dann z.B. auch abgespeichert werden.

Um diese allgemeinen Ziele zu erreichen, bedarf es einer geeigneten offenen Systemarchitektur. Die Software für Prüfprozesse sollte geeignete Schnittstellen aufweisen, damit Anwender die für ihre Prüfzwecke, ihre Vorlieben und entsprechend ihrem Vertrauen Produkte auswählen und austauschen können (Entscheidungsfreiheit).

5 Abstraktes Verifikationsschema

Abstrakt man kann die Prüfung digitaler Signaturen als einen Prozeß der Analyse einer Ausgangsfragestellung in Einzelfragen verstehen, aus deren Beantwortung eine Gesamtaussage synthetisiert wird. Diese Antworten gelten dabei immer nur unter bestimmten Voraussetzungen, sind also bedingt. Das Ergebnis einer Prüfung ist nur dann zuverlässig und sicher verwendbar, wenn diese Voraussetzungen richtig sind.

Da die Entwicklung bei den kryptographischen Verfahren sehr dynamisch ist, sind die Voraussetzungen bezüglich der Verfahren letztlich immer auf den Erkenntnisstand zum Prüfzeitpunkt bezogen. Um hier der Forderung nach Reproduzierbarkeit nachzukommen, sollte eine spätere Prüfung diese neuen Erkenntnisse als Teil des Ergebnisses liefern, allerdings mit einem Zeitpunkt versehen, von dem ab sie bekannt waren oder von dem ab ein Verfahren nicht mehr zugelassen war. Die Reproduzierbarkeit ist also nicht dadurch zu gewährleisten, daß das Ergebnis einer Verifikation immer identisch ist. Vielmehr sollen Ergebnisse früherer Prüfungen nachvollziehbar werden. Es kann aber nachgewiesen werden, ob eine heute aufgrund kryptographischer Kriterien ungültigen Signatur damals von dem Verifizierer als gültig angenommen werden mußte.

Der Ablauf der Analyse und der Synthese von Einzelfragen und Gesamtaussagen muß nicht für alle Anwendungen einheitlich sein, sondern abhängig sein von den gewählten Gültigkeitsmodell. Entsprechend dieses Modells kann eine globale Gültigkeitsfrage „Signatur korrekt?" in Teilfragen wie „Zertifikat korrekt?", „Authentikator korrekt?", „Zeitstempel korrekt?" und wiederum in Unterfragen, wie „Signaturzeit innerhalb der Zertifikatgültigkeit?" zerlegt werden (siehe Abb. 1). Die Zerlegung geht hinunter bis zu beantwortbaren Elementarfragen wie „Signaturzeit vor Ablauf des Benutzerzertifikats?" oder „Signaturzeit nach Beginn?". Elementarfragen sind dadurch gekennzeichnet, daß sie in nur einem Kontext beantwortet werden können, der konkrete Kontextbezug also durch die Wahl der Elementarfrage festgelegt ist.

Jede Beantwortung einer Elementarfrage fügt üblicherweise eine Annahme der Gesamtmenge der zu überprüfenden Annahmen hinzu und fügt ein Datenelement in die Menge des Ergebnisses ein. So wird beispielsweise nach der Prüfung eines Zertifikates durch den passenden öffentlichen Schlüssel der Zertifizierungsstelle der Ergebnismenge hinzugefügt, daß die Integrität des Zertifikates gesichert war und der Inhalt als von der entsprechenden Zertifizierungsstelle erstellt angesehen werden soll. Es ergeben sich hieraus wieder neue Fragen, im konkreten Fall nach dem Sperrzustand des Zertifikates und der Gültigkeit des verwendeten Schlüssels der Zertifizierungsstelle. Sind die verbliebenen Annahmen für ein bestimmtes Gültigkeitsmodells akzeptabel, so gilt der Prüfprozeß als abgeschlossen und die verbliebenen Annahmen gehen als Voraussetzungen in das Ergebnis ein.

In einer solchermaßen baumartigen Frageanalyse kann es sein, daß zur Beantwortung einer Fragestellung verschiedene Alternativen existieren. So könnte etwa die Frage nach dem Sperrzustand eines Zertifikates entweder über eine Sperrliste oder per Anfrage beim Verzeichnisdienst nach SigG beantwortet werden. Da die Auskunft über den Sperrzustand nach je nach gewählter Methode unter anderen Annahmen gilt, muß jede der Alternativen prinzipiell durch das gewählte Modell und dessen Parameter erlaubt sein. Die Wahl der Alternative muß in den Annahmen erkennbar sein und ist damit Teil der Antwort. Selbstverständlich bleibt es dem Prüfsystem unbenommen, verschiedene Alternativen zu wählen, wenn diese auf denselben Annahmen beruhen, obwohl es auch hier wünschenswert ist, eine gewählte Alternative erkennen zu können.

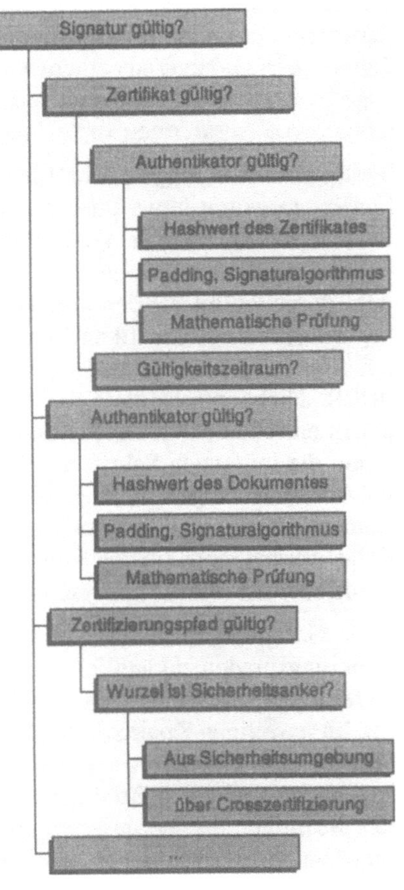

Abb. 1: Abstraktes Verifikationsschema

Die Elementarfragen können durch Berechnung (etwa Anwendung eines Hashverfahrens oder eines öffentlichen Schlüssels), aber auch durch externe Daten (Sperrauskunft aus einem Verzeichnisdienst) oder auch durch eine Rückfrage beim Benutzer erfolgen (Zertifikat für diese Prüfung als nicht gesperrt annehmen und Auswertung versuchen?).

Die Beantwortung ergibt dann Elementaraussagen, die jeweils unter bestimmten Annahmen gelten (etwa über die Sicherheit kryptographischer Verfahren oder die Zuverlässigkeit von Auskünften). Neben „ja/nein-Antworten" ist auch ein „nicht entscheidbar" notwendig, weil bestimmte Prüfungen unter Umständen nicht durchgeführt werden können, mithin wird also eine einfache dreiwertige Logik notwendig. Die Elementaraussagen werden entsprechend der baumartigen Analyse logisch gemäß der dreiwertigen Logik verknüpft (wobei „Wahr" ODER „Nicht entscheidbar" => „Wahr", „Wahr" UND „Nicht entscheidbar" => „Nicht entscheidbar"). Daraus entstehen schrittweise übergeordnete Teilaussagen, die im letzten Schritt die Gesamtaussage mit allen verwendeten bedingten Annahmen ergeben (Ergebnissynthese). Zu beachten ist hier, daß einzelne Elementarfragen und –antworten unter Umständen auch mehrmals im Baum benötigt werden. Eine solche Frage würde im Baum dann mehrmals erscheinen, würde aber nur einmal im System beantwortet werden.

Diese Gesamtergebnis sollte dem Benutzer mit verschiedenen wählbaren Detaillierungsgraden zugänglich sein. Als höchste Stufe der Abstraktion sollte das Prüfergebnis zusammen mit den Voraussetzungen, unter denen das Ergebnis gilt, im jeweiligen Kontext interpretiert und in einer auf den Kontext bezogenen Antwort dem Benutzer anzeigen. Daneben sollte der Benutzer Zugriff auf das Prüfergebnis in seiner Rohform (also ohne kontextbezogene Interpretation) haben. Bezüglich der Voraussetzungen sollte ein interaktiver Zugriff auf die verknüpften Aussagen möglich sein, um die Schlußfolgerungen des Systems nachvollziehen zu können (Gestaltungskriterium Transparenz).

6   Systemarchitektur

Im folgenden stellen wir eine mögliche Grobarchitektur eines Systems dar, das den Verifikationsprozeß unter Berücksichtigung der oben genannten Anforderungen unterstützt (Abb. 2).

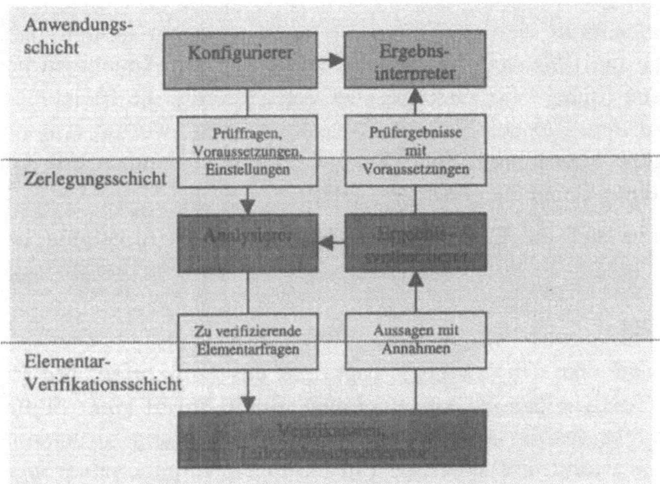

Abb. 2: Architektur des Verifikationsprozesses

6.1   Schichten

Entsprechend unserer vorangehenden Überlegungen ist eine Zerlegung des Gesamtproblems „Signaturprüfung" in Teilprobleme zweckmäßig, die auf drei Schichten durch verschiedene Module gelöst werden:

- *Anwendungsschicht*: In dieser Schicht werden Prüffragen und Randbedingungen für die Prüfung durch den Nutzer und das Anwendungssystem festgelegt, sowie Prüfergebnisse ausgewertet. Die beiden zugehörigen Komponenten, der Konfigurierer und der Ergebnisinterpreter, arbeiten anwendungsbezogen: Ihre Objekte sind die Prüfvorgaben der Anwendung und des Nutzers sowie die signierten Dokumente und der Vorgang, innerhalb dessen die Prüfung stattfindet.

- *Zerlegungsschicht:* In der Zerlegungsschicht werden Prüffragen in Teilfragen und diese weiter in Kombinationen verschiedener aufeinander abgestimmter Prüfungen zerlegt. Die beiden zugehörigen Module, der Analysierer und der Ergebnissynthetisierer steuern den Prüfprozeß modellbezogen. Die Prüfung erfolgt anhand der Prüffragen, der Einstellungen und der signierten Daten, aber unabhängig von Dokumenteninhalten, Vorgangszuständen und dem Zustandekommen der Prüffragen und Einstellungen. Objekte der Zerlegungsschicht sind die bekannte Sicherheitsmerkmale wie Zertifikate, Zertifikatspfade, Sperrinformationen, Zeitstempel, Authentikatoren und die Bytefolgen, auf die sich diese beziehen.

- In der *Verifikationsschicht* werden Elementarfragen autonom modellunabhängig beantwortet und Einzelergebnisse zusammen mit den Annahmen generiert. In der Ebene finden sich verschiedene Verifikatoren, die Elementarfragen bezogen auf den Typ des Sicherheitsmerkmals beantworten können. Als Ergebnis werden Aussagen zu den Elementarfragen zusammen mit Annahmen geliefert, unter denen die Aussagen gelten.

Die einzelnen Module und ihr Zusammenwirken werden im folgenden beschrieben:

6.2 Konfigurierer

Der Konfigurierer wird vom Anwendungsprogramm aus aufgerufen, um für längere Zeit gültige Voreinstellungen vorzunehmen. Beim Aufruf einer Signaturprüfung können ferner das für den bevorstehenden Prüfvorgang zu verwendende Prüfmodell ausgewählt und spezielle Einstellungen vorgenommen werden.

Über den Konfigurierer können die Vorgaben des Anwendungssystems und die Vorgaben des Nutzers eingestellt werden. Zu diesen Vorgaben gehören jeweils die zulässigen Prüfmodelle und deren Varianten, sowie globale Randbedingungen von Zeit und Kosten (etwa für Verzeichnisabfragen). Als zusätzliche Randbedingung ist es sicherlich auch sinnvoll, den Umfang der Prüfung im Fehlerfalle einzugrenzen: Ein automatisches System kann beim Vorliegen eines nicht eindeutigen Ergebnisses sofort die Verifikationsroutine beenden oder aber die Prüfung fortsetzen, um dem Benutzer ein vollständiges Ergebnis zu präsentieren. Weiterhin sollte es möglich sein, aus der persönlichen Sicherheitsumgebung des Benutzers diejenigen Datenelemente auszuwählen, auf die sich das Prüfsystem stützen darf (z.B. Sicherheitsanker, Zertifikate oder Schlüssel). Schließlich sollten dem Verifikationsprozeß nicht zu überprüfende Annahmen mitgegeben werden können, auf die sich das Ergebnis als Voraussetzung stützen kann - beispielsweise die Zeichnungsberechtigung eines bestimmten Benutzers. Der Konfigurierer kann sicherstellen, daß der Nutzer nur solche Einstellungen vornehmen kann, die im Rahmen der Vorgaben des Anwendungssystems liegen.

Anhand der Einstellungen zerlegt der Konfigurierer das Dokument in Teildokumente mit Signaturen und zugeordneten Sicherheitsmerkmalen, die jeweils zu überprüfen sind. Ergebnis des Konfigurierers sind die Prüffragen, Voraussetzungen (nicht zu überprüfende Annahmen) und Einstellungen, die zusammen mit den signierten Bytefolgen an die darunter liegende Zerlegungsschicht weitergegeben werden.

6.3 Analysierer

Durch den Analysierer werden die vorgegebenen Standardmodelle bzw. einzelne Prüffragen in Teilfragen und diese weiter in Kombinationen verschiedener aufeinander abgestimmter Elementarfragen zerlegt. Der Analysierer steuert den Ablauf und damit die Reihenfolge der Beantwortung von Elementarfragen. Identische Elementarfragen müssen so nicht mehrfach beantwortet werden. Gibt es Freiräume und Entscheidungsvarianten, so werden diese entsprechend der mitgegebenen Präferenzen und den Möglichkeiten des lokalen Systems aufgelöst.

Aus der Analyse ergeben sich Elementarfragen, für die der Analysierer Aufrufe an die passenden Verifikatoren in der darunterliegenden Verifikationsschicht generiert.

6.4 Verifikatoren

Die Verifikatoren bearbeiten verschiedene Elementarfragen. Mögliche Verifikatoren sind zum einen mathematische Funktionen, etwa zur Überprüfung eines Hashwertes oder eine Operation unter Verwendung eines öffentlichen Schlüssels. Daneben kommen aber auch Funktionen in Betracht, die externe Informationen verarbeiten. Ein Beispiel hierfür wäre der Zugriff auf einen Verzeichnisdienst nach Authentisierung des Serversystems, so daß die Aktualität und Integrität der Antwort zugesichert werden kann.

Auch wenn in der Verifikationsschicht digitale Signaturen zur Ermittlung dieser Aussagen verwendet wurden, führt dies im Normalfall keine Rekursivität und damit Auflösung der Schichtenarchitektur nach sich. Das Prüfsystem in der Analyse und Syntheseschicht befaßt sich nicht mit den verwendeten Mechanismen, sondern nur mit den durch diese Mechanismen etablierten Aussagen und den Annahmen, unter denen sie gelten.

Schließlich sind auch Funktionen möglich, die eine Aussage aufgrund einer Rückfrage an den Benutzer manuell etabliert.

Das Einzelergebnis einer Verifikation wird als Aussage zusammen mit Annahmen, unter denen diese gilt, an die Zerlegungsschicht zurückgeliefert.

6.5 Ergebnissynthetisierer

Die von den Verifikatoren gelieferten Aussagen werden vom Ergebnissynthetisierer in das Ergebnis integriert. Er entscheidet, ob Annahmen zulässige Voraussetzungen im Sinne der Prüfvorgaben sind oder ob Annahmen durch weitere Prüfungen durch den Analysiere bearbeitet werden müssen. Die Zerlegungsschicht arbeitet so iterativ.

Das Ergebnis des Ergebnissynthetisierers ist die Menge der Ergebnisse aller durchgeführten Teilprüfungen mit den ihnen zugrundeliegenden Annahmen, sowie ein nach dem Modell berechnetes Gesamtergebnis der Prüfung. Dieses Ergebnis wird an die Anwendungsschicht zurückgeleitet, um dort angezeigt und ausgewertet zu werden. Als zusätzliche Teilkomponente sollte der Ergebnissynthetisierer allerdings eine eigene Anzeigekomponente aufweisen, damit der Anwender einen unabhängigen Ergebniszugang hat, wenn er den (möglicherweise manipulierten) Angaben des Anwendungssystems mißtraut.

6.6 Ergebnisinterpreter

In der Anwendungsschicht empfängt schließlich der Ergebnisinterpreter die Ergebnisse. Ein Ergebnisinterpreter des Anwendungssystems kann diese unter Zuhilfenahme anwendungsbezogener Daten auswerten und so dem Benutzer anwendungs- und rechtsfolgenbezogene Prüfaussagen präsentieren (Beispiel: Dokument wurde nicht von einer bevollmächtigten Person unterschrieben). Ist der Ergebnisinterpreter in die Anwendung selbst integriert, so kann er zusätzliche Vorgänge auslösen, etwa die automatische Benachrichtigung eines Senders, falls dessen signierte Nachricht nicht prüfbar ist.

Der Ergebnisinterpreter ist nicht vollständig unabhängig vom verwendeten Analysierer. So wird ein Prüfprogramm, welches die Verwendung von Sperrlisten in bestimmten Zusammenhängen erlaubt, Sperrinformationen mit der Angabe der entsprechenden Sperrliste versehen. Ist der Ergebnisinterpreter allerdings für eine Sicherheitspolitik konfiguriert, die die Verwendung von Sperrlisten verbietet, so müßte der Interpretierer das Ergebnis der Signaturverifikation mit Hinweis auf eine Verletzung der Sicherheitspolitik beantworten. Der Ergebnisinterpreter muß also das vom Konfigurierer verwendete Modell kennen.

Unbenommen bleibt dabei natürlich im Einzelfall die Möglichkeit, ein Prüfergebnis trotzdem durch verschiedene Ergebnisinterpreter auswerten zu lassen.

6.7 Zur Offenheit der Architektur

Durch eine Zuordnung von Aufgaben auf einzelne Module innerhalb von Schichten sollen Aufgaben so aufgeteilt werden, daß der Anwender – Nutzer oder Arbeitgeber - Systemkomponenten entsprechend seiner Bedürfnisse und seines Vertrauens in bestimmte Hersteller auswählen kann (Entscheidungsfreiheit).

Module in der Anwendungsschicht sind entweder Module spezieller Anwendungssysteme, etwa eines Rechtsanwalts-Bürosystems oder Erweiterungen universeller Anwendungssysteme, wie Textverarbeitungs- oder Tabellenkalkulationsprogrammen. In das Anwendungssystem voll integrierte Module bieten den Vorteil sehr anwendungsnaher, auf den Dokumenteninhalt und den Vorgang bezogener, Präsentations- und Weiterverarbeitungsfunktionen. Leider sind die meisten für den elektronischen Rechtsverkehr heute und in Zukunft genutzten Systeme jedoch Standardprogramme zur Textverarbeitung oder für Electronic Mail. Hersteller dieser Programme könnten nur Konfigurierer und Interpretatoren für den kleinsten gemeinsamen Nenner der höchst unterschiedlichen Nutzerkreise entwickeln. Deshalb ist anzustreben, Konfigurierer und Ergebnisinterpreter für verschiedene Anwendungsfelder (z.B. Polizei, Anwälte, Ämter, Mail-Order-Companies) als mit dem Nutzer interagierende Anwendungen zu entwikkeln und diese vom Standardprogramm über zu spezifizierende Schnittstellen anzusteuern.

In der Zerlegungsschicht können Signier- und Prüftools verschiedener Herstellers oder amtlich zertifizierte Prüftools eingesetzt werden. Prinzipiell ist anzustreben, das Gültigkeitsmodell in einer einheitlichen Sprache zu spezifizieren, so daß ein generisches Prüfmodul (der Analysierer) das so spezifizierte Gültigkeitsmodell nur interpretieren muß. Dies halten die Autoren für ein Fernziel, weil hierfür zunächst die allen Gültigkeitsmodellen zugrundeliegenden Elementarfragen ermittelt werden müssen und eine gemeinsame Basis für die Sprache gefunden werden muß. Kurz- und Mittelfristig wird der Wechsel des Gültigkeitsmodells auch einen Wechsel des Programmes in der Zerlegungsschicht zur Folge haben.

In der Verifikationsschicht schließlich können Module von Dienstleistern - etwa Abfragetools eines Verzeichnisdienstanbieters mit den notwendigen Kommunikationsschnittstellen oder zertifizierte Prüfkomponenten für bestimmte kryptographische Verfahren - zum Einsatz kommen.

7   Beispiel eines kontextbezogenen Prüfablaufes

Der mögliche Ablauf von Verifikationsprozessen in einem solchermaßen in Schichten aufgebauten Verifikationssystem soll im folgenden szenarioartig aufgezeigt werden.

Zunächst wählt der Benutzer, der ein Dokument prüfen möchte, ein Gültigkeitsmodell und damit ein konkretes Prüfverfahren aus. Dabei kann ihm die Auswahlliste oder ein Vorschlag durch das Anwendungssystem vorgegeben werden. Ist das Anwendungssystem ein Standardprogramm für E-Mail oder Textverarbeitung und der Prüfer ein Polizeibeamter, so wird der Konfigurator angesteuert, den das Landeskriminalamt zur Verfügung gestellt hat. Er bietet als Prüfmodelle zur Auswahl z.B. ein signaturgesetzkonformes Modell für die Prüfung von amtlichen Schreiben und als Default ein auf eine einfache Echtheitsprüfung ausgelegtes Gültigkeitsmodell. Zeichnungsberechtigungen und Zeitstempel werden in diesem Modell nicht geprüft, die Zertifikatprüfung bezieht sich aber auf den Prüfzeitpunkt, weil man stets einen aktuellen Stand der Erkenntnisse haben möchte. An dieser Stelle unterscheidet sich der Konfigurierer des Polizisten von dem, den etwa ein Geschäftsstellenbeamter im Gericht verwendet, weil es hier stärker auf formale Gültigkeiten ankommt. Für den Eingang von elektronischen Schriftsätzen wird dem Nutzer hier ein Prüfmodell vorgeschlagen, das besonders die Zertifikatgültigkeit zum Zeitpunkt der Signaturleistung und die Konsistenz von im Dokument vorhandenen Zeitangaben und Zeitstempeln prüft.

Nach der Auswahl des Prüfmodells und der Aktivierung der Prüfung über ein Pop-up-Fenster der Anwendung beginnt der eigentliche Verifikationsvorgang, von dem der Prüfer selbst nichts mitbekommt. Der Analysierer stellt fest, welche Prüffragen im Modell gestellt werden und welche Datenelemente das zu prüfende Dokument dazu aufweist. Er zerlegt das einfache Prüfmodell in die Teilfragen „Authentikator gültig", „Benutzerzertifikat aktuell gültig und nicht gesperrt" bis hinunter zu Elementarfragen, wobei mit dem Modell mitgegebene Präferenzen der Anwendung und des Nutzers (etwa Nutzung lokal zwischengespeicherter Zertifikatslisten) ausgewertet werden. Nun startet der Analysierer die Verifikatoren für die Elementaren Prüfaufgaben, wie z.B. die Überprüfung, daß das Zertifikat nicht in der lokalen Sperrliste vorhanden ist. Die Teilergebnisse werden an den Ergebnissynthetisierer übermittelt, der sie gemäß dem Prüfbaum logisch verknüpft. Schließlich werden die gesammelten Ergebnisse in codierter Form an den Ergebnisinterpreter weitergegeben.

Der Ergebnisinterpreter versorgt den Polizeibeamten nun mit einer für ihn verständlichen Interpretation des Prüfergebnisses auf dem Bildschirm. Wenn er möchte, kann er sich die Details der Prüfungen, sowie deren Teilergebnisse und deren Annahmen ansehen. Verläuft die Teilprüfung des Benutzerzertifikats negativ, etwa weil das Zertifikat abgelaufen ist, so wird er darauf hingewiesen, daß er dieses Dokument trotzdem nicht ignorieren darf und daß er handeln muß.

Verwenden die Prüfenden nicht ein Standardtextverarbeitungssystem, sondern ein Vorgangssteuerungssystem, so kann die Art der Prüfung ferner vom Zustand des Vorgangs abhängig gemacht werden. Wird das Dokument etwa im Gericht anhand standardisierter Angaben einem Verfahren zugeordnet, in dem die Widerspruchsfrist gegen ein Urteil am Tag zuvor abgelaufen ist, so wird das Vorgangssystem anhand des Zeitstempels genau dies prüfen und melden, daß das signierte Dokument aus den genannten Gründen ungültig ist (und eben nicht „Signatur gültig"!).

8   Ausblick

In diesem Beitrag haben wir begründet, warum Verifikationsprozesse und ihnen zugrundeliegende Gültigkeitsmodelle flexibel sein müssen, um den unterschiedlichen Anforderungen verschiedener Anwendungskontexte und den unterschiedlichen Bedürfnissen von Nutzern Rechnung zu tragen. Wir haben eine offene Systemarchitektur vorgestellt, mit der diesen, im Voraus nicht feststehenden, Anforderungen und den noch offenen rechtlichen Regelungen vorausschauend Rechnung getragen werden könnte.

Um eine solche offene Architektur tatsächlich zu realisieren, sind eine Reihe weiterer Untersuchungen erforderlich. Zwar muß nicht ein einheitliches Gültigkeitsmodell spezifiziert werden, aber es wäre eine einheitliche Sprache zu entwerfen, in der diese Modelle vollständig spezifiziert werden können. Ein generisches Verfahren für den Ablauf der Analyse und Synthese könnte mit einem in einer solchen Sprache definierten Gültigkeitsmodell versehen Prüfungen nach beliebigen Modellen durchführen. Auch wenn dies alles sicherlich zeitraubende Abstimmungsprozesse erfordert, so führt doch ebenso sicher langfristig kein Weg daran vorbei. Kurzfristig wäre die Definition einheitlicher Schnittstellen sinnvoll, so daß verschiedene Verifikationsroutinen von Anwendungssystemen verwendet werden können.

9   Literatur

[BSI99]   Bundesamt für die Sicherheit in der Informationstechnik (1999): Spezifikation zur Entwicklung Interoperabler Verfahren und Komponenten nach SigG/SigV - Signaturinteroperabilitätsspezifikation, SigI, Braunschweig 1999.

[Ham99]   Hammer, V.: Die 2. Dimension der IT-Sicherheit, Braunschweig / Wiesbaden 1999.

[HPR93]   Hammer, V. / Pordesch, U. / Roßnagel, A.: Betriebliche Telefon- und ISDN-Anlagen rechtsgemäß gestaltet, Berlin u.a. 1993.

[PR94]   Pordesch, U. / Roßnagel, A. (1994): Elektronische Signaturverfahren rechtsgemäß gestaltet, DuD 2/94, 82 - 91.

[SigG]   Gesetz zur Regelung der Rahmenbedingungen für Informations- und Kommunikationsdienste (Informations- und Kommunikationsdienste-Gesetz-IuKDG) vom 22.7.98, BGBl, 1997 Teil I Nr. 52, Bonn 28.Juli 1997

[SigV]   Verordnung zur digitalen Signatur (Signaturverordnung - SigV) in der Fassung des Beschlusses der Bundesregierung vom 8.Oktober 1997.

Digitale Fingerabdrücke als digitale Wasserzeichen zur Kennzeichnung von Bildmaterial mit kundenspezifischen Informationen

Jana Dittmann[a], Mark Stabenau[a], Peter Schmitt[b], Jörg Schwenk[c], Eva Saar[c], Johannes Ueberberg[d]

[a]GMD Forschungszentrum Informationstechnik, Darmstadt, Deutschland
[b]Justus Liebig Universität, Gießen, Deutschland
[c]Deutsche Telekom, Technologiezentrum, Darmstadt, Deutschland
[d]debis, IT Security Services, Deutschland

Zusammenfassung

Digitale Wasserzeichenverfahren stellen eine Technologie zur Verfügung, die den Nachweis der Urheberschaft von geschützten Datenmaterial und die Rückverfolgung illegaler Kopien zum Kopierer ermöglichen. Das Einbringen von eindeutigen kundenspezifischen Markierungen in das Datenmaterial als Wasserzeichen wird als digitaler Fingerabdruck (digital fingerprinting) bezeichnet und erlaubt die Rückverfolgung einer illegalen Kopie zum Verursacher der Urheberrechtsverletzung. Wasserzeichen müssen den Urheber oder den rechtmäßigen Kunden eindeutig identifizieren und die eingebrachte Kennzeichnung darf nur sehr schwer und unter Zerstörung der relevanten Eigenschaften des Werkes entfernbar sein. Das Einbringen von Fingerabdrücken zur kundenspezifischen Kennzeichnung des Datenmaterials mittels Wasserzeichenverfahren eröffnet das Problem, daß unterschiedliche Kopien des Datenmaterials erzeugt werden. Angreifer, die die Markierung zerstören wollen, um eine Verfolgung der illegalen Kopien unmöglich zu machen, können ihre unterschiedlichen Kopien vergleichen und die gefundenen Unterschiede manipulieren. In den meisten Fällen wird dadurch die eingebrachte Information zerstört. In diesem Beitrag beschreiben wir die Möglichkeit der Erstellung von kollisions-sicheren Fingerabdrücken basierend auf endlichen Geometrien und einen Wasserzeichenalgorithmus mit speziellen Markierungspositionen, in denen die generierten Fingerabdrücke als kundenspezifische Kennzeichnung eingebracht werden. Bei einem Vergleichsangriff auf mehrere kundenspezifische Kopien können die Angreifer nur die Unterschiede in den Markierungspunkten feststellen, in denen der eingebrachte Fingerabdruck nicht identisch ist. Die verbleibende Schnittmenge der Fingerabdrücke bleibt erhalten und liefert Informationen über die Angreiferkunden. Die vorgestellte Technik zur Erzeugung von kundenspezifischen Fingerabdrücken kann bis zu d Piraten aus der Schnittmenge von maximal d Fingerabdrücken identifizieren.

1   Motivation

Die weltweite Nutzung und Ausweitung von digitalen Netzstrukturen und Netzzugangsmöglichkeiten wie am Beispiel des Internets ermöglicht den extensiven Zugang zu und die Nutzung von Datenmaterial. Neben den Vorteilen erhebt sich das Problem der Einschränkung des unerlaubten Zugriffs, des unerlaubten Kopierens sowie Manipulierens und der unerlaubten Nutzung des Datenmaterials, was zu finanziellen oder rechtlichen Problemen führen kann. Deshalb sind Designer, Produzenten und Herausgeber an technischen Lösungen interessiert, die Urheberrechte durchsetzen und das Datenmaterial mit einer eindeutigen Urheberkennzeichnung zu versehen, indem in das Datenmaterial private oder öffentlich zugängliche Informationen eingefügt werden, die den Urheber und berechtigte Personen eindeutig identifizieren.

Digitale Wasserzeichen erlauben das robuste Einbringen und die Überprüfung von urheberrechtlichen Kennzeichnungen in digitales Datenmaterial. Die eingebrachte Information identifiziert den Urheber eindeutig und erlaubt, das Copyright für diese Daten nachzuweisen. Eine Analyse der Nutzung und Verbreitung des Datenmaterials über Netzwerke und Server anhand der eindeutigen Markierungen ist ebenfalls möglich. Digitale Wasserzeichen erlauben es dem Copyrightinhaber, sein geistiges Eigentum an einem illegal verteilten Dokument nachzuweisen. Sie gestatten es nicht, den Urheber dieser illegalen Verteilung dingfest zu machen.

Digitale Fingerabdrücke gehen deshalb einen Schritt weiter: Bei ihnen wird nicht nur der Name des Copyrightinhabers unsichtbar in das Dokument eingefügt, sondern auch der Name des Kunden, der eine elektronische Kopie des Dokuments erwirbt. Verteilt dieser Kunde seine Kopie nun in illegaler Weise weiter, so kann er anhand des in allen illegalen Kopien enthaltenen Fingerabdrucks eindeutig identifiziert und zur Verantwortung gezogen werden.

Digitale Fingerabdrücke haben bislang eine gravierende Schwachstelle: Durch Vergleich von zwei oder mehr Dokumenten mit digitalen Fingerabdrücken kann man Fingerabdrücke aufspüren und beseitigen, da sich die Dokumente genau an den Stellen unterscheiden, an denen die verschiedenen Fingerabdrücke eingebettet sind.

Unser Ansatz zur Lösung dieses Problems ist nun folgender: Beim Vergleich verschiedener Kopien eines Dokuments mit unterschiedlichen digitalen Fingerabdrücken kann eine Gruppe von Angreifern zwar die Stellen entdecken, an denen sich die Fingerabdrücke unterscheiden, nicht aber die Stellen, an denen sie gleich sind. Die Schnittmenge der Fingerabdrücke bleibt also erhalten. Durch Konstruktion der Fingerabdrücke mit Hilfe endlicher geometrischer Strukturen ist es nun möglich, aus der Schnittmenge auf die zur Bildung dieser Schnittmenge benötigten Fingerabdrücke zu schließen. Im folgenden Kapitel wird der Algorithmus zur Erzeugung und Prüfung kollisions-sicherer Fingerabdrücke beschrieben. Anschließend folgt in Kapitel 3 der Entwurf eines Wasserzeichenverfahrens, welches erlaubt, die Fingerabdrücke robust in Bildmaterial zu integrieren, so daß bei einem Vergleichsangriff genau die Unterschiede im Fingerabdruck sichtbar werden, die Schnittmenge der Fingerabdrücke aber zur Auswertung erhalten bleibt.

2 Algorithmus für kollisions-sichere Fingerabdrücke

Das digitale Fingerprinting-Schema besteht aus:

- einer Anzahl von Markierungspositionen im Datenmaterial,

- einem Wasserzeichenalgorithmus, der die Buchstaben eines definierten Alphabetes (im allgemeinen binär) an den Markierungspositionen in das Datenmaterial einbringt,

- einem Fingerprinting-Algorithmus, der die Buchstaben, die an jeder Markierungsposition eingebracht werden sollen, bestimmt. Die Anzahl der notwendigen Markierungspositionen hängt von der Anzahl der zu erstellenden Kopien und dem Sicherheitsgrad ab, der angibt, wieviel Angreifer zusammenarbeiten dürfen und trotzdem noch entdeckt werden können, und

- einem Angriffserkennungstool, das die bei einem Vergleichsangriff beteiligten Angreifer detektiert. (D.h. auf der Grundlage des modifizierten Dokumentes kann die Angreifergruppe durch die restlichen Markierungsstellen bestimmt werden.)

Unterschiedliche Kopien eines Dokumentes, die Fingerabdrücke enthalten, unterscheiden sich an bestimmten Markierungspositionen, je nachdem, welcher Wert des Alphabetes mit dem Wasserzeichenverfahren dort eingebettet wurde. Ein möglicher Angriff auf den Fingerabdruck besteht darin, daß zwei oder mehr Kunden ihre Dokumente vergleichen und an den Positionen, die einen Unterschied aufweisen, eine zufällige Änderung einbringen Vergleichs- bzw. Koalitionsangriff).

Die einzigen Markierungspositionen, die die Angreifer nicht entdecken können, sind die Positionen mit dem gleichen Buchstaben in allen verglichenen Dokumenten. Wir nennen diese Markierungspositionen die *Schnittmenge* der unterschiedlichen Fingerabdrücke.

Im folgenden Abschnitt schlagen wir einen Fingerprinting-Algorithmus auf Basis von endlichen Geometrien [8] vor, der genug Informationen in die Schnittmenge von bis zu d markierten Dokumenten legt, so daß daraus eindeutig bis zu d Piraten bestimmt werden können. Ein Fingerprinting-Schema mit dieser Eigenschaft wird als *d-detektierend* bezeichnet. Ein weiterer wichtiger Parameter ist die Anzahl von Kopien, die mit diesem Schema generiert werden können. Wir benutzen in unserem Ansatz eine Technik aus der endlichen projektiven Geometrie [1, 6], um ein d-detektierende Fingerprinting-Schema mit q+1 möglichen Kopien zu konstruieren. Dieses Schema benötigt $n=q^d+q^{d-1}+...+q+1$ Markierungspositionen in einem Dokument.

In unserem Ansatz benutzen wir das Binäralphabet. Ist eine Markierungsposition im Fingerprint einer "1" zugeordnet, so wird sie markiert, bei einer "0" wird sie nicht markiert. Nicht markierte Positionen sind identisch mit den entsprechenden Positionen im Originaldokument.

Das Problem kollisions-sicherer Fingerabdrücke wurde zuerst von D. Boneh und J. Shaw [2] beschrieben und gelöst. Arbeiten zu asymmetrischen Fingerabdrücken sind unter [11, 12] zu finden. Wir untersuchen symmetrische Verfahren und unser Ansatz unterscheidet sich vom Ansatz aus [2], da wir die Informationen, um die Piraten zu identifizieren, in die Schnittmenge der bis zu d Fingerabdrücken legen. Im besten Fall (zum Beispiel im Angriffsfall, welcher in einer automatisierten Attacke den Durchschnittswert der markierten Bilder bildet und ersetzt) erlaubt uns dieses Verfahren, alle Beteiligten zu identifizieren. Im schlechtesten Fall (wenn individuell gewählte Markierungspunkte aus den erkannten Unterschieden gewählt werden) identifizieren wir die Piraten mit einer vernachlässigbar kleinen einseitigen Fehlerwahrscheinlichkeit, d.h. wir werden niemals Kunden beschuldigen, die nicht beteiligt waren.

2.1 Zwei einfache Beispiele

Das kleinste mögliche Beispiel eines Fingerprinting-Schemas (und der kleinste projektive Raum) ist in Abbildung 1 zu sehen. Der projektive Raum PG(2,2) der Dimension 2 (d.h. eine Ebene) und Ordnung 2 (d.h. es gibt 2+1=3 Punkte auf jeder Geraden) hat 7 Punkte und 7 Geraden (der Kreis durch die Punkte 2, 4 und 6 zählt als Gerade).

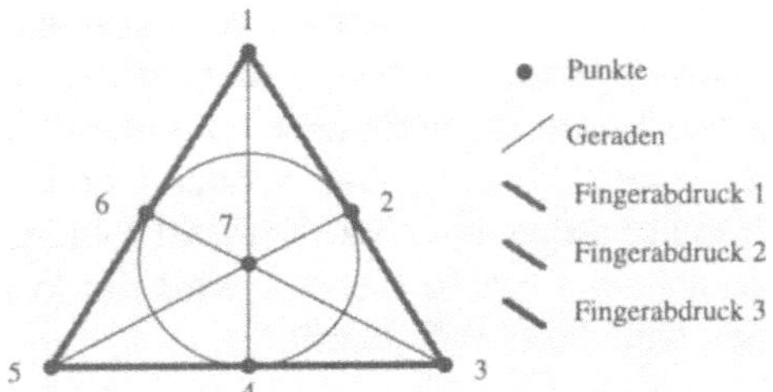

Abbildung 1: Eine 2-detektierendes Fingerprinting-Schema mit 3 möglichen Kopien im endlichen projektiven Raum PG(2,2).

Um dieses Schema zu implementieren, brauchen wir 7 Markierungspositionen im Dokument, jede ist verknüpft mit einem Punkt des PG(2,2). Diese Verknüpfung muß sicher sein und nicht-linear, um alle reinen geometrischen Informationen im Dokument zu zerstören. Im folgenden werden wir Punkte und Markierungspunkte nicht mehr explizit unterscheiden. Jeder Fingerabdruck besteht aus 3 markierten und 4 nicht markierten Punkten. Zum Beispiel werden im Fingerabdruck 2 die Punkte 1, 2 und 3 in einem Dokument markiert, und der Rest wird nicht verändert.

Das beschriebene Schema ist 2-detektierend, da sich je zwei der Geraden {1,2,3}, {3,4,5} und {1,5,6} sich in einem einzigen Punkt schneiden.

Eine möglicher Angriff könnte der folgende sein:

Kunde 1 kauft ein Dokument mit Fingerabdruck 1, und Kunde 2 bekommt eine Kopie mit Fingerabdruck 2. Beide vergleichen ihre Dokumente mit dem Ziel, eine Piratenkopie zu erstellen, aus der nicht mehr auf die Kunden geschlossen werden kann. Die beiden Dokumente unterscheiden sich an den Markierungspositionen 2, 3, 5 und 6. Die Markierungen an diesen Positionen können sie löschen. Aber sie können nicht die Markierungsposition 1 entdecken, wenn wir einen guten Wasserzeichenalgorithmus, wie im nachfolgenden Kapitel beschrieben, benutzen.

Verkaufen oder nutzen die Piraten die entstandene Kopie lizenzwidrig, so ist der Urheber in der Lage, nach Beschaffung dieser Kopie das Angriffserkennungstool zu nutzen. Die Auswertung wird ergeben, daß Punkt 1 noch enthalten ist, und vom Punkt 1 aus kann auf die Angreifer 1 und 2 geschlossen werden (siehe Abbildung 1).

Anmerkung: Andere Angriffsstrategien sind nicht ausgeschlossen. So ist es z.B. für die Piraten mit einer Wahrscheinlichkeit von ¼ möglich, ein Dokument zu generieren, für das das Angriffserkennungstool keine Aussage mehr machen kann. Dies kann geschehen, wenn aus den vier erkannten Punkten die Markierungspositionen 5 bzw. 3 richtig geraten werden. Wenn die Angreifer diese Positionen dann markiert lassen, ist es für unseren Algorithmus unmöglich zu entscheiden, ob Kunde 1 und 2, oder 2 und 3, oder 1 und 3 zusammengearbeitet haben, um die Piratenkopie zu erstellen. Dieses Problem wurde bereits in [2] beschrieben. Wenn d und q erhöht werden, wird die Wahrscheinlichkeit vernachlässigbar gering, daß dieser Fall auftritt.

Wie kann das eben beschriebene Vorgehen verallgemeinert werden? Abbildung 2 zeigt die prinzipielle Idee, welche in genauer [6] formalisiert sind.

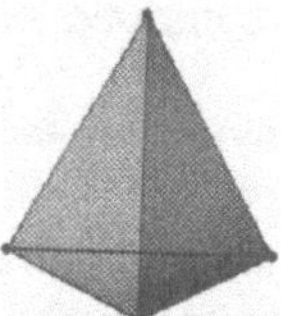

Abbildung 2: Ein Tetraeder **als ein Beispiel** für 3-detektierendes Fingerprinting-Schema.

Wir betrachten das Tetraeder im 3-dimensionalem Raum. Ein Tetraeder hat die Eigenschaft, daß sich je zwei Ebenen in einer eindeutigen Gerade schneiden, und je drei Geraden in einem eindeutigen Punkt. Ein Fingerprinting-Schema wird deshalb alle Punkte der Fläche eines „verallgemeinerten Tetraeders" markieren. Diese beschriebenen Strukturen existieren in endlichen projektiven Räumen.

Allgemein basiert das Schema auf der Verwendung einer *dualen rationalen Normkurve* R im projektiven Raum PG(d,q). R ist dabei eine Menge von q+1 Hyperebenen (d.h. projektiven Unterräumen der Dimension d-1), von denen sich jeweils d in genau einem eindeutigen Punkt schneiden. Details können im Beitrag auf der SPIE-Konferenz 1999 [6] und in [8] nachgelesen werden.

3 Digitale Wasserzeichen für Fingerabdrücke in Bildern

Im allgemeinen werden bei Wasserzeichenverfahren die einzubringenden Informationen pseudo-zufällig über das gesamte Bildmaterial gestreut [3,4,5,10, 13]. Will man ganz bestimmte Markierungspositionen für ein Dokument erhalten, in denen die Fingerprint-Informationen enthalten sind, so daß sich unterschiedliche Kopien nur an den Markierungstellen unterscheiden, muß das Wasserzeichenverfahren dahingehend speziell entworfen werden. Es wird ein Verfahren benötigt, welches pro Dokument spezielle Markierungspositionen auswählt, in denen die Fingerprint-Information eingebracht wird. Es unterscheiden sich lediglich die Werte (binäres Alphabet) an den einzelnen Positionen, so daß Angreifer bei einem Vergleichsangriff lediglich die Markierungspositionen finden, bei denen Unterschiede in der wertmäßigen Belegung vorliegen. Markierungspositionen mit gleicher Wertbelegung werden nicht erkannt und bleiben als Schnittmenge der Fingerabdrücke für das Fingerprint-Evaluierungswerkzeug erhalten, um die Angreifer herauszufiltern.

3.1 Wasserzeichenverfahren

Der Wasserzeichenalgorithmus bringt die kundenspezifische Informationen, die durch den Fingerprint-Algorithmus geliefert werden, an einer fixe Anzahl von Markierungspositionen in jeder Bildkopie ein. Prinzipiell wurde ein Verfahren gewählt, welches bei der Abfrage der eingebrachten Fingerabdruck-Information das Originalbild benötigt, um das Auslesen exakter durchführen zu können. Jeder Kunde erhält seinen persönlichen binären Fingerabdruck zugeordnet. Gleiche Werte im FP-Vektor rufen die gleiche Veränderung an den Markierungspositionen hervor, so daß der Koalitionsangriff zwar die Unterschiede, aber nicht die Schnittmenge der Vektorwerte verändert, die es möglich macht, auf die Angreifer zu schließen.

Um dem Wasserzeichenverfahren mehr Robustheit zu geben, wird jeder FP-Vektor r_1 mal eingebracht, so daß wir eine Redundanz erhalten. Mit dieser Konstruktion benötigen wir $r_1 * (q^d+q^{d-1}+...+q+1)$ Markierungspositionen. Die Markierungspositionen werden im Originalbild pseudozufällig mittels eines geheimen Schlüssels gewählt und gelten dann für alle Kopien des Originalbildes. Das Bild wird in Blocks unterteilt, wobei jeder Block eine potentielle Markierungsposition darstellt. Das Einbringen der FP-Vektor-Bits erfolgt allerdings nicht im Ortsbereich, sondern nach Anwendung einer diskreten Kosinustransformation (DCT) mit Quantisierung im Frequenzraum. Wird ein Block als Markierungsposition selektiert, werden seine DCT-Koeffizienten entsprechend des Wertes aus dem FP-Vektor-Element modifiziert. Das Auslesen der Informationen aus dem Bild erfolgt unter Zuhilfenahme des Originalbildes. An den Markierungspositionen wird die eingebrachte Information ausgelesen und evaluiert, welcher binäre Wert (0 oder 1) eingebracht wurde. Der Fingerprinting-Algorithmus liefert die mögliche Kundenliste zurück. Ist kein Angriff festzustellen, wird der entsprechende Kunde ausgegeben, andernfalls eine Kundenliste.

Es wird gezielt ein einfaches Wasserzeichenverfahren gewählt, um die Machbarkeit des Fingerprintansatzes zu zeigen. Aufbauend auf dem vorgeschlagenen DCT-Verfahren können Verbesserungen in der Robustheit erfolgen, wie sie beispielsweise unter [7] von Herrigel et al. oder von der Computer Vision Group der Univerität Genf in [10] vorgestellt werden. Ein aktueller Überblick über weitere Wasserzeichenverfahren ist in [7,13] zu finden.

3.2 Einbringen des Fingerprints

Das Einbringen des Fingerprinting-Vektors für jede Kundenkopie erfolgt in folgenden 3 Schritten:

Im ersten Schritt wird der kundenspezifische Fingerabdruck, der FP-Vektor, generiert. Die Anzahl der möglichen Kundenkopien, die mit einem d-detektierenden FP erstellt werden können, hängt von der möglichen Anzahl der Markierungspositionen des Bildes ab, ist also durch die Bildgröße beschränkt. Im zweiten Schritt werden die Markierungspositionen pseudo-zufällig mit dem geheimen Schlüssel als Initialparameter generiert. In der Reihenfolge der generierten Markierungspositionen werden die dazugehörigen Bildblöcke DCT transformiert, quantisiert und das FP-Vektor-Bit eingebracht:

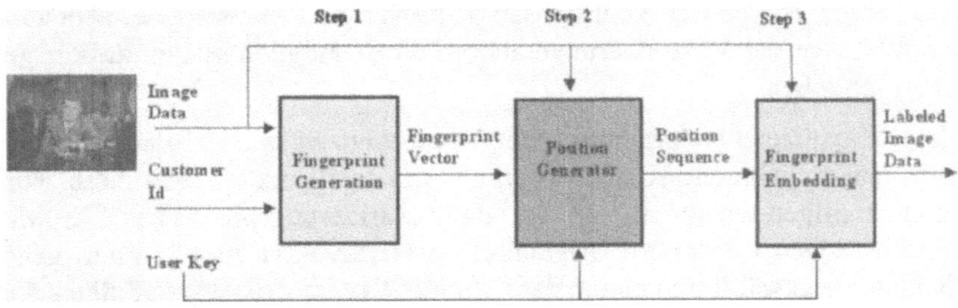

Abbildung 3: Schema: Einbringen

1. Parameter:
   - Bild I mit Höhe h und Breite b
   - Binäre FP Vektor v mit Länge $n = q^d + q^{d-1} + ... + q + 1$, $v = (x_1, x_2, x_3, ..., x_n)$. Zum Beispiel ergeben sich für die Parameter n=13 (13 benötigte Markierungspositionen), d=2 (2-detektierend), q=3 (3 Kunden) die drei Vektoren
     v_1=(0001001010100),
     v_2=(0010001100010) und
     v_3=(0100100100100).
   - Redundanz für den FP-Vektor: zum Beispiel $r_1 = 3$
   - Redundanz für die Wasserzeichenintensität für die einzelnen Markierungsblöcke r_2: zum Beispiel $r_2 = 10$

- Einzubringende Sequenz in den Markierungsblock für jedes Vektorelement x_i: $R_i=(R_{i1}, ..., R_{ir2})$, $R_{ij}\in\{-k, -k+1, ..., k-1,k\}$, $1\leq k\leq4$. Der Parameterwert k beeinflußt die Robustheit und visuellen Eigenschaften (Sichtbarkeit).
- Geheimer Schlüssel: UK
- Wasserzeichenstärke: WMStrength

2. Berechnung der Anzahl m aller 8x8 Bildblöcke.
3. Berechnung der möglichen Redundanz r_1, maximal $n*r_1=m$
4. Pseudo-zufällige Ziehung von r_1*n Markierungsblöcken $x_{i,j}$ mit dem geheimen Schlüssel UK

FP-Vektor-Bits an den Positionen 1...n ($x_1, x_2, x_3, ...x_n$)	*Redundanz r_1*				
	1	*2*	*3*	*..*	*r_1*
1	$x_{1,1}$	$x_{1,2}$	$x_{1,3}$	...	$x_{1,r1}$
2	$x_{2,1}$	$x_{2,2}$	$x_{2,3}$	...	$x_{2,r1}$
...	...	...	...	...	...
n	$x_{n,1}$	$x_{n,2}$	$x_{n,3}$	...	$x_{n,r1}$

Tabelle 1: $n*r_1$ Markierungspositionen mit Redundanz r_1

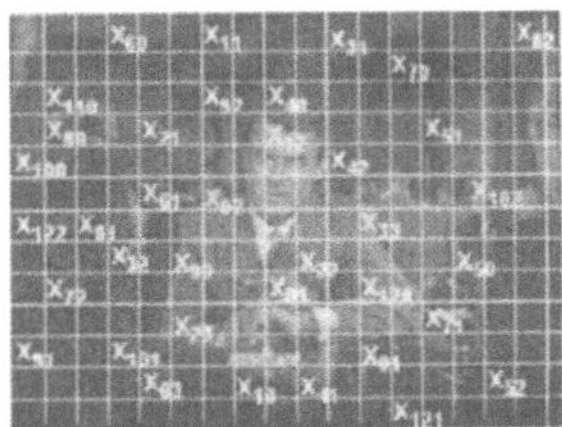

Abbildung 4: Bild mit **Markierungsblöcken und Redundanz** r_1

5. Bevor das binäre Vektorbit in die DCT Koeffizienten des Markierungsblocks eingebracht wird, erhöhen wir die Signaldifferenz, indem wir pseudozufällig eine Zufallsfolge $R_i=(R_{i1}, ..., R_{ir2})$ für jedes Bit x_i des FP-Vektors generieren und einbringen. Statt nur binäre Werte aus $\{0,1\}$ einzubetten, erweitern wir jedes Bit auf eine ganzzahlige Zufallsfolge (Initialparameter UK) zwischen –k und k. Jedes Vektorbit wird somit insgesamt r_1 (z.B. 3) mal eingebracht und modifiziert dabei r_2 (z.B. 10) DCT Koeffizienten mittels R_{ij}, so daß jedes Vektorbit r_1*r_2 (30) mal vorhanden ist:

FP Vektorbits $x_i = (x_1, x_2, x_3, ...x_n)$	*Random Sequenz für die Positionen* $n * r_1$				
	$x_{i,1}$	$x_{i,2}$	$x_{i,3}$	...	$x_{i,r1}$
1	$R_{1,1}$	$R_{1,2}$	$R_{1,3}$	...	$R_{1,r1}$
2	$R_{2,1}$	$R_{2,2}$	$R_{2,3}$	...	$R_{2,r1}$
...	...	...	...	...	...
n	$R_{n,1}$	$R_{n,2}$	$R_{n,3}$	...	$R_{n,r1}$

Tabelle 2: Zufallsmarkierungsfolgen $R_{i,j}$ für die Markierungsblöcke, jedes $R_{i,j}$ hat Länge r_2

Zum Beispiel, $r_1 = 3$, $r_2 = 10$, n=13:
$R_1 = (R_{11}, R_{12}, R_{13}) =$
   $((3,0,3,-1,1,1,0,3,-4,1), (4,2,2...0,1), (3,1,-1,-4,1,0,0,0,3,1)),$
...
$R_{n(13)} = (R_{13,1}, R_{13,2}, R_{13,3}) =$
   $((4,0,-4,-1,1,1,0,2,-4,1), (2,3,2...0,1), (-4,1,-1,-2,1,0,3,4,3,1))$

6. Transformationen vor dem Einbringen des Zufallsfolge $R_{i,j}$ in die Markierungsblöcke:
   1. Extraktion der RGB-Werte
   2. Extraktion der Luminanzwerte
   3. DCT Transformation der Luminanzwerte pro Block
   4. Quantisierung der DCT-Luminanzwerte mit gewichteten Quantisierungsmatrix
      Die Matrix wird mit dem Parameter WMStrength (z.B. [0,2]) gewichtet und beeinflußt die Sichtbarkeit und Robustheit der eingebrachten Informationen (Fingerabdruck) in das Bildmaterial.
   5. Einbringen des FP Vektors $v = (x_1, x_2, x_3...x_n)$ mit Redundanz r_1, z.B. $r_1=3$: ($x_{11}, x_{12}, x_{13},....,x_{n1}, x_{n2}, x_{n3}$) unter Nutzung der Zufallsfolge R_{ij}. Für jedes Vektorbit benutzen wir $R_i = (R_{i1}, R_{i2}, R_{i3})$ um $v_i=(x_{i1}, x_{i1}, x_{i3})$ mit Redundanz r_2 einzubringen und addieren $R_{i, 1(....3)}$ auf die DCT Koeffizienten, falls $x_i = 1$, andernfalls werden keine Änderungen im Bildmaterial vorgenommen. Insgesamt erhalten wir $n*r_1*r_2$ Zufallsfolgen.
7. Rücktransformation der Luminanzwerte, inverse Quantisierung, inverse DCT und Ersetzung der Originalluminanzblöcke mit den modifizierten.

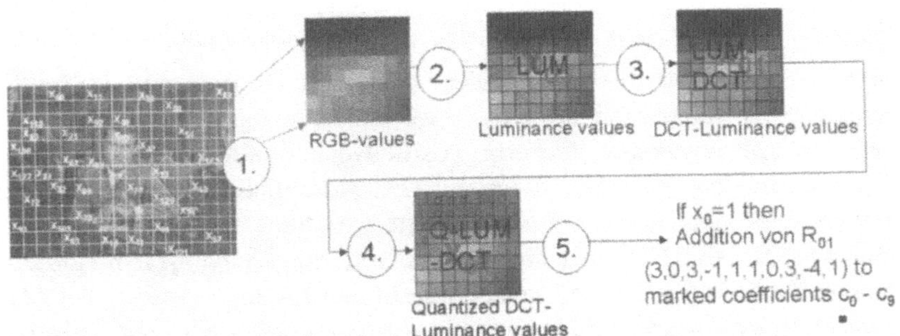

Abbildung 5: **Einbringen** der Informationsbits in die DCT Koeffizienten der Markierungsblöcke am Beispiel für das erste FP-Vektor-Bit, erster Redundanzwert: x_{01}

Das Bild hat nun modifizierte Luminanzblöcke, falls das FP-Vektor-Bit eine 1 war, im Falle einer 0 wurden keine Änderungen am Original vorgenommen. Angreifer können nun einen Koalitionsangriff starten und Differenzbilder generieren, ohne die Schnittmenge der FP-Vektor-Information angreifen zu können, die bei der Abfrage später auf die Tätergruppe führen wird.

3.3 Fingerprint Abfrage

Die Abfrage der Fingerprint-Informationen wird auf dem Prüfbild unter Zuhilfenahme des Originalbildes durchgeführt, um die eingebrachte Wasserzeichensequenzen an den Markierungspunkten (Blöcken) wiederzufinden. In der folgenden Abbildung können die groben Schritte abgelesen werden:

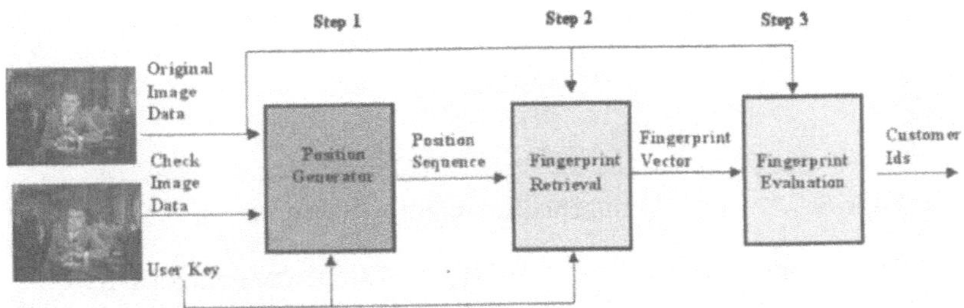

Abbildung 6: Abfrage Schema

In drei grundsätzlichen Schritten wird die eingebrachte Information aus dem Bild zurückgewonnen: die Positionsgenerierung, das Auslesen der Wasserzeicheninformationen (Fingerabdruck) und die Auswertung des zurückgewonnenen Fingerabdrucks, um die Kundenliste zu erhalten. Als Eingabeparamter benötigen wir den geheimen Schlüssel UK, das Originalbild und das Prüfbild.

Zuerst berechnen wir das Differenzbild zwischen Original und Prüfbild. Die folgenden Schritte arbeiten auf dem daraus entstandenen Differenzbild. Es wird in RGB-Werte gewandelt, und eine Positionsgenerierung erfolgt mit dem Initialparameter, dem geheimen Schlüssel UK. Anschließend werden aus den so berechneten Bildblöcken die Luminazwerte extrahiert, DCT transformiert und quantisiert. Ebenfalls werden die Zufallsmarkierungssequenzen R_i mittels des geheimen Schlüssel generiert, welche nun in den Luminanzwerten der Markierungsblöcke des Differenzbildes gesucht werden. Finden wir eine Übereinstimmung, interpretieren wir an der entsprechenden Markierungsposition eine 1, andernfalls eine 0. Die detaillierten Abfrageschritte sehen wie folgt aus:

1. Parameter:
   - d und q für den Fingerprint-Algorithmus
   - Redundanzfaktor r_1, z.B. $r_1 = 3$, Redundanz für die Intensität der einzelnen Markierungspunkte im Block r_2: z.B. $r_2 = 10$, Toleranzwert t
   - Suchsequenz (Zufallssequenz) im Markierungsblock: $R_i=(R_{i1}, ..., R_{ir2})$, $R_{ij}\in \{-k, -k+1, ..., k-1,k\}$, $1{\leq}k{\leq}4$. Der Parameterwert k beeinflußt die Robustheit und visuellen Eigenschaften (Sichtbarkeit). Geheimer Schlüssel: UK
2. Berechnung des Differenzbildes zwischen Original und Prüfbild
3. Zufallsziehung von r_1*n Markierungspositionen (Blockpositionen) Initialparameter UK

FP-Vektor-Bits an den Positionen 1...n $(x_1, x_2, x_3, ...x_n)$	*Redundanz* r_1				
	1	*2*	*3*	...	r_1
1	$x_{1,1}$	$x_{1,2}$	$x_{1,3}$	...	$x_{1,r1}$
2	$x_{2,1}$	$x_{2,2}$	$x_{2,3}$	...	$x_{2,r1}$
...	...	...	...	...	...
n	$x_{n,1}$	$x_{n,2}$	$x_{n,3}$	...	$x_{n,r1}$

Tabelle 3: n*r_1 Markierungspositionen mit Redundanz r_1

4. Erzeugung der Zufallsfolgen R_i [-k,k], k=4, Initialparameter UK:

FP Vektorbits $x_i = (x_1, x_2, x_3, ...x_n)$	Random $x_{i,1}$	Sequenz $x_{i,2}$	für die $x_{i,3}$	Positionen ..	$n * r_1$ $x_{i,r1}$
1	$R_{1,1}$	$R_{1,2}$	$R_{1,3}$	...	$R_{1,r1}$
2	$R_{2,1}$	$R_{2,2}$	$R_{2,3}$	...	$R_{2,r1}$
...	...	...	...	...	...
n	$R_{n,1}$	$R_{n,2}$	$R_{n,3}$	...	$R_{n,r1}$

Tabelle 4: Zufallsmarkierungsfolgen $R_{i,j}$ für die Markierungsblöcke, jedes $R_{i,j}$ hat Länge r_2

In unserem Beispiel:

$R_1 = (R_{11}, R_{12}, R_{13}) = ((3,0,3,-1,1,1,0,3,-4,1), (4,2,2...0,1), (3,1,-1,-4,1,0,0,0,3,1))$,

...

$R_{n(13)} = (R_{13,1}, R_{13,2}, R_{13,3}) = ((4,0,-4,-1,1,1,0,2,-4,1), (2,3,2...0,1), (-4,1,-1,-2,1,0,3,4,3,1))$

5. Vergleich der generierten R_{ij} mit den dazugehörigen DCT Koeffizienten an den Markierungspositionen, bei Gleichheit Ausgabe von 1, andernfalls 0.

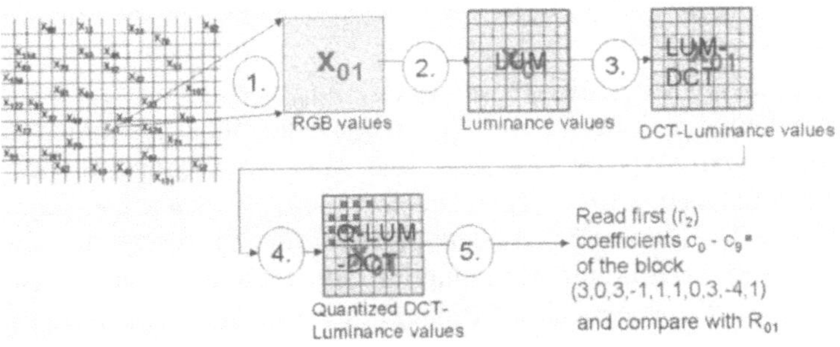

Abbildung 7: Abfrage aus den DCT-Koeffizienten

Beim Einbringen der Fingerprint-Informationen benutzen wir den Parameter WMStrength zur Beeinflussung der Eigenschaften des Wasserzeichens hinsichtlich Robustheit und Sichtbarkeit. Um verbesserte Abfrageergebnisse zu erhalten, ist es notwendig, den Parameter zu kennen, um eine exakte Quantisierung auf dem Differenzbild durchführen zu können, die der Originalquantisierung beim Einbringen der Informationen entspricht. Da der Parameter variabel ist, muß er im Abfrageprozeß geschätzt bzw. angenähert werden:

1. Zuerst werden die Blöcke mit 1 Prozent der Originalquantisierungsmatrix quantisiert, womit wir hohe Werte für die Wasserzeichensequenz R aus dem

Differenzbild auslesen. Es werden nun alle Werte der zufällig generierten Sequenz R_{ij} in SumOrgSequence summiert und alle ausgelesenen R-Werte in SumWMSequence addiert.

2. Nun quantisieren wir die Blöcke mit dem Quantisierungsfaktor : 100/(SumWMSequence/SumOrgSequence). Mit diesem neuen Faktor schätzen wir die Wasserzeichenstärke vom Einbettungsprozess (3.2).

3.4 Erweiterte Abfrage

In den meisten Fällen wird der direkte Vergleich der Originalsequenz R_{ij} mit der ausgelesenen Sequenz R des Differenzbildes nicht exakt übereinstimmen, da das Bild Formatkonvertierungen, Kompression oder Filterung unterliegen wird. Wird der Vergleich exakt durchgeführt, würde die Abfrage fast immer erfolglos verlaufen. Aus diesem Grund wird eine erweiterte Ausleseroutine eingeführt, die die gesamte Sequenz R betrachtet.

Es wird dazu die absolute Summe, SUM1 = SumWMSequence, von jedem ausgelesenen R_{ij} aus dem Differenzbild berechnet. Zusätzlich berechnen wir SUM2, welches die Summe über alle absoluten Differenzen der ausgelesenen R_{ij} und der ursprünglichen R_{ij}-Werte ist. Falls eine 1 eingebracht wurde, sollte SUM2=0 sein.

Danach berechnen wir die Anzahl der Markierungspositionen für ein einzelnes Vektorbit des Fingerabdrucks: $p = r_1 * r_2$ und gewichten dieses Produkt mit dem Toleranzwert t: $t*p$. Das bedeutet, daß wir eine Abweichung in den DCT-Koeffizienten erlauben. Zum Beispiel bedeutet t = 1, daß jeder Koeffizient um 1 abweichen darf. Die Summe SUM1 benötigen wir, um zu entscheiden, ob eine 0 eingebracht wurde, d.h. keine Manipulation vorgenommen wurde. Wenn nun SUM1*2 kleiner als das gewichtete Produkt tp ist, liest der Algorithmus eine 0 aus. Ist SUM2 kleiner als tp, wird eine 1 ausgelesen. Sind beide Prüfungen nicht erfolgreich, fand ein Angriff statt, und es wird eine 0 ausgelesen. Alle ausgelesenen Bitwerte bilden zusammen den Fingerprinting-Vektor, der evaluiert werden kann.

4 Testergebnisse

In diesem Abschnitt werden Testergebnisse präsentiert, die zuerst die Robustheit des Wasserzeichenverfahrens evaluieren und anschließend das Erkennen von Koalitions- bzw. Vergleichsangriffen verschiedener Kunden untersuchen. Zehn ausgewählte Beispielbilder sollen die Möglichkeiten und Grenzen des Ansatzes demonstrieren.

Die folgende Tabelle zeigt die Testergebnisse des Robustheitstests auf das Wasserzeichenverfahren nach Kompression und dem Angriffswerkzeug StirMark [9]. StirMark kombiniert verschiedene Angriffe und simuliert Veränderungen im Bildmaterial nach Ausdruck und erneutem Einscannen. Weiterhin werden kleinste geometrische Veränderungen wie Skalierung, Verzerrung, Rotation und Verschiebung durchgeführt. StirMark stellt bisher den effektivsten Angriff auf Wasserzeichen in Bildmaterial dar und ist auch bei kommerziellen Produkten erfolgreich, ohne die Bildqualität wesentlich zu zerstören.

In der Tabelle Testergebnisse wird das Originalbild dargestellt, die Tabelleneinträge geben die Wasserzeichenparameter an, bei denen erfolgreich der Kunde erkannt wurde, dem das Bild ausgestellt wurde. Ist kein Eintrag vorhanden, konnte keine Parameterkombination gefunden werden, die eine erfolgreiche Abfrage bei noch akzeptabler Bildqualität liefert (Minimum der Sichtbarkeitsgüte 4). Die Sichtbarkeitsgüte Q ist ein wesentlicher Qualitätsparameter und reicht von ausgezeichnet (1), gut (2), befriedigend (3), noch akzeptabel (4) bis unakzeptabel (5).

Parameter: WMStrength W, Toleranzwert t, Visuelle Qualität (Sichtbarkeitsgüte): Q$\in \{1,...5\}$

Die Tests zeigen, daß bei Bilder mit wenigen homogenen Flächen die Bildqualität ausgezeichnet bleibt. Bilder mit vielen homogenen und glatten Bildbereichen weisen leichte visuelle Veränderungen an den Markierungsblöcken auf. Diese werden bei großer Wasserzeichenstärke (um starker Kompression zu widerstehen) für das menschliche Auge sichtbar und können angegriffen werden. Etwa 30% der Bilder überstehen hohe Kompression bis zu 90%. 90% der Bilder überstehen 50% Kompression mit guter visueller Qualität nach der Wasserzeichenmarkierung.

Der StirMark-Angriff kann erfolgreich gehandhabt werden, wenn auch das Originalbild ge-stirmarked wird. Andernfalls war keine erfolgreiche Abfrage möglich. Ursache dafür ist die Rotation und Verschiebung von einzelnen Bildbereichen, so daß die korrekten Markierungspunkte nicht wiedergefunden werden konnten. Die Abfragen waren nach der Behandlung des Originals mit StirMark erfolgreich (falls die Markierungsposition nicht verrückt wurde, sondern nur gefiltert oder verzerrt wurde), weil dann ein besserer Vergleich im Differenzbild entsteht, da dann ebenfalls die StirMark-Veränderungen mit-gemessen werden. 70% der Bilder konnten damit exakt erkannt und die Kundeninformation ausgelesen werden. Die verbleibende Fehlerrate von 30% wird vor allem durch Rotation und Verschiebung der Bildpunkte und somit der Markierungspositionen selbst verursacht.

Bilder	JPEG					Stirmark	
	25%	50%	75%	85%	90%	Mit Original	Mit Stir-Mark-Original
	W=0,1 T=1,5 Q=1	W=0,4 T=1,5 Q=1	W=0,7 T=1,5 Q=2	W=2,0 T=1,5 Q=3	-	-	✔ W=0,8 T=1,0/1,5 Q=2
	W=0,2 T=1,5 Q=1	W=0,4 T=1,5 Q=2	W=0,6 T=1,5 Q=2-3	-	-	-	✔ W=0,8 T=1,0/1,5 Q=2-3
	W=0,2 T=1,5 Q=1	W=0,5 T=1,5 Q=1	W=0,6 T=1,5 Q=3	-	-	-	- W=0,6 T=1,0/1,5 Q=3
	W=0,1 T=2,0 Q=1	W=0,4 T=1,5 Q=1	W=0,8 T=1,0 Q=1	W=1,0 T=2,0 Q=2	W=1,2 T=2 Q=2-3	-	✔ W=1,0 T=1,0 Q=2
	W=0,2 T=1,0 Q=1	W=0,4 T=1,0 Q=1,5	W=0,6 T=1,0 Q=2	-	-	-	✔ W=0,6 T=1,0 Q=2
	W=0,2 T=2,0 Q=1	W=0,6 T=1,5 Q=1	W=1,0 T=1,5 Q=1-2	W=1,0 T=2,0 Q=1-2	W=1,5 T=2,0 Q=3	-	✔ W=1,0 T=1,5 Q=1-2
	W=0,1 T=2,0 Q=1	W=0,4 T=2,0 Q=2	W=0,5 T=1,5 Q=3	-	-	-	- W=0,5 T=2,5 Q=3
	W=0,2 T=1,5 Q=1	W=0,4 T=2,0 Q=2	W=0,6 T=2,5 Q=2	W=1,0 T=2,5 Q=3	W=1,6 T=2,5 Q=4	-	✔ W=0,6 T=1,0/1,5 Q=2
	W=0,2 T=1,5 Q=1	W=0,6 T=1,5 Q=2-3	-	-	-	-	- W=0,6 T=1,0/1,5 Q=2-3
	W=0,2 T=1,5 Q=1	W=0,3 T=2,0 Q=2	W=0,6 T=2,0 Q=2-3	-	-	-	✔ W=0,5 T=2,0 Q=2

Tabelle 5: Testergebnisse grundlegender Angriffe bzw. Bildtransformationen

Die Tabelle 6 enthält die Fehlerraten nach verschiedenen Koalitions- bzw. Vergleichsangriffen. Aus einer sehr großen Anzahl möglicher Angriffe wurden folgende signifikanten Angriffe ausgewählt:

- Koalitionsangriff von 2 Kunden: Ersetzung der gefundenen Differenzen durch den Durchschnitt der Differenzwerte.

- Koalitionsangriff von 2 Kunden: Ersetzung der gefundenen Differenzen mit Werten aus benachbarten Farbwerten.

- Koalitionsangriff von i Kunden: Ersetzung der gefundenen Differenzen durch die am häufigsten auftretenden Werte in allen i Kopien.

- Koalitionsangriff von i Kunden: Ersetzung der gefundenen Differenzen durch die am seltensten auftretenden Werte in allen i Kopien.

	Koalitionsangriff von 2 Kunden		Koalitionsangriff mehr als 2 Kunden	(maximal d)
Kundener kennung	Durchschnittsber echung	Ersetzung durch umliegende Werte	Durchschnittsbere chung	Ersetzung durch umliegende Werte
	70%	100%	55%	100%

Tabelle 6: Testergebnisse der Fingerprint-Angriffe

Abbildung 8 zeigt zwei Bilder mit dem Fingerabdruck für Kunde 1 und Kunde 2 sowie das daraus resultierende Differenzbild, wie es bei einem Koalitionsangriff von beiden Kunden entstehen würde. Der Angriff, bei dem die erkannten Differenzblöcke durch den Durchschnittswert ersetzt werden, produziert ein Bild, aus dem im Abfrage-Algorithmus ein Fingerabdruck ausgelesen wird, der zusätzliche Einsen ausweist, und im Evaluierungsschritt wird keine Kundenliste erkannt. Ursache: Die derzeitige Implementierung des Fingerprint-Evaluierungswerkzeuges kann bisher nur die Strategien des maximalen Entfernens: es müßten an allen Unterschieden Nullen entstehen und interpretiert werden, so daß die beteiligten Kunden identifiziert werden können.

Abbildung 8: **Berechnung der Differenzansicht** von zwei markierten Bildern

Der Angriff des Ersetzens der erkannten Differenzen durch umgebende Farbwerte kann erkannt und evaluiert werden. Das Originalbild wird an den Differenzstellen fast identisch nachgebildet und erzeugt beim Auslesen Null-Werte im Fingerprint-Vektor, so daß maximales Entfernen simuliert und erkannt wird.

5   Ausblick

In unserem Beitrag beschreiben wir einen Fingerprint-Algorithmus und ein dazu entwickeltes Wasserzeichenverfahren, um kundenspezifische Kopien zu erzeugen und eine Koalitionsattacke auswerten zu können. Die im Beitrag vorgestellte Technik erlaubt die Generierung eines Fingerabdrucks, der mit dem vorgestellten Wasserzeichenalgorithmus eingebracht wird, so daß bei einem Koalitionsangriff zwar Unterschiede erkannt werden, aber in der Schnittmenge der verbleibenden Informationen im Bildmaterial genügend Informationen enthalten sind, um auf die Tätergruppe zu schließen.

Die Robustheitstests des Wasserzeichenverfahrens, das die Fingerabdrücke (Kundeninformationen) in das Bild einbringt, weisen gute Ergebnisse im Bereich Kompression und Formatkonvertierung sowie StirMark auf. Verbesserungen bei StirMark und weiteren geometrischen Transformationen wie Ausschnittbildung sind in Arbeit. In unserer zukünftigen Arbeit werden wir weiterhin den Paramerter WMStrength anpassen, wie in [5] vorgestellt, um bei hoher Wasserzeichenstärke und großer Robustheit starke visuelle Artefakte in homogenen Bildbereichen zu vermeiden.

Angreifer können bisher exakt nach einem Koalitionsangriff mit der Strategie des maximalen Entfernen erkannt werden. Die Auswertung weiterer Angriffe wird erfolgen.

6   Literaturverzeichnis

[1]   A. Beutelspacher and U. Rosenbaum, *Projective Geometry*. Cambridge University Press 1998.

[2]   D. Boneh and J. Shaw, *Collusion-Secure Fingerprinting for Digital Data*. Proc. CRYPTO'95, Springer LNCS 963, pp. 452-465, 1995.

[3]   I.J. Cox and M.L. Miller, *A review of watermarking and the importance of perceptual modeling*, Human Vision and Electrtonic Imaging II, SPIE 3016, San Jose, CA, USA, February 1997 pp 92--99

[4]   J. Dittmann and M. Stabenau, *Digitale Wasserzeichen für MPEG Video*, GMD Report 34, 1998.

[5]   J. Dittmann, M. Stabenau, R. Steinmetz, *Robust MEG Video Watermarking Technologies*, Proceedings of ACM Multimedia'98, The 6th ACM International Multimedia Conference, Bristol, England, pp. 71-80, 1998.

[6]   J. Dittmann, A. Behr, M. Stabenau, P. Schmitt, J. Schwenk, J. Ueberberg: Combining digital Watermarks and collusion secure Fingerprints for digital Images, to appear in SPIE 1999, San Jose.

[7]   J. Dittmann, P. Wohlmacher, P. Horster, R. Steinmetz: *Multimedia and Security*, Workshop at ACM Multimedia '98, Bristol, U.K., September 12 –13, GMD Report 41.

[8]   J.W.P. Hirschfeld, *Projective Geometries over Finite Fields*. Oxford University Press, 2nd Edition 1998.

[9]   F. Petitcolas and R. J. Anderson: Weaknesses of copyright marking systems, Multimedia and Security Workshop at ACM Multimedia '98, Bristol, U.K., September 12 –13, GMD Report 41, pp. 55-60, 1998.

[10] S. Pereira, F. D. O'Ruanaidh, Joseph J. K., G. Csurka, and T. Pun: Template based recovery of fourier-based watermarks using log-polar and log-log maps., n International Conference on Multimedia Systems (ICMS'99), IEEE, Firenze, 7{1 Jun. 1999, to appear.

[11] Birgit Pfitzmann, Matthias Schunter: Asymmetric Fingerprinting; Eurocrypt '96, LNCS 1070, Springer-Verlag, Berlin 1996, pp. 84-95.

[12] Pfitzmann, Michael Waidner: Asymmetric Fingerprinting for Larger Collusions; 4th ACM Conference on Computer and Communications Security, Zürich, April 1997, pp. 151-160.

[13] Ping Wah Wong, Edward J. Delp: Security and Watermarking of Multi-media Content, SPIE Conference, 25-27 Janauary, San Jose, CA, Volume 3657

Angriffe auf steganographische Systeme

Andreas Westfeld[1]
Technische Universität Dresden, 01069 Dresden
`westfeld@inf.tu-dresden.de`

Zusammenfassung

Zunächst wird gezeigt, daß die Mehrzahl steganographischer Anwendungen zur vertraulichen Kommunikation grundlegende Schwächen hat. Auf dem Wege zu sicheren steganographischen Anwendungen ist die Entwicklung von Angriffen zur Beurteilung der Sicherheit unerläßlich. Die hier vorgestellten Angriffe auf bekannte Algorithmen visualisieren den Trugschluß, daß niederwertigste Bits irrelevant seien. Darüber hinaus werden objektivere Methoden für den Nachweis von Steganographie mit statistischen Mitteln vorgestellt.

1 Einleitung

Steganographie ist ein wichtiges Argument in der Debatte um Kryptoregulierung. Das hohe Maß an Vertraulichkeit, das mit Verschlüsselungsprodukten wie z. B. PGP [26] erreicht wird, beunruhigt die Sicherheitsbehörden, weil künftig staatliche Überwachungsmaßnahmen ins Leere laufen könnten. Jede Form von Krypto-Reglementierung kann leicht durch den Einsatz sicherer steganographischer Verfahren umgangen werden – falls es sie gibt. Im Gegensatz zur Kryptographie, bei der eine Nachricht verschlüsselt wird, und dann – als verschlüsselte Nachricht erkennbar – übertragen wird, ist die Existenz der Nachricht bei der Steganographie nicht nachweisbar und kann deshalb auch nicht strafrechtlich verfolgt werden.

In den letzten Jahren wurde eine Vielzahl Algorithmen vorgeschlagen, mit denen Nachrichten in digitalisierten Bildern, Video-, Audio- und anderen Multimediadaten versteckt werden. Die Mehrzahl der Programme (z. B. S-Tools, Steganos, EzStego und Jsteg) versteckt Nachrichten, indem niederwertigste Bits überschrieben werden. Diese Algorithmen haben, wie sich im folgenden herausstellen wird, grundlegende Schwächen. In den kommenden Abschnitten werden zunächst Angriffe vorgestellt, mit denen die Anwendung von Steganographie visualisiert wird. Daran schließen sich statistische Angriffe an, die weitgehend unabhängig vom subjektiven Eindruck eines Betrachters sind.

Steganographie wird auch zur Authentikation verwendet (Watermarking, Fingerprinting) [1]. Das eröffnet weitere wichtige Anwendungsbereiche für steganographische Verfahren, z. B. zum Zweck des Nachweises der

---

[1]Der Autor dankt dem Bundesministerium für Bildung, Wissenschaft, Forschung und Technologie für die finanzielle Unterstützung.

Urheberschaft [10]. Im folgenden wird der Begriff Steganographie im engeren Sinne gebraucht und bezieht sich auf vertrauliche Kommunikation.

2   Steganographie

2.1   Grundlagen

Steganographie[2] ist die Lehre vom verdeckten Schreiben. Mit steganographischen Methoden ist es möglich, vertraulich zu kommunizieren. Der Vorteil gegenüber der Kryptographie (Verschlüsselung von Nachrichten) besteht darin, daß über den vertraulichen Inhalt hinaus auch die Existenz der Nachricht verborgen bleibt. **In Abb. 1 ist die Funktionsweise** eines stega-

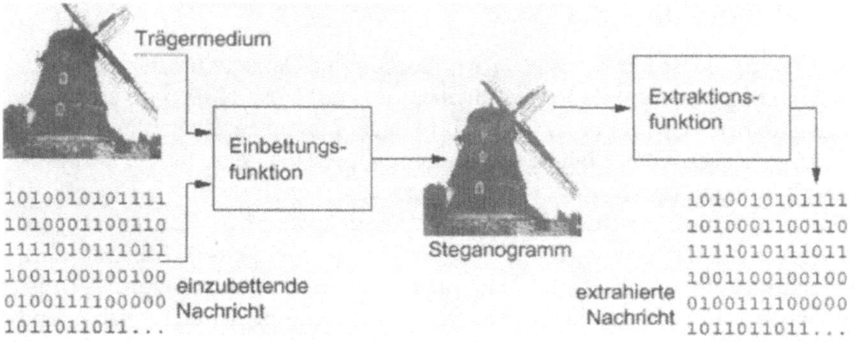

Abb. 1: Allgemeine Funktionsweise eines steganographischen Algorithmus; die einzubettende Nachricht wird in einem Steganogramm versteckt zum Empfänger übermittelt, der sie wiederherstellen kann.

nographischen Algorithmus dargestellt. Auf der Seite des Senders wird mit der Einbettungsfunktion ein Steganogramm erzeugt. Die Einbettungsfunktion hat zwei Parameter: ein Trägermedium, welches eine Unbestimmtheit (z. B. Rauschen) enthält, und die einzubettende Nachricht. Als Trägermedium werden z. B. digitalisierte Bilder, Video- und Audiodaten verwendet. Der Empfänger kann aus dem Steganogramm mit der Extraktionsfunktion die eingebettete Nachricht wiederherstellen.

Damit die Verwendung eines steganographischen Algorithmus nicht nachgewiesen werden kann, muß das Steganogramm statistische Eigenschaften haben, die von denen möglicher Trägermedien nicht unterschieden werden können. Folglich läßt sich sowohl aus dem Steganogramm als

---

[2]⟨*griech.*⟩ στεγανός + γράφειν

auch aus dem Trägermedium eine (potentielle) Nachricht auslesen, denn der steganographische Algorithmus kann nicht erkennen, ob eine Nachricht eingebettet wurde. Daraus folgt wiederum, daß sich eine Nachricht, die aus einem Steganogramm ausgelesen wird, nicht von einer potentiellen Nachricht aus einem Trägermedium statistisch unterscheidet.

Es gibt einige steganographische Anwendungen, die zusätzlich stark verschlüsseln, bevor sie eine Nachricht einbetten. Dadurch wird das „Geheimnis", das die Nachricht vertraulich hält, in Form eines Parameters – dem Schlüssel – vom eigentlichen Algorithmus getrennt. Der steganographische Algorithmus kann dann öffentlich sein. Nur mit dem passenden Schlüssel läßt sich entscheiden, ob es sich bei den ausgelesenen Bits aus einem potentiellen Steganogramm wirklich um eine verschlüsselte Nachricht handelt. Durch die Verschlüsselung wird eine neutrale Gleichverteilung erreicht. Es ist in jedem Fall ratsam, die einzubettende Nachricht auch bei den übrigen Tools, die das nicht implizit tun, geeignet zu verschlüsseln.

Um die Sicherheit der steganographischen Algorithmen bei den Untersuchungen von der Gestalt der einzubettenden Nachricht zu entkoppeln, werden im Rahmen dieser Arbeit nur Nachrichten verwendet, die ein hinreichend starker Pseudozufallsgenerator erzeugt. Solche Nachrichten repräsentieren die statistischen Eigenschaften verschlüsselter Botschaften.

2.2   Bekannte Algorithmen

2.2.1   EzStego

Das Tool EzStego von Romana Machado [16] bettet Nachrichten in GIF-Dateien (Graphics Interchange Format [17]) ein. GIF-Dateien beinhalten eine Farbpalette, die bis zu 256 verschiedene Farben von 2^{24} möglichen enthält, und den Bildinhalt, eine (LZW-komprimierte[3]) Matrix von Palettenindizes. Die Nachricht wird ohne Längeninformation in den Bildpunkten kodiert. Die Palette bleibt durch das Einbetten unverändert.

Der steganographische Algorithmus liest die Palette aus und legt eine Kopie an. Diese Kopie der Palette wird sortiert. Die Farben müssen so sortiert werden, daß sich je zwei benachbarte Farben in der sortierten Palette so wenig wie möglich unterscheiden. Die Sortierung nach der Helligkeit ist dabei nicht in jedem Falle optimal, denn auch zwei Farben gleicher Helligkeit können sich farblich stark unterscheiden. Jede Farbe kann als Punkt in einem dreidimensionalen Raum aufgefaßt werden. Abb. 2 zeigt links die Reihenfolge der Farben im RGB-Würfel, wie sie in der Palette einer GIF-Datei gespeichert sind, und rechts die von EzStego sortierte Reihenfolge.

---

[3]Lempel-Ziv-Welch [8, 12, 14]

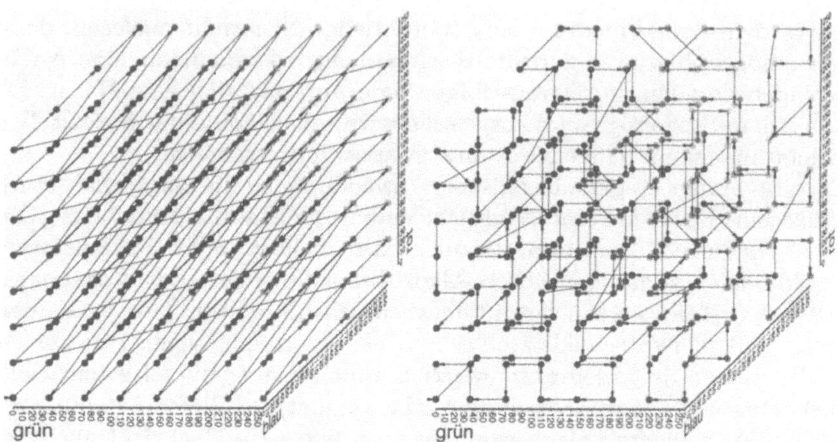

Abb. 2: Farbfolge in der Palette (l.) und von EzStego sortiert (r.); EzStego sucht zunächst einen möglichst kurzen Pfad durch den RGB-Würfel.

In GIF-Dateien werden Farben durch die drei Farbanteile r, g und b (für Rot, Grün und Blau) angegeben, die jeweils Werte im Intervall $[0\ldots255]$ annehmen können.

Beispiel

$$
\left.\begin{array}{rcl} r & = & 255 \\ g & = & 255 \\ b & = & 255 \end{array}\right\}\text{Weiß}
\qquad
\left.\begin{array}{rcl} r & = & 0 \\ g & = & 100 \\ b & = & 0 \end{array}\right\}\text{Dunkelgrün}
\qquad
\left.\begin{array}{rcl} r & = & 165 \\ g & = & 42 \\ b & = & 42 \end{array}\right\}\text{Braun}
$$

Die Farben einer GIF-Datei können also endlich viele Werte in einem beschränkten dreidimensionalen Raum, dem RGB-Würfel, annehmen. Je kleiner der räumliche Abstand $a = \sqrt{\Delta r^2 + \Delta g^2 + \Delta b^2}$ zwischen zwei Farben im RGB-Würfel ist, desto schwieriger sind sie voneinander augenscheinlich zu unterscheiden, jedenfalls wird das von der Sortierroutine von EzStego wie auch von den meisten Grafikbearbeitungsprogrammen so angenommen.

Physiologisch wäre die Sortierung korrekt, wenn die Werte von rot, grün bzw. blau an das spektrale Hellempfinden des menschlichen Auges angepaßt würden. Dazu müssen die Werte r, g und b mit den empirisch ermittelten und von der Internationalen Beleuchtungskommission für additive Farbmischung festgelegten Koeffizienten 30 %, 59 % bzw. 11 % gewichtet werden, bevor der „räumliche" Abstand im Farbwürfel berechnet wird. Am Rande dieser Arbeit wurde eine modifizierte EzStego-Version mit dieser Wichtung entwickelt. Mit ihr konnten geringfügig unauffälligere Resultate für das menschliche Auge erzielt werden.

Die Sortierroutine ermittelt, ausgehend von der ersten Farbe in der Originalpalette, den kürzesten Pfad im RGB-Würfel über alle Farben bis zu einer möglichst nahe bei der ersten liegenden Farbe. Die Reihenfolge der Farben auf dem kürzesten Pfad nennen wir sortierte Palette.

Die Bildpunkte einer GIF-Datei sind Palettenindizes, die auf eine Farbe in der Originalpalette zeigen: auf die Farbe des Bildpunktes. Die Farben der Originalpalette lassen sich bijektiv auf die sortierte Palette abbilden (siehe Abb. 3). Ebenso lassen sich die Palettenindizes auf die sortierten

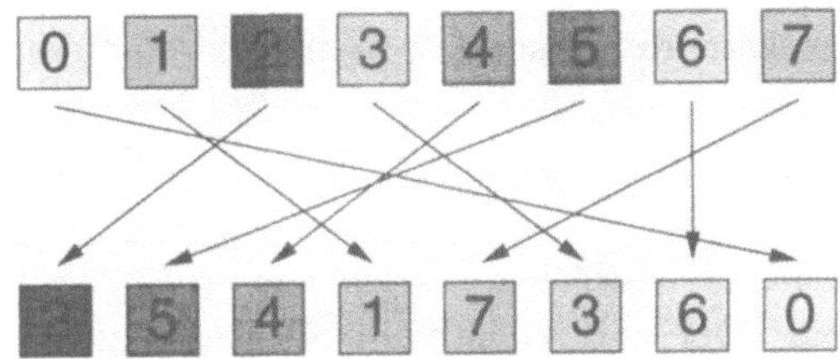

Abb. 3: Abbildung der Originalpalette auf die sortierte Palette

Indizes abbilden. Ein Palettenindex und sein korrespondierender sortierter Index zeigen auf den gleichen Farbwert, nur in zwei verschiedenen Paletten. Im allgemeinen unterscheiden sie sich also und lassen sich eineindeutig ineinander umrechnen.

Die Einbettungsfunktion von EzStego bearbeitet lückenlos den Bildinhalt, eine Matrix von Palettenindizes, links oben beginnend und zeilenweise nach unten fortsetzend. Je Bildpunkt wird ein Bit kodiert. Der erste Palettenindex wird in den korrespondierenden sortierten Index umgerechnet. Das niederwertigste Bit des sortierten Index wird durch das erste einzubettende Nachrichtenbit ersetzt. Dieser *neue* sortierte Index wird in den korrespondierenden Index der Originalpalette umgerechnet, den neuen Palettenindex. Im Bildinhalt wird der erste Palettenindex durch den neuen Palettenindex ersetzt. Die Helligkeit und die Farbe des Bildpunktes ändert sich dadurch gar nicht oder nur sehr gering (siehe Abb. 4). An dieser Stelle wird klar, weshalb die Farben überhaupt sortiert werden: Die Änderung des niederwertigsten Bits eines Bildpunktes könnte eine sehr drastische Änderung seiner Farbe oder seiner Helligkeit hervorrufen, wenn die Originalpalette eine ungünstige Farbreihenfolge hat.

Das Einbetten wird mit dem nächsten Bildpunkt und dem nächsten einzubettenden Nachrichtenbit fortgesetzt, bis das letzte verarbeitet ist.

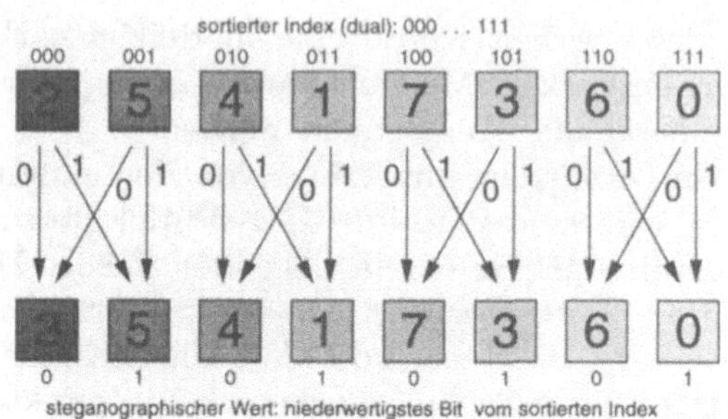

Abb. 4: Einbettungsfunktion von EzStego; angenommen im Trägerbild
wird der Palettenindex 7 angetroffen. Dann wird er beim Einbetten einer
1 durch den Palettenindex 3 ersetzt, beim Einbetten einer 0 durch 7.

2.2.2   Steganos

Steganos [24] ist eine einfach zu benutzende Anwendung zum Verstek-
ken von Dateien. Der Algorithmus von Steganos stammt von Fabian
Hansmann. Als Trägermedium werden Bilder (BMP, DIB), Klang-Dateien
(WAV, VOC) und alle Arten von ASCII-Texten oder HTML-Dokumenten
verwendet. Der Einbettungsalgorithmus verschlüsselt zunächst die einzubettenden Daten mit einer modifizierten RC4-Stromchiffre. Mit den Bits
des verschlüsselten Stroms werden dann die niederwertigsten Bits des
Trägermediums überschrieben. Der Algorithmus prüft, ob die einzubettende Datei in das Trägermedium paßt, d. h. ob die Kapazität des Trägermediums ausreicht, um die einzubettenden Daten zu fassen. Wird versucht,
mehr Daten einzubetten als die Kapazität zuläßt, so bricht Steganos mit
einer Fehlermeldung ab. Werden hingegen weniger Daten eingebettet, so
wird die Stromchiffre solange weitergesponnen, bis die Kapazität des Bildes
voll ausgenutzt ist.

Wenden wir uns nun speziell den True-Color-BMP-Dateien als Trägermedium zu. Steganos überschreibt alle niederwertigsten Bits der Grünanteile. Der Entscheidung für Grün liegen keine Untersuchungen zugrunde.
Fabian Hansmann paßte nur einen älteren Algorithmus an, der nur einen
Grauwert statt der drei Farbanteile von BMP erwartet. Der grüne Farbanteil ist eine ungünstige Wahl, da Grün bei gleicher Intensität physiologisch
heller empfunden wird als Rot und Blau (siehe Abschnitt 2.2.1) und Änderungen stärker wahrgenommen werden.

True-Color-BMP-Dateien eignen sich vorzüglich als Trägermedium für
Steganographie, für das menschliche Auge sind die Farbveränderungen

praktisch nicht mehr wahrnehmbar[4]. Für EzStego sind schon 256 Farben ausreichend, um kaum wahrnehmbare Unterschiede zu produzieren. True-Color-BMP-Dateien können jedem Bildpunkt eine Farbe aus 2^{24} möglichen zuordnen. Die Feinheit der Farbunterschiede ist damit hinter der Grenze, die wir wahrnehmen können. In Abb. 5 ist ein Trägermedium seinem mit Steganos **erzeugten** Steganogramm gegenübergestellt.

Abb. 5: *Das Wiedersehen* als Trägermedium (l.) **und Steganogramm (r.)**

2.2.3   S-Tools

Die S-Tools von Andy Brown [28] können Daten in Bildern und Audiodateien verstecken. Wird die Kapazität des Trägermediums nicht voll ausgenutzt, so spreizt der steganographische Algorithmus die einzubettende Nachricht über die gesamte Länge. Die Nachrichtenbits werden dann paßwortgesteuert pseudozufällig über die gesamte Trägerdatei verteilt.

2.2.4   Jsteg

Jsteg von Derek Upham [19] verwendet komprimierte Bilder im Jpeg-JFIF-Format als Trägermedium.

Jpeg-Dateien enthalten verlustbehaftet komprimierten Bildinhalt. Die Helligkeits- und Farbwerte der Bildpunkte werden zunächst in den Frequenzbereich transformiert und anschließend quantisiert (gerundet). Die verwendete Transformation ist die diskrete Kosinustransformation (DCT). Dadurch wird die Fülle von Helligkeitswerten auf wenige, von null verschiedene DCT-Werte reduziert.

Jsteg ersetzt die niederwertigsten Bits der von 0 und 1 verschiedenen DCT-Werte durch die einzubettende Nachricht.

---

[4]Das menschliche Auge kann 10 Millionen Farben unterscheiden. – Guiness Buch der Rekorde

3   Visuelle Angriffe

Dieser Abschnitt beschreibt die vom Autor entwickelten visuellen Angriffe. Mehrere Autoren steganographischer Tools haben in der Vergangenheit unabhängig voneinander angenommen, daß z. B. niederwertigste Bits von Leuchtdichtewerten in Bildern rauschen und mithin ersetzt werden können (Referenzen: Contraband [15], EzStego [16], Hide & Seek [18], PGMStealth [20], Piilo [21], Scytale [22], Snow [23], Steganos [24], Stego [25], Stegodos [27], S-Tools [28], White Noise Storm [29]). Der Irrtum dieser Annahme soll durch die visuellen Angriffe in diesem Abschnitt aufgedeckt werden. Bislang werden Nachrichten durch die Mehrzahl der bekannten steganographischen Algorithmen in digitalisierte Bilder eingebettet, indem sorgfältig ausgewählte Bits durch Bits der einzubettenden Nachricht ersetzt werden. Die statistischen Eigenschaften niederwertigster Bits von digitalisierten Bildern wurden von Elke Franz [4] geprüft und konnten dort mit statistischen Mitteln nicht von zufälligen Bits unterschieden werden. Es ist tatsächlich schwer, mit statistischen Mitteln Bildinhalt von Rauschen zu unterscheiden. Und es ist noch schwerer, die *niederwertigsten* Bits eines digitalisierten Bildes von zufälligen Bits zu unterscheiden. Die Schwierigkeit besteht schon darin, zulässigen Bildinhalt als formale Größe zu definieren. Intuitiv ist sehenden Menschen klar, was Bildinhalt ist. Allerdings verschwimmt die Grenze und hängt auch von der Phantasie ab – wer hat nicht schon Gestalten in einer Wolkenformation entdeckt? Das menschliche Sehvermögen ist geradezu trainiert, bekannte Dinge zu erkennen. Diese menschliche Fähigkeit ist eine Voraussetzung für die hier entwickelten visuellen Angriffe.

Abb. 6: Windmühle als Trägermedium (l.) und Steganogramm (r.); Steganographie verändert das Trägermedium kaum wahrnehmbar.

In Abb. 6 ist nur ein sehr schwacher Unterschied zwischen dem Trägermedium und dem Steganogramm zu erkennen. In das linke Bild ist nichts eingebettet. In das rechte Bild wurde eine 3 600 Byte lange, zufällige Nachricht mit EzStego [16] eingebettet. Ohne einen direkten Vergleich der beiden Bilder würden die Veränderungen wahrscheinlich keinen Argwohn erwecken. Im allgemeinen wird nur die veränderte Trägerdatei übermittelt, so daß der direkte Vergleich unmöglich ist.

3.1 Steganographischer Wert eines Bildpunktes

Jedes durch einen steganographischen Algorithmus zur Änderung vorgesehene Bit hat innerhalb des Trägermediums einen **Ort** – gemeint ist der im Bild sichtbare Ort, der sich auch in Bildpunktkoordinaten angeben läßt, nicht die Position innerhalb der Datei. Jedes dieser veränderbaren Bits ist also einem Bildpunkt zugeordnet. Es können mehrere veränderbare Bits einem Bildpunkt zugeordnet sein. Betrachten wir nun ein Bild, das mit einem sorgfältig entwickelten steganographischen Tool verändert wurde, können wir keine auffälligen Änderungen erkennen. Oft ist es uns nicht einmal möglich, das Original und das veränderte Bild augenscheinlich auseinanderzuhalten.

Es ist jedoch möglich, die in den veränderbaren Bits vermeintlich enthaltene Nachricht auszulesen und bildlich darzustellen. Bettet der steganographische Algorithmus je Bildpunkt ein Bit ein, können wir den im Bildpunkt enthaltenen steganographischen Wert des Bits farblich darstellen, z. B. weiß für den Wert 1 und schwarz für den Wert 0. Es gibt auch Algorithmen, die mehr als ein Bit je Bildpunkt einbetten, dann können wir den steganographischen Wert eines Bildpunktes mit zusätzlichen Farben darstellen.

3.2 Die Idee des visuellen Angriffs

Die Idee dieses Angriffs wurde durch Zufall geboren. Der Autor wollte herausfinden, ob auf der „Homepage" eines pseudonymen Hackers im Internet vielleicht eine Kontaktadresse verborgen ist.[5] Zuerst wurde das einzige Bild der Seite auf steganographischen Inhalt untersucht, indem die potentielle Nachricht mit verschiedenen Tools ausgelesen wurde. Zum Beispiel lieferte EzStego eine vermeintliche Nachricht, die kein lesbarer ASCII-Text war. Die Suche nach der Kontaktadresse blieb im Bild erfolglos.

In der hexadezimalen Darstellung der vermeintlichen Nachrichten-Bytes fiel auf, daß sich häufig Zeichen wiederholten. Beim Vergleich mit dem Trägermedium ließ sich feststellen, daß die Wiederholungen genau

---

[5]Der zur Lösung eines solchen Rätsels zu überwindende Schwierigkeitsgrad ist von der Zielgruppe abhängig, die die Kontaktadresse erfahren soll.

dort auftraten, wo sich im Bild gleichmäßige Flächen befinden. Versuchen wir, die Situation am Beispiel nachzuvollziehen. Wenn wir mit EzStego aus dem linken Bild von Abb. 6 die vermeintliche Nachricht extrahieren – obwohl wir wissen, daß keine Nachricht eingebettet wurde – erhalten wir zwar keinen lesbaren Text, jedoch eine Reihe von Bytes, die sich hexadezimal darstellen lassen. In Abb. 7 wurde die hexadezimale Darstellung so formatiert, daß sich auf jeder Zeile 240 Bits befinden (denn das Trägermedium ist 240 Bildpunkte breit). Die vollständige Darstellung würde länger

```
ffffffffffffffffffffff40ff7ffffffffffffffffffffffffffffffffffff
fffffffffffffffffffffffe0179fffffffffffffffffffffffffffffffffff
ffffffffffffffffffffffff8dcfbffffffffffffffffffffffffffffffffff
ffffffffffffffffffffffff21fffffffffffffffffffffff77ffffffffffff
fffffffffffffffffffffffffc04ffffffffffffffffffffefbfffffffffff
ffffffffffffffffffffffffe03ffffffffffffffffffffffebffffffffffff
ffffffffffffffffffffffff087dffffffffffffffffffffbba1ffffffffffff
fffffffffffffffffffffffff8827fffffffffffffffffffe754ffffffffffff
fffffffffffffffffffffffff9a1ffffffffffffffffffffdf77ffffffffffff
fffffffffffffffffffffffffc04fe3fffffffffffffffff7ea5bffffffffffff
ffffffffffffffffffffffffffc2058ffffffffffffffffffeba87bfffffffffff
ffffffffffffffffffffffffffe28e77fffffffffffffffffdf91f5fffffffffff...
```

Abb. 7: Hexadezimale Darstellung einer vermeintlichen Nachricht; die aus dem steganographisch unveränderten Trägermedium ausgelesene vermeintliche Nachricht zeigt „Windmühlenflügel".

als eine Druckseite sein (240 Zeilen). Dennoch sind (mit etwas Phantasie) in den ersten Zeilen die Spitzen von zwei Windmühlenflügeln zu sehen. Besonders häufig treten Folgen von 00 (acht 0-bits) und ff (acht 1-bits) auf, was charakteristisch für digitalisierte Schwarzweißbilder ist. Was liegt also näher, als eine bildliche Darstellung der vermeintlichen Nachricht zu versuchen.

3.3 Visueller Einbettungsfilter

3.3.1 EzStego

Ein Einbettungsfilter stellt die in Abschnitt 3.1 beschriebenen steganographischen Werte der Bildpunkte bildlich dar. Bei EzStego werden die Farben der Bildpunkte (und damit die steganographischen Werte) durch die Palette bestimmt. Der Einbettungsfilter für EzStego ersetzt die Originalpalette durch eine Schwarzweiß-Palette. In Abb. 8 ist dargestellt, wie die Farben ersetzt werden. Abhängig vom sortierten Index werden die Farben durch Schwarz oder Weiß ersetzt. Die Paletten der Bilder in Abb. 9 wurden ersetzt. Ohne Schwierigkeiten ist jetzt erkennbar, daß die obere Hälfte des rechten Bildes verrauscht ist, während in der unteren Hälfte wie im linken Bild die Windmühle wie ein Schatten erkennbar ist. Das

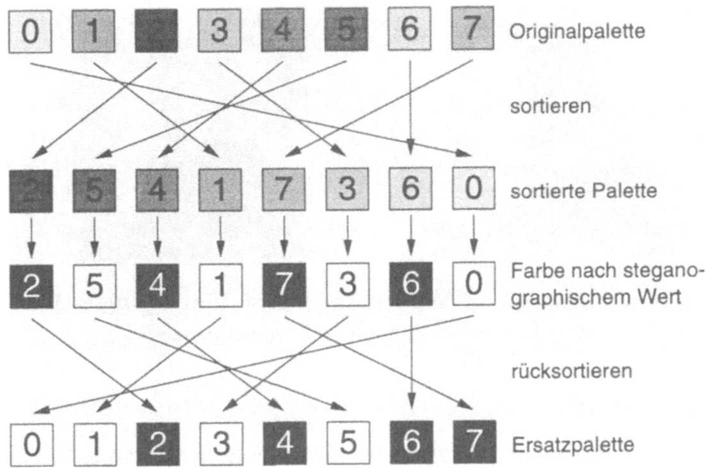

Abb. 8: Zuordnungsfunktion der Ersatzfarben; Farben, die in der sortierten Palette einen geraden Index haben, werden durch Schwarz ersetzt, die einen ungeraden haben, durch Weiß.

Ergebnis des visuellen Angriffes zeigt, daß höchst wahrscheinlich in das rechte Bild eine Nachricht eingebettet wurde. Dabei sind Schwächen des steganographischen Tools EzStego erkennbar:

1. Die Bits des Trägermediums, die durch Nachrichtenbits ersetzt werden, sind vom Trägermedium statistisch abhängig – unser Auge kann klar den Zusammenhang mit dem Originalbild erkennen.

2. Wenn die eingebettete Nachricht kürzer als die maximal mögliche Nachrichtenlänge ist, wird nur der obere Teil des Bildes zum Einbetten verwendet. Dadurch ist im gefilterten Bild eine horizontal verlaufende Grenze erkennbar. Die Grenze läßt eine Abschätzung der Länge der eingebetteten Nachricht zu. In unserem Beispiel liegt die Grenze in der Mitte zwischen oberem und unterem Bildrand. Das Bild der Windmühle hat ein Format von 240 × 240 Bildpunkten. In jedem Bildpunkt kann EzStego ein Bit verstecken (siehe Abschnitt 2.2.1). Also sind etwa $240 \cdot 120 = 28\,800$ Bit oder 3 600 Byte versteckt. Unterhalb von dieser Grenze ist eventuell noch Bildinhalt erkennbar, oberhalb ist das gefilterte Bild gänzlich unabhängig vom Original (sofern – und das ist im allgemeinen so – die eingebettete Nachricht vom Trägermedium unabhängig ist).

Abb. 9: Einbettungsfilter auf Abb. 6 angewendet; eine eingebette Nachricht (rechts) ist vom Trägermedium stochastisch unabhängig.

3.3.2   Steganos

In Abb. 5 wurde in das Steganogramm nur ein Byte eingebettet. Das ist weit weniger, als die Kapazität des Bildes zuläßt. Beide Bilder in Abb. 5 haben das Format 356 × 239. Die Kapazität des Bildes ist ein Bit je Bildpunkt, also etwa 10 KB. Kürzere Nachrichten werden durch Fortsetzung der Stromchiffre so verlängert, daß alle Bildpunkte genutzt werden. In Abb. 10 wird das deutlich.[6] Bei EzStego würde ein eingebettetes Byte nur die ersten acht Bildpunkte beeinflussen. Der Einbettungsfilter für Steganos zeigt bei Einbettung nur vollständig verrauschte Bilder. Es fehlt der bei EzStego aufgetretene Vergleichsrest und der Sprung zwischen Rauschen und Bildinhalt bei Ende der einzubettenden Nachricht.

Abb. 10: Einbettungsfilter auf Abb. 5 angewendet; Steganos hinterläßt seine Spuren in allen Bildpunkten (rechts).

Der steganographische Einbettungsalgorithmus für das True-Color-BMP-Format ist in Steganos fehlerhaft implementiert. Er mißachtet die Besonderheit, daß die Bildpunktzeilen in BMP-Dateien immer ein Vielfa-

---

[6]Die senkrechten Streifen im linken Bild sind auf Toleranzen der Elemente der CCD-Zeile des verwendeten Scanners zurückzuführen.

ches von 4 Byte lang ist. Dazu werden die Bildzeilen mit Nullen aufgefüllt, bis eine 32-Bit-Wordgrenze erreicht ist. Abb. 11 zeigt vier verschiedene

5 Bildpunkte   R G B R G B R G B R G B R G B 0   1 Füllbyte

4 Bildpunkte   R G B R G B R G B R G B   0 Füllbytes

3 Bildpunkte   R G B R G B R G B 0 0 0   3 Füllbytes

2 Bildpunkte   R G B R G B 0 0   2 Füllbytes

Abb. 11: Bildpunktzeilen verschiedener Länge in True-Color-BMP-Dateien; in True-Color-BMP-Dateien werden die Bytes jeder Bildpunktzeile auf 32-Bit-Wortgrenze aufgefüllt.

Längen von Bildzeilen mit den nötigen Füllbytes. Steganos geht davon aus, daß sich nach dem letzten Bildpunkt einer Zeile unmittelbar der erste Bildpunkt der nachfolgenden Zeile anschließt. Die Folge ist, daß Steganos auch in die Füllbytes einbettet. Wenn ein Bild je Bildzeile drei Füllbytes hat, dann werden diese durch Steganos als Farbanteil für rot, grün und blau interpretiert. Der erste Wert der folgenden Bildzeile wird korrekt als rot gedeutet. Das ändert sich, wenn ein oder zwei Füllbytes angehangen werden: Steganos bettet dann in von Zeile zu Zeile wechselnde Farbwerte ein. Durchschnittlich wird jedes sechste Füllbyte von 0 in 1 gewandelt. Immer, wenn eine 1 als Füllbyte auftritt, ist das ein Verdacht auf Steganographie erregender Umstand.

Abb. 12: Trägermedium und Steganogramm mit formatbedingten Füllbytes; das Trägermedium hat nun das Format 358 × 239 und enthält intern 478 Füllbytes. Etwa 80 davon setzt Steganos auf 1 – unsichtbar, aber nachweisbar.

Abb. 13: Einbettungsfilter auf Abb. 12 angewendet; Steganos wechselt von
Zeile zu Zeile den verwendeten Farbanteil. Im gefilterten Trägermedium
(links) sind deshalb horizontale Streifen zu sehen.

3.3.3 S-Tools

Um in BMP-Dateien mit 256 Farben einbetten zu können, präparieren
die S-Tools sehr auffällig die Farbpalette. Je Bildpunkt werden drei Bits
der Nachricht eingebettet. Dazu wird die Zahl der Farben in der Palette
reduziert. **Abb. 14 zeigt zwei Bilder, die auf der** VIS'97 als Beispiel dafür

Abb. 14: Trägermedium (l.) und S-Tools-Steganogramm (r.); die S-Tools
betten drei Bit je Bildpunkt ein. Die 256 Farben der Palette werden in
32 Farben reduziert.

dienten, daß man den Baustein Windows NT des Grundschutzhandbuches,
also ca. 120 Seiten Text mit Bildern, in eine 700 KB große BMP-Datei einbetten kann, ohne daß man augenscheinlich etwas wahrnimmt. Im direkten
Vergleich mit dem Original fällt auf, daß die Farbpalette reduziert wurde. Statt 256 verschiedenen Farben enthält die Palette im Steganogramm
32×8 Farben, wobei sich jeweils 8 Farben nur durch die drei niederwertigsten Bits von rot, grün und blau unterscheiden. Diese jeweils 8 Farben sind
mit bloßem Auge nicht auseinanderzuhalten. Solche Paletten sind so auffällig, daß sich eine Untersuchung des Bildinhalts erübrigt. Dennoch ist ein
visueller Angriff möglich und sehr eindrucksvoll, da drei Nachrichtenbits je

Bildpunkt ein sehr deutliches gefiltertes Bild hervorbringen. Im gefilterten Bild (Abb. 15) sind acht verschiedene Farben enthalten.

Abb. **15: Einbettungsfilter auf Abb.** 14 angewendet; drei Bit je Bildpunkt können acht steganographische Werte liefern. Dadurch entsteht ein besonders deutliches gefiltertes Bild.

3.4   Grenzen visueller Angriffe

Da die visuellen Angriffe auf der Erkennbarkeit von Bildinhalt beruhen, sind ihnen Grenzen gesetzt. Abb. 16 zeigt z. B. eine Fußbodenplatte, deren

Abb. 16: Fußbodenplatte, original und gefiltert; in dieses Bild wurde nichts eingebettet, obgleich das gefilterte Bild verrauscht ist. Visuelle Angriffe sind nur bei genügend Bildinhalt aussagekräftig.

Maserung sehr zufällig und gleichmäßig ist. Obwohl in das dargestellte Trägermedium nichts eingebettet ist, sieht das gefilterte Bild verrauscht aus.

4   Grundlagen aus der Mathematik

Die Grenzen der visuellen Angriffe, die in Abschnitt 3.4 deutlich wurden, können mit statistischen Mitteln überwunden werden. Zum Verständnis der dazu entwickelten statistischen Angriffe wird in diesem Abschnitt das mathematische Werkzeug eingeführt, das gängiger Literatur zu Grundlagen der statistischen Analysis entnommen werden kann [2, 3, 5, 6, 7, 9].

4.1   Chi-Quadrat-Verteilung

Im Zusammenhang mit der Fehlertheorie von GAUSS untersuchte der Astronom HELMERT Quadratsummen von Größen, die normalverteilt sind. Die dabei nachgewiesene Verteilungsfunktion nannte PEARSON später Chi-Quadrat-Verteilung (χ^2-Verteilung).

Aus den stochastisch unabhängigen, normiert normalverteilten Zufallsvariablen $X_1, X_2, \ldots, X_f$ bilden wir die Quadratsumme

$$\chi_f^2 = X_1^2 + X_2^2 + \ldots + X_f^2 \quad \text{für } f = 1, 2, \ldots$$

Die Zufallsvariable χ_f^2 ist stetig und besitzt die Dichte

$$d_f(x) \;=\; \begin{cases} 0 & \text{für } x \leq 0, \\ \dfrac{1}{2^{\frac{f}{2}}\Gamma(\frac{f}{2})} e^{-\frac{x}{2}} x^{\frac{f}{2}-1} & \text{für } x > 0. \end{cases} \tag{1}$$

Dabei ist $\Gamma(a) = \int_0^\infty e^{-t} t^{a-1} dt$ die sogenannte *Gammafunktion*. Partielle Integration liefert die Beziehung

$$\Gamma(a+1) = a\Gamma(a). \tag{2}$$

Für $a = \frac{1}{2}$ und $a = 1$ gilt speziell

$$\Gamma(\frac{1}{2}) = \sqrt{\pi}; \quad \Gamma(1) = 1. \tag{3}$$

Aus (2) und (3) folgt für jede natürliche Zahl n

$$\Gamma(n) = (n-1)!$$

Die Verteilung der Zufallsvariablen χ_f^2 heißt *Chi-Quadrat-Verteilung mit f Freiheitsgraden*. Gleichung (1) wird in weiterführender Literatur mit Hilfe einiger Umrechnungen durch vollständige Induktion gezeigt [11].

Die Berechnung der Quantile der Chi-Quadrat-Verteilung ist für den Chi-Quadrat-Test nötig. Als Grundlage für die statistischen Tests wurde die Chi-Quadrat-Verteilung in der Programmiersprache Java implementiert. Die Quantile werden durch numerische Integration nach SIMPSON ermittelt.

4.2 Chi-Quadrat-Test

Um Verteilungen zu vergleichen, wie das im kommenden Abschnitt 5 getan wird, verwenden wir den wohl bekanntesten und wichtigsten Anpassungstest, den sogenannten Chi-Quadrat-Test. Er beruht auf einem Vergleich der aus einer Zufallsstichprobe $x_1, x_2, \ldots, x_n$ gewonnenen empirischen Häufigkeitsverteilung $F(x)$ mit der theoretisch erwarteten Verteilung $F_0(x)$ der Grundgesamtheit, aus der die Stichprobe stammt. Wir testen dabei die Nullhypothese

$$H_0: \ F(x) = F_0(x)$$

gegen die Alternativhypothese

$$H_1: \ F(x) \neq F_0(x)$$

Dazu gehen wir schrittweise vor:

1. Unterteilung der Stichprobe in Klassen und Feststellung der absoluten Klassenhäufigkeiten (Besetzungszahlen): Jede Klasse sollte dabei erfahrungsgemäß mindestens 5 Stichprobenwerte enthalten.

2. Berechnung der theoretisch erwarteten absoluten Klassenhäufigkeiten

3. Festlegung eines geeigneten Maßes für die Abweichung zwischen der beobachteten und der theoretischen Verteilung: Sei n_i die empirische absolute Häufigkeit in der i-ten Klasse und n_i^* die theoretisch erwartete absolute Klassenhäufigkeit. Ein geeignetes Maß für die Abweichung zwischen der beobachteten und der theoretischen Verteilung ist nach PEARSON die Maßzahl

$$\chi^2_{k-1} = \sum_{i=1}^{k} \frac{(n_i - n_i^*)^2}{n_i^*} = \sum_{i=1}^{k} \frac{(\Delta n_i)^2}{n_i^*}$$

die der Chi-Quadrat-Verteilung mit $f = k - m - 1$ Freiheitsgraden genügt, wenn m die Anzahl der mit Hilfe der Stichprobe geschätzten unbekannten Parameter ist.

4. Berechnung des Test- oder Prüfwertes χ^2_{k-1} und Bestimmung des entsprechenden p-Wertes.

5 Statistische Angriffe

5.1 EzStego

Die Einbettungsfunktion von EzStego überschreibt niederwertigste Bits der sortierten Indizes. Werden niederwertigste Bits überschrieben, dann

werden je zwei Werte – diese wollen wir Pärchen nennen – ineinander
überführt, die sich nur im niederwertigsten Bit unterscheiden. Sind die
Bits, die die niederwertigsten Bits ersetzen, gleichverteilt, dann werden die
Häufigkeiten der Werte eines Pärchens ausgeglichen. Abb. 17 greift auf das
Beispiel aus Abb. 4 zurück und zeigt wie sich Häufigkeiten der Farben in
einem Bild ändern, wenn mit EzStego eine gleichverteilte Nachricht eingebettet wird. Die Säulen mit geradem sortierten Index bezeichnen wir als

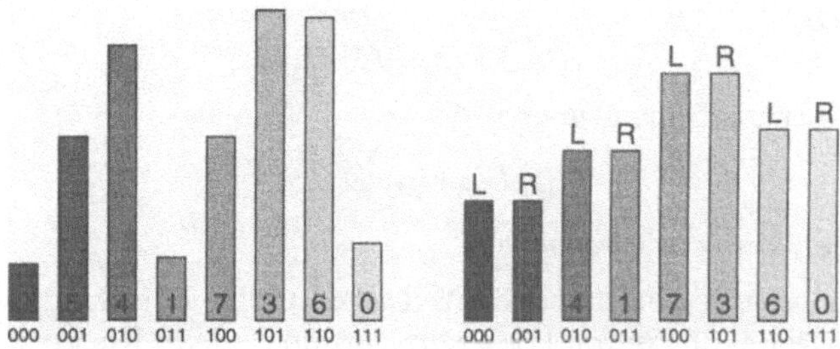

Abb. 17: Farbhistogramm vor und nach dem Einbetten mit EzStego; durch
das Einbetten mit EzStego bilden sich Farbpärchen, deren Häufigkeit ausgeglichen wird.

linke Verteilung, die mit ungeradem bezeichnen wir als rechte Verteilung
(in Abb. 17 durch L bzw. R gekennzeichnet). Vor dem Einbetten mit Ez-
Stego sind beide Verteilungen unterschiedlich, nach dem Einbetten sind sie
aneinander angeglichen. Die Idee des statistischen Angriffs ist, daß man
o. B. d. A. die linke Verteilung mit der nach dem Einbetten erwarteten Verteilung vergleicht. Normalerweise darf die erwartete Verteilung nicht aus
der Stichprobe ermittelt werden. Sie stimmt jedoch exakt mit der aus dem
Originalbild überein, aus dem sie eigentlich bestimmt werden müßte. Die
erwartete Häufigkeit hängt von der Summe der beiden Häufigkeiten eines
Pärchens ab. Diese Summe bleibt durch das Einbetten mit EzStego unverändert (obgleich sich die Summanden ändern). Das Originalbild ist also
nicht nötig für diesen Angriff. Der Grad der Übereinstimmung ist ein Maß
für die Einbettungswahrscheinlichkeit. Die Übereinstimmung wird mit dem
Chi-Quadrat-Test in folgenden Schritten bestimmt (vgl. Abschnitt 4.2):

1. Die k Klassen sind alle Palettenindizes, deren referenzierte Farbe $c_{x,y}$
   in der sortierten Palette an einem geraden Index abgelegt wird. Ihre
   Besetzungszahl $n_i = |\{c_{x,y}|\mathrm{sortedIndexOf}(c_{x,y}) = 2i\}|$ muß bei Ein-
   bettung eine theoretisch erwartete Klassenhäufigkeit $n_i^* > 4$ besitzen.

2. Die nach Einbettung einer gleichverteilten Nachricht theoretisch er-

wartete Klassenhäufigkeit ergibt sich durch

$$n_i^* = \frac{|\{c_{x,y}|\mathrm{sortedIndexOf}(c_{x,y}) \in \{2i, 2i+1\}\}|}{2}$$

3. Das Maß für die Abweichung ist $\chi_{k-1}^2 = \sum_{i=1}^k \frac{(n_i - n_i^*)^2}{n_i^*}$.

4. Der p-Wert wird durch Integration der Dichtefunktion ermittelt:

$$p = \int_0^{\chi_{k-1}^2} d_{k-1}(x)\mathrm{d}x \tag{4}$$

Abb. 18 zeigt links ein Steganogramm, in das eine 3 600 Bytes lange Nachricht eingebettet wurde, dieselbe Nachricht wie rechts in Abb. 6. Abb. 16 sieht Abb. 18 zum Verwechseln ähnlich – wegen der Struktur des Bildes stößt der visuelle Angriff (gefiltertes Bild rechts) an seine Grenzen. Das Dia-

Abb. 18: Fußbodenplatte als EzStego-Steganogramm und gefiltert; ein visueller Angriff kann die obere, steganographische Hälfte von der unteren, ursprünglichen nicht unterscheiden.

gramm in Abb. 19 stellt die Einbettungswahrscheinlichkeit (den p-Wert) als Funktion einer immer umfangreicher werdenden Stichprobe dar. Die Stichprobe umfaßt zunächst 1 % der Bildpunkte, vom oberen Bildrand beginnend. Für diese Stichprobe beträgt die mit Gleichung (4) berechnete Einbettungswahrscheinlichkeit $p = 88,26$ %. Die nächste Stichprobe umfaßt *zusätzlich* ein weiteres Prozent der Bildpunkte, insgesamt also 2 % vom Gesamtbild, und der p-Wert steigt auf 98,08 %. Solange die Stichprobe nur Bildpunkte der oberen Hälfte des Bildes enthält, in die eine Nachricht eingebettet wurde, sinkt der Graph nicht unter 77 %. Die Bildpunkte der unteren Bildhälfte sind unverändert, weil die einzubettende Nachricht nicht länger war. Eine Stichprobe von 52 % der Bildpunkte enthält genügend unveränderte Bildpunkte, um dem Graph auf eine Einbettungswahrscheinlichkeit von praktisch 0 sinken zu lassen („praktisch" bedeutet in diesem

Zusammenhang, daß die Restwahrscheinlichkeit kleiner als die Rechengenauigkeit ist).

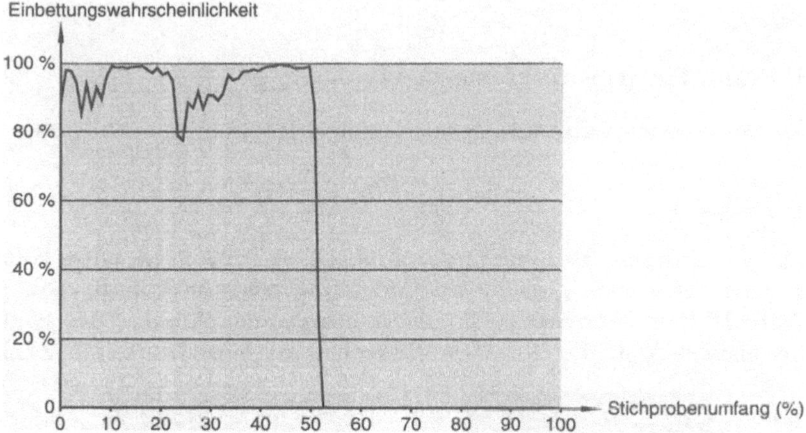

Abb. 19: Einbettungswahrscheinlichkeit für EzStego in Abb. 18; eine statistische Analyse des Steganogramms aus Abb. 18 weist steganographische Veränderungen nach.

5.2 Steganos

Steganos verwendet u. a. True-Color-Bilder im BMP-Format als Trägermedium und stellt eine Kapazität von einem eingebetteten Bit je Bildpunkt bereit. Unabhängig von der Länge der einzubettenden Daten werden die niederwertigsten Bits sämtlicher Grünanteile mit stochastisch vom Bildinhalt unabhängigen Bits überschrieben. Im Mittel wird also jeder zweite Bildpunkt verändert. Auch wenn nur ein Byte eingebettet wird – das ist die minimale Länge für die einzubettende Nachricht, die Steganos zuläßt – wird die Nachricht offenbar verlängert, bis sie soviele Bits enthält, wie im Trägermedium Bildpunkte vorhanden sind. Die Einbettungsfunktion von Steganos ersetzt die niederwertigsten Bits der Grünanteile jedes Bildpunktes durch ein Nachrichtenbit (oder ein Auffüllbit). Der Grünanteil wird durch 8 Bit je Bildpunkt repräsentiert. Ein Trägermedium enthält also maximal 256 verschiedene Werte im Grünanteil. Da *alle* Grünanteile im Trägermedium beim Einbetten bearbeitet werden, umfaßt die Grundgesamtheit, aus der wir eine Stichprobe gewinnen, das *gesamte* Bild.

1. Die k Klassen sind alle geraden Werte im Grünanteil $g_{x,y}$, deren Besetzungszahl $n_i = |\{g_{x,y}|g_{x,y} = 2i\}|$ bei Einbettung eine theoretisch

erwartete Klassenhäufigkeit $n_i^* > 4$ hat.

2. Die einzubettende Nachricht wandelt Steganos in gleichverteilte Bits um. Deshalb wird beim Einbetten dieser Bits, also wenn die niederwertigsten Bits der Grünanteile mit diesen gleichverteilten Bits überschrieben werden, die theoretisch erwartete Klassenhäufigkeit folgendem Wert angepaßt:

$$n_i^* = \frac{|\{g_{x,y}|g_{x,y} = 2i\}| + |\{g_{x,y}|g_{x,y} = 2i + 1\}|}{2}$$

3. Die weiteren Schritte zur Berechnung des p-Wertes stimmen mit denen in Abschnitt 5.1 überein.

In praktischen Untersuchungen wich der p-Wert selten von 0 oder 100 % ab.

5.3 Jsteg

Die steganographischen Veränderungen werden im Frequenzbereich vorgenommen. Wenn ein niederwertigstes Bit eines DCT-Wertes geändert wird, hat das Einfluß auf bis zu 16×16 Bildpunkte. Die Änderungen überlagern sich in mehreren Bildpunkten, deshalb ist auch kein visueller Angriff möglich.

Die Einbettungsfunktion von Jsteg überschreibt die niederwertigsten Bits der von 0 und 1 verschiedenen DCT-Werte. Dabei werden die Häufigkeiten von Amplitudenwerten, die sich nur im niederwertigsten Bit unterscheiden, ausgeglichen. Im Gegensatz zu EzStego und Steganos gilt zusätzlich, daß (sofern nichts eingebettet ist) der betragsmäßig kleinere Wert häufiger erwartet wird als der sich im niederwertigsten Bit unterscheidende Partnerwert.

1. Die k Klassen sind alle geraden Amplitudenwerte a, die von 0 verschieden sind. Ihre Besetzungszahl $n_{(i+2048)} = |\{a|a = 2i \wedge i \neq 0\}|$ muß bei Einbettung eine theoretisch erwartete Klassenhäufigkeit $n_i^* > 4$ besitzen.

2. Die nach Einbettung theoretisch erwartete Klassenhäufigkeit ergibt sich durch
$$n_{(i+2048)}^* = \frac{|\{a|a \in \{2i, 2i + 1|i \neq 0\}\}|}{2}$$

3. Die weiteren Schritte zur Berechnung des p-Wertes stimmen mit denen in Abschnitt 5.1 überein.

Praktische Untersuchungen wiesen eine ebenso große Trennschärfe für den
p-Wert auf wie bei Steganos.

6 Zusammenfassung und Ausblick

Die Strategie für das Einbetten der meisten steganographischen Systeme,
niederwertigste Bits zu überschreiben, ist allenfalls gegen augenscheinliche
Angriffe resistent. Zum einen wurde durch die visuellen Angriffe gezeigt,
daß niederwertigste Bits im allgemeinen nicht irrelevant sind, wie das heutige steganographische Anwendungen voraussetzen. Zum anderen wurde
nachgewiesen, daß Irrelevanz allein nicht ausreicht, um Angriffe zu verhindern. Das Überschreiben niederwertigster Bits hinterläßt Spuren, da statistisch unabhängige Häufigkeiten ausgeglichen werden. Statistische Angriffe sind den visuellen Angriffen überlegen, denn sie beruhen nicht auf dem
Bildinhalt der Trägerdatei. Mit sinkender Einbettungsrate (im einfachsten
Fall durch Spreizen der einzubettenden Daten) wird die Irrtumswahrschein-
lichkeit der Angriffe größer. Leider sinkt dabei der relative Durchsatz und
der Algorithmus arbeitet weniger effektiv. Im Extremfall haben wir eine
Anwendung, die absolut sicher ist, aber nichts einbettet.

Analog zur Entwicklung der Kryptographie sind die vorgestellten Angriffe ein Schritt im iterativen Prozeß, der zu sichereren steganographischen Systemen führt. Bessere Algorithmen sollten die Operation *Überschreiben* durch andere ersetzen, z. B. durch *Inkrementieren*. Häufigkeiten
werden dann nicht ausgeglichen, sondern zirkulieren im Wertebereich. Auch
müssen die steganographischen Veränderungen auf die Rauschmaxima des
Trägermediums beschränkt bleiben und sollten dort nicht deterministisch
lokalisiert werden.

Alternativ zum Iterativen Prozeß (Angriff–Verteidigung) lassen sich
nichtdeterministische Phänomene von Eingabegeräten nutzen, wie z. B. die
einer Kamera oder eines Scanners. Die Untersuchung von Eingabegeräten
zeigt Freiräume, die das Einbetten von Daten ermöglichen. Wenn steganographische Techniken Eigenheiten einer Kamera simulieren, wird das bei
einem möglichen Angreifer keine Zweifel erwecken. [13]

Quellenverzeichnis

[1] Ross Anderson (Ed.), Information Hiding. First International Work-
    shop, LNCS 1174, Springer-Verlag Berlin Heidelberg 1996.

[2] Karl Bosch: Elementare Einführung in die Wahrscheinlichkeitsrechnung. Vieweg, Braunschweig 1979.

[3] Wilfrid J. Dixon, Frank J. Massey: Introduction to Statistical Analysis. McGraw-Hill Book Company, Inc., New York 1957.

[4] Elke Franz: Untersuchung von Bewertungsmöglichkeiten für Bilder bezüglich eingebetteter steganographischer Daten, Großer Beleg. TU Dresden, Institut für Theoretische Informatik 1996.

[5] Walter Gellert, et al. (Hg.): Lexikon der Mathematik. VEB Bibliographisches Institut Leipzig, 1977.

[6] Wilhelm Göhler: Höhere Mathematik, Formeln und Hinweise. Deutscher Verlag für Grundstoffindustrie, Leipzig 1990.

[7] S. Gottwald, et al. (Hg.): Handbuch der Mathematik. VEB Bibliographisches Institut Leipzig, 1986.

[8] M. R. Nelson: LZW Data Compression. Dr. Dobb's Journal, Oktober 1989.

[9] Fritz Reinhardt, Heinrich Soeder: dtv-Atlas zur Mathematik, Band 2: Analysis und angewandte Mathematik. Deutscher Taschenbuch Verlag GmbH & Co. KG, München 1992.

[10] Fabian Petitcolas, Ross Anderson, Markus Kuhn, Attacks on Copyright Marking Systems, in David Aucsmith (Hg.): Information Hiding, LNCS 1525, Springer-Verlag Berlin Heidelberg 1998.

[11] Alfréd Renyi: Wahrscheinlichkeitsrechnung. VEB Deutscher Verlag der Wissenschaften, Berlin 1961.

[12] Terry Welch: A Technique for High-Performance Data Compression. IEEE Computer, Juni 1984.

[13] Andreas Westfeld: Steganography in a Video Conferencing System, in David Aucsmith (Hg.): Information Hiding, LNCS 1525, Springer-Verlag Berlin Heidelberg 1998.

[14] Jacob Ziv, Abraham Lempel: A Universal Algorithm for Sequential Data Compression. IEEE Transactions on Information Theory, Mai 1977.

Internet-Quellen

[15] http://www.galaxycorp.com/009

[16] http://www.fqa.com/romana/

[17] http://members.aol.com/royalef/gif89a.txt

[18] http://www.rugeley.demon.co.uk/security/hdsk50.zip

[19] ftp://ftp.funet.fi/pub/crypt/steganography/

[20] http://www.sevenlocks.com/security/SWSteganography.htm

[21] ftp://ftp.funet.fi/pub/crypt/steganography/

[22] http://www.geocities.com/SiliconValley/Heights/5428/

[23] http://www.cs.mu.oz.au/~mkwan/snow/

[24] http://www.demcom.com/deutsch/index.htm

[25] http://www.best.com/~fqa/romana/romanasoft/stego.html

[26] http://www.pgpi.com/

[27] http://www.netlink.co.uk/users/hassop/pgp/stegodos.zip

[28] ftp://idea.sec.dsi.unimi.it/pub/security/crypt/code/
                                                s-tools4.zip

[29] ftp://ftp.funet.fi/pub/crypt/mirrors/
                                       idea.sec.dsi.unimi.it/
                             cypherpunks/steganography/wns210.zip

Bildnachweis

In Abb. 6 ist die Windmühle von Simrishamn (Schweden) zu sehen. Abb. 12 zeigt die von Barlach erschaffene Holzplastik *Das Wiedersehen*. Sie befindet sich im Barlachhaus im Hamburger Jenischpark. Das Steganogramm in Abb. 14 wurde von Dr. Gerhard Weck erzeugt. Die Fußbodenplatte in Abb. 16 entstammt einem Granosit®-Musterkatalog.

SSONET – Diskussion der Ergebnisse[1]

G. Wolf*, A. Pfitzmann**, A. Schill*,
A. Westfeld**, G. Wicke**, J. Zöllner*

Technische Universität Dresden, 01062 Dresden
*Institut für Betriebssysteme, Datenbanken und Rechnernetze
**Institut für Theoretische Informatik
{g.wolf,pfitza,schill,westfeld,wicke,zoellner}@inf.tu-dresden.de

Zusammenfassung

Im Projekt SSONET (Sicherheit und Schutz in offenen Datennetzen) wurde eine Architektur für mehrseitige Sicherheit konzipiert, implementiert und an Beispielanwendungen validiert. Das vorliegende Papier stellt nach einer kurzen Beschreibung der Ziele des Projekts SSONET die erreichten Ergebnisse zusammen. Dabei werden alternative Konzeptions-, Design- und Implementierungsvarianten und ihre Auswirkungen erläutert und somit Entwurfsentscheidungen hinterfragt. Es werden ferner auch Probleme beschrieben, deren Lösungen nicht Ziel des Projektes waren, die aber interessant genug sind, um in weiterführenden Projekten bearbeitet zu werden.

Stichworte. mehrseitige Sicherheit, verteilte Kommunikation, Validierung

1 Einführung: Ziele und Annahmen

Ziel des Projektes SSONET (Sicherheit und Schutz in offenen Datennetzen) war es, eine Architektur für mehrseitige Sicherheit zu schaffen, die es Endbenutzern ermöglicht, ihre Ziele bei der Sicherung der Kommunikation mit verteilten Anwendungen zu formulieren und im Rahmen einer Verhandlung mit Kommunikationspartnern durchzusetzen. Das bedeutet einerseits, daß die Architektur eine Nutzerschnittstelle zur Verfügung stellen muß, mit der umzugehen sowohl Sicherheitsexperten als auch -laien verstehen oder erlernen können. Es bedeutet andererseits, daß Konzepte zum Abgleich verschiedener Nutzerinteressen auf der Ebene von Schutzzielen wie auch Sicherheitsmechanismen entwickelt und in die Architektur integriert werden müssen. Mit Hilfe solcher Konzepte muß selbst bei konfligierenden Schutzinteressen eine gemeinsame Kommunikationsgrundlage bzgl. Sicherheitseigenschaften gefunden werden können.

---

[1] Diese Arbeit wurde finanziell unterstützt vom Bundesministerium für Bildung und Forschung (BMBF) und dem Bundesministerium für Wirtschaft und Technologie (BMWi).

Weitere Ziele für SSONET waren Plattformunabhängigkeit, Modularität und Unabhängigkeit von Sicherheitsmechanismen-Implementierungen.

Um direkt an Lösungen der für dieses Projekt wesentlichen (oben genannten) Problemstellungen zu arbeiten, war es notwendig, manche Dinge vorauszusetzen oder aus den Betrachtungen auszuschließen. Es wurden folgende *Annahmen und Einschränkungen* gemacht:

1. Es wurde das Vorhandensein *lokal sicherer Endsysteme*, d.h. für ihren unmittelbaren Benutzer sicherer Endgeräte inklusive Betriebssystem, vorausgesetzt. Diese Voraussetzung zu erfüllen ist sehr aufwendig und sollte deshalb Inhalt eines separaten Projektes sein.

2. Die Betrachtungen und Entwicklungen des Projektes beschränkten sich auf Sicherheitseigenschaften und -mechanismen zur *Sicherung verteilter Kommunikation*. Es wurden also keine Arbeiten im Bereich Zugriffskontrolle, lokale Sicherung von Daten, etc. durchgeführt.

3. Es wird das Vorhandensein der notwendigen *Sicherheits-Infrastruktur* wie Schlüssel- und Zertifikatsserver vorausgesetzt. Außerdem wird davon ausgegangen, daß ein sogenannter SSONET-Server existiert, von dem Endbenutzer und Anwendungsentwickler Referenzen laden können wie zum Beispiel allgemeine Informationen über Sicherheitseigenschaften und -mechanismen, Expertenbewertungen für Sicherheitsmechanismen und Empfehlungen für anwendungsbezogene und anwendungsunabhängige Standardeinstellungen.

Im folgenden Kapitel 2 wird eine kurze Darstellung der im Projekt erarbeiteten Architektur gegeben, um dann in den nachfolgenden Kapiteln ausführlich auf die einzelnen Aspekte und getroffenen Designentscheidungen einzugehen.

2   Die SSONET-Sicherheitsarchitektur

2.1 Beschreibung der Struktur

Entsprechend der in Kapitel 1 beschriebenen Ziele besteht die Architektur aus folgenden wesentlichen Komponenten (vgl. Abbildung 1, ausführlicher in [PSWW2_99]):

Ein *Application Programming Interface (API)* ermöglicht die Einbindung von Sicherheitsmechanismen in auf der SSONET-Architektur aufsetzende Anwendungen.

Das *Security Management Interface (SMI)* bietet Endbenutzern die Möglichkeit zur Einstellung ihrer Schutzziele und präferierten Sicherheitsmechanismen für jede Teilaktion einer Anwendung. Mit diesen Teilaktionen wird jeweils eine

Verbindung zu Kommunikationspartnern aufgebaut (sog. Kommunikationsaktion).

In der *Konfigurationskomponente* werden die Nutzereinstellungen gespeichert.

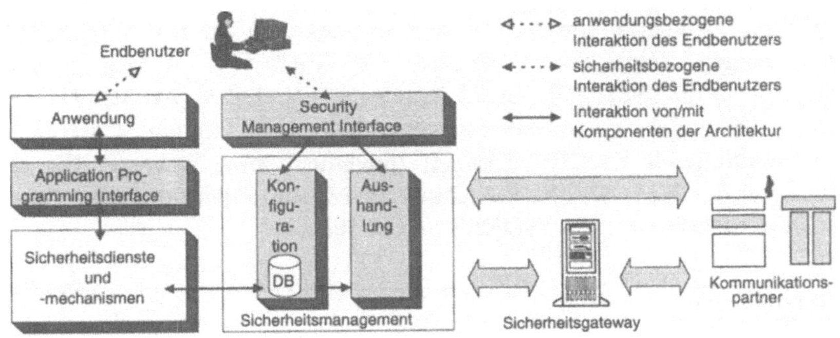

Abbildung 1: Aufbau der SSONET-Sicherheitsarchitektur

Die *Aushandlungskomponente* führt während des Verbindungsaufbaus zum Kommunikationspartner einen Abgleich der evtl. voneinander abweichenden Nutzerpräferenzen durch. Primärziel der Aushandlung ist die faire Ermittlung einer gemeinsamen Sicherheitsbasis für die Kommunikation der Teilnehmer. Sind die Schutzziele oder Mechanismenpräferenzen der Teilnehmer unvereinbar, so kann das Ergebnis der Aushandlung auch den bewußten Verzicht auf die Sicherung der Kommunikation oder gar auf die Kommunikation an sich bedeuten.

Einigen sich die Teilnehmer auf gemeinsame Schutzziele, besitzen aber keine gemeinsamen Sicherheitsmechanismen, so kann die Sicherheit der Kommunikation für manche Schutzziele über ein *Sicherheitsgateway* erreicht werden, das Umsetzungen zwischen den jeweils verwendeten Sicherheitsmechanismen vornimmt.

In SSONET sind *Schlüsselaustauschprotokolle* für symmetrische und asymmetrische Kryptoverfahren implementiert. Zugrundegelegt werden dabei Zertifikate nach X.509. Nach erfolgreicher Aushandlung der Kryptomechanismen für den Schutz der jeweiligen Anwendungsaktion werden die zugehörigen Schlüssel ausgetauscht und überprüft.

Das entwickelte System ist objektorientiert und plattformunabhängig durch Java™, was allerdings (noch) Einbußen in der Ausführungsgeschwindigkeit mit sich bringt. SSONET ist durch das API für beliebige Anwendungen einsetzbar und durch Kapselung der Mechanismen unabhängig von konkreten Mechanismen-Implementierungen. Es nutzt keine eigenimplementierten Sicherheits-mechanismen, sondern solche von existierenden Kryptobibliotheken wie der frei verfügbaren Cryptix 3.0.3 [Cryptix].

2.2 Beschreibung anhand von Merkmalen

In [WPSW_97] wurden einige Sicherheitsarchitekturen wie BirliX [HäKK_92], Kryptomanager [BaBl_96], Microsoft CryptoAPI [Wiew_96], SEMPER [Waid_96], DCE [Schi_97], CORBA [OMG_97], CISS [MPSC_93] sowie PLASMA [Kran_96] anhand der gegebenen Rahmenbedingungen, der angebotenen Funktionalität und Spezifika der Implementierung bewertet. Für einen direkten Vergleich zur SSONET-Architektur werden in den folgenden Tabellen 1 bis 3 die Ausprägungen in SSONET beschrieben.

Rahmenbedingungen	
Merkmale	**Ausprägung in SSONET**
Validierbarkeit: Wird eine Bewertung der Architektur hinsichtlich ihrer Sicherheitseigenschaften ermöglicht? Kann sich der Endbenutzer davon überzeugen, d.h. liegen Spezifikationen bzw. Quelltexte vor?	Validierung anhand von *Quelltexten* ist möglich, allerdings wird kein Konzept für die Verteilung der Quelltexte umgesetzt, z.B. Ladbarkeit von WWW-Server o.ä. Ggf. kann die Architektur neu übersetzt werden. Spezifikationen und Protokollabläufe liegen in Form von Projektberichten bzw. dem Lastenheft vor.
Sicherheitspolitik: Setzt die Architektur eine fest vorgegebene Sicherheitspolitik um oder ist sie politikneutral, d.h. erlaubt sie verschiedene Sicherheitspolitiken? Ist die Architektur offen für neue Schutzziele der Nutzer? (Dies hat z.B. Auswirkungen darauf, ob Instanzen gleichrangig bzw. gleich stark sein können oder nicht.)	SSONET verhält sich *politikneutral* und setzt somit das Konzept der mehrseitigen Sicherheit um, die allen Endbenutzern die Formulierung einer Politik entsprechend ihrer eigenen Schutzziele erlaubt. Die Eingabe von Politiken für Nutzergruppen (z.B. firmenintern) ist möglich. SSONET ist offen für Änderungen der Schutzinteressen der Nutzer. „Neue" Schutzziele können vom Endbenutzer allein nicht integriert werden (bedarf der Implementierung).
Überprüfbare Rechteentstehung: Wenn Nutzer Rechte nicht nur verliehen bekommen, sondern auch selbst erzeugen und weitergeben können, ist solch ein Transfer dann überprüfbar und zum Ursprung zurückführbar? Welche Instanzen müssen kooperieren, um eine Zurückführung zu ermöglichen (z.B. keine, alle)?	*Autorisierung* wird in SSONET (bisher) *nicht betrachtet*. Erste Ansätze zur Rechteentstehung sind die integrierten fremd- oder selbsterzeugten Zertifikate.
Voraussetzung vertrauenswürdiger Instanzen: Muß eine bestimmte Infrastruktur vorhanden sein? Werden Instanzen zur Schlüsselzertifizierung, -verteilung oder -generierung vorausgesetzt?	Vorausgesetzt werden (nicht implementiert sind): - *SSONET-Server* zum Nachladen von Konfigurationen, Mechanismen und Mechanismenbewertungen, - *Zertifikat-Server* zur Zertifizierung und Verteilung von Schlüsseln.

Rahmenbedingungen	
Merkmale	**Ausprägung in SSONET**
Zertifizierung: Ist die Sicherheit der Architektur bezüglich bestimmter Kriterien zertifiziert worden?	Nein.
Standardisierung: Ist das Konzept der Architektur ein (internationaler) Standard?	Nein.
Referenzimplementierung: Existiert eine beispielhafte Implementierung der Architektur?	Ja, als *Prototyp*.
Marktverfügbarkeit: Handelt es sich - sofern eine Implementierung existiert - um ein frei verfügbares (public domain) oder ein kommerzielles Produkt?	Für Forschungszwecke frei *verfügbar*.

Tabelle 1: SSONET-Rahmenbedingungen anhand der Kriterien aus [WPSW_97]

Funktionalität	
Merkmale	**Ausprägung in SSONET**
Unterstützung spezieller Hardware: Kann durch die Architektur der Einsatz spezieller Hardware unterstützt werden?	Momentan ist *keine* Hardwareunterstützung implementiert. Spezielle Hardware wie z.B. ein Hardwaremodul für Sicherheitsmechanismen kann unterstützt werden.
Anonymität von Instanzen: Unterstützt die Architektur Anonymitätskonzepte; verhält sie sich diesbezüglich möglicherweise neutral?	Die *Benutzerschnittstelle* ist zur Integration von Anonymitätskonzepten vorbereitet; in der prototypischen Implementierung sind sie nicht umgesetzt. Es ist möglich, Zertifikate auf Pseudonyme auszustellen.
Sicherheitsmechanismen: Bietet die Architektur Sicherheitsmechanismen für symmetrische und asymmetrische Verschlüsselung, symmetrische und asymmetrische Authentisierung, Schlüsselaustausch, etc.?	Die Architektur bietet: - symm. und asymm. Verschlüsselung, - symm. und asymm. Authentisierung, digitale Signatur, - Schlüsselaustausch und -zertifizierung, - keine Zugriffskontrolle (bzw. Autorisierung)
Anpaßbarkeit: Ist die angebotene Funktionalität für eine Feinabstimmung auf spezielle Bedürfnisse verschiedener Nutzer geeignet?	Eine Anpaßbarkeit ist zum Teil durch Konfigurationsmöglichkeiten gegeben, wie etwa durch eine *private Konfigurationsdatei* des Endbenutzers. Weiterhin können Endbenutzer je nach Wissensstand Einstellungen zu Schutzzielen über die auszuwählenden Mechanismen bis hin zu den Details von Mechanismen vornehmen.

Tabelle 2: SSONET-Funktionalität anhand der Kriterien aus [WPSW_97]

Implementierung	
Merkmale	**Ausprägung in SSONET**
Schnittstellenspezifikation: Sind die Export- bzw. Importschnittstellen der Architektur erweiterbar? Herrscht z.B. Offenheit gegenüber neuen Kryptoverfahren (Import)? Werden zur Diensterbringung ausreichende Exportschnittstellen angeboten?	Schnittstelle zu Kryptoverfahren und API zu Anwendungen sind *erweiterbar*. Offenheit gegenüber neuen Kryptoverfahren wird durch *Adapterklassen*, ausreichende Exportschnittstellen durch sichere *Streams* erreicht.
Erweiterbarkeit: Können Module mit neuer Funktionalität aufgenommen werden?	Für die Aufnahme neuer *Module oder Klassen* sind keine softwaretechnischen Änderungen an der Architektur nötig.
Anforderungen an Hardware: Welche technischen Voraussetzungen, die über gängige Standardkonfigurationen hinausgehen, müssen erfüllt sein (z.B. manipulationssichere Hardware, Chipkartenleser)?	Ein *lokal sicheres Endsystem* wird jeweils als gegeben vorausgesetzt.
Verwendung von Standards: Sind standardisierte Kryptoverfahren und Datenaustauschformate in der Implementierung enthalten?	Die Architektur nutzt X.509-Zertifikate und standardisierte Kryptoverfahren wie DES und DSA.
Verwendung zertifizierter Bausteine: Wird in der untersuchten Architektur zertifizierte Hard-/Software eingesetzt?	Nein, aber prinzipiell möglich.

Tabelle 3: SSONET-Implementierungsspezifika anhand der Kriterien aus [WPSW_97]

In [PiRi_94, S. 143f.] werden zur Einordnung von Architekturen die folgenden Kriterien genannt:

- **generisch** ↔ **spezifisch**: Generische Architekturen sind für alle informationstechnischen Systeme gleich gut anwendbar, bleiben dadurch aber abstrakt und oberflächlich. Spezifische Architekturen sind für ganz bestimmte Systeme maßgeschneidert.

- **top-down** ↔ **bottom-up**: Bei einem top-down-Ansatz werden die benötigten Sicherheitsfunktionen und -komponenten schrittweise aus den Sicherheitsanforderungen abgeleitet. Ein bottom-up-Ansatz beginnt mit der Untersuchung und Entwicklung von kryptographischen Algorithmen und Sicherheitsmechanismen, um ihren Einsatz in verschiedenen Systemen zu unterstützen.

- **konstruktiv** ↔ **analytisch**: Eine konstruktive Sicherheitsarchitektur beschreibt eine Methodik, um sichere Systeme zu entwerfen. Eine rein analytische Architektur kann beim Testen und bei der Evaluation der Sicherheit verschiedener Systeme unmittelbar behilflich sein.

- **voll integriert** ↔ **unabhängig**: Eine voll integrierte Sicherheitsarchitektur bildet einen nahezu untrennbaren Bestandteil der Systemarchitektur und wird gemeinsam mit dieser entwickelt. Eine unabhängige Sicherheitsarchitektur kann aus Bausteinen bestehen, die weitgehend beliebig integriert werden können.

Anhand dieser Kriterien kann SSONET folgendermaßen eingeordnet werden:

SSONET ist eine *generische* Sicherheitsarchitektur, allerdings spezifisch für die Sicherung von Kommunikationsverbindungen konzipiert. In SSONET wurde ein *top-down*-Ansatz verfolgt. Es wurde ausgehend von den Benutzerbedürfnissen eine Systematik für die gezielte Auswahl der Mechanismen erarbeitet. Kryptographische Algorithmen wurden hingegen nicht entwickelt. SSONET beschreibt eine Vorgehensweise, um potentiell gegensätzliche Schutzinteressen zu sammeln und zur Laufzeit mittels Verhandlung einen Ausgleich herbeizuführen. Die Architektur ist in diesem Sinne als *konstruktiv* zu bezeichnen. SSONET ist insofern *unabhängig* vom Kommunikationssystem, da es eher neben einem Transportdienst steht, als daß es ins Netz integriert ist. SSONET ist außerdem nicht in Betriebssysteme integriert, ja nicht einmal auf ein spezielles zugeschnitten, aber in seiner Funktion und Sicherheit natürlich von der Sicherheit des verwendeten Betriebssystems abhängig (vgl. Annahme 1 in Kapitel 1).

In den folgenden Kapiteln wird eine selbstkritische Zusammenfassung der wesentlichen Konzeptionsentscheidungen und ihrer Auswirkungen im Projekt SSONET gegeben. Dabei wird insbesondere auf die Anwendungsanbindung sowie die Konfigurierung und Aushandlung von Schutzinteressen eingegangen.

3 Anwendungsanbindung

Im Projekt SSONET wurden zwei verschiedene Varianten für die Integration der SSONET-Funktionalität in Anwendungen implementiert: einerseits die direkte Integration über das API und andererseits die anwendungsunabhängige Protokollsicherung.

3.1 Anwendungsanbindung mittels API

Für die Anwendungsanbindung mittels API stellt die SSONET-Architektur Schnittstellen zur Verfügung, die der Anwendungsentwickler folgendermaßen nutzt:

Die durch die Architektur bereitgestellten Nutzerschnittstellen zur Eingabe anwendungsbezogener Schutzinteressen müssen mittels der Klasse *smi.AppConf.ApplicationConfiguration* in die Anwendung eingebunden werden. Dabei ist zu beachten, daß dieser Aufruf für jede Kommunikationsaktion der Anwendung auszuführen ist.

Der Anwendungsentwickler muß außerdem auf der Client-Seite der Anwendung eine Instanz von *SSONETClientConnection*, auf Server-Seite eine Instanz von *SSONETServerConnection* erzeugen. Zur Ausführungszeit verbindet sich die Server-Anwendung mit der Architektur und wartet auf die Anfrage eines Clients. Während der Instantiierung der SSONETClientConnection und dem Verbindungsaufbau erfolgt die Aushandlung mit dem Server. Für jede Klasse von Kommunikationsaktionen wird eine gesonderte Verbindung mit impliziter Aushandlung der Schutzziele und Mechanismen aufgebaut. Das Ergebnis der Aushandlung sind Datenströme mit zwischengeschalteten, konfigurierten Mechanismen. Die Mechanismen bleiben vor dem Anwendungsentwickler verborgen, sind jedoch für eine Statusermittlung abfragbar.

3.2 Anwendungsunabhängige Protokollsicherung

Die anwendungsunabhängige Protokollsicherung ist eine Möglichkeit, bei der auf SSONET aufsetzende Anwendungen im Gegensatz zur Anwendungsanbindung mittels API nicht modifiziert werden müssen. Das bedeutet, daß die Kommunikationssicherung transparent zu bestehenden Systemen hinzugefügt wird. Dies wird realisiert, indem die Anwendung ein virtuelles Gerät anspricht, für das die Konfigurierung vorgenommen wird. Prinzip des Verfahrens ist, daß sowohl auf Server- als auch Client-Seite Adapter (vergleichbar mit Proxies) installiert werden, die die Sicherung der Kommunikation übernehmen (siehe Abbildung 2). Die eigentlichen, *unmodifizierten Server- bzw. Clientprogramme* verbinden sich statt direkt mit dem Gegenüber nur mit den Adapterprogrammen auf ihrem eigenen System. Dabei wird die Kommunikation mit der entfernten Gegenstelle wie auch im Beispiel oben mit SSONET-Streams abgewickelt, in die die lokal empfangenen Daten (z.B. Kommandostrings oder TCP-Pakete) eingebettet werden. Diese Teilkomponente ist an das jeweils zu unterstützende Protokoll anzupassen.

Für die anwendungsunabhängige Protokollsicherung müssen demnach *Adapter* implementiert werden, die an einem bestimmten Port warten und eingehende Daten über einen anderen Port ausgeben. Im Unterschied zur Anwendungsanbindung mittels API bleibt aber offen, wer dies implementiert. Einerseits kann es durch den Entwickler der Anwendung geschehen (der also zur Sicherung SSONET benutzen will), andererseits können auch SSONET-Entwickler für verschiedene Protokolle Adapter zur Verfügung stellen.

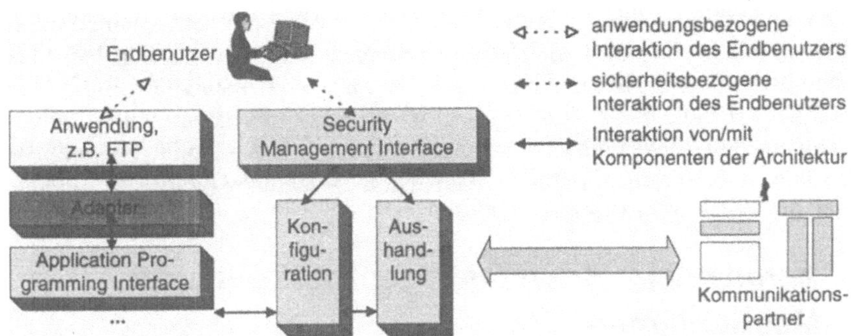

Abbildung 2: Der Adapter mit unveränderter Anwendungsschnittstelle

Folgender Unterschied ergibt sich für den Endbenutzer: Die Einstellungen für die Kommunikationssicherheit sind statt in der eigentlichen Anwendung in der Anwendungskonfiguration des Adapters vorzunehmen. Da der Adapter keine Unterscheidung zwischen den verschiedenen Zuständen des Systems macht, sondern nur die Protokollpakete umsetzt, existiert zwangsläufig nur *eine* Aktion, für die Schutzinteressen formuliert werden müssen und können, nämlich das Weiterleiten der Pakete an den entfernten Rechner.

Im Projekt wurde die anwendungsunabhängige Protokollsicherung am Beispiel von FTP realisiert. Die Architektur könnte auch weitere Protokolle wie SMTP, TELNET, etc. auf diese Weise unterstützen.

Zusammenfassung: Zur Anbindung von Anwendungen an SSONET (oder umgekehrt) bestehen zwei verschiedene Möglichkeiten. Für beide Varianten muß zusätzliche Implementierungsarbeit geleistet werden. Der wesentliche Unterschied besteht darin, daß die Anwendungsanbindung mittels API nur durch den Anwendungsentwickler ausgeführt werden kann. Außerdem sind die entwickelten Anwendungen "SSONET-aware", d.h., sie wurden für den Einsatz mit der SSONET-Architektur entwickelt oder zumindest erweitert und sind auch nur mit dieser verwendbar. Sie sind also von SSONET oder kompatiblen Architekturen abhängig.

Anwendungen	Verwendbarkeit	Aktionsbezug
SSONET-aware, z.B. Anbindung mittels API	nur angepaßte Anwendungen	aktionsbezogene Konfigurierung und Aushandlung
SSONET-unaware, z.B. anwendungsunabhängige Protokollsicherung	beliebige Anwendungen	kein Aktionsbezug bei Konfigurierung und Aushandlung, evtl. sogar Verlust des Anwendungsbezugs bei Verdeckung der Ports

Tabelle 4: SSONET-Awareness und ihre Auswirkungen

Bei der anwendungsunabhängigen Protokollsicherung müssen Adapter implementiert werden, die durch alternatives Anbieten bzw. Maskierung der Protokollschnittstelle den Anwendungen die Nutzung von SSONET ermöglichen bzw. sogar erzwingen. Es ist also keine Modifikation der Anwendung notwendig. Dies bedeutet nicht nur, daß die Anwendung "SSONET-unaware" ist, sondern sogar, daß sie von SSONET unabhängig verwendbar bleibt. In Tabelle 4 werden die Ergebnisse zusammengefaßt.

4 Schutzziele, Anwendungsprotokolle und Mechanismen

Bei der Nutzung der SSONET-Architektur haben Endbenutzer die Möglichkeit, ihre eigenen Schutzinteressen zu formulieren. Konzipiert und implementiert sind in SSONET die Konfigurierungsschnittstellen und Aushandlungsmechanismen für:

- Schutzziele (Vertraulichkeit, Anonymität, Integrität, Zurechenbarkeit),

- Sicherheitsmechanismen (jeweils einer oder mehrere zur Umsetzung eines Schutzzieles),

- Mechanismendetails entsprechend den Mechanismen (wie etwa Schlüssellängen, Rundenzahlen oder Betriebsmodi).

4.1 Flexible Nutzung von Sicherheitsmechanismen

Die SSONET-Architektur bietet Flexibilität in bezug auf die integrierten Sicherheitsmechanismen. Der hauptsächliche Vorteil dieser Flexibilität besteht in der schnellen Anpaßbarkeit der zur Verfügung stehenden Mechanismen an aktuelle Entwicklungen, sei es die Existenz eines neuen Sicherheitsmechanismus oder der Ausschluß existierender Mechanismen aufgrund von Informationen über Schwächen oder Sicherheitslücken.

Der Nachteil anderer Lösungen ohne flexible Anbindung von Sicherheitsmechanismen liegt in der Notwendigkeit, die Schnittstellen oder die die Mechanismen benutzende Anwendung modifizieren zu müssen, und für den Endbenutzer darin, daß eine neue Programmversion (oder ein Patch) installiert werden müßte.

Die in SSONET erreichte Flexibilität bringt insofern mehr Arbeit mit sich, daß der Endbenutzer sich über aktuelle Entwicklungen (eben Verbesserungen oder entdeckte Sicherheitslücken in Algorithmen) informieren muß – und zwar nicht nur bzgl. weniger fest vorgegebener Mechanismen, sondern bzgl. aller möglichen, zumindest aller von ihm ausgewählten. Dieses Problem könnte aber gelöst werden, indem sich die Architektur des Endbenutzers regelmäßig (z.B. einmal pro Woche) auf einem SSONET-Server einloggt und den Stand der aktuellen Entwicklungen lädt, und auch dementsprechend angepaßte Ratings, Regeln für Plausibilitätstests und neue Default-Werte für die Grundkonfiguration (siehe Kapitel 5). Das Laden der neuen Informationen kann mit den beim Endbenutzer verfügbaren Mechanismen gesichert werden.

4.2 Nutzung digitaler Signaturen

Digitale Signaturen leisten Sicherheit auf *mindestens zwei Ebenen*. Einerseits können sie die Zurechenbarkeit von Dateninhalten zu Personen und damit die Verantwortlichkeit der Personen für diese Dateninhalte sichern. Andererseits können digitale Signaturen Datenkontexte auf Verbindungsebene sichern. Da die SSONET-Sicherheitsarchitektur eine generisch benutzbare Schnittstelle zur Sicherung der Kommunikation auf Verbindungsebene anbietet, werden digitale Signaturen hier für das beweisbare Senden von aus Sicht von SSONET opaken Objekten verwendet. Diese signierten Objekte können auf Wunsch des Empfängers z.B. sequentiell in einer Datei abgespeichert werden. Der Anwender muß festlegen, wie lange digital signierte Daten aufbewahrt werden.

Eine weitere Konsequenz der Ansiedlung der Architektur auf Verbindungsebene ist, daß kein Konzept dafür geschaffen wurde, wie Anwendungen *signierte Dateninhalte anzeigen*. Empfänger von Nachrichten bekommen von der Architektur eine Fehlermeldung angezeigt, wenn der Signaturtest auf Verbindungsebene nicht erfolgreich war. Die Architektur kann nicht interpretieren, was signiert wurde, denn sie behandelt Daten unabhängig von der Anwendungssemantik. Nur die Anwendung selbst kann zu signierende Daten in ihrer Bedeutung darstellen. Ob die Darstellung authentisch ist, ob der Benutzer also genau das sieht, was er signiert, hängt von der Sicherheit der gesamten benutzten Hard- und Software ab. Indem signierte Nachrichten an der Oberfläche angezeigt werden, erhöht sich abhängig davon, ob der Nutzer noch Eingriffsmöglichkeiten hat, nicht die Sicherheit, in jedem Fall steigt aber das Bewußtsein beim Nutzer, mit Sicherheitsmechanismen umzugehen.

Um die Zurechenbarkeit von Dateninhalten zu ihren Sendern und die authentische Anzeige der zu signierenden bzw. signierten Dateninhalte zu gewährleisten, müßte SSONET eine Schnittstelle auf Anwendungsebene anbieten. Dies würde zu einer Erweiterung der Architektur auf mehrere Ebenen führen und hätte möglicherweise die Einschränkung der Wiederverwendbarkeit der Architektur zur Folge.

4.3 Protokolle zur Erreichung eines Schutzzieles

Bewußt ausgeblendet wurde in SSONET die *Konfigurierung und Aushandlung von Protokollen* bzw. der Zusammensetzung von *Protokollschritten* zur Erreichung eines Schutzzieles (wie zum Beispiel blinde Signaturen). Damit werden Sicherheitsprotokolle als fest vorgegeben betrachtet, und ihre Struktur ist nicht aushandelbar. Diese Vereinfachung reduziert die Komplexität der zu lösenden Problemstellung erheblich, weil dadurch einfachere Modularität des Systems und eine einfachere Konzeption von Konfigurierung und Aushandlung möglich wurden.

Die Konfigurierung zusammengesetzter Protokolle würde einen hohen Wissensstand vom Endbenutzer fordern, und zwar nicht nur über einzelnen Sicherheitsmechanismen, sondern auch über das Zusammenwirken kryptographischer Verfahren und Algorithmen sowie organisatorisch-rechtlicher Rahmenbedingungen. Außerdem würde es von Entwicklern einer Sicherheitsarchitektur die Bereitstellung einer entsprechenden Schnittstelle, die alle Facetten eines zusammengesetzten Protokolls beachtet, erfordern.

Wir schätzen es außerdem als sehr aufwendig ein, aus Teilmodulen zusammensetzbare Sicherheitsprotokolle konfigurierbar zu gestalten. Unsere These ist: Es gibt wenige auf diese Weise noch handhabbare Protokolle, und diese haben so viele spezifische Eigenschaften, daß sie vielleicht auch gleich als einzelne, „proprietäre" Systeme umgesetzt werden könnten. Das heißt, der Wunsch nach einer generischen Architektur erscheint an dieser Stelle illusorisch.

Umgekehrt gilt: Wenn es gelänge, eine Strukturierung vorhandener Teilprotokolle vorzunehmen und eine Nutzerschnittstelle mit entsprechend zutreffenden Auswahlen an Protokollschritten pro Schutzziel zu erstellen, ergäbe dies eine essentielle Erweiterung des SSONET-Horizontes und brächte einen großen Fortschritt für die Aufbereitung und das Erlernen von Wechselwirkungen im Sicherheitsbereich mit sich.

5 Konfigurierung von Schutzzielen und Mechanismen

Das Security Management Interface (SMI, vgl. Abbildung 1) bietet dem Nutzer Oberflächen zur Eingabe und Modifikation seiner Schutzinteressen an. Dazu dienen sowohl die Fenster der *Grundkonfiguration* als auch der *Anwendungskonfiguration* (Abbildung 3). Die zuvor (von der Architektur bzw. dem Anwendungsentwickler) festgelegten *Anwendungsforderungen* stellen das Mindestmaß an notwendiger Sicherheitsfunktionalität für eine Anwendung (bzw. deren Aktionen) dar. Sind das lokale System und die Anwendung konfiguriert und startet der Endbenutzer die Kommunikation, so wird eine möglichst automatisch ablaufende Aushandlungsphase angestoßen, im Laufe derer sich die Kommunikationspartner auf eine Kommunikationsgrundlage (*Verbindungskonfiguration*) einigen.

In den folgenden Abschnitten wird auf besondere Aspekte der in SSONET implementierten Konfigurierung eingegangen. Für ausführlichere Beschreibungen und Screenshots des Ist-Zustandes der Konfigurationskomponente siehe zum Beispiel [PSWW_98], [WWWZ1_98] oder [PSWW_99].

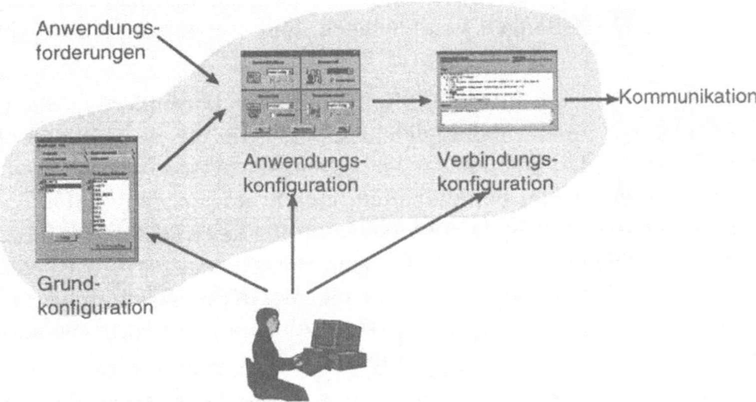

Abbildung 3:   Wechselwirkung zwischen Anwendungsforderungen, Grund- und Anwendungskonfiguration [nach WWWZ1_98]

5.1 Der Anwendungsentwickler

Wie oben kurz erwähnt, soll der Anwendungsentwickler in der Lage sein, Anwendungsforderungen an die Sicherheit für eine Anwendung bzw. ihre Aktionen zu formulieren. Das erleichtert dem Endbenutzer die Konfigurierung, da aus Sicht der Anwendung unsinnige Einstellungen bereits aus der Nutzerschnittstelle ausgeblendet werden können. Insgesamt stehen in SSONET für die vier Schutzziele Vertraulichkeit, Anonymität, Integrität und Zurechenbarkeit fünf Abstufungen (unbedingt, möglichst, egal, wenn nötig, keinesfalls) zur Auswahl. Der Anwendungsentwickler hat die Möglichkeit, die Gewichtungen für Schutzziele durch die Angabe einer oberen und unteren Grenze dieses Raumes oder durch die Angabe eines Default-Wertes einzuschränken. Der eingeschränkte Auswahlraum ist eine nicht zurücknehmbare Vorschrift (mandatory security, siehe auch Kapitel 8); der Default-Wert ist ein durch den Endbenutzer überschreibbarer Vorschlag.

In SSONET nicht implementiert wurden Anwendungsforderungen für Mechanismen oder mechanismenbezogene Aspekte wie z.B. Performance. Dies wäre aber zumindest für manche Anwendungen mit Echtzeitanforderungen wie zum Beispiel Videokonferenzen eine durchaus lohnenswerte Erweiterung (siehe auch Abschnitt: Grund- und Anwendungskonfiguration).

5.2 Die Endbenutzer: Laien und Sicherheitsexperten

Eine Frage, die uns bei Präsentationen der SSONET-Konfigurierungskonzepte immer wieder gestellt wurde und beschäftigt hat, war: Nutzen Laien die Konfigurierungsmöglichkeiten überhaupt? Sind sie tatsächlich dazu in der Lage, benutzerdefinierte Einstellungen vorzunehmen, und entwickeln sie ein Interesse dafür?

Das Konzept der nutzerseitigen Konfigurierung zur Formulierung der Schutzziele setzt natürlich voraus, daß Endbenutzer mehr für die Sicherheitsproblematik sensibilisiert werden und daß das Sicherheitsbewußtsein wächst. Beschäftigt sich ein Mensch mit neuer Funktionalität, muß er *dazulernen*[2]. SSONET bietet zwei grundsätzliche Formen der Unterstützung für Laien: einerseits Informationen über Sicherheitsmechanismen (wie zum Beispiel ein Performancetest, Mechanismenrating, Online-Hilfen), andererseits Standardkonfigurationen für Nutzer, die nicht selbst Entscheidungen treffen können oder wollen (Standards für Grundkonfiguration, Anwendungskonfiguration, Plausibilitätstest).

Eine Methode zur Unterstützung von Nutzergruppen mit unterschiedlichem Fachwissen ist die Einführung von sogenannten *User levels*. Beispielsweise wird bei der Nikon F50 Kamerabedienung ein Nutzermodus *simple* und *advanced* angewendet, wobei der simple-Modus Teile der Funktionalität der Kamera vor dem Nutzer verdeckt. Auch in [Oppe_94] werden zwei Nutzerstufen diskutiert und empfohlen. In SSONET ist das Problem der Unterstützung von Endbenutzern mit unterschiedlichem Fachwissen bewußt behandelt worden. Im Unterschied zu den zwei genannten Beispielen ist die Anzahl der Niveaustufen, die zwischen Laien und Expertenwissen unterscheiden, hier höher und hat fließende Übergänge. Für Laien wird z.B. von Mechanismendetails auf Mechanismen und danach auf Schutzziele abstrahiert, d.h. daß der Laiennutzer sich beispielsweise lediglich mit Schutzzielen beschäftigen kann, um sein System zu konfigurieren. Eine Designentscheidung in SSONET war, daß Konfigurierungsdetails, für die (tieferes) Expertenwissen notwendig ist, so für Laiennutzer zwar ausgeblendet werden, aber trotzdem zugänglich bleiben. Diese Funktionalität muß aber explizit als für Experten gedacht gekennzeichnet werden. Auf diese Weise kann ein

---

[2] Auch im Umgang mit anderen technischen Geräten muß man durch Erfahrung lernen.

Laiennutzer bei Kenntnisgewinn allmählich erweiterte Funktionalität benutzen und darüber selbst entscheiden.

Durch das Konzept der mehrseitigen Sicherheit wird eine Verringerung des Machtungleichgewichts möglich. Der Weg für Laien dorthin ist beschwerlich; um echten Einfluß nehmen zu können, müssen sie viel dazulernen. Sie müssen Schutzinteressen entwickeln und ein Mittel zur Durchsetzung ihrer Interessen in die Hand bekommen, das sie nach und nach kennenlernen und dessen Funktionalität sie verstehen und nutzen können. Dabei werden sie von Systemen wie der SSONET-Architektur unterstützt. Es ist klar, daß Nutzer nicht immer alle ihnen gebotenen Eingriffsmöglichkeiten nutzen werden. Aber mit SSONET wurde ein System geschaffen, das ihnen die Möglichkeit gibt, sich mit der Thematik „Sicherheit" zu beschäftigen und dabei Wissen zu erwerben und Selbstbestimmung zu erlangen[3].

5.3 Grund- und Anwendungskonfiguration

Zwei Vereinfachungen, die in SSONET vorgenommen wurden, beziehen sich auf die Konfigurierung von Schutzzielen und Mechanismen. So können Endbenutzer in der Grundkonfiguration ihre Präferenzen zu Sicherheitsmechanismen global festlegen. Diese *Grundkonfiguration erben alle Anwendungen gleichermaßen*, d.h. es ist nicht möglich, für einzelne Anwendungen die Liste der Sicherheitsmechanismen zu modifizieren, wohl aber, die Wahl der Schutzziele anwendungsspezifisch vorzunehmen. Im ersten Abschnitt dieses Kapitels wurde schon erwähnt, daß für manche Anwendungen eine Auswahl von Sicherheitsmechanismen mit anderen Eigenschaften sinnvoll sein kann. Dies könnte zum Beispiel realisiert werden, indem bei der Anwendungskonfiguration nicht nur Einstellungen zu den Schutzzielen, sondern auch anwendungs- und/ oder aktionsbezogen Sicherheitsmechanismen ausgewählt werden können. Die Implementierung dieses Konzeptes wäre nicht sehr aufwendig. Es müßten allerdings Vererbungsstrategien formuliert werden, aus denen auch die Endbenutzer auswählen können. Ein Vorschlag zur Lösung wäre: Wenn die Mechanismenpräferenzen in der Grundkonfiguration geändert werden, erfolgt für jede konfigurierte Anwendung eine Abfrage, ob sie die neuen Einstellungen erben soll. Dann muß anhand einer Liste aller betroffenen Aktionen vom Endbenutzer entschieden werden, ob sie die neuen Einstellungen erben sollen.

---

[3] Mehr Selbstbestimmung bedeutet nicht zwangsläufig höhere Sicherheit. Falls Nutzer überfordert sind und trotzdem von sinnvollen Standardeinstellungen abweichen, kann das eine Abschwächung ihrer Sicherheit bedeuten. Hinweise über Wirkungen von vorgenommenen Änderungen müssen interaktiv gegeben werden.

Die zweite Vereinfachung (zumindest aus gesamtkonzeptioneller Sicht) besteht darin, daß Endbenutzer ihre Schutzziele nur aktionsbezogen innerhalb der jeweiligen Anwendungen formulieren. D.h. es gibt keine Möglichkeit, eine globale Grundeinstellung der Schutzziele vorzunehmen, aus der die einzelnen Anwendungen erben können. Im Rahmen des Projektes bleibt offen, ob es sinnvoll wäre, eine für alle Anwendungen gültige Definition der Schutzziele zu integrieren (globale Schutzziele in der Grundkonfiguration). Um den Endbenutzer trotzdem von zuviel Konfigurierungsaufwand zu entlasten, stehen die Konzepte Anwendungsforderungen (siehe oben) und Schutz- bzw. Aktionsklassen [Wolf_98] zur Verfügung.

Die Begründung für diese Vereinfachungen war die Reduzierung der Komplexität für den Endbenutzer. Natürlich geht mit dieser reduzierten Komplexität ein Verlust der Flexibilität (und auch der gebotenen Funktionalität) einher. Das alternative Konzept wäre mit Java implementierbar (Mehrfachvererbung durch Interfaces). Der Konzeptions- und Implementierungsaufwand für die Grundfunktionalität wird auf einen Personen-Monat geschätzt.

6   Aushandlung

Mit Hilfe der in SSONET implementierten Aushandlung wird auf Grundlage der in der Konfigurierung ausgedrückten Schutzinteressen der Teilnehmer eine gemeinsame Basis von Schutzzielen und Sicherheitsmechanismen ermittelt.

Aus den jeweiligen Nutzereinstellungen werden nach zuvor definierten Regeln „ausrechenbare" Ergebnisse ermittelt. In den folgenden Abschnitten werden einige interessante Ergebnisse der Arbeit an Aushandlungskonzepten diskutiert; die grundsätzliche Vorgehensweise der Aushandlung in SSONET kann u.a. in [PSWW_98], [PSWW1_99] und [PSWW2_99] nachgelesen werden.

6.1   Schutz und Datensparsamkeit durch komplexe Aushandlungsprotokolle

Eine Methode des Datenschutzes ist Datensparsamkeit. Dazu gehört, daß eigene personenbezogene Daten nicht unnötigerweise preisgegeben werden. Für die Aushandlung müssen Kommunikationspartnern die eigenen Schutzinteressen übermittelt werden. In SSONET wurde diskutiert, inwiefern hierbei datensparsam vorgegangen werden kann. *Gegenüber Kommunikationspartnern* kann man im Aushandlungsprozeß versuchen, Informationen über die eigenen Interessen zurückzuhalten, um nicht alle Interessen zu Beginn aufzudecken. Allerdings kann bei Vertragsverhandlungen nicht „vermieden" werden, eigene Interessen aktiv zu vertreten und zu offenbaren. Deshalb wird durch das teilweise Aufdekken der Schutzinteressen über den ganzen Aushandlungsprozeß gesehen nur eine Verzögerung der Preisgabe der Informationen erreicht. Dies führt also nicht zu mehr Datensparsamkeit, sondern allenfalls zu komplizierteren Protokollen und verlängerten Aushandlungszeiten.

Die Aushandlung in SSONET wurde so konzipiert, daß ein gewöhnlicher Nutzer während des automatischen Teils der Aushandlung keine Informationen über die Einstellungen des Partners erhält, da der Abgleich der Einstellungen im System erfolgt[4]. Nur im Konfliktfall kann er ableiten, wo der Partner vollkommen gegensätzliche Wünsche hat. Die Ergebnisse der Aushandlungsschritte sind im Statusfenster der Architektur anzeigbar.

Schutz der Aushandlung *gegenüber Dritten* (z.B. durch ein in allen SSONET-Installationen vorhandenes Basisset an kryptographischen Mechanismen) ist sinnvoll, da sonst Dritte die Aushandlung unbemerkt mitlesen oder sogar verfälschen können. Deshalb werden die Ergebnisse der Aushandlung zum Abschluß u.a. digital signiert ausgetauscht. Eine ausführliche Beschreibung des Protokolls zum Schutz der Aushandlung findet sich in [PSWW2_99].

6.2 Nutzerbezogener Umgang mit der Aushandlung

Ein Ziel in SSONET war, die Verhandlungen möglichst automatisch ablaufen zu lassen, um den Teilnehmern wenig interaktive Entscheidungen abzuverlangen. Dies wurde durch Kombination der folgenden Mittel erreicht: Einerseits wurde der Auswahlraum und die Strategie des Abgleichs so gestaltet, daß keine unnötigen Konfliktfälle auftreten. Andererseits besteht eine *Wechselwirkung zwischen vorab geleisteter Konfigurierungsarbeit und automatischer Aushandlung*: Je mehr Parameter der Aushandlung bereits vorher konfiguriert wurden, desto weniger muß der Endbenutzer mit interaktiven Abfragen während der Aushandlung belästigt werden. Es ist also sinnvoll, den Teilnehmern im Vorfeld Konfigurierungsarbeit für eventuell eintretende Sonderfälle abzuverlangen. Manche Aspekte wie zum Beispiel partnerbezogene Entscheidungen sind nicht einfach vorab entscheidbar. In solchen Fällen läßt sich eine Interaktion zur Aushandlungszeit nicht vermeiden (es sei denn, man kann Wünsche bezüglich aller potentiellen Kommunikationspartner vorher abfragen). In SSONET werden partnerbezogene Entscheidungen auf Schutzzielebene ermöglicht, indem der Endbenutzer für eine Aktion konfigurieren kann, ob ein Schutzziel partnerspezifisch verhandelbar ist. Aufgrund dieser Voreinstellung wird er dann im Konfliktfall während der Aushandlung gefragt, ob er mit diesem Partner von seiner Einstellung abweichen möchte.

---

[4] Ein versierter Nutzer kann natürlich Wege finden, um sich die systeminternen Daten anzusehen.

Eine weitere interessante Fragestellung ist, ob die *Wiederverwendung* einmal ausgehandelter Verbindungskonfigurationen möglich ist und sogar Effizienzverbesserungen mit sich bringt. Hier ist also die Geltungsdauer von Aushandlungsergebnissen von Interesse. In SSONET werden Aushandlungsergebnisse (Verbindungskonfigurationen) nicht abgespeichert, sondern direkt nach der ihnen entsprechenden Sicherung der Kommunikation, d.h. beim Schließen des Streams, „vergessen". Es wäre denkbar, daß bei Verbindungsaufbau zuerst getestet wird, ob für diese Aktion mit diesem Kommunikationspartner bereits eine erfolgreiche Aushandlung durchgeführt wurde. Ist dies der Fall, bleibt zu klären, ob deren Ergebnis aus Sicht beider Teilnehmer noch gültig ist. D.h., daß Aushandlungsergebnisse maximal so lange gespeichert werden müßten, bis einer der Teilnehmer sie ändern will, und minimal so lange, wie es sich beide Menschen merken. Offen und Gegenstand weiterer Arbeiten ist, ob nachfolgende Aushandlungen auf der Basis von gespeicherten Verbindungskonfigurationen optimiert werden können. Organisiert werden könnte die Abspeicherung der Verbindungskonfigurationen am besten in einer Art Adreßbuch, wobei wieder zwei Varianten realisierbar wären: entweder ein primär anwendungsbezogenes und sekundär personenbezogenes Adreßregister oder genau umgekehrt. Entscheidend ist hier die anwendbare Konkretisierung, d.h. ob anwendungs- oder partnerbezogen mehr Ausnahmen gemacht werden.

6.3 Verallgemeinerung der Aushandlung auf mehr als zwei Teilnehmer

Die SSONET-Aushandlung bietet Lösungen für die Verhandlung der Schutzinteressen zweier Kommunikationspartner. Diese Einschränkung war zunächst auch realistisch, da viele Kommunikationsschritte in Anwendungen genau zwei Teilnehmer betreffen. Durch die so reduzierte Komplexität konnte konzentrierte Arbeit an den grundlegenden Aushandlungsmechanismen geleistet werden. Für ein weiterführendes Projekt, das auch Lösungen für komplexere Anwendungen z.B. mit Multicast-Mechanismen erarbeitet, muß es aber ein Ziel sein, Verhandlungsprotokolle wie die aus SSONET auf mehr als zwei Teilnehmer zu verallgemeinern und die Auswirkungen auf organisatorische Rahmenbedingungen zu analysieren. Weiterhin sind auch die Wechselwirkungen *einer tri- oder multilateralen Aushandlung* mit der Konfigurierung (Kapitel 5) und den Sicherheitsgateways (Kapitel 7) zu diskutieren.

7 Sicherheitsgateways

SSONET-Sicherheitsgateways sind Instanzen, die in der Lage sind, zwischen verschiedenen Verfahren und Mechanismen zur Kommunikationssicherung zu konvertieren. Diese Gateways lösen keine Unstimmigkeiten bezüglich der Schutzziele der Teilnehmer, sondern erweitern die Möglichkeiten zur technischen Umsetzung der Schutzziele. Das bedeutet, daß mit Hilfe eines Sicherheitsgateways eine gesicherte Kommunikation ermöglicht werden kann, obwohl beide Teilnehmer disjunkte Sicherheitsmechanismen zur Verfügung haben.

7.1 Intermediäre und lokale Sicherheitsgateways

SSONET-Sicherheitsgateways können (mindestens) in zwei Lokationsvarianten realisiert werden: einerseits als *intermediäres* Gateway, das zwischen den Teilnehmern positioniert ist und während der Kommunikation Umsetzungen zwischen den verschiedenen Mechanismen vornimmt; andererseits als *lokales* Gateway, das vom Sender oder Empfänger unilateral zu Hilfe genommen wird, um zu sendende oder empfangene Nachrichten sicher konvertieren zu lassen. Beide Gatewayvarianten können sowohl vom Absender als auch vom Empfänger angewendet bzw. in ihrem Vertrauensbereich plaziert werden. In Tabelle 5 wird eine Übersicht über Vor- und Nachteile gegeben.

Intermediäres Sicherheitsgateway	Lokales Sicherheitsgateway
Niedrigerer Nachrichtenübertragungsaufwand: Die Nachricht muß nicht extra zum Gateway und zurück transportiert werden. Dies kann insbesondere bei zeitkritischen Anwendungen (z.B. Videokonferenz) relevant sein.	*Selbstbestimmung:* Teilnehmer können Gateways einschalten, ohne mit dem anderen darüber zu verhandeln. Aus der Sicht des einen Teilnehmers wird das gewünschte Verfahren vom anderen direkt unterstützt.
Geringere Flexibilität: Intermediäre Gateways sind weniger flexibel einsetzbar: Bereits vor Beginn der Kommunikation muß klar sein, daß ein Gateway benutzt wird.	*Transparente Einbindung:* Es sind keine Änderungen in der Kommunikation zwischen Sender und Empfänger notwendig.
Modifikation der Verbindung: Mindestens die Kommunikationsadressen, meistens auch die Datenformate unterscheiden sich von denen einer Verbindung ohne Sicherheitsgateway.	*Höhere Sicherheit:* Der Empfänger erhält bei Einsatz eines lokalen Gateways die Originalnachricht, solange nicht ein man-in-the-middle-attack in Zusammenarbeit mit dem Gateway erfolgt. Ein intermediäres Gateway kann unerkannt modifizieren.
Bekannte Technik: Intermediäre Gateways lassen sich (bei reduzierter Selbständigkeit des Endsystems) wie ein Proxy realisieren, wobei man auf bekannte Verfahren zurückgreifen kann und diesen proxy-ähnlichen Dienst z.B. in ein Firewallsystem integrieren könnte.	*Vereinfachte Abrechnung:* Die möglicherweise notwendige Abrechnung vereinfacht sich, weil der Dienst des Gateways eindeutig einem Teilnehmer zurechenbar ist.
	Flexiblerer Einsatz: Das lokale Gateway ist flexibler einsetzbar. Die Teilnehmer müssen das Gateway nicht immer benutzen, sondern können es je nach Anwendungsfall einschalten (z.B. kann möglicherweise der Test bei digitalen Signaturen unter eher irrelevanten Nachrichten entfallen oder auf später verschoben werden).

Tabelle 5: Jeweilige Vor- bzw. Nachteile der Gateway-Lokationsvarianten

Folgender Unterschied zwischen den Lokationsvarianten wird deutlich: Intermediäre Sicherheitsgateways vermitteln bei Vorhandensein disjunkter Sicherheitsmechanismen bei den Teilnehmern. Das leistet auch das lokale Sicherheitsgateway; allerdings kann es darüber hinaus auch Unterstützung bieten, wenn ein Teilnehmer *keine* Mechanismen für ein Schutzziel besitzt. Dies trifft für alle Schutzziele zu.

Aus Architektursicht werden über die (sowohl intermediären als auch lokalen) SSONET-Sicherheitsgateways realisierte Schutzziele in der Konfigurierung als weiterer auswählbarer Mechanismus implementiert.

7.2 Umsetzbare Schutzziele

Bei der Diskussion der durch ein Gateway umsetzbaren Schutzziele (bzw. Sicherheitsmechanismen) wurden zunächst nur diejenigen betrachtet, bei deren Einsatz das Gateway kontrollierbar bleibt. Also sind SSONET-Sicherheitsgateways zunächst auf Integrität und Zurechenbarkeit beschränkt.

Wird der Vertrauensbereich der Endbenutzer auf das Sicherheitsgateway erweitert, können auch Mechanismen für Schutzziele wie Vertraulichkeit und Anonymität umgesetzt werden (vgl. Tabelle 6). Hiermit weichen wir die Annahme 1 aus Kapitel 1, daß ein sicheres Endsystem vorausgesetzt wird, das erste Mal etwas auf. Wir gehen nicht mehr zwingend davon aus, daß ein Benutzer der SSONET-Architektur Mechanismen zur Umsetzung seiner Schutzinteressen auf seinem *eigenen* System vorhanden haben muß, sondern daß ein sicheres Endsystem gemeinsam mit lokal und extern vorhandenen Sicherheitsmechanismen Sicherheit in verteilten Systemen ermöglicht. Eine Auswirkung dieser Abschwächung ist, daß der Vertrauensbereich des Endbenutzers erweitert werden muß (siehe Tabelle 6).

Schutzziel: Transformation	Wirkung auf den Vertrauensbereich
Integrität: Symmetrische Authentikation ➜ Symmetrische Authentikation	Der Vertrauensbereich muß auf das Gateway erweitert werden. Betrug ist feststellbar, wenn das Gateway nicht zu jedem Zeitpunkt alle Kommunikationswege zwischen den Partnern kontrollieren kann.
Integrität und Zurechenbarkeit: Dig. Signatur ➜ Dig. Signatur	Dem Gateway muß nicht vertraut werden, da jeder Mißbrauch Dritten beweisbar ist.
Vertraulichkeit: Konzelation ➜ Konzelation	Der Vertrauensbereich muß auf das Gateway erweitert werden, denn das Gateway erhält Kenntnis der geheimen Nachricht; unerlaubte Weiterverbreitung durch das Gateway ist möglich.

Tabelle 6: Eine Auswahl umsetzbarer Schutzziele und nötiger Vertrauensbereiche

Durch die in SSONET integrierten Sicherheitsgateways kommen Diskussionen über Schnittstellen zu rechtlichen und organisatorischen Rahmenbedingungen ins Spiel. Es wird somit auf Mechanismenebene mehr als nur der kryptographische Mechanismus betrachtet.

8 Grenzen der Selbstbestimmung bezüglich Sicherheit

8.1 Eigen- und fremdbestimmte Sicherheitspolitiken

Die SSONET-Architektur wurde unter dem Blickwinkel der mehrseitigen Sicherheit – also einer *eigenbestimmten Sicherheitspolitik (discretionary policy)* – entwickelt. Menschen sind in ihrem Handeln jedoch nicht immer völlig autonom, sondern in Organisationen eingebunden. Deshalb wird in diesem Abschnitt diskutiert, was SSONET in Anwendungsbereichen *fremdbestimmter Sicherheitspolitiken (mandatory policies)* leisten kann. Es gibt in SSONET bereits manche Aspekte für die hierarchische Festlegung fremdbestimmter Sicherheitspolitiken: Der Anwendungsentwickler kann beispielsweise die für den Endbenutzer auswählbaren Präferenzstufen für Schutzziele einschränken (siehe Kapitel 5). Eine rechtliche Regelung, die für eine Anwendung einen bestimmten Signaturmechanismus vorschreibt, wäre mit SSONET derzeit allerdings nicht durchsetzbar. Fremdbestimmte Sicherheitspolitiken sind mit SSONET also formulierbar, deren Einhaltung ist aber nicht erzwingbar. Dazu müßte der SSONET-Quellcode so modifiziert werden, daß eine Rolle (z.B. der Anwendungsentwickler oder Vorgesetzte) Vorgaben machen kann, die der Endbenutzer (z.B. ein Mitarbeiter) nicht mehr modifizieren kann. Das unterstellt natürlich gleichzeitig, daß der Mitarbeiter auch die SSONET-Quellen nicht modifizieren kann. Diese Forderung wäre realisierbar mit einem authentischen Boot-Prozeß, in dem digitale Signaturen Hard- und Software authentisieren. Unter der Annahme, daß das möglich wäre, wären fremdbestimmte Sicherheitspolitiken mit SSONET durchsetzbar. Mit den Konzepten für mehrseitige Sicherheit kann man also auch *mandatory security* ausdrücken, aber nicht unbedingt durchsetzen.

8.2 Kommunikation in und zwischen Organisationen

Die Kommunikation *zwischen autonomen Organisationen* oder Organisationseinheiten mit eigenen Sicherheitspolitiken (z.B. Profitcenter) ist hinsichtlich der Nutzung der SSONET-Architektur weitestgehend mit der durch Individuen vergleichbar. Das heißt also, daß in diesem Fall die SSONET-Konzepte für Konfigurierung und Aushandlung nahezu unverändert nutzbar sind.

Natürlich wird die von SSONET gebotene Funktionalität nur beschränkt genutzt, wenn ein oder mehrere Teilnehmer eine fremdbestimmte Politik vertreten (müssen). Das bedeutet dann, daß diejenigen nur die durch die Politik vorgegebenen Spielräume nutzen können; im Extremfall steht z.B. nur ein Mechanismus für Verschlüsselung zur Verfügung. Eine Aushandlung und sichere Kommunikation auf dieser Basis ist immer noch möglich. Je weniger Spielraum die fremdbestimmten Sicherheitspolitiken jedoch lassen, desto höher ist die Gefahr, daß zwischen den Teilnehmern keine gemeinsame Basis zur Kommunikationssicherung gefunden werden kann.

Ist die entwickelte Architektur auch für *firmeninterne Bereiche* sinnvoll anwendbar? Oben wurde schon gezeigt, wie die SSONET-Architektur in großen Organisationen mit dezentralem Management oder für Organisationen mit mehreren Profitcentern genutzt werden kann. Bieten sich auch Möglichkeiten zur Anwendung *innerhalb von Hierarchien* – also die Aushandlung zwischen Zielen von Vorgesetzten (und damit der Firmenpolitik) und den Zielen einzelner? Hier ist es wichtig, die verschiedenen Rollen zu identifizieren, in denen Entscheidungen getroffen und ausgeführt werden. Es müssen organisatorische Fragen geklärt werden wie: Muß ein Mitarbeiter mit seinem Vorgesetzten aushandeln? In welchen Anwendungsbereichen kann das Ergebnis der Aushandlung mehr bedeuten als die Durchsetzung der Vorschriften des Vorgesetzten? Muß man sich Aushandlungen mit anderen Mitarbeitern vom Vorgesetzten (vor- oder nachher) genehmigen lassen? Berücksichtigt die Aushandlung die Regeln des Betriebsverfassungsgesetzes?

Zusammenfassend läßt sich feststellen, daß das Konzept der Konfigurierung und Aushandlung zumindest über Firmengrenzen, je nach Organisation auch über Abteilungen oder kleinere Bereiche mit verschiedenen Sicherheitspolitiken anwendbar ist, aber nur eingeschränkt zwischen Einzelnutzern innerhalb einer Organisationseinheit. Sicherheitsgateways (siehe Kapitel 7) können, gekoppelt mit Firewalls, als Teil einer fremdbestimmten Sicherheitspolitik (mandatory policy) fungieren, wenn sie sich nicht beliebig den Wünschen der Endbenutzer anpassen und die Firewalls Kommunikation, die die Gateways umgeht, nicht zulassen.

9 Zusammenfassung und Ausblick

SSONET ist ein Projekt, in dem *eine* Möglichkeit zur Konzeption und Implementierung einer Architektur für mehrseitige Sicherheit umgesetzt wurde. Es wurden neue Konzepte entwickelt, wobei zur Reduzierung der Komplexität teilweise vereinfachte Varianten implementiert wurden. Insgesamt sehen wir SSONET als einen Schritt auf dem Weg zur Entwicklung mehrseitig sicherer

Anwendungen und zur Sensibilisierung der Endbenutzer für die Problematik von IT-Sicherheit, indem Spielräume und Grenzen aufgezeigt wurden.

Als wichtigstes Ergebnis des Projektes SSONET wurde gezeigt, daß mehrseitige Sicherheit mit verhältnismäßig geringem Mehraufwand für Anwendungsentwickler und Endbenutzer umsetzbar ist. Es wurde eine *einfache* Möglichkeit geschaffen, sichere Verbindungen aufzubauen, die plattformunabhängig und unabhängig von konkreten Mechanismen-Implementierungen ist.

Aufsetzend auf den erreichten Ergebnissen könnten u.a. zwei Dinge zur Vervollkommnung des Projektes beitragen. Wichtig wäre, einen Feldversuch mit Anwendungsentwicklern und Endbenutzern durchzuführen, um die in begrenztem Umfang u.a. mit Psychologen diskutierten Konzepte und Implementierungen in der Praxis zu testen. Ein zweiter wichtiger Schritt für Systeme wie SSONET ist die Integration in Anwendungen, die am Markt etabliert sind. Dadurch ist es möglich, Resonanz zu erhalten und Benutzer für Sicherheitsprobleme und vorhandene Lösungen zu sensibilisieren.

Sicherlich konnten im Rahmen des vorliegenden Papiers nur manche Teilprobleme beschrieben werden. Wir hoffen trotzdem, daß zukünftige Projekte mit ähnlichen Zielsetzungen von den beschriebenen Ergebnissen profitieren können.

10 Literatur

[BaBl_96] T. Baldin, G. Bleumer: CryptoManager++: an object oriented software library for cryptographic mechanisms. IFIP/Sec '96, Chapman & Hall, London 1996, 489-491

[Cryptix] http://www.cryptix.org/

[HäKK_92] H. Härtig, O. Kowalski, W. Kühnhauser: The BirliX Security Architecture. In: Journal of Computer Security, 2(1). 5-21, 1993

[Kran_96] A. Krannig: PLASMA - Platform for Secure Multimedia Applications. In: Proc. Communications and Multimedia Security II, Essen, 1996

[MPSC_93] S. Muftic, A. Patel, P. Sanders, R. Colon u.a.: Security Architecture for Open Distributed Systems. Wiley, Chichester 1993

[OMG_97] OMG: Security Service Specification. In: CORBAservices: Common Object Services Specification. Chapter 15, November 1997

[Oppe_94]   R. Oppermann: Individualisierung von Benutzungsschnittstellen. In: Edmund Eberleh, Horst Oberquelle, Reinhard Oppermann (Hrsg.): Einführung in die Software-Ergonomie. 2. Auflage, Walter de Gruyter, 1994

[PiRi_94]   J-M. Piveteau, H. P. Rieß: Eine generische Sicherheitsarchitektur für Telekommunikationsnetze. In: Proc. der Fachtagung Sicherheit in Informationssystemen, Schweiz, 1994

[PSWW_98]   A. Pfitzmann, A. Schill, A. Westfeld, G. Wicke, G. Wolf, J. Zöllner: A Java-based distributed platform for multilateral security. Proc. of TREC '98, LNCS 1402, Springer-Verlag, pp. 52-64

[PSWW1_99]   A. Pfitzmann, A. Schill, A. Westfeld, G. Wicke, G. Wolf, J. Zöllner: Flexible mehrseitige Sicherheit für verteilte Anwendungen. In: R. Steinmetz (Hrsg.): Kommunikation in Verteilten Systemen, 11. ITG/GI-Fachtagung, Darmstadt, 1999, Springer-Verlag, 130-143

[PSWW2_99]   A. Pfitzmann, A. Schill, A. Westfeld, G. Wicke, G. Wolf, J. Zöllner: Systemunterstützung für mehrseitige Sicherheit in offenen Datennetzen. Erscheint in: Informatik, Forschung und Entwicklung, 14/2 1999, Springer-Verlag, Berlin

[Schi_97]   A. Schill: DCE - Das OSF Distributed Computing Environment: Grundlagen und Anwendung, 2., erweiterte Auflage, Springer-Verlag, 1997

[SSONET]   http://www.mephisto.inf.tu-dresden.de/RESEARCH/ssonet/ssonet.html

[Waid_96]   M. Waidner: Development of a Secure Electronic Marketplace for Europe. In: E. Bertino, H. Kurth, G. Martella, E. Monolivo: "Computer Security - ESORICS 96", Springer-Verlag, Berlin 1996, 1-14

[Wiew_96]   E. Wiewall: Secure Your Applications with the Microsoft CryptoAPI. In: Microsoft Developer Network News, 3/4 1996, Microsoft Press

[Wolf_98]   G. Wolf: Generische, attributierte Aktionsklassen für mehrseitig sichere, verteilte Anwendungen. In: Proc.Workshop Sicherheit und Electronic Commerce, Oktober '98, Essen, Vieweg-Verlag

[WPSW_97]   G. Wolf,   A. Pfitzmann,   A. Schill,   A. Westfeld,   G. Wicke, J. Zöllner: Sicherheitsarchitekturen: Überblick und Optionen, In: Günter Müller, Andreas Pfitzmann: Mehrseitige Sicherheit in der Kommunikationstechnik – Verfahren, Komponenten, Integration. Addison Wesley Longman Verlag, 1997

[WWWZ1_98]   A. Westfeld, G. Wicke, G. Wolf, J. Zöllner: Generalisierung und Implementierung der Sicherheitsarchitektur. Zwischenbericht zum 30.04.1998. TU Dresden, April 1998.[

Die Health Professional Card:
Ein Basis-Token für sichere Anwendungen im Gesundheitswesen

P. Pharow, B. Blobel, V. Spiegel, K. Engel

Universitätsklinikum Magdeburg, Abteilung Medizinische Informatik
Peter.Pharow@Medizin.Uni-Magdeburg.de

Zusammenfassung

Unter den komplizierten Bedingungen im heutigen Gesundheits- und Sozialwesen ist der Trend zu dezentralen Informationssystemen untrennbar mit neuen Herausforderungen bezüglich angemessener Sicherheitsdienste und Sicherheitsmechanismen verbunden. Die hochsensitiven personenbezogenen medizinischen Daten sind dabei sicher zu erfassen, zu übermitteln und zu verwalten. In diesem Zusammenhang müssen alle Dimensionen der Sicherheit berücksichtigt werden, wie die Integrität, die Vertraulichkeit, die Verfügbarkeit und die Verbindlichkeit.

Als Lösungsansatz nicht nur in Deutschland wird derzeit die Chipkarte mit den dazugehörigen Diensten einer Trusted Third Party Infrastruktur favorisiert. Diesen Trend unterstützt aktuell auch die neue Gesetzgebung, wie z.B. das Informations- und Kommunikationsdienstegesetz (IuKDG) und das Gesetz zur digitalen Signatur (SigG). Für das Gesundheitswesen wird eine solche Chipkarte als elektronischer Arztausweis im Sinne eines Berufsausweises vorbereitet. In der vorliegenden Arbeit wird diese Health Professional Card in ihrer aktuellen Spezifikation als ein Token zur sicheren Authentifizierung eines Nutzers gegenüber medizinischen Anwendungen unter Einbeziehung der Sicherheitsservices beschrieben.

1 Einleitung

Durch die zunehmende Offenheit der Architektur heutiger Informationssysteme sind die an der Aufnahme, der Speicherung, der Verarbeitung und der Übermittlung der Informationen beteiligten kooperierenden Einrichtungen einer zunehmenden Anzahl von Risiken und daraus erwachsenden Bedrohungen ausgesetzt. Letzteres hat eine besondere Bedeutung für verteilte, interoperable Gesundheitsinformationssysteme (*Health Information Systems - HIS*), die auch als Informationssysteme im Sinne von *"Shared Care"* oder als Gesundheitsnetzwerke bezeichnet werden. Auf der Basis eines allgemeinen Sicherheitsmodells können Sicherheitsdienstleistungen definiert werden, die eine gesicherte Informationsverarbeitung und eine sichere Kommunikation dieser Informationen garantieren, wobei die meisten dieser Dienste von einer vertrauenswürdigen und sicheren Nutzeridentifikation und Authentifikation ausgehen.

Um die Schwachstellen existierender Lösungen zu überwinden, sind neue oder zusätzliche Tools und Token gefordert. In Europa wird hierfür zunehmend eine Kombination aus Wissen und Besitz verwendet - die Chipkarte als Sicherheitswerkzeug und die PIN, deren Kenntnis den Kartenbenutzer als Kartenbesitzer authentifiziert. Für viele Anwendungen im Gesundheitswesen ist die Chipkarte mit kryptografischem Ko-Prozessor das ideale Format für die Speicherung von persönlichen Informationen als auch von geheimen Schlüsseln. In dieser Funktion ist die Chipkarte in der Lage, symmetrische und asymmetrische kryptografische Algorithmen für die sichere Identifikation und Authentifikation ihres Besitzers zur Verfügung zu stellen. In der Zukunft werden anstelle der PIN biometrische Verfahren wie Fingerabdruck oder Irisanalyse benutzt. Weiterhin trägt die Karte die geheimen Schlüssel für andere Sicherheitsdienste wie die Integritätssicherung durch die digitale Signatur oder den Schutz der Vertraulichkeit eines Dokuments durch Verschlüsseln seines Inhalts. Die Karte kann sowohl im Online- wie auch im Offline-Modus verwendet werden. Die öffentlichen Schlüssel werden in Zertifikaten abgelegt, die wiederum in öffentlich zugänglichen Verzeichnisdiensten (*Directories*) gespeichert werden. Die Chipkarte muß in der Lage sein, sowohl diese Verzeichnisdienste zu befragen als auch selbst Zertifikate auszuwerten.

Um ein geeignetes Mittel für die Zugangs- und Zugriffsrechtesteuerung als weitere Kategorie von Sicherheitsdienstleistungen für Gesundheitsinformationssysteme zur Verfügung zu stellen, wurde bereits 1996 innerhalb des europäischen Projektes "TrustHealth-1" damit begonnen, eine Chipkarte speziell für das Gesundheitswesen zu entwickeln - die *Health Professional Card (HPC)* [THT97]. Dieser Ansatz wurde durch andere nationale und internationale Projekte, Initiativen und Arbeitsgruppen mit dem Ziel der Schaffung einer HPC weiterentwickelt, die für alle im Gesundheits- und Sozialwesen Beschäftigten zur Verfügung steht und auf Angaben sowohl zur Person als auch zu deren beruflicher Qualifikation basiert. Im Hinblick auf eine europäische Lösung ist die strikte Orientierung auf die Offenheit der Lösung, auf Interoperabilität und auf Standards sowohl für die Karte selbst als auch für deren Schnittstellen (Kartenleser, Betriebssystem) unerläßlich [HPC99].

Die vorliegende Arbeit widmet sich den Anforderungen, Zielen und Lösungen des Datenschutzes und der Datensicherheit in globalen Gesundheitsinformationssystemen, den Aspekten von Kommunikationssicherheit und Anwendungssicherheit sowie einer strengen Authentifizierung aller beteiligten Partner (Personen, Systeme, Maschinen und Geräte usw.) als der Grundlage für nahezu alle Sicherheitsdienste, die in diesem Zusammenhang genannt wurden. Auf der Basis besonderer Anforderungen, die aus dem Gesundheitswesen erwachsen, soll diese strenge Authentifizierung unter Nutzung der HPC und der zugehörigen Trusted Third Party (TTP) Infrastruktur anhand einer existierenden Lösung beschrieben werden.

2   Datenschutz, Datensicherheit und Policy

Wie bereits erwähnt, werden an heutige Gesundheitsinformationssysteme, die zunehmend in den Betreuungsprozeß integriert werden, hohe Sicherheitsanforderungen gestellt. Dabei stellen personenbezogene medizinische Daten höchst sensitive Informationen dar, was die strikte Sicherung der Privatsphäre der betreffenden Person erfordert. Im Sinne der Spezifizierung und der Umsetzung der genannten Anforderungen müssen medizinische, soziale, ethische, rechtliche, politische, organisatorische, und technische Aspekte berücksichtigt werden, wobei auch das Prinzip der Angemessenheit beachtet werden muß. [EUPD95; SEIS96; Blob96a].

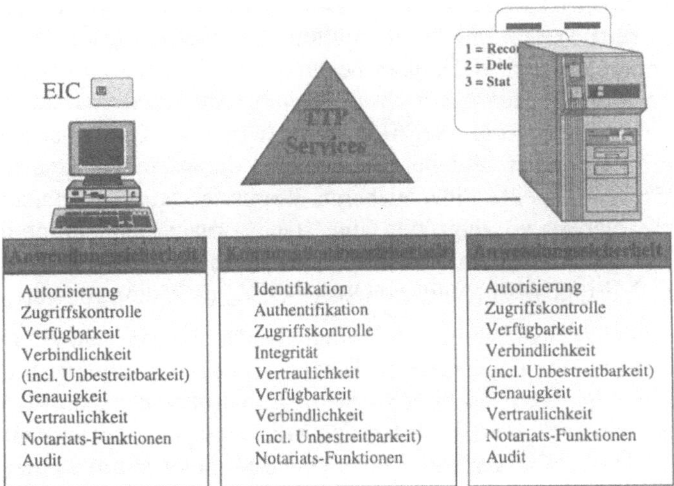

Abb.1 — Das allgemeine Sicherheitsmodell

Wenn von Sicherheit in Informationssystemen gesprochen wird, ist immer zwischen der Anwendungssicherheit und der Kommunikationssicherheit zu unterscheiden (siehe Abbildung 1). Hierbei steuert die Anwendungssicherheit die Legitimität und den Zweck von Erhebung, Speicherung und Übermittlung von

Informationen. Die Autorisierung und die Verbindlichkeit der Informationen basieren dabei auf einem Regelwerk mit rechtlichen und ethischen Aspekten, auf einer allgemeinen Sicherheitspolicy und auf einem sogenannten „Verhaltenskodex".

Obwohl sich diese Informationssysteme zu regional, national und sogar international verteilten Systemen ausweiten, muß jedoch ihre Komplexität im Sinne der Sicherheitsspezifikation und des Bedrohungsmodells reduziert werden, um das ganze Schema noch handhabbar zu halten [Blob97; Blob96b]. Das wird normalerweise über die Zusammenfassung von gleichen oder ähnlichen Komponenten und die Definition von Sicherheitsdomänen gelöst, wobei diese Domänen dann eine spezielle Sicht auf das System darstellen [Blob99].

3   Spezifische Anforderungen im Gesundheitswesen

Die technische Basis aus Computer, Netzwerk und anderen Komponenten der IT müssen gerade im Gesundheits- und Sozialwesen in besonders sicherer Art und Weise eingesetzt werden, um die administrativen und medizinischen Daten zu erheben, zu speichern und zu übermitteln. Die Forderung nach den multimedialen Technologien und nach einer neuen Art von Vertrauen sowohl des Patienten als auch des Mediziners in diese Technologien im Behandlungs- und Betreuungsprozeß ist eng mit Begriffen wie Sicherheit, Qualitätssicherung und Privatsphäre verbunden. Bei der Betrachtung der sozialen, organisatorischen und technischen Aspekte einer sicheren Kommunikation über unsichere und ungesicherte Netzwerke zeigt sich eine ständig wachsende Forderung an die Technik, das gesamte Spektrum der Sicherheitskategorien wie Integrität, Vertraulichkeit, Verfügbarkeit, Verbindlichkeit und Zugriffskontrolle abzudecken.

Bei einer sicheren Übertragung von Daten über die Grenzen von Domänen hinaus auf der Basis von ungesicherten Netzen wie z.B. dem Internet müssen verschiedene Belange berücksichtigt werden. Deshalb braucht man für jede dieser Forderungen einen Sicherheitsservice. Für die Identifikation und Authentifikation von Partnern wird entweder ein symmetrischer oder ein asymmetrischer Algorithmus verwendet. Zur Sicherung der Integrität von Dokumenten wird die digitale Signatur und ein Hash-Algorithmus benutzt. Um ein Dokument vertraulich zu halten, wird insbesondere bei der Archivierung und bei der Übermittlung die Verschlüsselung verwendet. Die Implementierung dieser kryptografischen Algorithmen und Services in existierenden medizinischen Anwendungen erhöht sowohl die Kommunikations- als auch die Anwendungssicherheit.

Anwendungen im Gesundheits- und Sozialwesen haben ihre besonderen Anforderungen an den Datenschutz und die Datensicherheit [DKRG94; EUMD96]. Auf der einen Seite ist jeder Bürger in gewissem Sinne ein Patient, denn er oder sie wird im Laufe des Lebens unweigerlich in Kontakt mit dem Gesundheitswesen kommen. Somit dürfte das Interesse an Datenschutz und Datensicherheit und an der Wahrung der Privatsphäre bei administrativen und medizinischen Daten ein globales sein. Insbesondere patientenbezogene medizinische Daten sind sehr sensitive Informationen. Das Wissen einer nichtautorisierten Person um spezifische Erkrankungen wie z.B. psychologische Behandlungen, HIV-Infektion oder chronische Krankheiten kann sehr wohl einen negativen Einfluß auf die Arbeits- und Lebensbedingungen des betreffenden Patienten haben. So spielen die Gesichtspunkte der Zugriffskontrolle, der Integrität der Daten sowie der vertraulichen Behandlung dieser Daten eine eminent wichtige Rolle.

Auf der anderen Seite möchte natürlich auch der Arzt bzw. der Mediziner die Integrität, die Vertraulichkeit, die Verfügbarkeit und die Verbindlichkeit aller administrativen und medizinischen Daten garantiert wissen. Zusätzliche Funktionen wie digitale Zeitstempel erhöhen die Sicherheit beim *Work Flow* sowohl in Krankenhäusern als auch bei niedergelassenen Ärzten. Außerdem haben verschiedene Berufsgruppen innerhalb des Gesundheitswesens verschiedene Interessen im Sinne des Versorgungsprozesses. Die einbezogenen medizinischen und nichtmedizinischen Einrichtungen wie Krankenhäuser und Kliniken, Krankenkassen, niedergelassene Ärzte und auch der Pflegebereich einschließlich Heimbereich (*Home Care*) müssen in verschiedenster Weise Daten miteinander austauschen. Unter dem Blickwinkel der Entwicklung sicherer Anwendungen für das Gesundheits- und Sozialwesen [THT97] kann die „elektronische" Welt in fünf Bereiche unterteilt werden (Abbildung 2):

1. Das Terminal eines Gesundheitsinformationssystems (HIS) mit dem Nutzer und den Prozessen, die auf dem Nutzersystem (ein in unserem Sinne nicht-vertrauenswürdiges System wie z.B. eine Workstation oder ein PC) laufen;

2. Die HIS Service Server für die Bereitstellung von Diensten einschließlich Sicherheitsdienste auf einem (in unserem Sinne nicht-vertrauenswürdigen) Nutzersystem (wie z.B. einer UNIX Workstation);

3. Ein unsicheres und ungesichertes Netzwerk (Internet oder LAN, MAN, WAN), welches die verschiedenen Nutzersysteme verbindet;

4. Vertrauenswürdige Komponenten „hinter" dem Netzwerk (Offline oder Online Zertifizierungsinstanz mit Verzeichnisdienst und Zeitstempeldienst);

5. Die „Außenwelt" mit den potentiellen Angreifern sowohl auf die Verbindungen zwischen den Systemen als auch direkt am Platz des Nutzers selbst.

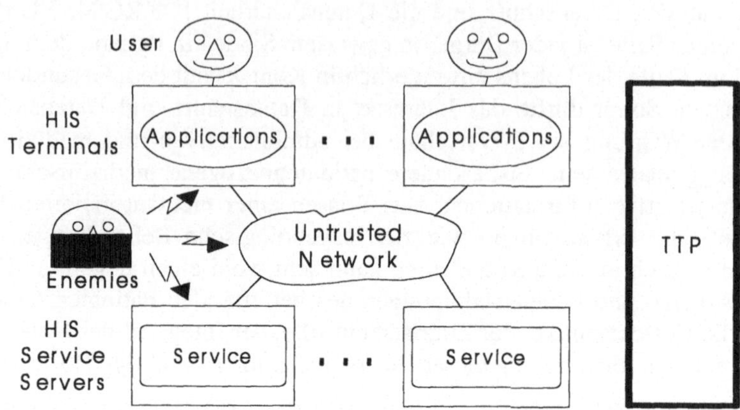

Abb.2 — Das allgemeine Modell eines Gesundheitsinformationssystems (HIS)

Die Basis für die Realisierung der meisten Sicherheitsservices stellen kryptografische Verfahren dar, auf die in den nächsten Abschnitten näher eingegangen wird. An dieser Stelle sei bereits darauf verwiesen, daß das Gesundheitswesen (aber sicher auch andere Branchen) besondere Anforderungen im Hinblick auf die Verwendung der geheimen Schlüssel an die Sicherheitsdienstleistungen stellt. Eine gleichzeitige Nutzung eines einzigen Schlüsselpaares für Zwecke der Authentifikation auf der einen Seite und für die Verschlüsselung auf der anderen Seite ist im Gesundheitswesen wohl nicht möglich. Hier muß strikt auf mindestens drei verschiedene Schlüsselpaare orientiert werden. Neben den bereits genannten Funktionen dient das dritte Schlüsselpaar der digitalen Signatur. Oft wird auch ein vierter Schlüssel erwähnt, der ausschließlich zum Zwecke der Entschlüsselung verschlüsselt abgelegter Daten in Archiven genutzt wird. Dafür kann dann sowohl ein asymmetrischer als auch ein symmetrischer Algorithmus verwendet werden, was wiederum Konsequenzen für die Bereitstellung erforderlicher lokaler Mechanismen zur Wiederherstellung verlorengegangener Schlüssel hat. Die Diskussion über Key Escrowing und Key Recovery enthält insbesondere eine politische Komponente, die das Anliegen und den Rahmen dieser Arbeit sprengen würde. Deshalb sei dazu auf die Literatur verwiesen [Abel97; Weck98].

4 Die Anwendung

In den nachfolgenden Abschnitten wird auf eine mögliche Lösung der Problematik für das Gesundheits- und Sozialwesen eingegangen, wobei mehrere unterschiedliche Aspekte wie die Authentifizierung von Nutzern, die Verwendung einer Chipkarte als Sicherheitswerkzeug und die erforderliche Infrastruktur betrachtet werden.

4.1 Die kryptografische Basis

Neben der Authentifikation, auf die später noch detailliert eingegangen wird, zieht man kryptografische Verfahren für die Erzeugung und die Verifizierung digitaler Signaturen (unter Einbeziehung eines Hash-Algorithmus wie RipeMD oder SHA-1) sowie für die Verschlüsselung und Entschlüsselung von Daten heran. Letzteres erfolgt entweder direkt (meist im Sinne der Speicherung vertraulicher Daten) oder über die Nutzung eines Sitzungsschlüssels (meist verwendet für die Übermittlung von vertraulichen Informationen).

Dabei sind neben elliptischen Kurven vor allem symmetrische und asymmetrische Verfahren bekannt. Symmetrische Algorithmen beruhen auf der Kenntnis des gleichen Schlüssels, den zwei Kommunikationspartner benutzen und der gegenüber allen anderen Partnern geheimgehalten werden muß, um das System wirksam betreiben zu können. Beispiele für diese Art von Verfahren sind z.B. IDEA, DES oder 3DES. Asymmetrische Verfahren hingegen beruhen auf dem Mechanismus eines Schlüsselpaares. Der geheime Schlüssel wird direkt beim Kommunikationspartner hinterlegt (z.B. auf der Chipkarte), wohingegen der öffentliche Schlüssel als Bestandteil eines Zertifikats in einem Verzeichnis abgelegt wird und von jedem Kommunikationspartner gelesen werden kann. Je nach Anwendung wird entweder der geheime Schlüssel für die Erzeugung eines Dienstes (z.B. Signatur) oder zur Verifizierung eines Dienstes (Entschlüsselung) verwendet. Einer der bekanntesten asymmetrischen Algorithmen ist RSA [Ford94].

Für die Umsetzung der Forderungen innerhalb der hier beschriebenen Lösung wird das Toolkit SECUDE eingesetzt. SECUDE (Security Development Environment) ist ein Sicherheits-Toolkit, welches bekannte und anerkannte Verfahren der symmetrischen und der asymmetrischen Kryptografie beinhaltet [SECU99]. Es bietet eine Bibliothek von Sicherheitsfunktionen und eine gut beschriebene C-API, die den Einbau der Datensicherheitsmechanismen in nahezu jede Anwendung erlaubt. Zusätzlich gibt es eine Anzahl von Utilities mit den folgenden Features:

- Asymmetrische kryptografische Funktionen wie RSA, DSA, DSS;

- Symmetrische kryptografische Funktionen wie DES, Triple DES, IDEA;

- Sicherheitsfunktionen für Authentifikation, Datenintegrität, Nichtabstreitbarkeit von Ursprung und Empfang sowie Vertraulichkeit der Daten, die auf den erwähnten kryptografischen Verfahren basieren.;

- Verschiedene Hash-Funktionen wie MD5, SHA-1, RipeMD, Sqmodn;

- Sicherheitsfunktionen auf der Basis der oben genannten Mechanismen der digitalen Signatur;

- Das Diffie-Hellman Key Agreement;

- X.509 Schlüsselzertifizierungsfunktionen, Handling von Zertifizierungspfaden, Cross-Zertifizierung, Sperrlisten für Zertifikate (*Certificate Revocation List - CRL*);

- Utilities und Bibliotheksfunktionen für den Betrieb von Zertifizierungsinstanzen (CA) und der Interaktion zwischen der CA und zertifizierten Nutzern;

- Optional: sicherer Zugriff auf öffentliche X.500 Verzeichnisdienste für die Speicherung und die Suche nach Zertifikaten, Cross-Zertifikaten und Sperrlisten für Zertifikate;

- Vertrauliche und integere Speicherung aller sicherheitsrelevanten Informationen über einen Nutzer (geheime Schlüssel, Prüfschlüssel der CA, Zertifikate etc.) in einer sicheren Umgebung (*Personal Security Environment - PSE*).

4.2 Chipkarte – Health Professional Card

Wie bereits erwähnt, wird für das Gesundheitswesen ein sicherer Token benötigt. Nach praktischen Erfahrungen mit Pilotversuchen in verschiedenen Ländern dürfte die Chipkarte als Prozessorkarte mit kryptografischen Funktionen eine praktikable Lösung sein. Sie ist in der Lage, die benötigten Informationen zur Person des Inhabers sowie die geheimen Schlüssel sicher zu speichern und kommt auch der Tendenz zu mehr Mobilität sowohl des Patienten als auch des Mediziners entgegen. Die Karte als Instrument für eine sichere Identifikation und Authentifikation des Besitzers, für die Erzeugung einer digitalen Signatur und deren Verifizierung sowie für die Verschlüsselung und die Entschlüsselung von Daten unter Verwendung symmetrischer und asymmetrischer Verfahren ist in der Lage, die Anforderungen einer großen Gruppe von potentiellen Nutzer entgegenzukommen.

In den Szenarien für die Architektur moderner Gesundheitsinformationssysteme liefern Berufsausweise, Datenkarten und Telematikdienste Synergien. Das wird besonders bei der Betrachtung von Multi-Applikationskarten (verschiedene Kartenanwendungen auf einer Karte, aber im Sinne des Zugriffs strikt trennbar) deutlich. Eine koordinierte Entwicklung und Realisierung dieser Technologien wird deutlich, wenn man sich die folgenden Gesichtspunkte vergegenwärtigt:

- Die Karte ist der physische Träger von Daten und ein Medium der Einbeziehung und Ergänzung existierender Infrastrukturen zum Datenaustausch: wenn das Netzwerk nicht verfügbar ist, baut der Patient oder der Arzt, der sich von einem Punkt zu einem anderen bewegt und dabei Daten oder Pointer auf Daten auf seiner Karte gespeichert hat, eine Art „virtuelle" Infrastruktur auf, die die physische Infrastruktur von heute ersetzen oder zumindest ergänzen kann;

- Die Karte ist der Schlüssel zur Infrastruktur moderner Telematikdienste und liefert die Identifikation und Authentifikation und weitere Sicherheitsdienstleistungen: sowohl die Patientendatenkarte (mit Pointern zu relevanten Datenbanken) als auch der Arztberufsausweis (mit dem Profil des Besitzers und *Links* zu Rollen für Zugangs- und Zugriffssystemen und deren Leistungen) sind essentielle Elemente für eine globale Netzwerkarchitektur.

Aus der Sicht des Patienten könnte eine solche Karte eine Datenbank im Sinne einer Patientendatenkarte (*Patient Data Card - PDC*) darstellen. Wenn Notfalldaten und andere medizinische Daten über Erkrankungen, Allergien, spezielle Medikationen und andere wichtige Ereignisse darauf abgelegt sind, kann die Karte durchaus zur Verbesserung des Versorgungsprozesses und zur Mobilität auch von chronisch erkrankten Personen beitragen. Vom Standpunkt eines Berufsausweises kann diese beschriebene Karte ein elektronischer Arztausweis (oder auch verallgemeinert Health Professional Card) sein.

Verschiedene nationale und internationale Projekte und Initiativen gehen in diese Richtung. Geheime Schlüssel werden auf der Karte gespeichert, und auch Zertifikate können abgelegt werden. Innerhalb verschiedener Projekte und Gremien für Standardisierung wurde versucht, eine Spezifikation bzw. einen Prototypen für derartige Patienten- und Arztkarten zu schaffen. Basis dafür war u.a. die Analyse des Marktes für Chipkarten sowie Kartenlesegeräte. Ein wichtiges Kriterium war z.B. der Speicherplatz auf einer solchen Karte. Die vorhandenen Lösungen boten verschiedene Ansätze auch in Sachen Kryptografie (symmetrisch oder asymmetrisch) an.

Was aber macht eine Chipkarte zu einem Berufsausweis? Welche zusätzlichen Informationen zu Beruf, Qualifikation und Schwerpunktgebiet sind von welchem Gremium zu definieren und authentisch zu bestätigen, um letztendlich aus einer „gewöhnlichen" Chipkarte nach dem Signaturgesetz eine Health Professional Card zu machen? Welche zusätzlichen Mittel und Mechanismen müssen auch in den medizinischen Anwendungen selbst installiert werden, um die berufsbezogenen Informationen (statische und dynamische Rollen) zu interpretieren und im Sinne eines Zugriffssystems zu nutzen?

Alle berufsbezogenen Informationen, die das eigentliche Berufsbild und die Entwicklung der betreffenden Person charakterisieren und gleichzeitig eine Zugangs- und Zugriffssteuerung durch die medizinische Anwendung ermöglichen, können in Attribut-Zertifikaten abgelegt werden. Diese Zertifikate enthalten keinen öffentlichen Schlüssel und sind nur in enger Wechselwirkung mit einem Identitäts- oder Signaturzertifikat gültig. Die Spezifikation für einen elektronischen Arztausweis sieht z.B. ein solches Attribut-Zertifikat für die Speicherung von Qualifikationen des Arztes vor, wobei kodierte Informationen über den Beruf, ein generelles Schwerpunktgebiet sowie weitere Ausbildungen und Disziplinen vorgesehen sind [HPC99]. Auf eine detaillierte Beschreibungen von Zugriffskontrollmechanismen unter Verwendung dieser Attribut-Zertifikate soll an dieser Stelle verzichtet werden.

In der Abteilung Medizinische Informatik in Magdeburg wurden als Vorläufer des sich noch in der Spezifikation (Version 0.9) befindenden „Elektronischen Arztausweises" eine HPC für Ärzte und medizinisches Personal sowie die zugehörige Infrastruktur einer Trusted Third Party (TTP) definiert und eingeführt [HPC99; Phar98]. Dabei flossen die Ergebnisse, Definitionen, Spezifikationen und Erfahrungen des europäischen Projektes "TrustHealth-1 (TH-1)" sowie des aktuellen Folgeprojektes "TrustHealth-2 (TH-2)" ein. Außerdem erfolgte ein intensiver Informationsaustausch mit den aktiven deutschen Gremien auf diesem Gebiet (Arbeitskreis "Health Professional Card" des Arbeitsgemeinschaft „Karten im Gesundheitswesen", TeleTrust Deutschland e.V.). Deshalb soll hier auf Spezifikationen sowie Typ und Gestaltung (Design) der HPC nicht näher eingegangen werden.

4.3 Interoperabilität und technische Basis

Für die allgemeine Akzeptanz einer solchen Lösung ist die strikte Orientierung auf Standards und Normen wichtig. Innerhalb von TrustHealth-1 wurde aus diesem Grunde versucht, vorhandene bzw. sich in der Entwicklung befindliche Standards von ISO und CEN zu berücksichtigen. Abbildung 3 zeigt die Services und die Schichten des TrustHealth-1 Informationssystems auf das Basis der Struktur des 7-Schichten ISO Basis-Referenzmodells für *Open Systems Interconnection* [ISO94]. Die meisten der verfügbaren Services und Schichten der Sicherheit liegen in der Anwendungsschicht des OSI-Modells. Die physikalische und die Verbindungsschicht werden durch die *Protocol Handler* Schicht bedient. Der Vergleich mit dem OSI-Referenzmodell liefert einen guten Anhaltspunkt, wenn man die Struktur der *Low Level Interfaces* und der Protokolle für Karte und Kartenterminal definiert.

Das ***Security Service Layer*** liefert diejenigen Services für die Anwendungen, die die darunterliegenden Sicherheitsmechanismen nur wenig „zur Kenntnis" nehmen brauchen. Typische Beispiele dafür sind "encrypt message data", "verify message signature" oder "open secure connection".

Das ***Cryptographic Service Layer*** liefert diejenigen Services für die Anwendungen, die die darunterliegenden Sicherheitsmechanismen gut kennen müssen. Typische Beispiele dafür sind "encrypt data with specified algorithm" oder "create message digest from supplied data".

Das ***Card Service Layer*** stellt Services für die Nutzung der Karte als kryptografischen Token bereit. Diese Schicht überbrückt die Unterschiede zwischen dem Kartenbetriebssystem und den darüberliegenden Anwendungen und liefert Dienste wie "Open Card", "Select File", "Read Data" und "Perform Security Operation". Die Verantwortlichkeit des Card Service Layer liegt in der Übersetzung der Services in die Sprache der Karte..

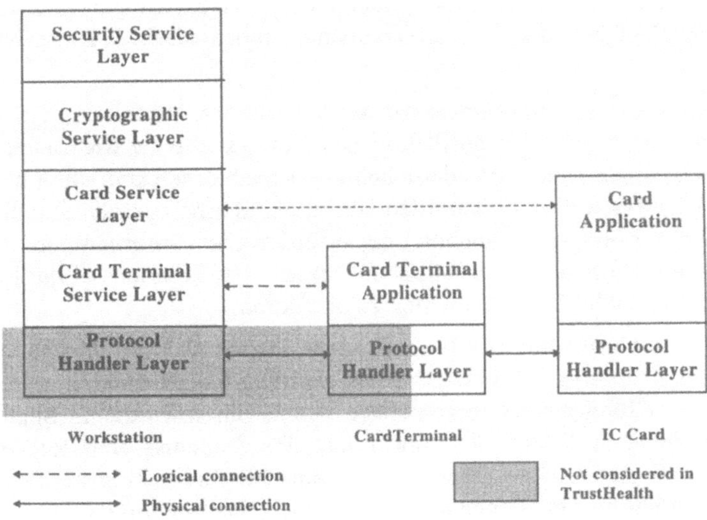

Abb.3 — Die Schichten der "TrustHealth-1" Architektur

Das ***Card Terminal Service Layer*** stellt Dienste für die Kommunikation von Karte und Kartenleser zur Verfügung. Diese Schicht überdeckt die Unterschiede zwischen der spezifischen Implementierung des Kartenterminals und der Anwendung durch Dienste wie "Get Card Terminal Status" und "Exchange Card Data".

Durch die zunehmende Bedeutung des PC/SC-Ansatzes für die Realisierung von Schnittstellen für Kartenterminals und insbesondere für die Entwicklung von Kartenlösungen im deutschen Gesundheitswesen wurde die oben beschrieben Struktur angepaßt und verändert. Das entsprechende Schema ist in [Blob99] beschrieben.

4.4 Die Trusted Third Party Infrastruktur

Bekanntlich ist für die im Rahmen der Anwendungen genutzten asymmetrischen oder *Public-Key* Verschlüsselungsverfahren eine Trusted Third Party (TTP) notwendig, die z.B. sowohl die Schlüsselpaare generiert als auch die öffentlichen Schlüssel zertifiziert und sie mit gültigen Zeitstempeln versieht. Gleichzeitig werden die geheimen Schlüssel nicht auslesbar auf die Karte gebracht.

Alle Informationen, die dem Benutzer der HPC zugeordnet sind, wie z.B. persönliche Identität, berufliche Qualifikationen bzw. Spezialisierungen, werden in Zertifikaten abgelegt und durch einen Treuhänder (eben diese TTP) gesichert und verwaltet.

Damit entsprechend der Funktionsweise asymmetrischer Verfahren wie z.B. RSA neben der sicheren Authentifikation des Nutzers alle zu übertragenden oder zu archivierenden Daten erforderlichenfalls verschlüsselt und alle erzeugten digitalen Signaturen überprüft werden können, sind eine zentrale und allgemein zugängliche Ablage (Verzeichnis) der erforderlichen Informationen über den Inhaber der Chipkarte einschließlich seiner zertifizierten öffentlichen Schlüssel sowie spezielle Suchhierarchien zu etablieren.

Für die gesicherte Umsetzung des beschriebenen Protokolls sind verschiedene externe Dienste erforderlich. Das beginnt bei zentralen oder dezentralen Services für die Generierung von asymmetrischen Schlüsseln sowie deren Speicherung auf dem sicheren Token HPC und reicht über Namens- und Registrierungsinstanzen bis zu Zertifizierungsinstanzen einschließlich der angeschlossenen Verzeichnisdienste. Leistungen wie die zeitnahe Erstellung und Verwaltung von Sperrlisten für Zertifikate (CRL) sowie Notariatsdienste wie Zeitstempelung gehören ebenfalls zum Spektrum einer TTP. Im Rahmen des Informations- und Kommunikationsdienstegesetzes (IuKDG) sowie vor allem des Gesetzes zur digitalen Signatur (SigG, [SigG97]) in Deutschland sind Aufbau und Aktionsweise einer TTP beschrieben.

Die Namensinstanz (*Naming Authority - NA*) vergibt an jeden Nutzer (Personen, Anwendungen, aber auch Systeme und Maschinen) einen Namen (*Distinguished Name - DN*), der ihn in der elektronischen Welt eindeutig identifiziert. Die Registrierungsinstanzen (*Registration Authority - RA*) bestätigen authentisch die Identität einer Person bzw. ihren Beruf, ihre Qualifizierung. Die Zertifizierungsinstanz (*Certification Authority - CA*) letztendlich erstellt Zertifikate, die den eindeutigen Namen des Nutzers und seine authentischen Informationen mit einem öffentlichen Schlüssel (*Public Key* Zertifikat) oder ohne einen solchen öffentlichen Schlüssel mit Angaben zu seinem Beruf (Attribut-Zertifikat) verbinden. Aus verschiedenen Gründen (Trennung der Dienste, Lebensdauer von Schlüsseln und Zertifikaten, rechtliche Verantwortlichkeiten) wird die Erstellung von Public Key Zertifikaten einerseits und Attribut-Zertifikaten andererseits verschiedenen Rechtsträgern übertragen [Phar98]. Aus bereits erwähnten Gründen wird für die wichtigsten Dienste der Authentifizierung, der digitalen Signatur sowie der Verschlüsselung jeweils ein separates Schlüsselpaar generiert und zertifiziert.

Oftmals wird als Alternative zur bereits beschriebenen Struktur einer TTP als einer verteilt agierenden und von allen die Dienste nutzenden Kommunikationspartnern unabhängigen (eben dritten) Instanz die Etablierung eines Trustcenters gesehen [Hors95]. Diese realisiert alle erforderlichen Dienste und ist nicht notwendigerweise unabhängig von den Nutzern, sondern könnte einer dieser Partner sein. In einigen Ländern wird das Trustcenter-Modell im Zusammenhang mit der Ausstellung von Firmen- oder Berufsausweisen gesehen. Dabei sind natürlich auch rechtliche Grundlagen zu prüfen, die für oder gegen ein Trustcenter sprechen können (z.B. dem Signaturgesetz entsprechend, eingeschränkte Weitergabe von Daten, Beschlagnahmeschutz). Die Begriffe TTP und Trustcenter werden im deutschen Sprachgebrauch oftmals fälschlicherweise gleichgesetzt.

Die aktuelle Entwicklung im deutschen Gesundheits- und Sozialwesen mit der Spezifizierung des elektronischen Arztausweises und der zugehörigen Infrastruktur (zentrale Zertifizierungsinstanz für das Gesundheitswesen, angegliederte Registrierungsinstanz, Ärztekammern bzw. Kassenärztliche Vereinigung (KV) als Aussteller von Attribut-Zertifikaten, usw.) orientiert allerdings auf eine vollkommen signaturgesetzkonforme Etablierung aller Zertifizierungsdienstleistungen [HPC99]. Für Forschungsprojekte können durchaus andere Zuordnungen der Dienste zu den realisierenden Organisationen gewählt werden.

4.5 Eine mögliche Lösung für die Authentifikation

Eine der Basisfunktionen für die Sicherung der Vertraulichkeit und der Integrität von patientenbezogenen Daten im Gesundheits- und Sozialwesen ist eine sichere Identifikation und Authentifikation der beteiligten Partner. Ohne diese Basis sind alle weitergehenden Dienste unsicher. Die administrativen Prozesse hierfür sind bereits im vorigen Kapitel beschrieben worden.

Wie erwähnt, wird die Chipkarte neben anderen Funktionen wie der Erzeugung bzw. der Prüfung einer digitalen Signatur oder der Verschlüsselung von Informationen insbesondere für die sichere Identifikation und Authentifikation einer im Gesundheitswesen beschäftigten Person gegenüber einem PC, einer Workstation bzw. einem medizinischen Gerät, einem System wie einem Gesundheitsinformationssystem (HIS) oder einem Netzwerk (Intranet, Internet) genutzt (Abbildung 4).

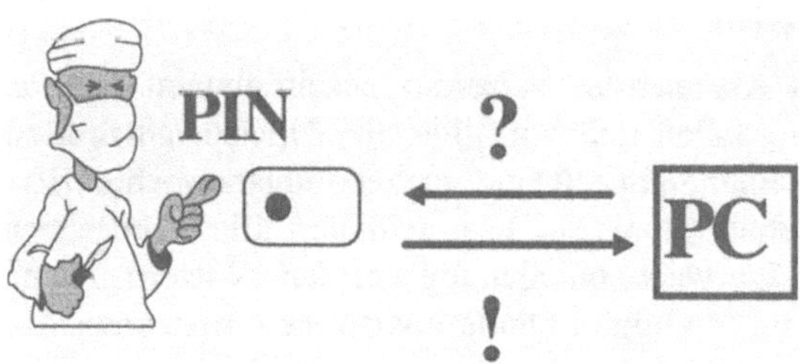

Abb.4 — Authentifikation mittels HPC und PIN

Die meisten aktuellen Lösungen beruhen auf der Benutzung einer PIN. Zunehmend aber werden auch biometrische Verfahren einbezogen, wie die Analyse des Fingerabdrucks, des Gesichts, der Stimme, der Iris etc. Damit erhöht sich die Sicherheit der Nutzung einer Karte weiter, wenn alle Prozesse der Authentifikation innerhalb der Karte und nicht in angeschlossenen Geräten erfolgen. Neuere Standards enthalten bereits Mechanismen, die die Nutzung biometrischer Signale erlauben. Die Frage ist, wie sich die Rechtsprechung dazu stellt, also Biometrie oder PIN, vielleicht auch Biometrie und PIN ?

Am Institut für Biometrie und Medizinische Informatik der Universitätsklinik Magdeburg wird die Authentifikation von Benutzern und Systemen sowie die sichere Ende-zu-Ende Übertragung von Daten zwischen Client und Server (Kommunikationssicherheit) unter Nutzung der HPC innerhalb einer *Public Key* Infrastruktur (PKI) realisiert. Im Rahmen europäischen Projekts TrustHealth-1 fand eine Erprobung statt, die nun im Verlauf von TrustHealth-2 in deutlich erweitertem Rahmen fortgeführt wird.

Bevor überhaupt eine Datenübertragung oder ein Zugriff auf Daten stattfinden bzw. eine Signatur geleistet kann, muß der Anwender nach Präsentieren seiner HPC eine Benutzerauthentifikation über die grafische Oberfläche (*User Interface*) leisten. Dazu wird momentan eine vier- bzw. achtstellige PIN verwendet, die in Zukunft durch biometrische Verfahren (z.B. den Fingerabdruck) ersetzt werden könnte.

Nach erfolgreicher Benutzerauthentifikation ist die Chipkarte geöffnet, d.h., es kann auf die dort abgelegten Objekte (Schlüssel und weitere Informationen) zugegriffen werden. Zuerst wird jedoch die Vollständigkeit und Gültigkeit der Objekte überprüft. Momentan befinden sich dort drei verschiedene geheime Schlüssel nach dem RSA-Verfahren und der *Public Key* der *Root-CA* zur Offline-Verifizierung von Benutzer-Zertifikaten. Die den geheimen Schlüsseln zugehörigen und zertifizierten öffentlichen Schlüssel sind aktuell über eine Datenbank verfügbar, die später in ein Directory überführt wird.

Es ist anzumerken, daß es durchaus sehr sinnvoll ist, die Zertifikate mit den darin enthaltenden *Public Keys* **nicht** auf der Chipkarte abzuspeichern - nicht nur wegen des Platzmangels: Da die Zertifikate öffentlich verfügbar sein müssen, etwa in *X.500-Directories*, würde eine Speicherung in der Chipkarte zum einen unnötig Platz verbrauchen und zum anderen eine recht unflexible und inkonsistente Festschreibung vor allem bei Attribut-Zertifikaten bedeuten (etwa bei Widerruf).

Jedes Schlüsselpaar hat einen eigenen Anwendungszweck, für den es exklusiv zu benutzen ist. Je ein Paar wird für die Systemauthentifikation zwischen Client und Server, für die digitale Signierung von Daten sowie für die Verschlüsselung benötigt. Während einer Sitzung muß die Chipkarte im Kartenterminal eingesteckt bleiben, nach dem Entfernen der Karte sind keine weiteren Operationen mehr möglich.

Für die Umsetzung sind verschiedene Softwarepakete und Hardwarekomponenten notwendig, die Abbildung 5 in einer Übersicht darstellt. Dabei basiert die gesamte Softwarearchitektur auf Produkten von Windows 95 / Windows NT und wird, wie auch die Hardware (Chipkarte, Kartenterminal), auf beiden Rechnern (PC, Workstation) eingesetzt. Das verwendete Kartenterminal ist das ICT 800 Standard Terminal von Giesecke & Devrient (G&D) München, welches für die STARCOS Kartensysteme entwickelt wurde. Die für die ersten Tests verwendete STARCOS PK 2.1 wird mit einem Prozessorchip Philips 83C855 ausgestattet. Dessen Charakteristik findet sich in Tabelle 1. Zwischen Kartenterminal und Chipkarte wird gemäß MKT Teil 2 mittels asynchroner Übertragung im Halbduplex-Modus nach Blockübertragungsprotokoll T=1 (ISO7816-3) gearbeitet.

Storage:	256 Byte RAM
	6 KByte ROM
	2 KByte EEPROM
EEPROM-characteristics:	100.000 write-/erase cycles
Addressing	8 Bit
Frequency:	1 to max. 6 MHz
Voltage:	5V
Contacts:	corr. to ISO/IEC 7816-2

Tabelle 1 — Charakteristik des Philips-Chips 83C855

Die Client-Anwendung besteht aus der selbstentwickelten Software, die die sichere Kommunikation mit dem Server realisiert. Dabei werden für die kryptographischen Funktionen verschiedene APIs des Sicherheits-Toolkits SECUDE (*Security Development Environment for Open Systems*) aufgerufen. SECUDE greift dann seinerseits über eine API auf das STARMOD-Paket zu, das schließlich über das Kartenterminal die Chipkarte ansteuert. Wenn die erforderlichen kryptographischen Diente erbracht worden sind, überträgt die Client-Anwendung die Daten zum Server. Dieser hat den gleichen Aufbau an Softwarepaketen, jedoch ist die Anwendung von der Funktionalität her eine Server-Anwendung. Der umgekehrte Weg vom Server zum Client läuft entsprechend ab. Die Zuordnung der Schichten (in der Abbildung rechts) erfolgt entsprechend der bereits erläuterten Spezifikation von TrustHealth-1 (siehe Abschnitt 4.3).

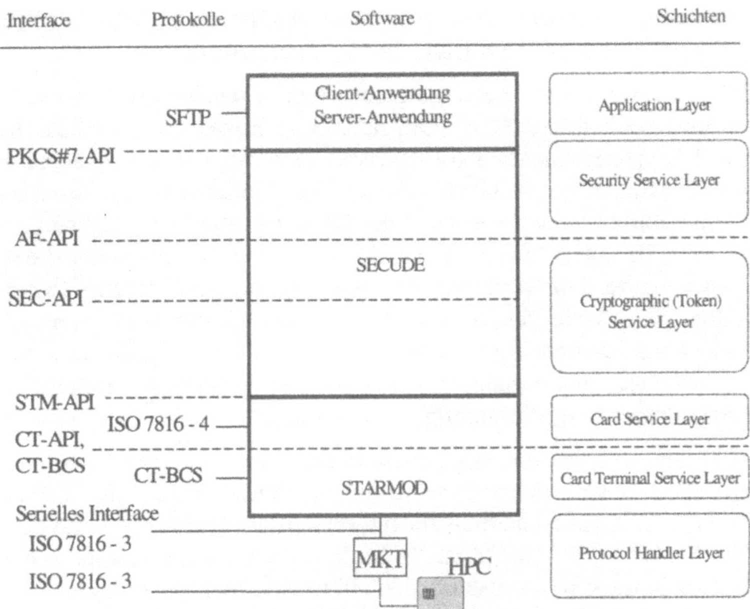

Abb. 5 — Interfaces, Protokolle und Tools im Schichtenmodell

5 Fazit

Die funktionellen und administrativen Vorteile von Chipkarten (sowohl für Ärzte als auch Patienten) im Gesundheits- und Sozialwesen sind bei verschiedenen Pilotprojekten in Deutschland, Europa und der Welt demonstriert worden (QuaSiNiere, TrustHealth-1, DIABCARD [DIAB99]). Applikationen wie das beschriebene onkologische Netzwerk als ein Prototyp einer verteilten medizinischen Anwendung wurden entwickelt, implementiert und mit der HPC getestet (TrustHealth-1). Andere Anwendungen für elektronische Patientenakten oder Gesundheitsnetze haben andere Aspekte der Interoperabilität in den Mittelpunkt gerückt. Unter Berücksichtigung der jeweiligen medizinischen Zielstellung haben diese Projekte an der Definition einer „transportablen" elektronischen Krankenakte gearbeitet, deren wichtigste Daten wie der in G7 definierte Notfalldatensatz (*Emergency Data Set - EDS*) auf einer Karte gespeichert werden können, wobei diese Karte Pointer zu weiteren medizinischen Datenbanken mit einer ausführlichen Krankenakte (Röntgenbilder etc.) enthalten kann. Andere Anwendungen betrachten chronisch Kranke und deren zyklische Arztbesuche und Medikationen (DIABCARD). Weitere Projekte befassen sich speziell mit Risikopatienten (z.B. Herzinfarktrisiko), mit der Betreuung schwangerer Frauen, mit Neugeborenen sowie mit Reisenden (*Frequent Flyer*).

Die dafür verwendeten Technologien einer Speicherkarte (Lese/Schreib-Speicher unterschiedlicher Kapazität) oder einer Prozessorkarte (Speicher, Prozessor und kryptografischer Ko-Prozessor) sind weitestgehend anerkannt. Im Sinne einer Multi-Funktionskarte können dabei auch mehrere Applikationen mittels einer Karte realisert werden. Dies hat den Vorteil des unabhängigen und sicheren Zugriffs auf unterschiedliche Speicherbereiche und Funktionen auf einer einzigen Karte. Für die Zukunft könnte das die Verwendung der gleichen persönlichen Chipkarte für verschiedene Anwendungsgebiete (Identifikation, Authentifikation, digitale Signaturen, Bankwesen, Gesundheits- und Sozialwesen etc.) bedeuten, wobei natürlich auch hier der Aspekt der Sicherheitspolicy für die Applikationen berücksichtigt werden muß.

Dabei sind die vorliegenden Ergebnisse dieser Arbeit, die die Resultate mehrerer durch die EU geförderter Projekte der letzten Jahre auf den Gebieten der Policy (ISHTAR), der Sicherheit im Internet (EUROMED-ETS) und von HPC und TTP (TrustHealth-1 und TrustHealth-2) mit den Initiativen für Datenschutz und Datensicherheit in Deutschland (GDD) miteinander verbinden, ein Baustein. Das Gesamtziel besteht in der Schaffung eines Rahmens für den sicheren Systemzugang und die gesicherte Kommunikation von administrativen und medizinischen Daten im Gesundheits- und Sozialwesen als eine Plattform für die Bewältigung der neuen Herausforderungen eines europäischen Gesundheitsnetzes der Zukunft. Die neuen Aspekte einer elektronischen Patienten-, Kranken- oder Gesundheitsakte und die Übertragung von Daten aus diesen Akten über die Grenzen hinaus (NETLINK) schaffen neue Modelle und Architekturen, aber auch neue Risiken und Bedrohungen für den Datenschutz und die Datensicherheit in Europa.

In diesem Zusammenhang wird TrustHealth-2 die HPC in einem Teil Sachsen-Anhalts als Token für den gesicherten Zugang zu sensitiven Anwendungen und die sichere Übertragung medizinischer Daten innerhalb eines onkologischen Netzwerkes einsetzen. Die Planungen sehen die Implementierung der Anwendungen sowie der zugehörigen Sicherheitsinfrastruktur noch in diesem Jahr vor. Die dabei genutzte HPC entspricht wesentlich der deutschen Spezifikation des elektronischen Arztausweises. Sobald letztere in ihrer Version 1.0 bestätigt ist und die Hersteller entsprechende Karten zur Verfügung stellen können (eventuell bereits Ende dieses Jahres?), wird die aktuell eingesetzte Karte durch die neue Version ersetzt.

Projekte wie TrustHealth-2 und NETLINK und deren Erfahrungen und Ergebnisse tragen dazu bei, daß das deutsche Gesundheits- und Sozialwesen die augenblickliche Entwicklung und die neuen Herausforderungen annimmt, die aus der zunehmenden Anwendung von EDV und Telematik in allen Sektoren der Gesellschaft erwachsen. Diese Projekte wie auch andere helfen, in engem Zusammenwirken mit nationalen und internationalen Partnern die Anwendungs- und die Kommunikationssicherheit realer medizinischer Anwendungen zu verbessern. Tools wie die Health Professional Card, der elektronische Arztausweis und die dafür benötigte Infrastruktur sind dafür von essentieller Bedeutung.

6 Danksagung

Die Autoren möchten hiermit der Europäischen Kommission und dem Ministerium für Bildung und Wissenschaft des Bundeslandes Sachsen-Anhalt für die Unterstützung bei den internationalen, nationalen und regionalen Aktivitäten auf dem Gebiet von Datenschutz und Datensicherheit danken. Unser weiterer Dank gilt allen Partnern in den Projekten, den internationalen und nationalen Standardisierungsgremien und den verschiedenen Arbeitsgruppen, allen voran der GMD Darmstadt, für die gute Zusammenarbeit.

7 Literatur

[Abel97]   Abelson, Hal et al.: The Risks of Key Recovery, Key Escrow, and Trusted Third-Party Encryption. In: `http://www.crypto.com/key_study`

[Blob96a]   Blobel, B.: Clinical Record Systems in Oncology. Experiences and Developments on Cancer Registries in Eastern Germany, in *Preproceedings of the International Workshop "Personal Information - Security, Engineering and Ethics"* pp 37-54, Cambridge, 21-22 June, 1996, also published in *Personal Medical Information - Security, Engineering, and Ethics* (edr. R. Anderson), pp 39-56. Spinger, Berlin, New York 1997.

[Blob96b]   Blobel, B., Bleumer, G., Müller, A., Flikkenschild, E., and Ottes, F. (1996) Current Security Issues Faced by Health Care Establishments. Deliverable of the HC1028 Telematics Project ISHTAR, October 1996.

[Blob97]   Blobel, B.: Threats and Solutions for Data Protection and Data Security in Health Care Information Systems. Toward An Electronic Patient Record (1997), Volume 5, Issue 8, pp 1-16.

[Blob99]   Blobel, B., Pharow, P., Engel, K., Spiegel, V. (1999) Interoperabilität - Bedrohungen, Risiken und Lösungen für Datensicherheit in Shared Care Informationssystemen, in G.Weck (Hrsg.), VIS 99. DuD Fachbeiträge. Vieweg, Braunschweig, Wiesbaden 1999.

[Ford94]   Ford, W.: Computer Communications Security - Principles, Standard Protocols and Techniques. PTR Prentice Hall, Englewood Cliffs, New Jersey 1994

[Hors95]   Horster, P. (Hrsg.): Trust Center. DuD Fachbeiträge, Vieweg, Braunschweig / Wiesbaden, 1995

[Phar98]   Pharow, P., Blobel, B., Wohlmacher, P. (1998) Chipkarten als Sicherheitswerkzeug in einer regionalen onkologischen elektronischen Krankenakte, in H.Hoerster (Hrsg.), Chipkarten, S. 45-58. DuD Fachbeiträge. Vieweg, Braunschweig, Wiesbaden 1998.

[Weck98]   Weck, G.: Key Recovery – Möglichkeiten und Risiken. In: Informatik-Spektrum, Springer-Verlag, Berlin/Heidelberg, Band 21, Heft 3, Juni 1998, S. 147 – 158

[DIAB99]   The DIABCARD Consortium: Project Description, Partners, Deliverables, Work Items. http://www-mi.gsf.de/diabcard/

[DKRG94]   Der Deutsche Bundestag: Gesetz über Krebsregister (Krebsregistergesetz, -KRG) vom 4.11.1994, BGBl I, 3351. Bonn, 1994.

[EUMD96]   European Communities: Draft Recommendation No. R (96) ... of the Committee of Ministers to Member States on the Protection of Medical Data (and Genetic Data). CJ-PD (96).

[EUPD95]   Council of Europe: EU Directive on the Protection of Individuals with Regard to the Processing of Personal Data and on the Free Movement of such Data. Strasbourg, 1995.

[HPC99]   Vorläufige Spezifikation für einen elektronischen Arztausweises (1999), Pre-Final Draft Version 0.9. http://www.hcp-ptotokoll.de

[ISO94]   ISO/IIC 7498-1 (1994) Information Technology - Open Systems Interconnection - Basic Reference Model: The Basic Model. 1994

[SECU99]   SECUDE: A General Purpose Security Toolkit. Spezifikation der SECUDE Software. http://www.darmstadt.gmd.de/secude

[SEIS96] The SEISMED Consortium (Edr.): Data Security for Health Care, Volume I - III. IOS Press, Amsterdam.

[SigG97] Signaturgesetz (1997) Das deutsche Signaturgesetz. Artikel 2 von: Das Informations- und Kommunikationsdienstegesetz. http://www.iukdg.de

[THT97] The TrustHealth Consortium (1997) Project Description, Partners, Deliverables, Work Items. http://www.ehto.be/projects/trusthealth

Interoperabilität
Bedrohungen, Risiken und Lösungen für Datensicherheit in "Shared Care"-Informationssystemen

B. Blobel, P. Pharow, K. Engel, V. Spiegel

Universitätsklinikum Magdeburg, Abt. Medizinische Informatik
`bernd.blobel@mrz.uni-magdeburg.de`

Zusammenfassung

Um das "Shared Care"-Paradigma zur Sicherung einer effizienten und qualitativ hochwertigen Gesundheitsversorgung zu unterstützen, müssen Gesundheitsinformationssysteme der Herausforderung von enger Kommunikation und Kooperation zwischen verteilten medizinischen Anwendungen entsprechen. Verteilte Gesundheitsinformationssysteme und medizinische Netzwerke – zunehmend auf der Basis des Internet - stellen hohe Anforderungen an die Gewährleistung von Datenschutz und Datensicherheit im Sinne der Sicherung der Integrität, der Vertraulichkeit, der Verbindlichkeit sowie der Verfügbarkeit der Informationen. Das trifft insbesondere für die Kommunikation und Kooperation auf der Grundlage personenbezogener medizinischer Daten zu. Das Domänenkonzept ausgebauter kommunizierender und kooperierender Systeme über Unternehmens-, Organisations-, regionale, Landes- oder sogar Staatsgrenzen hinweg wird detaillierter vorgestellt, Security Policy und Policy Bridging einschließend. Basierend auf einem allgemeinen Sicherheits-Schichtenmodell werden die Prinzipien der Integration interner und externer Sicherheitsservices betrachtet. Die Magdeburger Abteilung für Medizinische Informatik ist in verschiedene, von der Europäischen Kommission geförderte Projekte wie ISHTAR, TRUSTHEALTH und EUROMED eingebunden. Als Ergebnisse dieser Projekte wurden Sicherheitslösungen für interoperable Gesundheitsinformationssysteme und –netze entwickelt und in Pilotvorhaben implementiert, die in diesem sowie einem weiteren Beitrag dieser Tagung vorgestellt werden. Dazu gehören die sichere EDI-Kommunikation ebenso wie der Einsatz von Health Professional Cards und einer entsprechenden Sicherheitsinfrastruktur von Trusted Third Party Services.

1 Einleitung

"Shared Care" ist die Antwort aller Industrieländer auf die Herausforderungen zur Bewältigung der Krise der Gesundheitssysteme und der Forderung nach erhöhter Effizienz und Qualität der medizinischen Versorgung. Wenn unterschiedliche Institutionen den gleichen Patienten „verzahnt" versorgen, erfordert das eine ausgebaute Kommunikation und Kooperation zwischen den beteiligten Einrichtungen und Personen. Das bedeutet jedoch zugleich eine größere Bedrohung sowie ein zunehmendes Risiko für Datenschutz, Datensicherheit und die Wahrung der Privatsphäre des Patienten. Dieser Herausforderung muß mit geeigneten Sicherheitsservices und –mechanismen begegnet werden, die das fundamentale und sozial, ethisch und psychologisch determinierte Vertrauensverhältnis zwischen Arzt und Patient gewährleisten [Barb96, Blob97b].

2   Methoden

Basis für die Betrachtungen im Rahmen der angesprochenen Projekte ist ein generisches Schichtenmodell für sichere Gesundheitsinformationssysteme (Abschnitt 5). Analyse und Design der Anwendungssysteme sowie die Navigation durch die Architektur und die entsprechende „Welt" verfügbarer Protokolle wurde durch die UML-Methodologie unterstützt. Analog zur Komponentenorientierung auf dem Technischen Level der Architektur wurde für die Behandlung der organisatorischen und sozialen Inhalte die OMG-Domänenspezifikation adaptiert (Abschnitte 3, 6 und 7).

3   Domänen-Modell

Im zugrunde liegenden Versorgungsmodell dcs "Shared Care" benutzen unterschiedliche Personen aus verschiedenen Institutionen unterschiedliche Methoden zu verschiedenen Zeiten, bilden zeitweilige oder längerfristige Teams mit dem Ziel der optimalen Versorgung des Patienten zu dessen physischem, psychischem und sozialem Wohlbefinden. Um solche komplexen "Shared Care"-Informationssysteme handhabbar und arbeitsfähig zu gestalten, werden Systemkomponenten mit gleichen Eigenschaften in Domänen zusammengefaßt. Das kann für eine gleiche Policy (*Policy Domains*), für die gleiche Umgebung (*Environment Domains*) bzw. für die gleiche eingesetzte Technologie (*Technology Domains*) geschehen [Blob97b, OMG97].

Eine Policy beschreibt die rechtlichen Grundlagen einschließlich der Regeln und Regularien, die organisatorischen und administrativen Rahmenbedingungen, Funktionalitäten, Ziele, Nutzen, Rechte und Pflichten, Sanktionen sowie die Technologien der Informationssysteme und ihrer Sicherheitsarchitektur. Sie betrifft das Individuum, Gruppen, die Gesellschaft, beinhaltet Politik, Soziologie und Psychologie, betrachtet Software und Hardware, Geräte und Netzwerke und schließt auch Bewußtsein und Bildung ein. Betrachtet man die Flexibilität in der Behandlung der Eigenschaften und Policies, hat eine Domäne eine generische Natur, besteht aus Subdomänen und bildet Superdomänen.

Die kleinste Domäne ist der Arbeitsplatz oder manchmal sogar nur eine spezifische Komponente eines Computers (z.B. im Falle von Servern). Die Domäne erweitert sich durch Verknüpfung von Subdomänen zu Superdomänen, die durch jeweils spezifische Policies charakterisiert sind. Solche transaktionskonkreten Policies müssen zwischen den kommunizierenden und kooperierenden Principals ausgehandelt werden, was auch als Policy Bridging bezeichnet wird (Abschnitt 6).

4 Bedrohungen, Risiken und Lösungen für die Sicherheit

Dieser Abschnitt reflektiert einige Ergebnisse des europäischen ISHTAR[1] Projektes, das sich intensiv mit Bedrohungen und Risiken für die Sicherheit von Gesundheitsinformationssystemen und entsprechenden Gegenmaßnahmen auseinandersetzte [Blob97b]. Dabei standen ein adäquater Deontologie-Code, die Spezifikation einer High Level Policy für das Gesundheitswesen, Bedrohungs- und Risikoanalysen, Gegenmaßnahmen, Schulungsmaßnahmen und Materialien zur Erhöhung des Sicherheitsbewußtseins sowie die Erarbeitung von Richtlinien zur Entwicklung und Administration sicherer Informationssysteme im Gesundheits- und Sozialwesen der europäischen Länder im Mittelpunkt der Aktivitäten.

Bedrohungen sind ganz normale Ereignisse im Leben und auch im Kontext der Nutzung von Gesundheitsinformationssystemen. Bedrohungen entstehen entweder zufällig (Fehler) oder sind beabsichtigt (Angriffe). Die Angriffe könne aktive oder passive sein, je nachdem, ob die Beobachtung des Verhaltens der betroffenen Subjekte bzw. Objekte mit ihrer Veränderung bzw. Beeinflussung einhergeht oder nicht. Folglich sind passive Angriffe (normalerweise) nicht darauf gerichtet, übertragene, verarbeitete oder gespeicherte Informationen zu verändern. Die Exploration von Systemen und ihrer Kommunikation ist eine passive Attacke. Demgegenüber sind aktive Angriffe auf eine Manipulation übertragener, verarbeiteter oder gespeicherter Informationen gerichtet. Zu den aktiven Angriffen gehören z.B. Modifikationen wie das Hinzufügen bzw. Löschen von Informationen, aber auch das Zurücksenden von Nachrichten, oder das Vorenthalten von Diensten. Natürlich können aktive und passive Attacken beliebig kombiniert werden. So können passive Angriffe wie das Ausspionieren von Paßworten eine Vorstufe zu aktiven Angriffen sein.

Risiken sind im Kontext der IT-Sicherheit definiert als ein Zusammenwirken

- der Wahrscheinlichkeit, daß eine Bedrohung tatsächlich eintritt,
- der Verletzbarkeit durch eine Bedrohung, wenn diese eintritt, und

---

[1] Implementing Secure Health Telematics Applications in Europe [ISHT]

- den daraus folgenden Konsequenzen [EC91].

Die Risiken, denen reale Systeme ausgesetzt sind, sind im wesentlichen durch den sozialen und ökonomischen Kontext, in dem sie betrieben werden, sowie durch die gewährleistete Sicherheit determiniert. Der Einfluß der sozialen und ökonomischen Faktoren kann durch einen adäquaten Verhaltenskodex sowie entsprechende Sicherheits-Policies begrenzt werden [SEIS96], während die Sicherheit eines Systems durch geeignete technische Maßnahmen erhöht wird. Ein System wird als vertrauenswürdig bezeichnet, wenn sein Risiko für seine Nutzer in gewissem Sinn akzeptabel ist. Natürlich unterliegen Risiko und Vertrauenswürdigkeit einer subjektiven Bewertung, die ständig kultiviert werden muß. Folglich kann ein *Trust Model*[2] auch durch ein *Threat Model*[3] ausgedrückt werden, d.h. durch die Beschreibung der Annahme, welcher Teil des Systems welchen Bedrohungen ausgesetzt sein könnte.

5   Sicherheitsmodell

Kommunikation und Kooperation im Gesundheitswesen, jedoch nicht nur auf diesem Anwendungsgebiet, müssen in vertrauenswürdiger Weise erfolgen. Deshalb ist die wechselseitige und zertifizierte strenge Authentifizierung der beteiligten Principals (dieser Begriff schließt den menschlichen Nutzer ebenso ein wie Maschinen, Systeme, Anwendungen und Geräte) eine grundsätzliche Forderung. Dieser Authentifizierungsservice ist zugleich für viele weitere Sicherheitsservices (Autorisierung, Zugriffskontrolle, Audit, etc.) nötig. Die kommunizierte Information muß integer sein und entsprechend der abgestimmten Policy (z.B. vertraulich, klassifiziert, gruppiert) realisiert werden. Daten und Prozesse (Funktionalitäten) müssen verbindlich sein. Dieses komplexe Konzept der Sicherheitsanforderungen wird auch als Kommunikationssicherheit bezeichnet. Um die benötigten Dienste bereitzustellen, werden kryptographische Mechanismen eingesetzt. Da der Anwender die Kommunikation aus und mit verschiedenen Domänen (z.B. Arbeitsplätze, Abteilung, Organisation, Verbund) durchführen kann, müssen die kommunikationsbezogenen Services und Mechanismen global oder wenigstens für die abgestimmte Nutzerdomäne (Einzugsgebiet) organisiert werden. Entsprechend den "Fair Information Principles" sowie den rechtlichen und ethischen Grundlagen des Gesundheitswesens [Blob96a, Klug95] müssen das "Need to know"-Prinzip sowie das Arzt-Patient-Vertrauensverhältnis garantiert sein. Die Autorisierung des Nutzers für bestimmte Informationen und Prozesse, der Zugriff auf definierte Informationen (Daten) und

---

[2] Modell zur Beschreibung vertrauenswürdiger Beziehungen
[3] Bedrohungsmodell

Funktionalitäten der Anwendungen sowie die Gewährleistung ihrer Qualität und Verbindlichkeit sind hingegen in direkter Verantwortung des Besitzers, Erzeugers (*Originator*) oder Administrators der Information, d.h. lokal zu organisieren. Autorisierung, Zugriffskontrolle, Objekt- (Dokument-) Klassifikation, Spezifikation von Rollen und Regeln für die Entscheidungsunterstützung bei der Zugriffsregelung beschreiben neben weiteren anwendungsbezogenen Sicherheitsservices das Konzept der Anwendungssicherheit. Zur Unterstützung der Analyse, der Spezifikation und Implementierung von Sicherheitsdiensten und – mechanismen sowie zur Ermöglichung der Navigation durch die Konzepte und Lösungen wurde ein allgemeines Sicherheits-Schichtenmodell entwickelt. Auf der Grundlage der objekt-orientierten, gegenwärtig sehr populären und zum Industriestandard führenden "Unified Modelling Language" (UML) – Methodologie wurden Modelle entwickelt, die die jeweiligen Relationen im Konzept-Service-Mechanismus-Algorithmus-Daten-Schema (Bild 1) im Kontext der Sichten unterschiedlicher Nutzergruppen einfach und transparent definieren [Blob99]. Die Konzepte Safety und Quality werden im Zusammenhang dieses Beitrages nicht betrachtet.

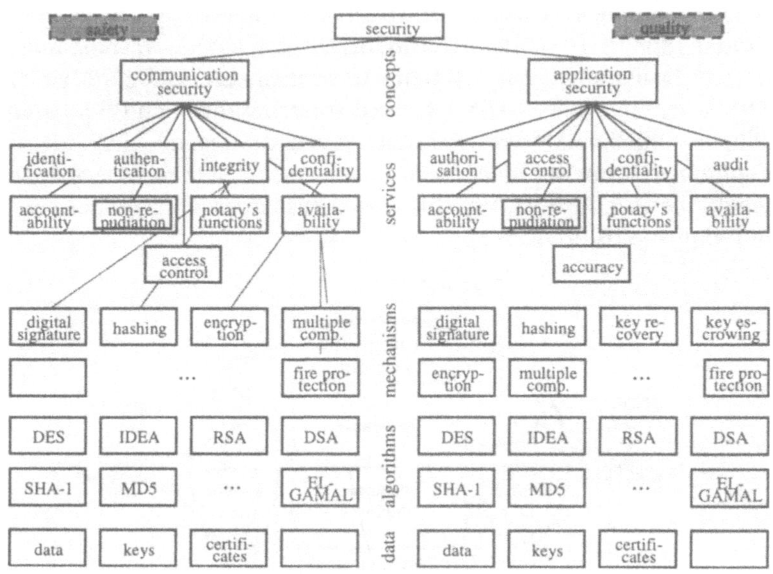

Abb. 1 — Allgemeines Sicherheits-Schichtenmodell

6   Netzwerksicherheit

Zunehmend basiert die verteilte Architektur von *Shared Care* Informationssystemen auf Netzwerken. Während der letzten Jahre ist die Anzahl wirklich offener Informationssysteme auf der Grundlage von Internet oder Intranet (*Corporate Networks, Virtual Private Networks,* siehe auch Abschnitte 6 und 11) stark angestiegen. Das liegt zum einen in ihrer Nutzerfreundlichkeit, zum anderen aber auch in der ausschließlichen Verwendung standardisierter Nutzerschnittstellen, Tools und Protokolle sowie in ihrer Plattformunabhängigkeit begründet.

Um derartige Systeme und ihr Sicherheitsverhalten handhabbar zu gestalten, werden - wie bereits ausgeführt - organisatorische, logische und technische Komponenten zu Domänen wie z.B. Policy-Domänen zusammengefaßt. Wenn eine solche Domäne mit ihrer eigenen abgestimmten Sicherheitspolicy gebildet wird (siehe Bild 2), dann braucht diese Domäne nur für eine spezielle Abschottung gegenüber anderen Domänen mit deren Policy oder auch gegenüber policyfreien Domänen wie dem Internet zu sorgen. Dies kann z.B. durch die Nutzung von Firewalls oder Proxyservern erfolgen. Dabei wird die interne Domäne als sicher angenommen, wobei unzulässigerweise interne Bedrohungen und Risiken oftmals ignoriert werden. Die Mehrzahl der aktuell verfügbaren Sicherheitsservices basieren auf einer System-Authentifikation (z.B. Kerberos, IPSec) [Blob98b, Kats98]. Wegen der besonderen Anforderungen und Bedingungen im Gesundheits- und Sozialwesen muß das zugrunde liegende Sicherheitsmodell das gesamte Spektrum der Sicherheitsservices und Sicherheitsmechanismen widerspiegeln. Letztendlich ist deshalb ein realistischeres Konzept das einer sicheren Mikrodomäne [Blob97a,b,c].

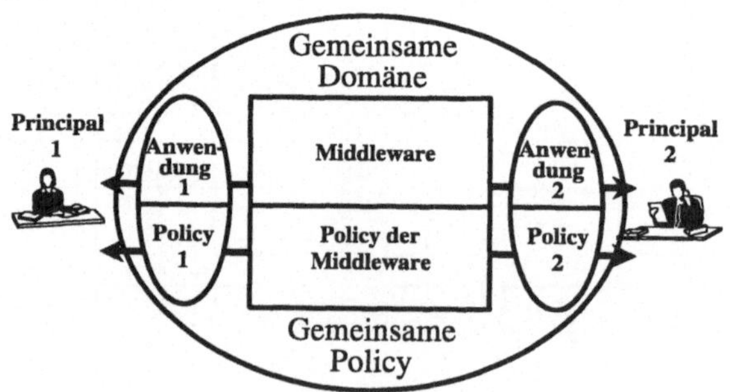

Abb. 2 — Policy Bridging

"Shared Care" und die daraus resultierende Kommunikation und Kooperation im Gesundheitswesen müssen personenbezogen erfolgen, wobei Aspekte der Verantwortlichkeit und der rechtlichen Verbindlichkeit (*Accountability*) der Geschäftsprozesse ebenso berücksichtigt werden wie die zugehörigen Sicherheitsservices der Authentifikation, der digitalen Signatur und des Audit [Blob97b, EURO, SEIS96, TRUS]. Auch die Services der Anwendungssicherheit müssen personenbezogen realisiert werden, wie z.B. eine Zugangs- und Zugriffskontrolle auf der Basis von struktur- oder funktionsbezogenen Rollen. Hierbei spiegelt die strukturbezogene Rolle die Position und die Verantwortlichkeiten innerhalb einer bestehenden Organisationshierarchie wider, während funktionsbezogene Rollen die konkreten funktionalen und prozeduralen Aktivitäten im Behandlungs- und Versorgungsprozeß betreffen. Deshalb sind in Europa, aber zunehmend auch in anderen Regionen der Welt Sicherheitswerkzeuge (Token) eingeführt worden. Sie kommen als persönliche oder berufsbezogene Smartcard (Chipkarte mit kryptographischem Ko-Prozessor) zum Einsatz und werden in Zukunft statt der PIN (oder in Ergänzung zur PIN) auch biometrische Verfahren unterstützen. Diese Karten speichern unauslesbar die geheimen Schlüssel und bieten verschiedene Sicherheitsservices wie Authentifikation, digitale Signatur und Verschlüsselung an. Da sie als allgemeine Sicherheitsdienste und Mechanismen unabhängig vom Internet sind, sind sowohl Karten und Kartenterminals als auch Prinzipen und Tools der Sicherheitsinfrastruktur wie z.B. TTP-Dienste gegenwärtig in der Standardisierung. Siehe auch Abschnitt 13.

7 Interoperabilität von Domänen

Jede Art von Kommunikation innerhalb einer Domäne wird als „intradomäne" Kommunikation bezeichnet, wohingegen jede Kommunikation zwischen Domänen „interdomäne" Kommunikation genannt wird. So ist z.B. die Übermittlung von Daten zwischen zwei Abteilungen einer Klinik eine intradomäne Kommunikation im Sinne der Domäne „Klinik", aber eine interdomäne Kommunikation vom Standpunkt der beteiligten Abteilungen.

Der grundlegende Zweck jeder Kommunikation ist die Bereitstellung von Services für einen Client, der diese Dienste angefordert hat. Die Mehrzahl dieser Services muß von den Principals eines Krankenhaus- oder Gesundheitsinformationssystems zur Verfügung gestellt werden. Diese Anwendungsservices sind Endsystem-Dienste, die darauf hinweisen, daß die Kommunikationsdomäne lediglich Kommunikationsdienste anbietet, aber keinerlei zusätzliche Anwendungsfunktionen (Bild 3). Sicherheitsdienste der Anwendung sind i.a. auf die Domäne des anfordernden Principals beschränkt.

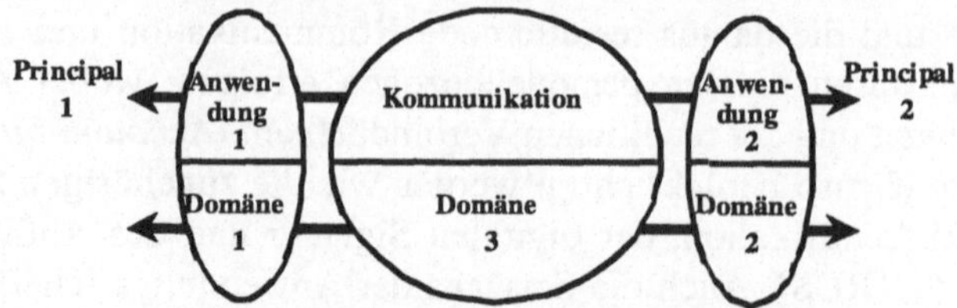

Abb. 3 — Domänenkonzept nur mit Kommunikationsservices

Heutzutage werden zunehmend auch Middleware-Konzepte in die Architektur von Gesundheitsinformationssystemen übernommen [Blob97c]. In diesem Falle werden die geforderten Sicherheitsservices entweder von beiden Principals oder von der Middleware geleistet. Eine solche Architektur kann durch Ketten verschiedener Domänen dargestellt werden, wie Bild 4 zeigt. Auch innerhalb der Middleware-Domäne sind dann neben Kommunikationssicherheitsservices auch Anwendungssicherheitsservices zu beachten [Blob98a].

Ein Beispiel für einen solchen sicherheitsrelevanten Middleware-Service wäre die Verknüpfung von Record-Komponenten aus veschiedenen Abteilungsinformationssystemen zu einem *Electronic Patient Record* oder von verschiedenen medizinischen und nichtmedizinischen Institutionen zu einem *Electronic Health Record*. Diese Verknüpfung kann die Sensitivität der Informationen beträchtlich erhöhen.

Bezogen auf ihre externe Umgebung wird eine Domäne aus diesen Gründen auch oft als geschlossenes System behandelt (z.B. ein Intranet). Trotzdem sollte hier nochmals angemerkt werden, daß die meisten Angriffe auf die Sicherheit eines Systems von innen vorgetragen werden. So sind etwa 70% (Deutschland) bis 95% (USA) der Attacken in medizinischen Informations- und Kommunikationssystemen *Insidern* zuzuschreiben. Deshalb ist die empfohlene Lösung eine Realisierung von Netzwerken mit verteilter Sicherheit, auch als „Ende-zu-Ende" Sicherheitsnetzwerk oder als *Virtual Private Network (VPN)* bezeichnet, nicht nur zwischen Domänen einzusetzen, sondern auch innerhalb dieser (siehe auch Abschnitt 11).

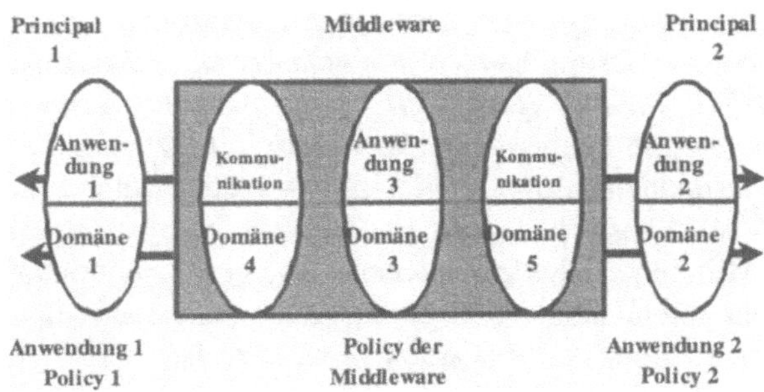

Abb. 4 — Domänenkonzept mit Middleware-Services

8 Nutzerbezogene Sicherheitsservices

Neben den in Abschnitt 5 behandelten, insbesondere rechtlich determinierten Gründen, die eine Verbindlichkeit (und ein Audit) erfordern und somit die Notwendigkeit einer strengen Nutzerauthentifikation bedingen, sind im Gesundheitswesen auch organisatorische, soziale und vor allem ethische Prinzipien relevant. Dazu zählen die Forderung nach der Einhaltung des "Need To Know"-Prinzips, nach der Wahrung der Privatsphäre des Patienten im Sinne seiner medizinischen und administrativen Daten, nach der Fallbindung jeder medizinischen Dokumentation und nach dem notwendigen vertrauenswürdigen Verhältnis zwischen Arzt und Patient. In dem Zusammenhang sind auch die ärztliche Schweigepflicht und das informationelle Selbstbestimmungsrecht des Patienten zu erwähnen. Zur Durchsetzung der angesprochenen Prinzipien wurden und werden technologische Lösungen und deren rechtliche und administrative Grundlagen geschaffen.

Patientendatenkarten (*Patient Data Cards - PDC*) sind kartenbasierte medizinischen Anwendungssysteme. Zur Wahrung des Rechts des Patienten auf seine informelle Selbstbestimmung erfordert eine PDC ein besonderes Management für die Zugriffskontrolle, um das Sicherheitsniveau und den vertrauenswürdigen Umgang mit der Karte zu sichern [Blob96a, Blob97a, CE95, CM97]. Die Magdeburger Abteilung für Medizinische Informatik stellt nutzerbezogene Sicherheitsservices zur Verfügung, die z.B. innerhalb des von der europäischen Kommission geförderten DIABCARD Projektes [DIAB] für ein chipkartenbasiertes Informationssystem genutzt werden und die Kommunikation und Kooperation von Institutionen im Prozeß der Diabetes-Behandlung unterstützen.

Ein adäquates Tool für die Bereitstellung personenbezogener Sicherheitsservices ist der Einsatz von identitäts- und rollengebundenen Token, die ihrerseits die benötigten Informationen wie kryptographische Schlüssel und Zertifikate gespeichert haben. In Europa wird dafür die Smartcard-Technologie als eine sichere und bezahlbare Lösung bevorzugt, entweder als elektronischer Identitätsausweis (*Electronic Identity Card - EIC*) oder als Berufsausweis z.B. im Gesundheitswesen (*Health Professional Card - HPC*). Letztere kann auch in einem europäischen Gesundheitsnetzwerk eingesetzt werden, welches auf den Mitteln des Internet (WWW) basiert [Kats98, EURO]. Um eine beiderseitige, mit kryptographischen Mitteln gesicherte vertrauenswürdige Beziehung zwischen Mediziner und Patient aufzubauen, benötigt dann auch der Patient eine solche Karte, z.B. als Patientenidentitätskarte (*Patient Identity Card - PIC*). Diese PIC kann dann im Sinne einer Mehrfach-Nutzung mit anderen Funktionalitäten wie medizinischen Daten als Patientendatenkarte oder mit Versicherungsdaten als Versichertenkarte gekoppelt werden.

9 Die europäische Health Professional Card

Die Health Professional Card wird nicht zuletzt dank der Unterstützung der europäischen Kommission bei Forschungsprojekten in den meisten europäischen Ländern eingesetzt werden. Dieser Prozeß erfährt durch den Gesetzgeber (z.B. in Frankreich) oder aber durch Initiativen der Selbstverwaltung der Mediziner (z.B. durch die Ärztekammern in Deutschland) eine wesentliche Forcierung. Um auch Kommunikation und Kooperation über Ländergrenzen hinaus zu ermöglichen, wird aktuell auf internationaler (ISO) und europäischer Ebene (CEN) an Karten- und Zertifikatsspezifikationen sowie an der Standardisierung von Architekturen und Schnittstellen für den Zugriff auf die Karte gearbeitet. Ähnliches gilt auch für Kartenterminals und die Schnittstellen zu Hardware- und Softwarekomponenten der Anwendungsumgebung geben. Hier sind z.B. die Bemühungen um die PC/SC-Schnittstelle einzuordnen. Europäische Projekte wie TrustHealth [TRUS], CARDLINK [CARD] und DIABCARD [DIAB] tragen mit ihren Spezifikationen zu dieser Entwicklung bei.

Durch die zunehmende Bedeutung des PC/SC-Ansatzes für die Realisierung von Schnittstellen für Kartenterminals und insbesondere für die Entwicklung von Kartenlösungen im deutschen Gesundheitswesen wurde die ursprüngliche Schichten- und API-Architektur [Phar99, TRUS] angepaßt und verändert (Abbildung 5).

Die neue Struktur trägt dem Systemgedanken der PC/SC-Schnittstelle Rechnung, indem Verbindungen vom *Card Terminal Service Layer* unter Umgehung der anderen Schichten direkt zur medizinischen Anwendung hin möglich werden.

Die Grundlage für alle diese Dienste ist eine adäquate Infrastruktur nationaler oder sogar europäischer Trusted Third Party (TTP) Services, die das Kartenmanagement, d.h. die Erzeugung, Verteilung und Sperrung von Schlüsseln, Zertifikaten und Karten übernimmt sowie die zugehörigen öffentlichen Dienste wie Verzeichnisdienste (*Directories*) anbietet und sicherstellt.

Im regionalen verteilten Tumorregister Magdeburg / Sachsen-Anhalt, welches in der Abteilung Medizinische Informatik geführt wird, wurde 1997 in einem Pilot-Szenario eine Health Professional Card nach den TrustHealth-Spezifikationen [TRUS] eingeführt, deren Nutzung in der nächsten Phase dieses Projektes weiter ausgedehnt werden wird. Die technische Lösung wurde bereits in [Blob97a,d] beschrieben. Sie wird auf der Grundlage und in Übereinstimmung mit der weiteren Entwicklung der neuen Spezifikation für einen elektronischen Arztausweis in Deutschland weiterentwickelt [HPC99]. Weitere Einzelheiten zur europäischen HPC und zu den benötigten TTP Diensten sind in [Phar99] in diesem Band zu finden.

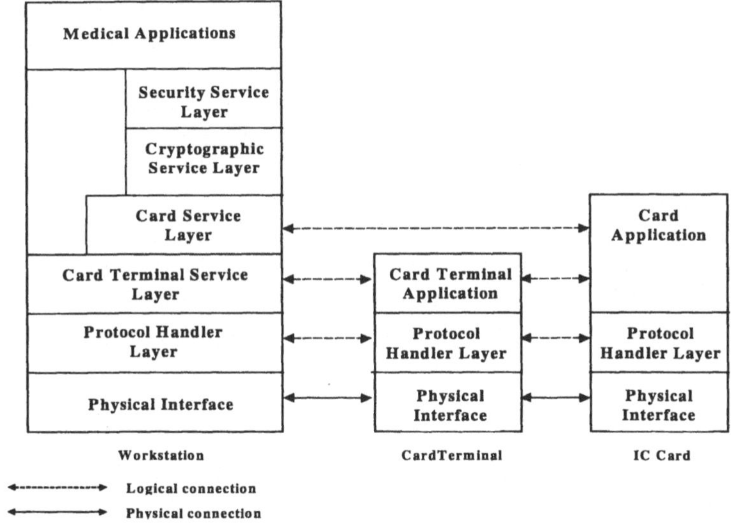

Abb. 5 — Kartenbezogenes Schichtenmodell der Sicherheitsarchitektur

10 Sicherheitsanforderungen und Lösungen in verteilten Medical Record Systemen

Kommunikation und Kooperation zwischen einer großen Anzahl ständig wechselnder Teilnehmer über die Grenzen der beschriebenen Domänen im Sinne von Abteilungen, Organisationen, Regionen oder sogar Staaten hinweg bergen neue Bedrohungen für die erhobenen, gespeicherten, verarbeiteten und übermittelten personenbezogenen medizinischen Informationen innerhalb und zwischen Gesundheitseinrichtungen (*Health Care Establishments - HCE*) [Blob97a, EURO].

Die grundlegenden Anforderungen einer sicheren Kommunikation[4] und einer sicheren Kooperation[5] in verteilten Systemen auf Netzwerkbasis bringen auch Forderungen hinsichtlich der benötigten Basis-Sicherheitsservices mit sich [Blob97a]. Diese Dienste müssen Mittel für eine sichere Identifikation und Authentifikation sowie für die Sicherung von Integrität, Vertraulichkeit, Verfügbarkeit, Audit, Verbindlichkeit (einschließlich Nichtbestreitbarkeit (*Non-Repudiation*) von Ursprung und Empfang) und Zugriffskontrolle bereitstellen. Zusätzlich werden Services der Infrastruktur wie die Vergabe von eindeutigen Namen (*Distinguished Names - DN*), die Registrierung von Identität und Beruf, die entsprechende Zertifizierung, das Zertifikatsmanagement, die Verzeichnisdienste (*Directories*) und das Schlüsselmanagement benötigt. Nicht nur im Gesundheitswesen, aber vor allem dort sind weitere Services wie die Anonymisierung im Sinne der Wahrung der Privatsphäre des Menschen bzw. die Verbindlichkeit durch eine sichere Zeitstempelung und die Registrierung der behandelnden Professionals unerläßlich. Alle diese Dienste können sowohl innerhalb von Anwendungen als auch als externe Dienstleistungen realisiert werden. Bedingt durch den wachsenden Einsatz von komplexen Middleware-Architekturen wie CORBA, COM/DCOM, ActiveX etc. werden die genannten Services auch durch die implementierte Middleware erbracht. Details dazu lassen sich in [Blob97b, Blob98a, OMG97] finden.

Die vorstehend und in [Blob97c] beschriebene Sicherheitsinfrastruktur wurde am Institut für Biometrie und Medizinische Informatik der Universitätsklinik Magdeburg in reale medizinische Anwendungen integriert. In diesem Kontext wurde bereits 1993 ein sicheres regionales klinisches Tumorregister für den Regierungsbezirk Magdeburg mit etwa 1,2 Millionen Einwohnern als erstes System eines regionalen elektronischen Health Records in der Onkologie implementiert. Neben der im deutschen Gesundheitswesen erstmaligen Verwendung

---

[4] Kommunikationssicherheit setzt sich aus sicherer Verbindung und sicherer Nachrichtenübertragung zusammen.

[5] Anwendungssicherheit, sichere funktionelle Interoperabilität

strenger Authentifizierung, digitaler Signatur und Verschlüsselung auf öffentlichen analogen (1993) bzw. ISDN Fernsprechverbindungen (1995) wurde 1997 auch erstmals eine HPC nach TrustHealth-Spezifikation getestet. Gegenwärtig wird die Struktur als sicheres onkologisches Netzwerk unter Einbeziehung aller onkologisch-tätigen Institutionen ausgebaut.

Das System unterstützt verschiedene Partner, die in die Versorgung von Tumorpatienten involviert sind und die zu völlig unterschiedlichen Organisationen innerhalb des regionalen onkologischen Shared Care Systems in Sachsen-Anhalt gehören. Die Struktur und die Funktionen des Klinischen Tumorregisters Magdeburg/Sachsen-Anhalt sind z.B. in [Blob96a,b, Blob97c] ausführlicher dokumentiert. Im gleichen Zusammenhang sind auch wichtige Resultate des Projektes TrustHealth, wie Sicherheitsservices in verteilten Health Record Systemen, die erforderlichen Mechanismen und die zugrunde liegenden Infrastruktur auf der Basis von HPC und TTP in [Blob97c] im Detail beschrieben. Neben der Client-Server-Architektur bzw. verallgemeinert der lokalen Netzwerk-Architektur gewinnen Internet-basierte Dienste und Lösungen immer mehr an Bedeutung. Deshalb widmet sich die vorliegende Arbeit auch besonderen Aspekten Internet-basierter Sicherheitsdienste.

11 Die Internet-basierte Sicherheitsinfrastruktur

Neben den bereits erwähnten netzwerkbezogenen Sicherheitsservices zielen aktuelle Projekte der Europäischen Kommission vorrangig auf die Entwicklung eines pan-europäischen Gesundheitsnetzwerks auf das Basis des Internet und dessen WWW-Tools ab.

Diesbezügliche Sicherheitsinfrastrukturen unter Verwendung von standardisierten hierarchischen TTP-Strukturen wurden bereits definiert und implementiert. Sie stellen eine Public-Key Infrastruktur und die dafür erforderlichen Mechanismen sowie eine Zertifizierungsinstanz mit Cross-Zertifizierung zu anderen TTP-Hierarchien bereit. Bild 5 zeigt die generelle Struktur dieser. Im Rahmen des EUROMED-ETS-Projekts wurde die ersten verteilte internationale TTP-Architektur für das Gesundheitswesen realisiert, welches für das europäisches Projekt EUROMED entwickelt und getestet wurde. In diese Implementierung waren die Testsites der Universität Athen in Griechenland (ICCS), der Ägäischen Universität Griechenland (UoA), der Universität Kalabriens (UniCal) in Italien und des Universitätsklinikums Magdeburg (UHM) als deutsche Testsite einbezogen [Kats98].

Das Institut ICCS an der Nationalen Technischen Universität von Athen (NTUA) repräsentiert hierbei die Wurzel-Zertifizierungsinstanz (*Root-CA*) mit der Bezeichnung "NTUA/ICCS AEGEAN CA". Von dieser CA zertifiziert, hat ICCS eine weitere Zertifizierungsinstanz für das EUROMED-ETS Projekt [EURO] installiert, die deshalb als "EUROMED-ETS-NTUA" bezeichnet wurde. Diese CA durfte sowohl Zertifikate für andere CA als auch für Nutzer erstellen. Im Fall der Magdeburger Testsite wurde so eine zertifizierte lokale CA mit dem Namen "UHM CA" aufgebaut, die auf dem speziell dafür hergerichteten Server "cabmil.medizin.uni-magdeburg.de" lief.

Auf der Basis eines hierarchischen Zertifizierungsschemas wurden durch die ETS-CA neben der Zertifizierung der weiteren CA auch Nutzerzertifikate für die Teilnehmer am Projekt erstellt.

Internet-Tools wie z.B. die Browser werden mit Sicherheitsfunktionen ergänzt. Bedeutende Anwendungsumgebungen für das Internet wie z.B. Java erhielten und erhalten verbesserte Sicherheitsmechanismen. Zusätzlich wurde die HPC in die oben beschriebene Internet-basierte Kommunikationsinfrastruktur eingebettet. Schließlich und endlich wurden weitere spezielle Sicherheitsanforderungen für die Übermittlung von patientenbezogenen medizinischen und administrativen Daten im Internet während der letzten IMIA WG4 Arbeitskonferenz vom 22. bis 25. November 1997 in Osaka und Kobe (Japan) definiert [Blob98b].

Ein anderer Ansatz für Sicherheitslösungen beruht auf den Arbeitsergebnissen der Object Management Group (OMG), die seit den Interoperabilitätsprotokollen GIOP und IIOP der CORBA-Version 2.0 eine wirklich offene interoperable Systemarchitektur ermöglichen. Diese Arbeiten sollen hier nur erwähnt werden. Innerhalb der CORBA-Sicherheitsspezifikationen in [OMG97] agieren *Currents* im Auftrag von Principals, also von Personen, Systemen oder Anwendungen. In unserem Ansatz wird die personenbezogene Nutzerauthentifikation durch externe Services bereitgestellt. Aktuelle Aufgabe ist folglich die Verknüpfung interner und externer Authentication Objects. Der gesamte Komplex der Sicherheitsservices in CORBA wird in den Arbeiten [Blob97b,Blob98a] detailliert beschrieben.

12 Sichere EDI-Kommunikation

Im Zusammenhang mit der Implementierung eines onkologischen Netzwerkes galt es auch, die verschiedenen im medizinischen und klinischen Bereich verwendeten Kommunikationsprotokolle sicher zu gestalten. Im Rahmen des von der Europäischen Kommission geförderten MEDSEC-Projekts [MEDS] wurde an der Abteilung Medizinische Informatik eine offene Lösung spezifiziert und implementiert, die ausschließlich auf verfügbaren Standards von ISO, IETF,

ANSI und NIST basiert und in die aktuellen Standardisierungsvorhaben von HL7 sowie CEN einfließt. Diese Lösung soll im folgenden grob beschrieben werden. Auf die Einbindung der HPC sowie der erforderlichen TTP Services wird in [Phar99] eingegangen.

Für die Kommunikationssicherheit wurde sowohl die in der Anwendungsschicht des ISO-OSI-Modells der Kommunikation zwischen offenen Systemen anzusiedelnde Ende-zu-Ende-Sicherheit über ein Wrapping von Informationen (*Message Security*) als auch die in unteren Schichten angelegte Kanalsicherheit (*Channel Security*) in die Lösungen einbezogen (Tabelle 2).

Security Services / OSI Layers	Confidentiality	Integrity	Entity Authentication	Data Origin Authentication	Non-repudiation of Origin	Non-repudiation of Receipt
Data Link	SILS/SDE, PPTP, L2TP	SILS/SDE, L2TP	PPTP, L2TP, L2F	SILS/SDE, L2TP	–	–
Network	IPSEC, NLSP	IPSEC, NLSP	IPSEC, NLSP	IPSEC, NLSP	–	–
Transport	SOCKS, TLSP, SSL, TLS, PCT, SSH	SOCKS, TLSP, SSL, TLS, PCT, SSH	SOCKS, TLSP, SSL, TLS, PCT, SSH	TLSP	–	–
Application	SHTTP, SPKM, MHS, MSP, PEM, SFTP, PGP/MIME, MOSS, S/MIME, PKCS#7	SHTTP, SPKM, MHS, MSP, PEM, SFTP, PGP/MIME, MOSS, S/MIME, PKCS#7	SHTTP, SPKM, SFTP	SHTTP, SPKM, MHS, MSP, PEM, SFTP, PGP/MIME, MOSS, S/MIME, PKCS#7	SHTTP, SPKM, MHS, MSP, PEM, SFTP, S/MIME, ESS	SPKM, MHS, MSP, SFTP, S/MIME, ESS

Tabelle 2 — Kommunikationssicherheitsdienste im ISO-OSI-Modell

"*Channel Security*"-basierte Lösungen sind generell transparent für den Nutzer und unabhängig von den Charakteristika der übertragenen Information. Die von uns spezifizierte "*Message Security*"-("*Object Security*"-)basierte Sicherheitslösung ist unabhängig vom Austauschformat der zu übertragenen Nachricht (z.B. xDT, HL7, XML[6]), vom verwendeten Kommunikationsprotokoll (z.B. FTP, Mail) und von der kryptographischen Syntax (z.B. S/MIME, PKCS#7). Die

---

[6] XML (*eXtended Markup Language*) als Teilmenge des SGML (*Standardized General Markup Language*) gewinnt in der Internet-orientierten Kommunikationswelt als Austauschformat, aber auch als Dokumentbeschreibungsformat in Verbindung mit DTDs (*Document Type Definitions*) zunehmend an Bedeutung.

kryptographischen Verfahren werden im Sinne der Kommunikationssicherheit auf die gesamte Nachricht angewendet (*Message Wrapping* [Blob98c]), das Kommunikationsprotokoll selbst ist ebenfalls abgesichert. Berücksichtigung finden sowohl die ereignisgetriebene Generierung der Mitteilung als auch der Informationsaustausch durch Nutzerinteraktion. Deshalb wurde die Implementierung der europäischen Sicherheitsinfrastruktur auf der Basis von Health Professional Cards (HPC) und entsprechender Trusted Third Party Services als Bestandteil integriert [Phar99]. Die Funktionalität des Kommunikationsservers einschließlich der EDI-Interfaces als Adapter für die verschiedenen Syntaxen, Semantiken und Protokolle der propriotären Anwendungen kann dabei auf die kryptographischen Protokolle, Services und Mechanismen ausgedehnt werden, so daß auch diese Seite der sicheren Kommunikation für den Anwender sowie den Anwendungsentwickler transparent bleibt. Letzterer muß lediglich einen akzeptierten Standard implementiert haben. Der Kommunikationsserver versteht und vermittelt verschiedene Protokolle. Das Aushandeln des Protokolls als Teil der Policy wird durch einen Tag-Length-Value-Mechanismus nach dem XML-Muster unterstützt.

Das vorgestellte generische Konzept der Kommunikationssicherheit und insbesondere die Unterstützung der sicheren EDI-Protokolle ("Store and Forward"-Kommunikation) geht in aktuelle Projekte der internationalen Standardisierung ein. In diesem Zusammenhang sind der neue CEN-Standard "Health informatics - Security for healthcare communications" (prENV 13608) sowie die Sicherheitsstandards des HL7-Protokolls zu nennen. Die HL7-Sicherheit ist in einem von unserer Abteilung editierten "HL7 Security Services Framework" (www.hl7.org) sowie in [Blob98c,d] ausführlich beschrieben. Die Dokumente beinhalten auch eine S/MIME-basierte Lösung für sichere HL7 Kommunikation über Internet-Mail, die als IETF-Draft verfügbar ist [Scha98]. Eine praktische Implementierung der *Message Security* stützt sich auf ein TCP/IP-basiertes, abgesichertes File Transfer Protokoll (SFTP [Blob98d], siehe Bild 6). Erste Versionen dieser Lösung wurden bereits erfolgreich vor internationalen Standardisierungsgremien für die weltweite Internet-Kommunikation praktisch demonstriert.

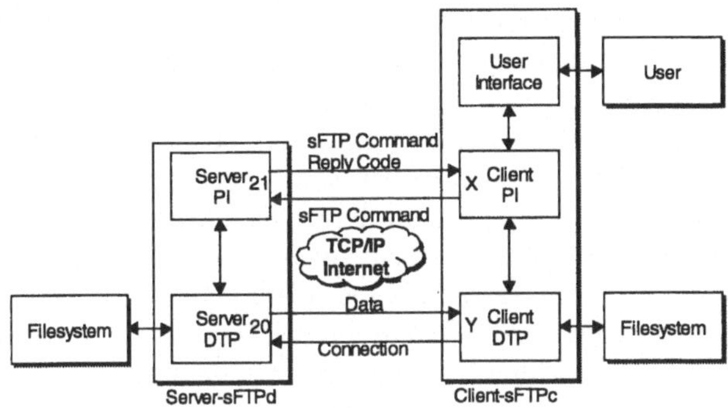

Abb. 6 — Prozeßmodell von SFTP

Analog zum FTP-Modell realisieren im hier dargestellten Prozeßmodell die Protokollinterpreter (PI) und die Datentransferprozesse (DTP) das SFTP Protokoll: Die PI senden, analysieren und werten die Kommandos und Ergebniskodes aus, die DTP sind verantwortlich für die Datenverbindung (Aufbau, Übertragung, Abbau). Die PI verwalten also die Steuerleitung und die DTP übernehmen die Steuerung der Datenleitung zur Übertragung von Directory- und Filedaten.

Der grundsätzliche Ablauf des SFTP Protokolls läßt sich aus dem Prozeßmodell ersehen. Der Server horcht auf dem bekannten SFTP-Dienst Port (hier TCP-Port 21) und wartet auf eine eingehende Verbindung von einem Client. Wenn der Client sich von einem dynamischen TCP-Port (Port X) zum SFTP-Dienst Port des Servers verbindet, wird eine sogenannte Steuerungsleitung aufgebaut, die zwischen Client und Server im Duplex-Modus arbeitet und während der gesamtem Sitzung besteht. Auf dieser Leitung sendet der Client SFTP-Kommandos und erhält daraufhin vom Server SFTP-Ergebniskodes. Beendet wird die Steuerleitung vom Client, sie kann aber auch bei schweren serverseitigen Fehlern vom Server geschlossen werden. Der Directory- und Datentransfer erfolgt über eine zweite Verbindung, die temporär für jede Übertragung auf- und abgebaut wird. Diese Datenleitung wird nur im Simplex-Modus betrieben und kann entweder aktiv (der Client nimmt eine eingehende Verbindung vom Server entgegen) oder passiv (der Server nimmt eine ankommende Verbindung vom Client entgegen) betrieben werden. Die sendende Maschine beendet die Datenleitung nach vollständiger Übertragung der Daten.

13 Schlußfolgerungen

Das "Shared Care"-Konzept ist als Organisations- und Funktionsparadigma des Gesundheitswesens in den Industrieländern akzeptiert, wobei die Struktur des jeweiligen Gesundheitswesens und die darin agierenden *Player* einen entscheidenden Einfluß auf die Realisierung der verzahnten Versorgung haben. So steht der stärker zentralistischen Sicht des britischen *National Health Service* die förderale, unterschiedlich organisierte Struktur des deutschen Gesundheitswesens gegenüber. Das moderne Gesundheitswesen – insbesondere jedoch in seiner Ausprägung als "Shared Care" – muß durch die Informations- und Kommunikationstechnologie unterstützt werden, wobei auch die Informations- und Kommunikationsstrukturen dem "Shared Care"-Paradigma entsprechen und dem Prinzip der Interoperabilität folgen müssen. Die für die medizinischen Prozesse relevante Form derartiger Systeme sind der Electronic Health Record, d.h. die auch den präventiven und sozialen Bereich umfassende multimediale, verteilte und interoperative „Gesundheitsakte" sowie die Gesundheitsnetze.

"Shared Care"-Informationssysteme, die oftmals über Organisations-, regionale, Landes- oder gar nationale Grenzen hinweg auf der Basis personenbezogener medizinischer Daten kommunizieren und kooperieren, stellen besonders hohe Anforderungen an die Gewährleistung von Datenschutz und Datensicherheit. Das gilt für die zunehmende Nutzung offener, policyfreier Netzwerke wie dem Internet, aber auch bei der Kommunikation und Kooperation innerhalb der gern als geschlossene, intern sichere Systeme betrachteten Organisationen. Schließlich sind etwa 70% (Deutschland) bis 95% (USA) der Attacken in medizinischen Informations- und Kommunikationssystemen *Insidern* zuzuschreiben.

Grundlage einer Sicherheitsarchitektur, die aus einer Bedrohungs- und Risikoanalyse entwickelt werden muß, ist die Sicherheitspolicy, die die rechtlichen, organisatorischen und administrativen Rahmenbedingungen, Funktionalitäten, Ziele, Nutzen, Rechte und Pflichten, Sanktionen sowie die Technologien der Informationssysteme und ihrer Sicherheitsarchitektur definiert und vernünftiger Weise für einzelne Domänen entwickelt wird. Voraussetzung für die Interoperabilität von (medizinischen) Informationssystemen ist ein Agreement über die Policies (*Policy Bridging*). Die technologischen Voraussetzungen für eine vertrauenswürdige Kommunikation und Kooperation im Gesundheitswesen auf der Basis kryptographischer Algorithmen und einer entsprechenden Infrastruktur sind inzwischen verfügbar bzw. in unmittelbarer Vorbereitung. Die Machbarkeit der Lösungen wurde und wird im Rahmen nationaler und europäischer, von der Europäischen Kommission geförderter Pilotprojekte z.B. im regionalen Klinischen Krebsregister Magdeburg/Sachsen-Anhalt nachgewiesen. Die organisatorischen, sozialen, ethischen und psychologischen Komponenten der Policies bereiten im allgemeinen größere Probleme als die technologischen und z.T. die rechtlichen. Deshalb ist der Bildung und Erziehung zur Entwicklung eines entsprechenden Sicherheitsbewußtseins besondere Aufmerksamkeit zu schenken.

14 Danksagung

Die in der vorliegenden Dokumentation beschriebene Arbeit wurde sowohl durch die Europäische Kommission und ihr "Telematics Application Programme (TAP)" als auch durch das Ministerium für Bildung und Wissenschaft des Landes Sachsen-Anhalt unterstützt. Die Autoren möchten sich hiermit auch bei allen Kollegen der beteiligten Projekte, bei den Partnern aus Industrie und Forschung sowie bei der OMG/CORBA für die freundliche Zusammenarbeit bedanken.

15 Literatur

[Barb96]   Barber B, Treacher A, and Louwerse K (eds.): *Towards Security in Medical Telematics*. Series in Health Technology and Informatics Vol. 27. IOS Press, Amsterdam 1996.

[Blob96a]   Blobel, B.: Clinical Record Systems in Oncology. Experiences and Developments on Cancer Registries in Eastern Germany, in *Pre-proceedings of the International Workshop "Personal Information - Security, Engineering and Ethics"* pp 37-54, Cambridge, 21-22 June, 1996, also published in *Personal Medical Information - Security, Engineering, and Ethics* (edr. R. Anderson), pp 39-56. Spinger, Berlin, New York 1997.

[Blob97a]   Blobel B.: Security requirements and solutions in distributed Electronic Health Records, in *Information Security in Research and Business* (eds. L. Yngström, and J. Carlsen), pp. 377-390. Chapman & Hall, London 1997.

[Blob97b]   Blobel B, Bleumer G, Müller A, Flikkenschild E, and Ottes F.: Current Security Issues Faced by Health Care Establishments. *Deliverable of the HC1028 Telematics Project ISHTAR*, February 1997.

[Blob97c]   Blobel, B., Holena, M.: Comparing middleware concepts for advanced healthcare system architectures. International Journal of Medical Informatics **46** (1997) pp. 69-85.

[Blob97d]   Blobel, B., Pharow, P.: Security Infrastructure of an Oncological Network Using Health Professional Cards, in *Health Cards '97* (eds. L. van den Broek, A.J. Sikkel) , pp 323-334. Series in Health Technology and Informatics Vol. 49. IOS Press, Amsterdam 1997.

[Blob98a] Blobel, B., Holena, M.: CORBA Security Services for Health Information Systems. International Journal of Medical Informatics **52** 1-3 (1998) pp 29-38.

[Blob98b] Blobel, B., Katsikas, S.K.: Patient data and the Internet - security issues. Chairpersons' introduction. International Journal of Medical Informatics **49** (1998) pp. S5-S8.

[Blob98c] Blobel, B., Spiegel, V., Krohn, R., Pharow, P., Engel, K.: Standard Guide for HL7 Communication Security. ISIS MEDSEC Project, Deliverable 30, August 1998.

[Blob98d] Blobel, B., Spiegel, V., Krohn, R., Pharow, P., Engel, K.: Standard Guide for Implementing EDI Communication Security. ISIS MEDSEC Project, Deliverable 31, August 1998.

[Blob99] Blobel, B., Pharow, P., Roger-France, F.: Security Analysis and Design Based on a General Conceptual Security Model and UML. In: P.Sloot, M.Bubak, A.Hoekstra, B.Hertzberger: High Performance Computing and Networking, pp. 919-930. Lecture Notes in Computer Sciences 1593. Springer, Berlin, Heidelberg, New York 1999.

[CE95] Council of Europe: *Directive 95/46/EC on the Protection of Individuals with Regard to the Processing of Personal Data and on the Free Movement of such Data.* Strasbourg 1995.

[CM97] Committee of Ministers: *European Recommendation (Draft) No. R(96) of the Committee of Ministers to Member States on the Protection of Medical Data (and Genetic Data).* CJ-PD (96). Strasbourg 1997.

[EC91] European Communities – Commission: ITSEC: Information Technology Security Evaluation Criteria; (Provisional Harmonised Criteria, Version 1.2, 28 June 1991). Office for Official Publications of the European Communities, Luxembourg 1991.

[HPC99] HPC Specification Draft version 0.9 of the Specification of the German Doctors' Licence including the Specification of related Certificates (1999). http://www.hpc-specification.de

[Klug95]   E.-H. W. Kluge: Patients, Patient Records, and Ethical Principles. In: R. A. Green et al. (Edrs.): MEDINFO '95, pp 1596-1600. Noth-Holland, Amsterdam-London-New York-Tokyo 1995.

[Kats98]   Katsikas, S.K., Spinellis, D.D., Iliadis, J., Blobel, B.: Using Trusted Third Parties for secure telemedical applications over the WWW: The EUROMED-ETS approach. International Journal of Medical Informatics **49** (1998) pp. 59-68.

[OMG97]   OMG: The CORBAservices; Common Object Services Specification, Chapter 15. November 1997.

[Phar99]   Pharow, P., Blobel, B., Spiegel, V., Engel, K.: Health Professional Cards as Basic Tools for Secure Health Applications, in G.Weck (Hrsg.), VIS 99. DuD Fachbeiträge. Vieweg, Braunschweig, Wiesbaden 1999.

[Scha98]   Schadow, G., Tucker, M., Rishel, W.: Secure HL7 Transactions using Internet Mail (draft-ietf-ediint-hl7). Internet Draft (EDIINT Working Group), July 21, 1998 http://www.ietf.org/internet -drafts.

[CARD]   The CARDLINK Consortium. *European Network of Card Applications*. Project of the Fourth EU Health Telematics Applications Programme. http://www.ehto.be/projects/cardlink

[DIAB]   The DIABCARD3 Consortium. *Improved Communication in Diabetes Care Based on Chipcard Technology*. Project of the Fourth EU Health Telematics Applications Programme. http://www-mi.gsf.de/diabcard

[EURO]   The EUROMED-ETS Consortium. *EUROMED - European Trust Structure*. Information Society Standardisation Programme. http://euromed.iccs.ntua.gr/

[ISHT]   The ISHTAR Consortium. *Implementation of Secure Health Telematics Applications in Europe*. Project of the Fourth EU Health Telematics Applications Programme. http://www.ehto.be/projects/ishtar/

[MEDS]   MEDSEC Consortium, Health Care Security and Privacy in the Information Society. Project of the EU ISIS Programme.

[SEIS96]   The SEISMED Consortium, (edr.): Data Security for Health Care. Volume I-III. Studies in Health Technology and Informatics, Vol. 31-33. IOS Press, Amsterdam 1996.

[TRUS]   The TrustHealth Consortium. *Trustworthy Health Telematics 1.* Project of the Fourth EU Health Telematics Applications Programme. http://www.ehto.be/projects/trusthealth/

Filtertechnologien zur Reduktion der Jugendgefährdung im Internet

Dörte Neundorf

Secorvo Security Consulting GmbH
`neundorf@secorvo.de`

Zusammenfassung

Die intensive Nutzung des Internets durch Jugendliche und das immer größere Angebot an Inhalten stellen auch den Jugendschutz vor neue Herausforderungen. Der vorliegende Beitrag stellt am Beispiel World Wide Web vor, welche Möglichkeiten zur technischen Unterstützung des Jugendschutzes im Internet bestehen.

Dabei zeigt sich einerseits, daß die bisher vorliegenden Realisierungen nur einen unzureichenden technischen Jugendschutz bieten können. Es sind aber Erweiterungen denkbar, die die Technik zu einem hilfreichen Werkzeug des Jugendschutzes machen können. Andererseits ist jedoch auch festzustellen, daß ein absoluter Schutz vor jugendgefährdenden Inhalten technisch nicht zu realisieren ist und die Technik daher nicht als alleinige Lösung, sonder als Baustein in einem medienpädagogischen Konzept zu betrachten ist. Bei der Konzeption und Verwendung eines Filtersystems ist außerdem zu berücksichtigen, daß Mißbrauch als „Zensur"-Instrument möglichst ausgeschlossen wird.

1 Einführung

Das Internet stellt mit seiner schnellen und direkten Publikation von Inhalten, die ohne Vermittlung direkt vom Autor zu Leser gelangen, den Jugendschutz vor neue Herausforderungen. Weder greifen die bekannten Kontrollmechanismen, die bisher immer auf menschliche Mittler setzten – Videotheken, Kinokassen, Zeitschriftenhändler -, noch läßt sich der Jugendschutz im internationalen Kontext mit nationalen rechtlichen Vorschriften durchsetzen. Andererseits wächst durch die große Menge von Informationen, die im Internet publiziert werden, die Menge des potentiell jugendgefährdenden Materials beträchtlich.

Daher stellt sich die Frage, ob der Gefährdung auf technischem Wege – durch Filterung der Information – begegnet werden kann. Dabei kann Technik *allein* das Problem nicht lösen – analog zu herkömmlichen Medien ist eine Umgehung rein technisch-organisatorischer Maßnahmen immer möglich. Als Baustein in einem Gesamtkonzept aus Technik und (medien-)pädagogischer Begleitung von

Kindern und Jugendlichen durch Eltern und Lehrer kann sie aber – Funktions-
fähigkeit vorausgesetzt – den Jugendschutz sinnvoll unterstü tzen.

Im folgenden werden die existierenden technischen Verfahren mit ihren Möglichkeiten und Grenzen skizziert.

2 Inhaltsfilterung

2.1 Technische Ansätze

Die Unterbindung der Übertragung bestimmter Inhalte im Internet kann auf verschiedenen Ebenen geschehen:

- Die Verbindung kann physikalisch getrennt werden. Damit ist jeder Datentransfer unmöglich. Für den Jugendschutz hieße das, Kindern generell den
  Zugriff auf das Internet zu untersagen.

- Es können IP-Adressen oder Ports blockiert werden. Damit werden ganze
  Server nicht mehr erreichbar.

- Schließlich kann auf der Anwendungsschicht eingegriffen und einzelne
  URLs oder Message-IDs gefiltert werden.

Die ersten beiden Ansätze sind zur Inhaltsfilterung ungeeignet, da hier immer
ganze Teilbereiche des Internets mit sehr inhomogenen Inhalten gleichzeitig gesperrt werden. Um einzelne „Inhalte", d.h. z.B. einzelne Seiten oder sogar nur
spezielle Bilder auf einer Seite zu filtern, ist der Eingriff auf der Anwendungsschicht der einzig gangbare Weg, da nur hier überhaupt eine Chance besteht, eine paßgenaue Filterung zu erreichen.

2.2 Kategoriensysteme

Um eine Filterung von Inhalten zu realisieren, ist eine Einordnung der einzelnen
Seiten (bzw. ihrer Elemente) in Kategorien erforderlich. Die Definition der Kategorien hat entscheidenden Einfluß auf die Einordnung, da sie die Möglichkeiten der Differenzierung vorgibt.

Die Kategorien können dabei einfach sein („jugendgefährdend" , „nicht jugendgefährdend"), die Jugendgefährdung feingranular bewerten oder die Information detailliert inhaltlich beschreiben. Auch rein formale Kategorien („nur Text",
„enthält Java") sind von technischer Seite aus denkbar und können zur Grundlage einer Filterung gemacht werden.

Ein solches System von Kategorien kann proprietär für ein Produkt definiert
und damit nur dort verwendet werden (wie die mit kommerziellen Programmen
mitgelieferten Listen). In diesem Falle haben Außenstehende wenig Einfluß auf

die Einstufung und die Kategoriendefinition. Manchmal sind beide Vorgänge nicht einmal nachvollziehbar. Das System kann aber auch öffentlich sein – d.h. das System und insbesondere die Kriterien für die Einstufung sind frei verfügbar und können von jedem Internet-Autor verwendet werden.[1]

Bei der Definition eines Kategoriensystems sollten nicht nur statische, sondern auch dynamische Seiten berücksichtigt werden; es sollte außerdem der Vielfalt möglicher Angebote möglichst gerecht werden. So ist z.B. eine Möglichkeit zu finden, ein ständig wechselndes Nachrichtenangebot mit Kriegsbildern korrekt zu kategorisieren („Nachrichten": immer gleich zu behandeln? – „Gewalt": für Kinder zu sperren? – „politische Information": für Kinder zugänglich?).

Werden die Einordnungen nicht zentral in einer Liste gesammelt, sondern verteilt auf den Internetseiten selber gespeichert, ist eine Vorschrift zur Übertragung dieser Einstufungen, eine Art „Übertragungsprotokoll" erforderlich. Öffentliche Kategoriensysteme basieren meist auf dem W3C-Standard von PICS (*Platform for Internet Content Selection*)[2].

PICS ist selber kein Kategoriensystem, sondern ermöglicht eine formaltechnische Definition solcher Kategorien und deren technische Verwendung. Es enthält außerdem Zusatzfunktionen z.B. bezüglich der „Übersetzung" verschiedener Systeme ineinander und zur Signatur in der Seite enthaltenen Einstufungen (Label).

2.3 Inhaltliche Einstufung

Ist ein Kategoriensystem definiert oder hat man sich anderweitig auf eine systematisches Vorgehen zur Einstufung von Internetseiten geeinigt, kann der eigentliche Vorgang der Einstufung vom Autor der Seite selbst, von einem von Autor und Leser verschiedenen Dritten, von der Internet Community (d.h. als Sammlung der Einstufungen von vielen Personen) oder vom Abrufer (d.h. dem Administrator des lokalen Rechners, also z.B. Eltern oder Lehrer) vorgenommen werden.

Die Entscheidung für eine bestimmte dieser Instanzen wirkt direkt auf den mit der Einordnung verbundenen Aufwand, aber auch auf die Korrektheit der so entstehenden Einstufungen ein.

So ist die Korrektheit im Sinne des Abrufers besonders hoch, wenn er alle Einstufungen selber vornimmt. Der Aufwand zur Bearbeitung des gesamten Internets ist allerdings extrem hoch.

---

[1] z.B. RSACi (http://www.rsac.org) und SafeSurf (http://www.safesurf.com).
[2] http://www.w3.org/PICS/

Im Gegensatz dazu ist der Aufwand für den Autor, bei der Verfassung einer Seite auch noch eine Einstufung vorzunehmen, verhältnismäßig gering. Allerdings ist die Einstufung weniger einheitlich und beinhaltet versehentliche und absichtliche Fehleinstufungen. Daher wird sie größerer Überprüfung von seiten der Abrufer bedürfen und die darauf basierende Filterung eine höhere Fehlerquote aufweisen.

Vom Aufwand her in der Mitte liegen Einstufungen durch Dritte. Dies kann ein Kompromiß für einen Abrufer sein, der den Autoren der Seiten nicht vertraut, aber einem Rating Service seiner Wahl. Andererseits kann gerade durch eine umfassende Einstufung vieler Internet-Seiten durch einen einzigen Rating-Service dieser zum Quasi-Standard werden und damit die Möglichkeit haben, durch Verschiebung der Maßstäbe oder absichtliche Falscheinordnungen die Filterergebnisse zu beeinflussen und dem Endbenutzer Teile seiner freien Auswahl aus der Hand zu nehmen.

Die Ergebnisse der Einordnung können auf verschiedenen Weise für den Endbenutzer verfügbar gemacht werden. Besonders einfach ist die Vorgabe einer Positivliste, die alle „erlaubten" Seiten enthält; nicht in der Liste aufgeführte Seiten werden nicht angezeigt. Dieser Ansatz ist als sehr sicher im Hinblick auf den Zugang zu jugendgefährdendem Material einzuschätzen, versteckt aber große – auch für Kinder interessante – Teile des Internets. Er eignet sich also nur für solche Kinder, bei denen der potentielle Schaden diese Einschränkung rechtfertigt.

Das umgekehrte Prinzip – Negativlisten von nicht anzuzeigenden Seiten – schützt wiederum nur vor bekanntem jugendgefährdendem Material. Hier werden weiterhin Seiten mit potentiell jugendgefährdendem Inhalt angezeigt. Andererseits ist die Einschränkung für die sonstige Internetnutzung geri nger.

Einige existierende Programme arbeiten außerdem mit automatischen Verfahren, die aus Text und Bildern Ableitungen über die Eignung der Seite für Kinder vornehmen. Diese Verfahren sind jedoch insgesamt nicht zuverlässig genug, um sie als alleiniges Mittel zur Inhaltsfilterung zu empfehlen.

Als letzte und technisch zuverlässigste Methode ist es möglich, die formalen Einordnungen, die z.B. vom Autor selbst erstellt wurden, mit der Seite zu übertragen oder von einem Server abzurufen. Damit entfällt die Notwendigkeit einer zentralen Einordnungsinstanz, die die genannten Probleme aufweist.

2.4 Auswahlprozeß

Liegt eine Einstufung einer Seite vor und ist sie – durch Eintrag in eine entsprechende Liste oder einen Vermerk auf der Seite selbst – technisch verfügbar, kann auf dieser Basis ausgewählt werden, welche Seiten am Endsystem für ein Kind angezeigt werden und welche nicht. Im allgemeinen wird man dazu ein Filterprogramm verwenden, daß so konfiguriert ist, daß es eine bestimmte Auswahl aus einem oder mehrere Kategoriensystemen anzeigt und alle anderen nicht.

Entscheidend für diese Auswahl ist der Ort, an dem sie vorgenommen wird:

Läuft der Prozeß lokal unter der Aufsicht des Administrators des Endrechners (Eltern, Lehrer) ab, hat der Administrator die Filterung vollständig unter eigener Kontrolle. Er kann damit auf Basis der eigenen Vorstellungen eine Konfiguration der Filterung vornehmen. Auch ist keine Weitergabe von Benutzerdaten an andere Stellen erforderlich. Außerdem ist eine lokal ablaufende Filterung die einzige Möglichkeit, auch verschlüsselt ablaufende Kommunikation zu filtern.

Alternativ kann der Auswahlprozeß auf einem Server – z.B. beim Internetprovider – ablaufen. Die Konfiguration kann lokal vorgenommen und an den zentralen Rechner übertragen werden. Wird die Konfiguration hingegen zentral durchgeführt, verliert der Abrufer zumindest z.T. die Möglichkeit zu einer eigenen Kontrolle der Filterung. Solche Systeme sind daher nur sinnvoll, wenn dies explizit beabsichtigt ist (z.B. in Schulen, wo der Filterprozeß auf dem Proxy abläuft, um alle Schüler einer Klasse an den Endrechnern nur den Zugang zu nicht jugendgefährdendem Material zu gestatten).

Die Flexibilität des Filterprozesses und damit seine Anpassungsfähigkeit an die Wünsche des Abrufers kann sehr unterschiedlich sein. So ist denkbar, daß er sich nur aktivieren oder deaktivieren läßt, ohne daß die Filterung beeinflußt werden kann. Auf der anderen Seite sind auch Systeme vorstellbar, die auf Basis eines detaillierten Kategoriensystems eine feine inhaltliche Auswahl der zu sperrenden und anzuzeigenden Seiten zuläßt. Entscheiden für die Art der Filterung ist die Reaktion auf Seiten ohne Einstufung (*Sperren* oder *Anzeigen*). Da dies von den persönlichen Vorstellungen des erziehenden Abrufers abhängt, sollte diese Einstellung möglichst individuell und lokal vorzunehmen sein.

2.5 Beispiele

Im folgenden zeigen einige zufällig ausgewählten Beispiele[3], wie verbreitete Programme Inhalte filtern. Bei den gezeigten Beispielen handelt es sich um Programme für den Endbenutzer; sie sind für unter 100 DM – als Testversionen

---

[3] Einen guten Überblick über verfügbare Produkte verschafft z.B. Lorrie Faith Cranor et al: Technology Inventory – A Catalog of Tools that Support Parents' Ability to Choose Online Content Approrpriate for their Children, http://www.research.att.com/projects/tech4kids/t4k.html.

z.T. sogar umsonst – erhältlich und im Prinzip ohne viel Aufwand zu installieren und zu konfigurieren.

Ihre Umgehung ist allerdings meist nicht sehr schwierig. Auch ist die Effektivität ihrer Filterung nicht sehr hoch. In ihrer Funktionalität basieren alle auf der englischen Sprache, so daß deutschsprachige Internet-Seiten selten korrekt behandelt werden.

NetNanny[4] blendet "unacceptable words and phrases" aus (z.B. die Adresse der Webseite im Abbildung 1). Bilder und Grafiken bleiben aber unverändert sichtbar.

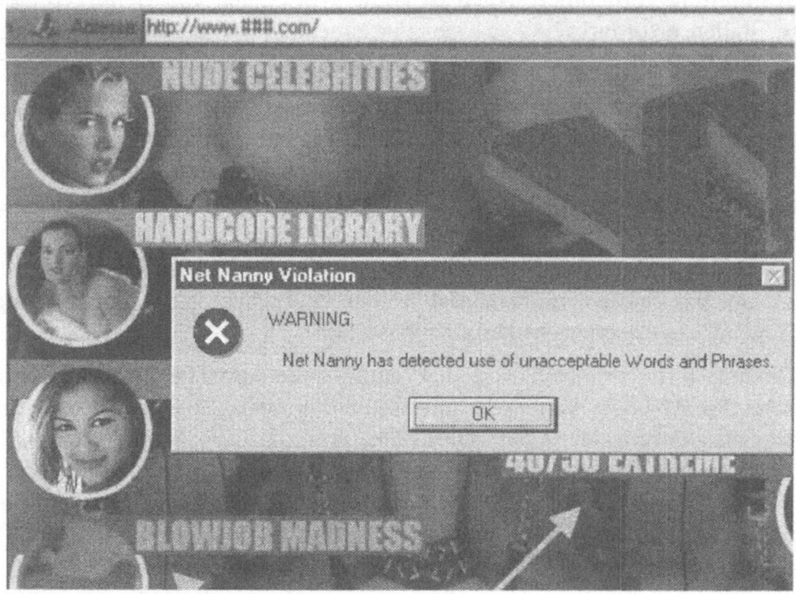

Abbildung 1: Warnmeldung von NetNanny

CyberPatrol[5] arbeitete auf Basis von veränderbaren Positiv- und Negativlisten. Entsprechende Seiten werden nicht angezeigt, statt dessen erscheint eine Sperrmeldung auf dem Bildschirm (Abbildung 2). Allerdings enthalten die Sperrlisten z.T. nicht nur jugendgefährdende Seiten, sondern auch solche Angebote, die die Richtlinien des Programmherstellers kritisieren oder Anleitungen zur Deaktivierung des Filterprogrammes bereitstellen. Die vom Hersteller zur

---

[4]   http://www.netnanny.com/
[5]   http://www.cyberpatrol.com/

Verfügung gestellten und regelmäßig aktualisierten Listen enthalten kaum deutsche Seiten.

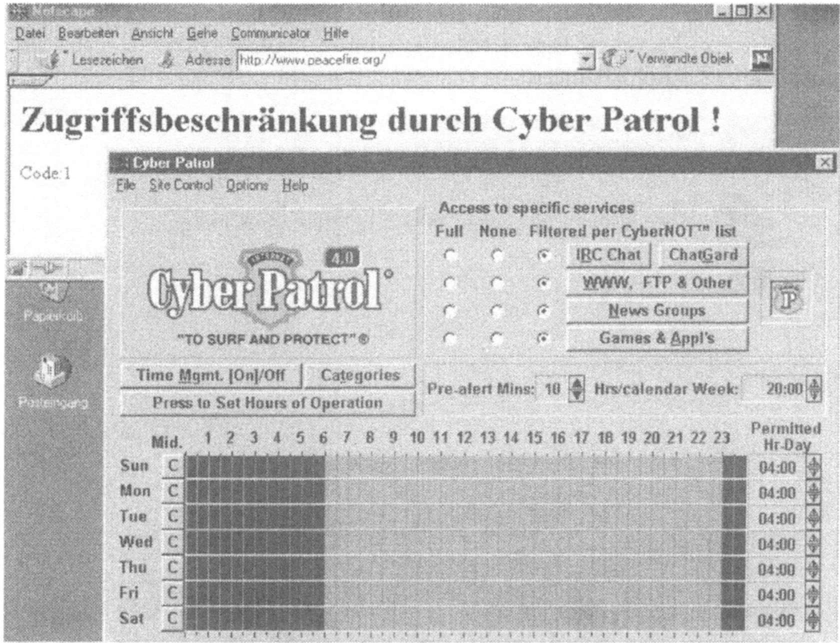

Abbildung 2: Steuerbildschirm und Sperrmeldung von CyberPatrol

WebChaperone[6] verwendet ein automatisches Einordnungssystem (*"Intelligent Content Recognition Technology – iCRT"*), das nach eigenen Angaben in etwa 85% aller Fälle richtig, also im Sinne der eigenen Richtlinien, entscheidet. Im Sperrfall wird eine aufbereitete Sperrmeldung mit einem Link auf eine dem Alter des Kindes angepaßte Seite angezeigt (Abbildung 3). Allerdings erfolgt dabei z.T. Rückmeldung an den Server des Herstellers; entsprechend fallen Benutzerprofile an.

3   Risiken

Ein System zur Inhaltsfilterung birgt neben der Unterstützung des Jugendschutzes immer auch Risiken des Mißbrauchs.

---

[6]   http://www.webchaperone.com/

Aus Perspektive des Jugendschutzes besteht die Gefahr der falschen (d.h. hier nicht gemäß der Richtlinien des zugehörigen Kategoriensystems) inhaltlichen Einstufungen. Eine Durchsicht des gesamten WWW oder auch nur relevanter Teile durch einzelne Personen oder Institutionen ist aufgrund der großen Menge ausgeschlossen. Daher ist eine Kontrolle wohl nur durch die Internet Community als Ganzes durchzuführen.

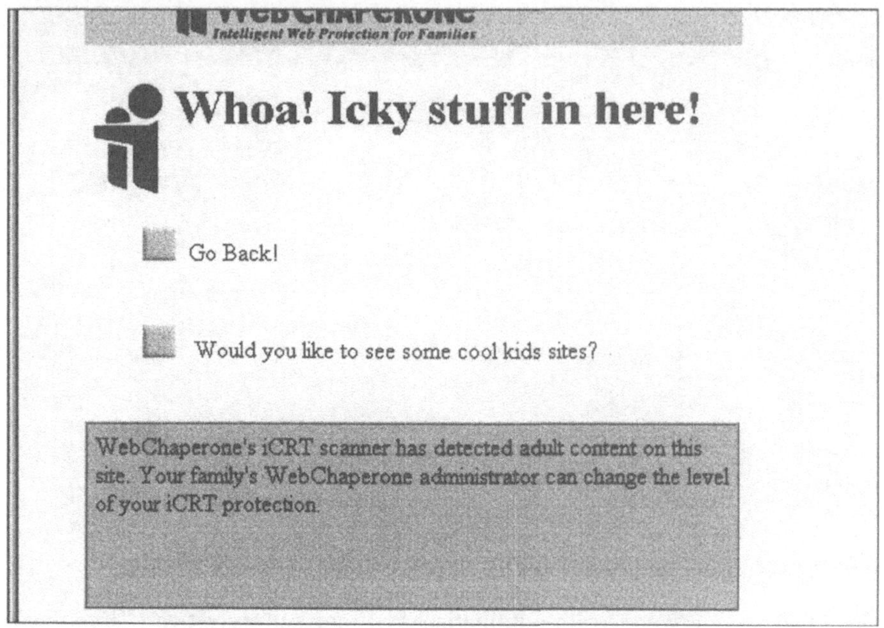

Abbildung 3: Sperrmeldung von WebChaperone

Immerhin wäre es wünschenswert, falsche Einstufungen auf den Urheber zurückzuführen und falls nötig auch sanktionieren zu können. Außerdem kann die Einstufung – so sie mit der Seite übertragen wird – im Rahmen der Übertragung oder auf dem lokalen Rechner manipuliert werden. Beide Aspekte – Rückführung auf den Urheber und Integrität der Übertragung – lassen sich z.B. durch eine digitale Signatur von Seite und Einstufung gewährleisten. Im Rahmen des beschriebenen PICS-Standards ist eine solche Signatur bereits im Ansatz vorgesehen.

Aus Sicht der erwachsenen Benutzer kann jedes Filtersystem, insbesondere wenn es gegen Manipulation der den „Gefilterten" gut geschützt ist, als politisches „Zensur"-Instrument mißbraucht werden (Beispiele für solche System sind z.B. entsprechende Versuche in China und Singapur). Um dies möglichst zu verhindern, bietet sich an, in einem technischen Konzept die Entscheidung über den Einsatz (oder Nicht-Einsatz!) immer dem Endbenutzer (im Sinne des Jugendschutzes dem Administrator des Schulnetzes oder des Heim-PCs, also den Erziehungsberechtigten) zu überlassen. Zentrale Filterungen oder Filterungen auf dem Übertragungsweg sind – neben den bereits geschilderten technischen Nachteilen – auch aus diesem Grund ungeeignet.

4 Aktuelle Entwicklungen und Ausblick

An vielen Stellen wird das Thema „Jugendschutz im Internet" kontrovers diskutiert. Dabei spielen nicht nur technische Fragen, sondern auch rechtliche und pädagogische Aspekte eine Rolle.

Die beschriebenen Mängel der existierenden technischen Lösungen und die potentielle Gefahr des Mißbrauchs führen generell zu einer Verschiebung des Schwerpunktes des Jugendschutzes von organisatorischen hin zu medienpädagogischen Ansätzen. Man kann sogar aufgrund der prinzipiellen Mängel der Technik der Meinung sein, den Jugendschutz nur noch als Aufgabe der Medienpädagogik zu sehen. Die Umsetzung dieses Konzeptes würde allerdings größere Änderungen im deutschen Rechtssystem erforderlich machen.

Von Seiten der Eltern und Lehrer wächst die Besorgnis über die mögliche Gefährdung von Kindern und Jugendlichen, so daß viele Einzellösungen entstehen – seien es kleine „Kindernetzwerke" oder private Sperrlisten. Da der mögliche Aufwand dort begrenzt ist, schießen solche Maßnahmen oft über das Ziel hinaus und reduzieren den Zugang auf das Internet so drastisch, daß ein natürlicher Lernprozeß der Kinder im Umgang mit den neuen Medien ernsthaft behindert oder unterbunden wird.

Auch von öffentlicher Seite wird das Problem diskutiert und bearbeitet. So versucht die EU[7] im Rahmen des Projektes „Best Use", eine Diskussionsplattform für Eltern, Lehrer und Hersteller zu schaffen, um die praktischen Möglichkeiten intensiv zu diskutieren. In einem Aktionsplan wird mit mehren Projekten auch die Entwicklung technischer Hilfsmittel gefördert. U.a. soll hier ein Kategoriensystem entwickelt werden. Auch von Anbieterseite gibt es Initiativen zur Entwicklung eines solchen Systems.

Aufschlußreich wird sicher auch die weitere Entwicklung in Australien sein: Dort wurde im Mai 1999 ein weitgehendes Gesetz zur Kontrolle von Internetinhalten beschlossen. Internetprovider können damit verpflichtet werden, Inhalte

---

[7] http://www2.echo.lu/iap/, http://www2.echo.lu/best_use/best_use.html.

kurzfristig vom Netz zu nehmen oder zu sperren. Das Gesetz wird heftig diskutiert.[8]

In Deutschland wurde der Jugendschutz durch die Veränderungen des *Gesetzes über die Verbreitung jugendgefährdender Schriften und Medieninhalte* (GjS) im Rahmen des IuKDG[9] explizit auf die neuen Medien ausgedehnt. Die technischen Möglichkeiten und Gefahren wurden in einer vom Bundesministerium für Wirtschaft und Technologie beauftragten Studie „Jugendschutz und Filtertechnologien im Internet" detailliert untersucht.

Weitere Entwicklungen auf nationaler und europäischer Ebene sind zu erwarten.

---

[8] http://www.efa.org.au/Campaigns/99.html.
[9] Informations- und Kommunikationsdienste-Gesetz